国家卫生健康委员会“十三五”规划教材
全 国 高 等 职 业 教 育 教 材

供临床医学专业用

细胞生物学和医学遗传学

第6版

主　编　关　晶

副主编　阎希青　高江原

编　者（以姓氏笔画为序）

王　英（厦门医学院）
王敬红（唐山职业技术学院）
左　宇（四川中医药高等专科学校）
朱友双（济宁医学院）
关　晶（济宁医学院）
李荣耀（沧州医学高等专科学校）
张群芝（漯河医学高等专科学校）
尚喜雨（南阳医学高等专科学校）
高江原（重庆医药高等专科学校）
唐鹏程（永州职业技术学院）
阎希青（山东医学高等专科学校）
程丹丹（大庆医学高等专科学校）

人民卫生出版社

图书在版编目（CIP）数据

细胞生物学和医学遗传学 / 关晶主编 .—6 版 .—
北京：人民卫生出版社，2018
ISBN 978-7-117-27161-5

Ⅰ. ①细… Ⅱ. ①关… Ⅲ. ①细胞生物学 – 高等职业
教育 – 教材②医学遗传学 – 高等职业教育 – 教材 Ⅳ.
①Q2②R394

中国版本图书馆 CIP 数据核字（2019）第 000525 号

细胞生物学和医学遗传学
第 6 版

主　　编：关　晶
出版发行：人民卫生出版社（中继线 010-59780011）
地　　址：北京市朝阳区潘家园南里 19 号
邮　　编：100021
E - mail：pmph @ pmph.com
购书热线：010-59787592　010-59787584　010-65264830
印　　刷：保定市中画美凯印刷有限公司
经　　销：新华书店
开　　本：850 × 1168　1/16　　印张：15　　插页：8
字　　数：475 千字
版　　次：1994 年 4 月第 1 版　　2019 年 2 月第 6 版
　　　　　2024 年 4 月第 6 版第 8 次印刷（总第 49 次印刷）
标准书号：ISBN 978-7-117-27161-5
定　　价：48.00 元

修订说明

2014年以来，教育部等六部委印发的《关于医教协同深化临床医学人才培养改革的意见》《助理全科医生培训实施意见（试行）》等文件，确定我国的临床医学教育以“5+3”（5年本科教育＋毕业后3年住院医师规范化培训）为主体，以“3+2”（3年专科教育＋毕业后2年助理全科医生培养）为补充，明确了高等职业教育临床医学专业人才培养的新要求。

为深入贯彻党的二十大精神，全面落实全国卫生与健康大会、《“健康中国2030”规划纲要》要求，适应新时期临床医学人才培养改革发展需要，在教育部、国家卫生健康委员会领导下，由全国卫生行指委牵头，人民卫生出版社全程支持、参与，在全国范围内开展了“3+2”三年制专科临床医学教育人才培养及教材现状的调研，明确了高等职业教育临床医学专业（3+2）教材建设的基本方向，启动了全国高等职业院校临床医学专业第八轮规划教材修订工作。依据最新版《高等职业学校临床医学专业教学标准》，经过第六届全国高等职业教育临床医学专业（3+2）教育教材建设评审委员会广泛、深入、全面的分析与论证，确定了本轮修订的指导思想和整体规划，明确了修订基本原则：

1. **明确培养需求** 本轮修订以“3+2”一体化设计、分阶段实施为原则，先启动“3”阶段教材编写工作，以服务3年制专科在校教育人才培养需求，培养面向基层医疗卫生机构，为居民提供基本医疗和基本公共卫生服务的助理全科医生。

2. **编写精品教材** 本轮修订进一步强化规划教材编写“三基、五性、三特定”原则，突出职业教育教材属性，严格控制篇幅，实现整体优化，增强教材的适用性，力求使整套教材成为高职临床医学专业“干细胞”级国家精品教材。

3. **突出综合素养** 围绕培养目标，本轮修订特别强调知识、技能、素养三位一体的综合培养：知识为基，技能为本，素养为重。技能培养以早临床、多临床、反复临床为遵循，在主教材、配套教材、数字内容得到立体化推进。素养以职业道德、职业素养和人文素养为重，突出“敬佑生命、救死扶伤、甘于奉献、大爱无疆”的卫生与健康工作者精神的培养。

4. **推进教材融合** 本轮修订通过随文二维码增强教材的纸数资源融合性与协同性，打造具有时代特色的高职临床医学专业“融合教材”，服务并推动职业院校教学信息化。通过教材随文二维码扫描，丰富的临床资料、复杂的疾病演进、缜密的临床思维成为了实现技能培养的有效手段。

本轮教材共28种，均为国家卫生健康委员会“十三五”规划教材。

教材目录

序号	教材名称	版次	配套教材
1	医用物理	第7版	
2	医用化学	第8版	
3	人体解剖学与组织胚胎学	第8版	√
4	生理学	第8版	√
5	生物化学	第8版	√
6	病原生物学和免疫学	第8版	√
7	病理学与病理生理学	第8版	√
8	药理学	第8版	√
9	细胞生物学和医学遗传学	第6版	√
10	预防医学	第6版	√
11	诊断学	第8版	√
12	内科学	第8版	√
13	外科学	第8版	√
14	妇产科学	第8版	√
15	儿科学	第8版	√
16	传染病学	第6版	√
17	眼耳鼻喉口腔科学	第8版	√
18	皮肤性病学	第8版	√
19	中医学	第6版	√
20	医学心理学	第5版	√
21	急诊医学	第4版	√
22	康复医学	第4版	
23	医学文献检索	第4版	
24	全科医学导论	第3版	√
25	医学伦理学	第3版	√
26	临床医学实践技能	第2版	
27	医患沟通	第2版	
28	职业生涯规划和就业指导	第2版	

第六届全国高等职业教育临床医学专业（3+2）教育教材建设评审委员会名单

数字内容编者名单

主　编　关　晶　阎希青

副主编　朱友双　高江原　李荣耀

编　者（以姓氏笔画为序）

王　英（厦门医学院）
王敬红（唐山职业技术学院）
左　宇（四川中医药高等专科学校）
朱友双（济宁医学院）
关　晶（济宁医学院）
李荣耀（沧州医学高等专科学校）
张群芝（漯河医学高等专科学校）
尚喜雨（南阳医学高等专科学校）
郗　强（重庆医药高等专科学校）
高江原（重庆医药高等专科学校）
唐鹏程（永州职业技术学院）
阎希青（山东医学高等专科学校）
程丹丹（大庆医学高等专科学校）
潘兴丽（济宁医学院）

主编简介与寄语

关　晶　教授，济宁医学院生物科学学院院长，山东省遗传学会第七、八届理事，济宁市母婴保健医学技术鉴定委员会成员。专业方向：细胞生物学。

常年从事细胞生物学和医学遗传学教学工作，多次荣获学校“优秀教师”称号，并在学校教学竞赛中获得二等奖。主编或参编了由人民卫生出版社、中国医药科技出版社出版的多部教材（其中两部为国家卫生和计划生育委员会“十二五”规划教材）。在《中华疾病控制杂志》《中国优生与遗传杂志》《现代预防医学》《癌变·畸变·突变》《生物学通报》《中华医学教育杂志》《中国医学教育技术》等核心期刊发表科研和教研论文20余篇，主持完成了山东省医药卫生科技发展项目等多项科研、教研课题。主持申报、建设了济宁医学院生物科学学院生物技术、生物工程两个专业。

写给同学们的话——

细胞生物学和医学遗传学研究的是生命现象及其本质的问题，呈现给我们的宏观世界丰富多彩，微观世界神秘抽象。其内容零散，规律难循，知识琐碎，谜题繁杂。我们的思维需要不断地在二维与三维空间穿梭、在静止与运动间转换。它既是生命科学的出发点，也是生命科学的最前沿。

前　言

细胞生物学和医学遗传学既是一门医学基础课程，同时也是医学科学领域中十分活跃的前沿学科。它揭示了细胞结构和功能紊乱在疾病发生、发展、诊断、治疗及转归中的作用，突出了细胞生物学和遗传学与医学的内在联系。

《细胞生物学和医学遗传学》第5版出版至今已有4年，生命科学飞速发展，知识更新快，教科书理应与时俱进。为了认真落实党的二十大精神，在深化临床医学专业高职教育改革发展、推动"3+2"助理全科医学人才培养体系建设的背景下，应当对本教材进行修订和更新，以适应"3+2"教育人才培养模式的需要，满足基层社区医疗卫生服务人才教育的需求。

本次修订是在第5版的基础上进行的，编写的指导思想为：继承传统、精益求精、适应需要、融合发展。与培养基层社区医疗卫生服务人才目标相适应，突出职业教育教材属性，注重与临床实践结合，强调能力的培养。编写原则仍然强调"三基"：基础知识、基本理论、基本技能；遵循"五性"：思想性，科学性，先进性，启发性，适用性。着重细胞生物学和医学遗传学基础知识的介绍，为学生学习医学知识打好基础，同时，培养学生的遗传病诊断、预防、婚育指导和遗传咨询的能力。

与第5版相比，因教学时数所限，本版教材精简、合并了部分内容，如：医学遗传学研究方法、肿瘤的特征等。为了提高学生的学习兴趣，充实原有的知识拓展等模块，本教材增加了案例导学、案例讨论模块，还增设了数字内容，设置了课件，扫一扫，测一测，案例讨论等内容，通过扫描二维码，实现移动终端学习。

同时本版教材相应编写了实验及学习指导，方便广大师生和读者使用。

编写团队由来自全国11所医学院校的编委组成，他们常年工作在教学一线，有丰富的教学实践经验，了解学生知识水平和学习能力，熟悉学科发展动态，因此，书稿编写更有针对性，适用性更强。

本教材除了供高职临床医学专业学生使用外，还可作为医学和生物学相关专业工作者的参考书。

感谢各编者所在单位在编写过程中给予的支持和协作，感谢上一版教材编委给予的指导和帮助，更要感谢各位编委的努力和付出，感谢大家的支持和包容！

由于编者水平所限，时间仓促，书中难免有错误和不妥之处，真诚期待广大师生提出宝贵意见，以便修正。

关　晶
2023年10月

目　录

第一章 细胞生物学概述

学习目标

1. 掌握：细胞生物学的概念及其研究对象。
2. 熟悉：细胞生物学的研究目的及研究任务。
3. 了解：细胞生物学与医学的关系及细胞生物学的发展简史。
4. 通过学习细胞生物学概述，对细胞生物学产生浓厚兴趣。
5. 正确理解细胞生物学与医学的关系，能与部分病人及家属进行沟通，开展健康教育；能与相关医务人员进行专业交流。

第一节 细胞生物学的概念及其研究内容

细胞（cell）最早于1665年由英国物理学家胡克发现，细胞是人体和生物体形态结构和功能活动的基本单位，要了解生物体的生命活动规律就必须从细胞入手。

一、细胞生物学的概念

细胞学（cytology）是在光学显微镜水平上研究细胞的化学组成、形态结构及功能的科学。其研究范围包括：细胞的形态结构、生理功能、分裂与分化、遗传与变异以及衰老和病变等。随着细胞体外培养技术的应用以及包括分子生物学在内的物理、化学等技术的进步，使细胞水平上的生物学研究日益成为生物学研究的主要方向，因而诞生了细胞生物学（cell biology）。

细胞生物学是研究细胞基本生命活动规律的科学，它以"完整细胞的生命活动"为着眼点，以形态与功能相结合、整体与动态相结合的观点，把细胞的显微水平、亚显微水平和分子水平三个层次有机地结合起来，探讨和研究细胞形态结构与功能，细胞增殖、分化、衰老与凋亡，信号转导，基因表达与调控，细胞起源与进化等内容。

医学细胞生物学（medical cell biology）是细胞生物学与医学的交叉学科，主要阐明与医学有关的细胞生物学问题，是探讨人体细胞的形态结构与功能等生命活动规律和人类疾病发生、发展及其防治的科学。

二、细胞生物学的研究内容

细胞生物学以细胞为研究对象，细胞的形态与结构、发生与分化、发育与生长、遗传与变异、健康与疾病、衰老与死亡、起源与进化等基本生物学现象是细胞生物学研究的主要内容。细胞识别、细胞免疫、细胞社会学与细胞工程是细胞生物学的新领域。细胞生物学已经不再是孤立地研究单

个细胞、细胞器或生物大分子，而是研究它们的变化发展过程、细胞与细胞之间的相互关系、细胞与环境之间的相互关系。它同时还研究细胞各种组分的结构、功能及其相互关系，研究细胞总体的和动态的功能活动以及研究这些相互关系和功能活动的分子基础。由于细胞生物学在分子水平上的研究工作取得了深入的发展，所以分子细胞生物学是当前细胞生物学发展的主要方向。

细胞生物学的研究内容是多方面的，研究范围极其广泛。其研究的主要分支学科有：

1. 细胞形态学(cytomorphology) 研究细胞形态及亚显微结构的一门分支科学，它着重研究细胞亚显微结构或细胞器的起源、形成机制及发展过程，并与细胞功能的研究相结合。

2. 细胞生理学(cytophysiology) 研究细胞的生命活动规律的科学，包括细胞代谢、生长、分裂、分化的功能活动，以及细胞的运动、分泌等。

3. 细胞遗传学(cytogenetics) 主要是从细胞角度来研究染色体的结构和行为及染色体与细胞器的关系，从而探讨遗传现象，阐明遗传与变异机制等。

4. 细胞化学(cytochemistry) 研究细胞结构化学成分的定位、分布及其生理功能，采取切片或分离细胞组分，对单个细胞或细胞各个部分进行定量和定性化学分析。

5. 分子细胞学(molecular cytology) 从分子水平研究构成细胞的蛋白质、核酸等大分子的结构与功能等，探讨细胞生命活动与分子变化的关系。

除上述分支外，还有细胞生态学、细胞病理学、细胞动力学、微生物细胞学等。

细胞生物学是生命科学的重要分支，是生命科学研究的基础。细胞生物学除了要阐明细胞的各种生命活动的本质和规律外，还要进一步利用和控制其活动规律，达到造福人类的目的。

细胞工程在医学上的应用

细胞工程是利用分子细胞生物学的技术，按照人们预先的设计，改变细胞的遗传特性，使之获得新的遗传性状，通过体外培养，提供细胞产品，或培养新的品种，甚至新的物种。目前已经利用细胞工程生产出胰岛素、生长素、干扰素、促细胞生长素等，产生出了巨大的经济效益和社会效益；利用细胞融合或细胞杂交技术可产生某种单克隆抗体或因子，可用于相关疾病的早期诊断和治疗。

第二节 细胞生物学的发展简史

自17世纪中叶细胞被发现以后，人们对于生物体的认识开始进入微观世界。到20世纪50年代，由于电子显微镜等先进仪器和先进技术在生物学中的应用，人们对生物体的认识又进一步深入到超微观直至分子水平。人们不仅了解了细胞的一般形态结构，也基本了解了细胞的内部构造、分子组成及其功能。从发现细胞至今已有300多年的历史，人类对生物体的认识从宏观世界逐步进入到微观世界，这段历程大致分为四个历史性阶段。

一、细胞的发现和细胞学说的创立

1665年，英国的物理学家罗伯特·胡克(Robert Hooke，1633—1703年)用自制的显微镜观察栎树皮，发现其中有许多蜂窝状的小孔隙，并将这些小孔隙命名为“cell”，他是第一个给细胞命名的科学家。这是人类第一次发现细胞，不过罗伯特·胡克发现的只是死的细胞壁。真正观察到活细胞的是荷兰德尔夫特市的列文虎克(Antony Von Leeuwenhoek，1632—1723年)，他在1677年用自制的高倍放大镜观察池塘水中的原生动物、鲑鱼血液的红细胞核等。直到19世纪30年代，随着显微镜分辨率的提高，人们对细胞有了更深入的认识，1831年，罗伯特·布朗(R. Brown)从兰科植物的叶片表皮细胞中发现了细胞核。1835年，有人在低等动物根足虫和多孔虫的细胞中发现细胞的内含物细胞质。这样，细

胞的基本结构和形态逐渐为人所知。

德国植物学家施莱登(Schleiden,1838)和动物学家施旺(Schwann,1839)分别根据各自的研究总结出了细胞学说,并由施旺加以定义化。细胞学说明确指出"一切生物从单细胞到高等动、植物都是由细胞组成的;细胞是生物形态结构和功能活动的基本单位"。1858年,德国细胞病理学家魏尔肖(Virchow)明确提出:"细胞来自细胞",也就是说细胞只能来源于细胞,而不能从无生命的物质自然发生。这是细胞学说的一个重要发展,也是对生命的自然发生学说的否定。1880年,魏斯曼(A.Weissmann)更进一步指出,所有现在的细胞都可以追溯到远古时代的一个共同祖先,即细胞是连续的、历史性的,是进化而来的。细胞学说至此而产生。

细胞学说的主要内容有以下几点:①细胞是多细胞生物的最小结构单位,对单细胞来说,一个细胞即是一个个体;②新细胞只能由原来的细胞分裂而来;③所有细胞在结构和化学组成上是基本相同的;④生物体是通过细胞的活动反映其功能。

细胞学说的提出对生命科学的发展具有重大意义,恩格斯把细胞学说誉为19世纪自然科学上的三大发现之一(另两大发现为进化论和能量的守恒及转换定律)。

二、细胞学的研究

细胞学说的创立,有力推动了细胞的研究,并逐渐形成了一门新的学科——细胞学。从19世纪30年代到20世纪初期是细胞研究的第二阶段,开辟了细胞学的研究领域,在显微水平研究细胞的结构与功能是这一时期的主要特点。形态学、胚胎学和染色体知识的积累,使人们认识了细胞在生命活动中的重要作用。1893年德国著名的动物学家赫特维希(O. Hertwig)的专著《细胞与组织》的出版,标志着细胞学的诞生,他早在1876年就发现海胆的受精现象。在此期间,科学家们相继发现了无丝分裂(Remark,1841)、有丝分裂(W. Flemming,1880)、减数分裂(Van Beneden,1883;E.Strasburger,1886)现象。随着显微镜分辨能力的提高,石蜡切片方法等的应用,染色体(W. Waldeyer,1890)、中心体(T. Bovori,1883)、高尔基体(C. Golgi,1898)、线粒体(C. Benda,1898)等相继被发现,人们对细胞结构的认识达到了新的水平。

三、细胞生物学的兴起与发展

20世纪30年代到70年代,电子显微镜技术的出现,把细胞学带入了第三大发展时期,这短短40年间人们不仅发现了细胞的各类超微结构,而且也认识了细胞膜、线粒体、叶绿体等不同结构的功能,同时,分子生物学方面也涌现了一大批重大成果。

1941年,美国人比德尔(G. W. Beadle)和他的老师泰特姆(E. L. Tatum)提出一个基因一个酶的概念。1944年,美国人Avery等人通过微生物转化试验证明DNA是遗传物质。1953年,美国人J. D. Watson和英国人F. H. C. Crick提出DNA双螺旋模型,从分子水平上揭示了DNA结构与功能的关系,这是一个划时代的伟大成就,奠定了分子生物学的基础。1956年,蒋有兴(美籍华人)利用徐道觉发明的低渗处理技术证实了人的染色体2n为46条,而不是48条。1958年,英国人F.H.C. Crick创立了遗传信息流向的"中心法则",这个法则是近代生物科学中最重要的基本理论。1964年,美国人尼伦伯格(M.W. Nirenberg)破译了DNA遗传密码,从分子水平上证实生物界的发展联系。1968年,瑞士人沃纳·亚伯(Werner Arber)从细菌中发现DNA限制性内切酶。这些研究极大丰富了细胞学内容,也为细胞分子水平的研究奠定了基础。

四、分子生物学时代

1971年,美国人纳森斯(Daniel Nathans)和史密斯(Hamilton Smith)发展了核酸酶切技术。1973年,美国人科恩(S.N. Cohen)和博耶(H.W. Boyer)将外源基因拼接在质粒中,并在大肠埃希菌中表达,从而揭开基因工程的序幕。1975年,英国生物化学家桑格(F. Sanger)设计出DNA测序的双脱氧法,于1980年获诺贝尔化学奖,此外,桑格还由于1953年测定了牛胰岛素的一级结构而获得1958年诺贝尔化学奖,桑格被世人称为"基因组学之父"。1989年,美国人切赫(T.R. Cech)和奥特曼(S. Altman)由于发现某些RNA具有酶的功能(称为核酶)而共享诺贝尔化学奖。20世纪90年代以来基因靶向技术

的广泛应用及 DNA 测序技术与生物芯片技术的快速发展，都极大地促进了人们在分子水平上对细胞基本生命活动规律的探索。

1990 年，美国遗传学界提出人类基因组计划（human genome project，HGP）项目，计划在 15 年内测定人类细胞整个基因组的碱基组成和核苷酸序列。这是生命科学领域分子生物学研究的阿波罗计划，它的完成为 21 世纪分子生物学对生命本质的研究开拓了前所未有的广度和深度，极大地推动了分子医学的发展。1997 年，英国科学家伊恩·维尔穆特将乳腺上皮细胞核移植到去核的成熟卵细胞中，导致克隆羊多莉在卢斯林研究所诞生，为细胞核基因组的调节、分化、衰老等生物学难题的研究开拓了广阔的前景。2001 年 2 月 12 日，由美、英、日、法、德和中国科学家共同承担的人类基因组全序列测序基本完成，从而进入功能基因组学和蛋白质组学的后基因组时期。21 世纪初，RNA 研究也成为热点，RNA 干涉技术的应用在研究基因的功能、基因敲除、药物筛选、制定基因治疗策略等方面显示出了前景。

第三节 细胞生物学与医学科学

细胞生物学是研究生命活动基本规律的学科，不仅包括综合性的新兴基础理论，而且与生产实践紧密联系，细胞生物学对研究人体的结构与功能、正常与病变都有着理论与实际的意义。医学是以人体为对象，主要研究人体生老病死的机制，研究疾病的发生、发展以及转归的规律，从而对疾病进行诊断、治疗和预防，以提高人类健康水平，使人延年益寿。细胞生物学的各项研究成果与医学的理论和实践密切相关。

一、细胞生物学是现代医学的重要理论基础

人体是由多细胞构成的有机体，从一个受精卵开始，经历胚胎发育和生长的过程，细胞的数目和种类急剧增加。这众多的细胞，在人体中的排列非常有序，功能也十分协调。首先由一些同类的细胞形成组织，然后由组织构成执行特定功能的器官，功能相关的器官再构成系统，人体就是由几个系统有机结合构成的。细胞在人体中除了种类的差异外，同类细胞之间连接方式的差异，也是构成人体结构复杂程度的重要方面。如中枢神经系统，由几百亿个细胞组成，每个细胞都与几万个同类细胞发生联系，这种联系复杂而稳定。因此研究探讨人体细胞的发生、发展、结构和功能、病变机制、衰老死亡的原因和特征，是医学细胞生物学的重要研究内容。

在基础医学领域内的每门学科，如解剖学、组织胚胎学、生理学、免疫学、病理解剖学和病理生理学等，都是以细胞为研究基础，以细胞生物学为理论指导的。随着科学技术的高度发展，各学科之间的相互渗透、相互促进，细胞生物学的有关研究内容与成果必然渗透到医学基础学科中去，成为这些学科的发展基础。所以，对于医学生来说，学好细胞生物学的基本理论，掌握细胞生物学的基本技能，将为他们学习基础医学打下坚实的基础。

另外，细胞生物学也是临床医学学科的基础。要正确地认识各类疾病，探讨疾病的病因，以达到治疗与预防目的，显然细胞生物学的理论和知识在临床医学的学科中也是不可缺少的基础。例如，对生物膜结构和功能的深入研究已表明，生物膜是进行物质转运、能量转换、信息传递的重要场所，并在整个细胞生命活动中起着极为重要的作用。而这些研究理论与成果，已被临床医学领域广泛应用，在疾病的病因分析、诊断与治疗中起了很大作用。如膜受体数量增减和结构上的缺陷以及特异性结合力的异常改变，都会引起疾病（称为受体病）。临床上的家族性高胆固醇血症，就是因为病人的细胞膜上某些低密度脂蛋白（LDL）受体缺乏所致。对这种疾病病因的认识当然离不开细胞生物学的基本知识。再如缺血性心脏病和脑血管病可能是由于动脉内皮细胞的变化而引起的动脉粥样硬化所致，所以有必要分析动脉内皮细胞的结构和功能变化。可见对这些疾病的认识，必须从细胞生物学入手，深入探索其病因、发病机制、病理变化，找出诊断和治疗方法。由此可见，细胞生物学在现代医学教育中占有重要的地位。

二、细胞生物学的发展推动医学重要课题的研究

恶性肿瘤是危害人类健康的三大疾病之一，对恶性肿瘤（癌）防治机制的研究，是现代医学特别是临床医学中非常重要的课题。癌细胞是机体内一类非正常增殖的细胞，它失去了细胞增殖的接触抑制现象，无限制地分裂，恶性生长，形成恶性肿瘤，转移、扩散并浸润周围组织。利用细胞生物学的方法搞清正常细胞和癌细胞的生长、分化及基因调控的本质，才有可能控制癌细胞的生长，达到防癌治癌的目的。

遗传病是现代医学中又一重要课题。就人类单基因遗传病，到2004年上升至15 000多种，其发病率逐渐增加，对人类健康危害极大。对其发病机制的认识、诊断、治疗等都需要依赖细胞生物学的更深入发展。基因突变可以产生单基因遗传病，现在可用克隆的基因片段标以放射性核素，借助于同源DNA片段互补特性，找到有缺陷的基因（即基因探针的方法），从而进行诊断。染色体病由染色体数目或结构异常引起，可用核型分析的方法加以诊断。可见细胞生物学与遗传学结合而发展的细胞遗传学，将大力推动现代医学的发展。

细胞生物学技术应用于医学研究与实践已成为现实。细胞生物学在过去看来是"纯理论"的研究，但在今天已经展现出巨大的应用价值和良好的发展前景。利用细胞生物学的技术和方法，按照预定的设计，改变或创造细胞的遗传物质，不仅可能对癌症、遗传病进行诊治，而且可以为人类生产高效的生物医药制品。

细胞信号转导是指细胞外的刺激信号通过一定机制转换成细胞应答反应的过程。近年来人们对信号分子受体、跨膜信号转导系统及细胞内信号转导途径等方面有了深入的认识，并认为细胞内存在着多种信号转导方式和途径，各种方式和途径间又有多个层次的交叉调控，是一个十分复杂的网络系统。其研究结果将成为疾病机制研究（如肿瘤、药物中毒）、药物筛选及毒副作用研究的基础。

细胞生长的分子生物学基础，是蛋白质和核酸的生物合成。最近美国科学家发现了一种名为"RRN_3"的蛋白质，它在控制细胞生长速度方面起着关键作用。这种调节分子本身可作为一种独特的药靶，破坏它就可以终止癌细胞的生长，另外RRN_3可以作为开发高灵敏度抗癌方法的生物标志物。然而这种蛋白质在引导细胞生长的信号转导途径中的真正机制还需进一步探讨。

近代细胞与分子生物学的研究已经为整个医学科学的理论与实践开拓出以前无法想象的广阔前景。细胞生物学与医学的关系非常密切，它是现代医学的重要理论基础，它的理论与实践将大力促进基础医学和临床医学的深入发展。因此，作为一名医学生，必须掌握细胞生物学的基础理论、细胞培养技术的基本知识和基本技能，为从事医学工作奠定基础。

本章小结

细胞生物学是研究细胞基本生命活动规律的科学，将显微水平、亚显微水平和分子水平三个层次有机地结合起来，探讨和研究细胞形态结构与功能，细胞增殖、分化、衰老与凋亡，信号转导，基因表达与调控，细胞起源与进化等内容。其分支学科包括细胞形态学、细胞生理学、细胞遗传学、细胞化学、分子细胞学等学科。

从胡克发现细胞至今，人类对生物体的认识从宏观世界逐步进入到微观世界，大致分为四个历史性阶段：细胞的发现和细胞学说的创立、细胞学的研究、细胞生物学的兴起和发展、分子生物学时代。

细胞生物学与医学关系密切，细胞生物学不仅是现代医学的重要基础理论，它的理论与实践也将大力促进基础医学和临床医学的深入发展。作为医学生，要掌握细胞生物学的基础理论、基本知识和基本技能，为从事医学工作奠定基础。

案例讨论

病人，女，14岁，因下肢皮肤瘀斑加重，月经出血增多，经期延长而就诊。查血常规显示：血小板 30×10^9/L，入院后经骨髓穿刺等相关检查，最终明确诊断为急性髓系白血病M5。血液病专家团队综合评估病人病情，建议行异基因造血干细胞移植。经查，病人与其母亲HLA配型半相合，采取先后回输供者骨髓造血干细胞、外周血造血干细胞的方法进行治疗。造血干细胞回输后第13天病人粒系植活，回输后第17天血小板植活。期间没有出现排斥反应。经治疗后血常规显示：白细胞 3.99×10^9/L，血红蛋白91g/L，血小板 182×10^9/L，血象基本正常。

（尚喜雨）

扫一扫，测一测

思考题

1. 什么是细胞？细胞生物学的研究内容和范围有哪些？
2. 简述细胞生物学的发展简史。
3. 细胞生物学的研究对象和目的是什么？医学细胞生物学在医学教育中的地位和作用如何？

笔记

第二章 细胞的基本概念和分子基础

学习目标

1. 掌握:细胞的概念、化学组成和分类。
2. 熟悉:细胞内生物大分子的结构;原核细胞与真核细胞的异同。
3. 了解:细胞内各种化合物的功能;原核细胞和真核细胞遗传物质的存在形式。
4. 具有在显微镜下辨别原核细胞和真核细胞的能力。
5. 能将临床病症与细胞成分相联系,理解疾病的机制。

细胞(cell)是生物体形态结构和功能的基本单位。除病毒外,所有生物体都是由细胞构成的,虽然组成不同组织和器官的细胞大小、形态和功能彼此不同,但是各类细胞的基本结构是相似的。细胞是代谢与功能的基本单位,任何生物体的新陈代谢都是以细胞为单位来进行的;细胞是生物体生长发育的基本单位,多细胞生物从受精卵开始通过细胞分裂使细胞数量增多,通过细胞生长使细胞体积增大,通过细胞分化使细胞种类增加,最终发育成为一个完整的个体;细胞是遗传的基本单位,具有遗传的全能性,遗传全能性是指生物体中的每一个体细胞都包含有本物种全套的遗传信息,都有分化为各类细胞或发育为完整个体的潜能;所以细胞是生命活动的基本单位。根据构成生物体细胞数目的不同把生物分为单细胞生物和多细胞生物两大类;单细胞生物只由一个细胞构成,如细菌;多细胞生物由多个细胞构成,如人类;人类由一个受精卵开始,逐渐发育成一个多细胞生物,新生儿约含 1.5×10^{12} 个细胞,到成人约含 2.2×10^{14} 个细胞。

第一节 细胞的化学组成

构成细胞的生命物质称为原生质(protoplasm)。组成细胞的化学元素有 50 多种,主要有 C、H、O、N 四种元素,约占细胞原生质总量的 90%,其次有 S、P、Cl、K、Na、Ca、Mg、Fe 等元素。这两者合计达到原生质总量的 99.9%,统称为宏量元素。此外细胞中还有 Cu、Zn、Mn、Mo、Co、Cr、Si、F、Br、I、Li、Ba 等元素,含量极少,称为微量元素,这些微量元素虽然含量少,但在生命活动中却起着重要作用,缺一不可。如缺碘会引起甲状腺代偿性增生,使人患甲状腺肿大(俗称大脖子病)。细胞内的所有元素都是以各种化合物的形式存在着,从化学性质上可以分为无机化合物(inorganic compound)和有机化合物(organic compound)两大类。无机化合物包括水和无机盐。

水在原生质中含量最多,一般约占原生质总量的 70%。细胞内的水有两种存在形式,一是游离水,约占 95%,游离水是细胞内良好的溶剂,细胞内各种代谢反应都在水溶液中进行;二是结合水,以氢键或其他键与蛋白质结合,参与细胞的构成。不同机体的细胞中含水量不一样,且同一机体的不同器官中含水量差别也很大。例如,人体各部分含水量如下:骨骼 22%,肌肉 76%,血液 83%,眼球的玻璃体

中含水量为 99%。

无机盐在细胞内的含量较少，约占原生质总量的 1%，都是以离子状态存在的。含量较多的阳离子有 K^+、Na^+、Ca^{2+}、Mg^{2+}、Fe^{2+} 等，阴离子有 Cl^-、SO_4^{2-}、PO_4^{3-}、HCO_3^- 等。这些无机离子有的直接参与生物大分子的形成，组成有一定功能的结合蛋白或类脂，如 PO_4^{3-} 是合成磷脂、核苷酸所必需的，Fe^{2+} 是细胞色素、血红蛋白的成分，Mg^{2+} 参与构成 DNA 聚合酶；有些游离于水中，维持细胞内外液的渗透压、酸碱性和膜电位，以保障细胞的正常生理活动。

有机化合物是细胞的基本成分，包括有机小分子和生物大分子。有机小分子有单糖、脂肪酸、氨基酸和核苷酸等；生物大分子是由有机小分子构成的，包括多糖、脂类、蛋白质和核酸等。

第二节　生物大分子

细胞内的生物大分子（biological macromolecule）是指分子量巨大、结构复杂、具有生物活性或蕴藏生命信息、决定生物体形态结构和生理功能的大分子有机物。其中重要的生物大分子有蛋白质、核酸和糖类等。

一、蛋白质

蛋白质（protein）是构成细胞的主要成分，它不仅决定了细胞的形状和结构，而且还承担着许多重要的生理功能。自然界中的蛋白质通常由 20 种氨基酸组成，但这 20 种氨基酸通过种类、数量和排列顺序的不同，可以构成多达几十万种甚至上百万种不同的蛋白质，而且每种蛋白质还有空间构象的变化，这样就决定了蛋白质结构和功能的多样性，从而表现出生命的多样性。

（一）蛋白质的化学组成

1. 氨基酸　蛋白质的基本组成单位为氨基酸，每一个氨基酸都含有一个碱性的氨基（$—NH_2$）和一个酸性的羧基（—COOH），另加一个结构不同的侧链（—R）（图 2-1）。氨基酸为两性电解质，依侧链—R 的带电性和极性不同，可分为 4 类：带负电荷的酸性氨基酸、带正电荷的碱性氨基酸、不带电荷的中性极性氨基酸和不带电荷的中性非极性氨基酸。

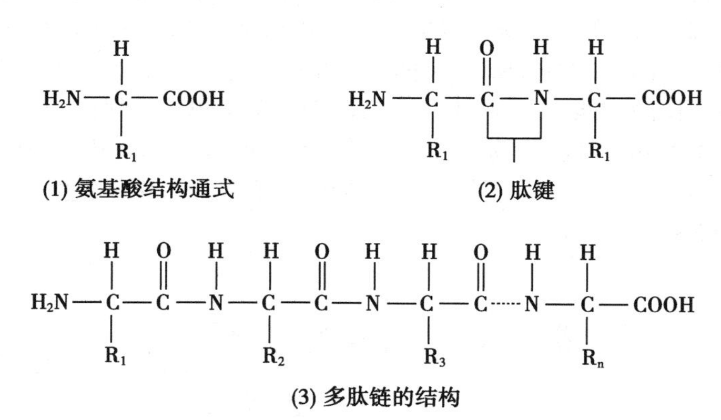

图 2-1　氨基酸结构通式、肽键、多肽链示意图

2. 多肽　由一个氨基酸分子的氨基（$—NH_2$）与另一个氨基酸分子的羧基（—COOH）之间脱水缩合形成的化学键叫肽键，两个氨基酸由肽键相连形成二肽，三个氨基酸结合形成三肽，依次类推，多个氨基酸按一定顺序由肽键相连接形成多肽，多肽为链状结构故称为多肽链（peptide chain）（图 2-1）。有些蛋白质包含一条多肽链，有些蛋白质则由两条或两条以上的多肽链构成。

（二）蛋白质的分子结构

蛋白质的分子结构分为一级、二级、三级和四级结构。

1. 蛋白质的一级结构　包括组成蛋白质的多肽链数目、多肽链的氨基酸顺序以及多肽链内、链间的二硫键数目和位置。其中最重要的是多肽链的氨基酸顺序，它是蛋白质生物功能的基础。蛋白质氨基酸顺序的改变，不仅影响蛋白质的高级结构，而且直接影响其生物功能。

2. 蛋白质的二级结构　是指肽链的主链在空间的排列，它只涉及肽链主链的构象及链内或链间形成的氢键。常见的有α-螺旋和β-折叠两种形式，α-螺旋是一条多肽链中相邻近的氨基酸残基之间形成氢键；β-折叠是多肽链的两部分并行排列形成氢键，或者是多条多肽链并行排列形成。二级结构是纤维蛋白质分子的结构基础，在肌动蛋白、肌球蛋白、角蛋白、胶原蛋白中较多。维持二级结构的次级键主要是氢键。

3. 蛋白质的三级结构　多肽链在各种二级结构的基础上再进一步盘曲或折叠形成具有一定规律的三维空间结构。蛋白质三级结构的稳定主要靠次级键，包括氢键、离子键、疏水键以及范德华力等。这些次级键可存在于一级结构序号相隔很远的氨基酸残基的R基团之间，因此蛋白质的三级结构主要指氨基酸残基的侧链间的结合。次级键都是非共价键，易受环境中pH、温度、离子强度等的影响，有变动的可能性。二硫键不属于次级键，但在某些肽链中能使远隔的两个肽段联系在一起，这对于蛋白质三级结构的稳定起着重要作用。具备三级结构的蛋白质从其形态上看，有的细长，属于纤维状蛋白质，如丝心蛋白；有的长短轴相差不多，基本上呈球形，属于球状蛋白质，如血浆白蛋白、球蛋白。由一条多肽链构成的蛋白质具备三级结构就有了生物活性，比如各种免疫球蛋白；但大多数蛋白质具备三级结构仍无生物活性，必须构建更高级的结构，才能参与生命活动。

4. 蛋白质的四级结构　具有两条或两条以上独立三级结构的多肽链组成的蛋白质，其多肽链间通过次级键相互组合而形成的空间结构称为蛋白质的四级结构。其中，每个具有独立三级结构的多肽链单位称为亚基（subunit），一种蛋白质中的亚基结构可以相同，也可以不同。大多数由多个亚基组成的蛋白质形成四级结构时才具有生物活性。如烟草斑纹病毒的外壳蛋白是由2200个相同的亚基形成多聚体；正常人血红蛋白A是两个α亚基与两个β亚基形成的四聚体。

（三）蛋白质折叠的分子机制

蛋白质的折叠并不是发生在翻译之后，而是与核糖体上蛋白质的合成同步进行的，即边合成边折叠。新生肽链在合成过程中结构不断的发生调整，肽链的延伸、折叠、构象调整、直至最后三维立体结构的形成，都是一个同时进行的动态过程。在蛋白质折叠的过程中往往需要一些其他蛋白质的协助，这些蛋白被称为“分子伴侣”。

（四）蛋白质的分类

蛋白质是生命活动的直接体现者，其种类繁多、结构复杂，分类标准多样。按形状可分为纤维状蛋白和球形蛋白，如角蛋白、免疫球蛋白；按功能可分为结构蛋白、调控蛋白、转运蛋白等，如胰岛素、各种膜蛋白、血红蛋白等；按电荷可分为酸性蛋白和碱性蛋白；按组成成分可分为单纯蛋白和结合蛋白，如组蛋白、糖蛋白、核蛋白。

（五）蛋白质在生命活动中的作用

生物界蛋白质的种类估计在10^{10}~10^{12}数量级，造成种类众多的原因主要是参与蛋白质组成的20种氨基酸在肽链中的排列顺序不同。蛋白质是生物功能的载体，每种细胞活性都依赖于一种或几种特定的蛋白质，蛋白质的生物学功能主要有以下几个方面：

1. 结构和支持作用　蛋白质是构成细胞的主要成分，也是生物体形态结构的主要成分。

2. 物质运输和信息传递作用　细胞膜上存在很多载体蛋白和受体蛋白，载体蛋白能为细胞运输营养物质，受体蛋白可接受细胞外信号，进而使细胞发生相应的反应。此外，红细胞中的血红蛋白则有运输氧和二氧化碳的作用。

3. 催化作用　细胞内的各种代谢反应都是在酶的催化作用下完成的，酶的化学本质是蛋白质，是蛋白质中最大的一类。蛋白质参与细胞内的各种代谢活动。

4. 防御作用　高等动物和人体细胞防御细菌入侵的抗体就是免疫球蛋白。

5. 运动作用　有些蛋白质赋予细胞运动的能力，例如肌肉细胞中的肌动蛋白和肌球蛋白相互滑动，导致肌肉的收缩。

6. 调节作用　细胞内起调节作用的某些肽类激素也是蛋白质，它们具有调节生长发育和代谢的作用。

（六）蛋白质的结构和功能的关系

在生物体细胞内，蛋白质的多肽链一旦被合成后，自身就根据其一级结构的特点自然折叠和盘曲，形成一定的空间构象。空间构象是蛋白质功能活性的基础，空间构象发生变化，其功能活性也随

之改变。蛋白质变性时，由于其空间构象被破坏，故引起其功能活性丧失。变性的蛋白质在复性后，空间构象复原，功能活性也能再恢复。

（七）酶

酶（enzyme）是指生物体活细胞产生的具有生物催化作用的蛋白质，能在体内外物质代谢中起催化作用，又称为生物催化剂。机体内许多代谢反应以及生命信息传递都是在酶的催化下完成的。酶和一般无机催化剂比较具有如下特性：

(1) 具有很高的催化效率，比一般无机催化剂效率高 10^7~10^{13} 倍，酶只能加快反应速度，本身在反应前后没有结构和性质上的改变。

(2) 具有高度的专一性，酶对催化的反应和反应物有严格的选择性，被作用的反应物称为底物（substrate）；一种酶只能催化一种或者一类物质的化学反应；而一般的催化剂没有这样严格的选择性。

(3) 具有高度的不稳定性，酶是细胞产生的生物大分子，凡能使生物大分子变性的因素，如高温、强碱、强酸、重金属盐等都能使酶失去催化活性，因此酶所催化的反应往往都是在比较温和的常温、常压和接近中性酸碱条件下进行。

酶催化作用的特异性和高效性是由酶分子中某些氨基酸残基的侧链基团所决定的，这些氨基酸残基彼此接近，形成特定的区域，以识别和催化底物，这就是酶的活性中心。有些酶除了具有活性中心外，还有一个可以结合变构剂的变构位点，这类酶称为变构酶。一些物质通过与酶的变构位点结合，影响酶蛋白的空间构象，从而达到对酶活性的调节控制作用。

根据酶的化学组成可将酶分为单纯蛋白酶类和结合蛋白酶类。单纯蛋白酶类仅由单纯蛋白质分子组成，如胰蛋白酶、胰脂肪酶都属于此类。结合蛋白酶类是由辅酶（非蛋白质部分）和酶蛋白（蛋白质部分）组成，如氧化还原酶类、水解酶类、转移酶类、异构酶类、裂解酶类、合成酶类等多属结合蛋白酶。

蛋白质的结构与疾病的发生

蛋白质要表现出特定的生物学功能，必须按照特定方式盘卷、折叠形成正确的三维结构。如果没有，就会导致多种疾病。据统计，有超过 300 多种疾病的根本原因在于蛋白质的错误折叠、聚集并最终导致细胞功能障碍甚至死亡。目前有研究者已鉴定出七类化合物，它们能增强细胞产生更多保护性分子伴侣的能力，从而恢复蛋白质的正确折叠。研究人员称这些化合物为蛋白质平衡调节子。这些化合物恢复了细胞健康，减少了蛋白聚集，保护细胞对抗蛋白的错误折叠。用这些小分子治疗患病动物时，这些动物恢复了健康。

二、核酸

核酸（nucleic acid）是重要的生物大分子，是分子生物学研究的重要对象，核酸最初是从细胞核中分离出来的，具有酸性，故称为核酸。但后来的研究表明，核酸不仅存在于细胞核中，也存在于细胞质中。自然界几乎所有的生物体内都有核酸存在，即使病毒（朊病毒除外）也同样含有核酸。核酸是生物遗传和变异的物质基础，它是生命遗传信息的携带者和传递者，对生命的延续、生物物种遗传特性的保持、生长发育、细胞分化等起着重要的作用，同时也是现代分子生物学的重要研究领域，是基因工程操作的核心内容。另外，核酸及其衍生物还可以用于保护人类健康。目前已发现有不少核酸类或核酸衍生物类药物，可以用来治疗至今难以对付的病毒性疾病以及恶性肿瘤等。

（一）核酸的种类和分布

核酸分为脱氧核糖核酸（deoxyribonucleic acid，DNA）和核糖核酸（ribonucleic acid，RNA）两大类。其中 DNA 携带遗传信息，RNA 则与遗传信息的表达有关。在生物界除病毒外，其他所有生物的细胞中均含有 DNA 和 RNA，这些生物以 DNA 为主要遗传物质。病毒含有 DNA 和 RNA 中的一种，根据病毒核心内核酸的类型可以把病毒分为 DNA 病毒和 RNA 病毒。在真核细胞中，DNA 主要存在于细胞核内，少量存在于细胞质中，如动物细胞中的线粒体内含有少量的 DNA，植物细胞的叶绿体也含有少量的 DNA；RNA 主要存在于细胞质中，少量存在于细胞核中。

（二）核酸的化学组成

1. 核酸的化学组成　核酸亦称为多聚核苷酸，核苷酸是构成核酸分子的基本结构单位，核苷酸是核苷的磷酸酯，核苷又由核糖（或脱氧核糖）与碱基组成，所以核苷酸分子由磷酸、戊糖和含氮碱基三部分组成。碱基有两大类，即嘌呤和嘧啶。嘌呤包括腺嘌呤（adenine，A）和鸟嘌呤（guanine，G）；嘧啶包括胞嘧啶（cytosine，C）、胸腺嘧啶（thymine，T）和尿嘧啶（uracil，U）。戊糖有两种：核糖（ribose）和脱氧核糖（deoxyribose）。1 分子戊糖与 1 分子碱基缩合而形成的化合物称为核苷，核苷与磷酸结合所形成的化合物即为单核苷酸（图 2-2）。

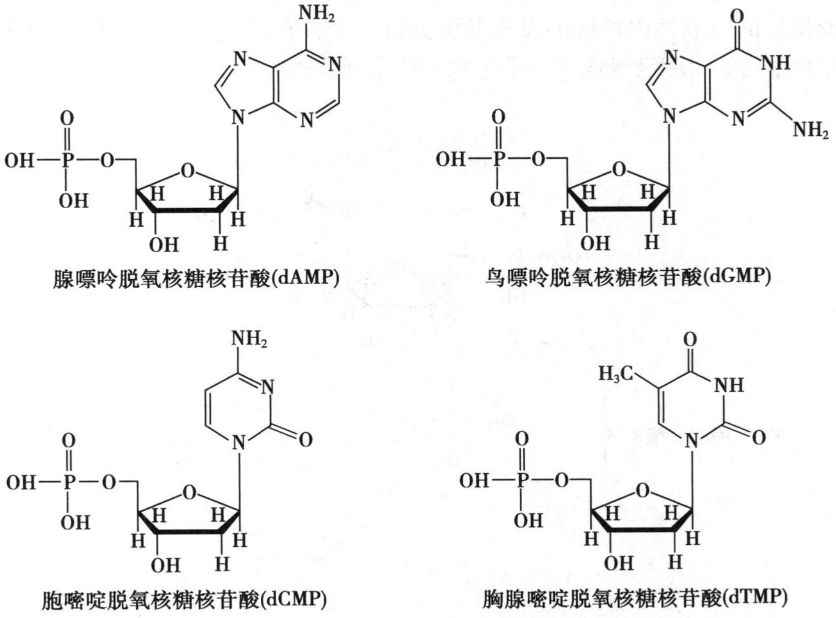

腺嘌呤脱氧核糖核苷酸(dAMP)　　鸟嘌呤脱氧核糖核苷酸(dGMP)

胞嘧啶脱氧核糖核苷酸(dCMP)　　胸腺嘧啶脱氧核糖核苷酸(dTMP)

图 2-2　构建 DNA 分子的单核苷酸

由于 DNA 中的戊糖为脱氧核糖，碱基为 A、G、C、T，因此，组成 DNA 的核苷酸有 4 种，它们是腺嘌呤脱氧核苷酸（dAMP）、鸟嘌呤脱氧核苷酸（dGMP）、胞嘧啶脱氧核苷酸（dCMP）和胸腺嘧啶脱氧核苷酸（dTMP）。RNA 中的戊糖为核糖，碱基为 A、G、C、U，故组成 RNA 的核苷酸也有 4 种，即腺嘌呤核苷酸（AMP）、鸟嘌呤核苷酸（GMP）、胞嘧啶核苷酸（CMP）和尿嘧啶核苷酸（UMP）。多个核苷酸连接起来就是多聚核苷酸链，它是核酸的一级结构，是由核苷酸（或脱氧核苷酸）的种类、数量及排列顺序形成的线形结构。核糖核酸（RNA）为一条多聚核苷酸链，而脱氧核糖核酸（DNA）含两条多聚脱氧核苷酸链。

2. DNA 与 RNA 的区别　DNA 与 RNA 的组成成分、结构、分布和功能都有较大的区别，见表 2-1。

表 2-1　RNA 与 DNA 的主要区别

类别	DNA	RNA
核苷酸组成	磷酸 脱氧核糖 碱基（A、G、C、T）	磷酸 核糖 碱基（A、G、C、U）
核苷酸种类	腺嘌呤脱氧核苷酸（dAMP） 鸟嘌呤脱氧核苷酸（dGMP） 胞嘧啶脱氧核苷酸（dCMP） 胸腺嘧啶脱氧核苷酸（dTMP）	腺嘌呤核苷酸（AMP） 鸟嘌呤核苷酸（GMP） 胞嘧啶核苷酸（CMP） 尿嘧啶核苷酸（UMP）
结构	双螺旋	单链
分布	主要存在于细胞核中	主要存在于细胞质中
功能	储存遗传信息	参与基因的表达

（三）DNA 的结构和功能

1. DNA 的结构　一个 DNA 分子是由许多的脱氧核苷酸聚合而成的多聚核苷酸长链。这些核苷酸是如何连接起来的呢？组成 DNA 分子的脱氧核苷酸之间是通过磷酸二酯键连接在一起的，即前一个脱氧核苷酸脱氧核糖第 3 位碳上的羟基与后一个核苷酸脱氧核糖第 5 位碳上的磷酸结合，即相邻的两个脱氧核苷酸之间通过 3′，5′磷酸二酯键连接起来（图 2-3）。这样通过 3′，5′磷酸二酯键反复相连形成多聚体核苷酸长链，这样的长链有两个末端，一个是脱氧核糖的 5′末端，在此末端往往有磷酸相连，因而称为 5′磷酸末端；另一个是核糖的 3′末端，因其往往是游离羟基，所以也叫 3′羟基末端。脱氧核苷酸在 DNA 分子中的排列顺序构成了 DNA 的一级结构。DNA 一级结构的测定在过去是很困难的工作，但是随着特异的限制性内切酶的发现及可分辨一个核苷酸分子差别的聚丙烯酰胺凝胶电泳技术的发展，核苷酸序列的检测已经成为分子生物学的常规检测方法。

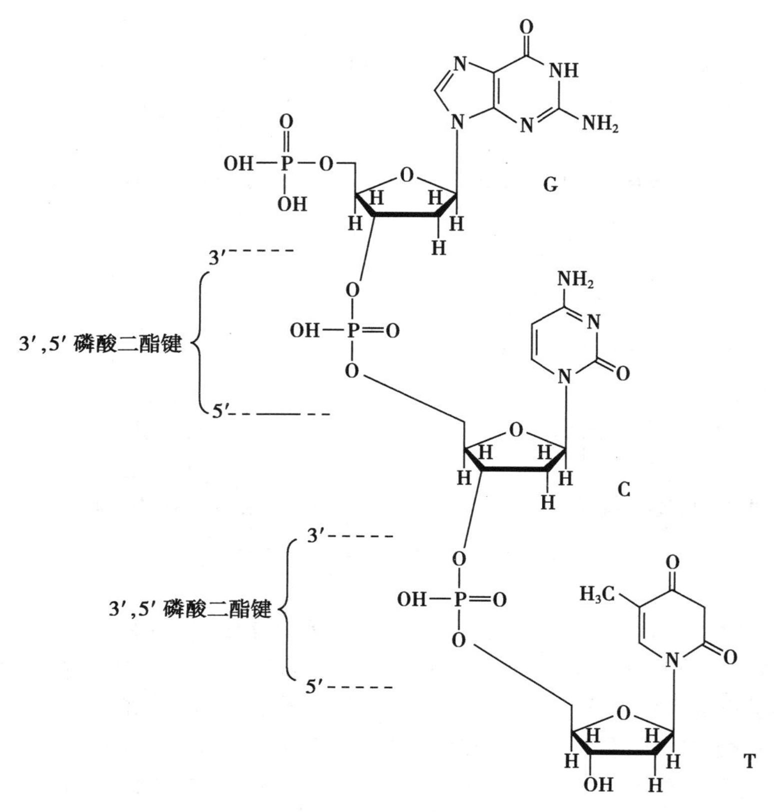

图 2-3　多聚核苷酸链中的磷酸二酯键

1953 年，Watson 和 Crick 提出了著名的 DNA 分子双螺旋结构模型（图 2-4），这个模型不仅解释了当时所知道的 DNA 的一切理化性质，而且将分子结构与其功能联系起来，大大推动了分子生物学的发展，该模型具有以下主要特征：

（1）DNA 分子由两条方向相反的多聚脱氧核苷酸链构成，一条链从 3′→5′，另一条链从 5′→3′。

（2）两条脱氧核苷酸链之间的碱基严格遵守碱基互补配对原则，即 DNA 两条链之间的碱基通过氢键有规律的互补配对，其中腺嘌呤 A 与胸腺嘧啶 T 之间形成两个氢键（A═T），胞嘧啶 C 与鸟嘌呤 G 之间形成三个氢键（C≡G）（图 2-4），由此两条脱氧核苷酸链成为互补链。

（3）两条多聚脱氧核苷酸链平行地围绕同一中心轴以右手方向盘绕成双螺旋结构。

（4）脱氧核糖和磷酸排列在两条链的外侧，构成 DNA 分子的基本骨架，为所有 DNA 分子共有，不携带任何遗传信息；碱基位于两条链的内侧，4 种碱基的排列顺序在不同的 DNA 中各不相同，贮存着具有个体差异的遗传信息。

（5）DNA 分子中双螺旋的直径为 2.0nm，螺距为 3.4nm，相邻碱基对之间距离为 0.34nm。

2. DNA 的主要功能　DNA 是生物体的遗传物质，它的主要功能是储存遗传信息，并以自身为模

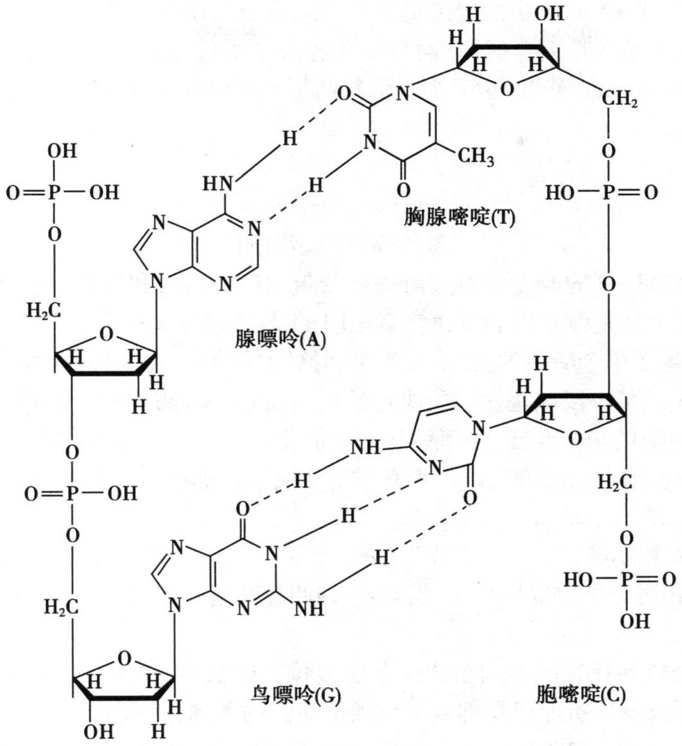

图 2-4　DNA 双链间的碱基互补配对示意图

板合成 RNA 从而指导蛋白质合成，同时 DNA 还通过自我复制把亲代的遗传信息传给子代，使子代保持与亲代相似的生物学性状。

（1）贮存和表达遗传信息：遗传信息（genetic information）是指 DNA 分子中特定的碱基排列顺序。虽然组成 DNA 分子的碱基只有 4 种，但是 DNA 分子相对较大，所含的核苷酸数目多，并且其碱基对的排列顺序是随机的，这就决定了 DNA 分子的复杂性和多样性。如果一个 DNA 分子是由 n 对核苷酸组成的，其碱基对的排列方式就有 4^n 种，即可以形成 4^n 种不同类型的 DNA，所以，决定生物性状的遗传信息就储存在碱基对的排列顺序中。

以 DNA 分子中的一条特定的链为模板，互补合成 RNA 的过程称为转录（transcription）。转录时，DNA 的双链在酶的作用下局部解旋，以一条链的特定部分为模板，以 4 种核苷酸为原料，在 RNA 聚合酶的作用下，通过碱基互补配对（A═U，T═A，C≡G，G≡C）沿 5′→ 3′的方向合成 RNA 单链，从而将 DNA 储存的遗传信息传递到 RNA 中。在 RNA 合成后，DNA 重新恢复成双螺旋结构。

（2）传递遗传信息：以 DNA 分子的两条链为模板，在 DNA 聚合酶和连接酶的作用下互补合成子代 DNA 的过程称为 DNA 的复制（replication）。DNA 复制发生在细胞周期的 S 期（DNA 合成期）。过程如下：①亲代 DNA 在解旋酶的作用下，从多个复制起始点解旋，双链之间的氢键断开，成为两股单链；②以每股单链为模板，按照碱基互补配对原则，以游离于细胞核内的脱氧核苷酸为原料，在 DNA 聚合酶和连接酶的作用下，沿着 5′→ 3′的方向合成互补的 DNA 新链；③每条新合成的 DNA 单链与对应的模板链盘旋成稳定的双螺旋结构，各形成一条携带完整遗传信息的子代 DNA（图 2-5）。这样，原有的一个 DNA 分子就复制成两个完全

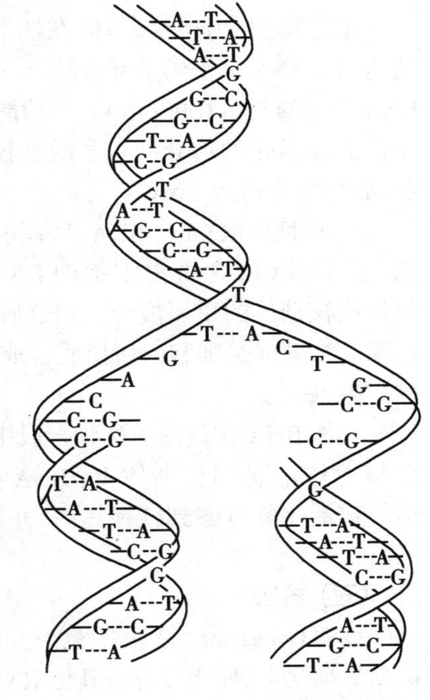

图 2-5　DNA 分子复制示意图

一样的子代DNA，原来DNA分子中的遗传信息也因此完全复制到子代DNA分子中。在新合成的子代DNA双链中，只有一条链是新合成的，而另一条链来自亲代DNA，这种复制方式称为半保留复制(semi-conservative replication)。研究证实，半保留复制是十分精确的，确保了遗传物质的结构在世代相传中的稳定性。

基因序列与蛋白质

DNA分子中碱基序列的改变将对其所决定的蛋白质的组成和功能产生重要影响，并可导致许多种疾病。例如：人类的镰形细胞贫血症就是因11号染色体上决定血红蛋白组成的DNA分子中的一个小区段发生了单个碱基的改变(A→T)，导致血红蛋白组成上的异常变化，从而引起严重的疾病。如果DNA的某一段碱基序列所决定的蛋白质是一种酶，那么当该序列的组成发生变化的时候，将造成这种酶结构的改变，继而引起它所催化的代谢过程中断或紊乱，产生相应的疾病，这类疾病称先天性代谢病。苯丙酮尿症、白化病等均属于这类疾病。

(四) RNA的结构和功能

RNA种类很多，相对分子质量较小，组成RNA的四种碱基为A、G、C、U。碱基配对的原则是A与U、G与C配对。

RNA分子由多个核糖核苷酸排列组成一条多聚核苷酸长链，基本上是以单链形式存在，但有的RNA分子的单链也可自身回折形成局部双链。根据功能的不同，可将RNA分为3种类型：信使RNA(messenger RNA，mRNA)、转运RNA(transfer RNA，tRNA)、核糖体RNA(ribosomal RNA，rRNA)。近年还新发现多种特殊类型的RNA(snRNA，snoRNA，miRNA等)。

1. 信使RNA　mRNA是由一条多核苷酸单链构成，多数是线形结构，局部形成发卡式结构，含量占细胞内RNA总量的1%~5%。其功能是从细胞核内的DNA分子上转录出遗传信息，并带到细胞质中，与核糖体结合，作为合成蛋白质的模板，所以称为信使RNA。mRNA分子中每三个相邻的碱基构成一个密码子，由密码子决定多肽链中氨基酸的排列顺序。

2. 转运RNA　tRNA是单链结构，但有部分节段扭曲螺旋成假双链，整个分子呈三叶草形的结构(图2-6)。靠近柄部的一端有—CCA 3个碱基，为活化氨基酸的连接位置；与之相对应的另一端呈球形，称为反密码环，在环上有3个碱基，称为反密码子，这是与mRNA上密码子互补结合的位置。tRNA的含量占细胞内RNA总量的5%~10%。tRNA的功能是在蛋白质生物合成过程中，专门运输活化的特异性氨基酸到核糖体的特定位置去缩合成肽链，故称之为转运RNA。

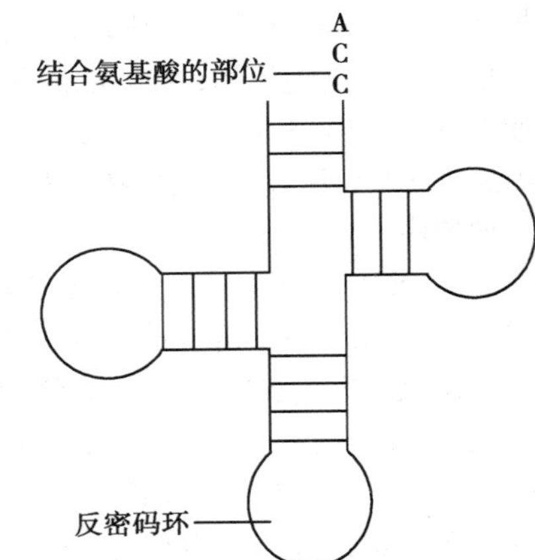

图2-6　tRNA分子的三叶草结构示意图

3. 核糖体RNA　rRNA为单链结构，但某些节段也常呈现双螺旋。rRNA的含量占细胞内RNA总含量的80%~90%。rRNA是构成核糖体的重要成分，占核糖体总量的60%，其余40%为蛋白质。核糖体是细胞内蛋白质合成的场所，即氨基酸缩合成肽链的"装配机"。

三种RNA在蛋白质生物合成中，都起着重要的作用。mRNA携带遗传信息到核糖体上；tRNA根据mRNA上的遗传密码转运特定活化氨基酸到核糖体中，并缩合成多肽链；由rRNA和蛋白质组成的核糖体，是蛋白质合成的场所。

(五) 核酶

核酶(ribozyme)是具有酶活性的RNA。核酶的底物为RNA分子，它们可以在不需要蛋白质分子协助的情况下，催化自身或其他RNA分子水解。

案例导学

患儿，女，9岁，腹大8年。经询问，患儿足月顺产，母乳喂养，1岁以内生长和智力发育与同龄儿童大致相同，只是感觉患儿腹部大未予重视。1岁以后发现患儿仍然腹部大，食欲旺盛，常流鼻血，身高较同龄儿童矮，有时手足发抖，大喘气，上述症状持续至今。查体患儿身高明显偏矮，智力正常，四肢匀称。巩膜皮肤无黄疸，心律齐，腹部明显膨隆，巨大肝脏。生化检查：低血糖、高乳酸、高尿酸，尿酮体阳性。初步诊断患儿为“糖原贮积症”。

问题：1. 查阅资料分析糖原贮积症形成的机制。

2. 根据该病发生的机制分析基因与蛋白质的关系。

3. 该病发生机制充分体现了蛋白质在机体内的哪种重要功能？

三、糖类

糖类是细胞的主要组成成分，是生物体维持生命活动所需能量的主要来源，也是生物体合成其他化合物的基本原料，即生物体的基本结构物质之一，糖类主要由碳、氢、氧3种元素组成，故又称碳水化合物（carbohydrate）。细胞中的糖除了作为能源的葡萄糖及其他一些单糖、寡糖和多糖外，还有通过共价键与非糖物质结合的复合糖，如糖蛋白、蛋白聚糖、糖脂和脂多糖等。复合糖类主要存在于细胞膜表面和细胞间质中。复合糖中糖链结构的复杂性提供了大量的信息，这些糖结合物与细胞的生长和分化、细胞识别、细胞与环境之间的相互作用、细胞免疫、某些代谢性遗传疾病的发生以及药物的作用机制等方面均有着十分密切的关系。

第三节 细胞的形态与大小

一、细胞的形态

真核细胞的形态多种多样，常与细胞所处的部位及功能密切相关。游离于体液中的细胞多近似于球形，如红细胞和卵细胞；组织中的细胞一般呈椭圆形、立方形、扁平形、梭形和多角形，如上皮细胞多为扁平形或立方形；具有收缩功能的肌肉细胞多为梭形；具有接受和传导各种刺激的神经细胞常呈多角形，并呈现星状突起；另外还有的细胞形状是可变的，如白细胞。

二、细胞的大小

细胞的大小差别很大，不同种类的细胞大小各不相同。细胞的大小一般要用光学显微镜的测微尺进行测量，其计量单位一般用微米（μm）表示。已知最小的细胞是支原体，直径只有0.1~0.3μm，需要借助于电子显微镜方可观察到；最大的细胞是鸵鸟的卵细胞，直径可达12~15cm。

人体内最大的细胞是卵细胞，直径约为100μm；最小的是精子，其头部直径只有5μm；成熟的红细胞直径为7~8μm；肝细胞的直径在18~20μm之间；口腔黏膜上皮细胞的直径约为75μm；而个别神经细胞直径达100μm，其突起可长达1m。

细胞的大小与它的功能是相适应的。鸟卵较大，主要是其细胞质内含有大量的营养物质，以保证其胚胎的发育；哺乳动物的卵较小，因为它是胎生的，胚胎在母体内发育，直接从母体吸收营养。神经细胞的突起之所以可长达1m，是与其神经传导功能相一致的。

分析动植物细胞的大小可以发现一个规律：不同种属同种组织或器官的细胞大小通常在一个恒定的范围内，生物体的机体大小和器官大小与细胞的大小无关，只与细胞的数量相关，此即为细胞的体积守恒定律。

三、细胞的数目

生物包括单细胞生物和多细胞生物。单细胞生物的机体仅由一个细胞构成，多细胞生物的机体一般由数以万亿计的细胞组成，一些极低等的多细胞生物体，仅由几个或几十个分化基本相同的细胞组成，高等动植物机体却由大量功能与形态结构不同的细胞构成。

第四节　原核细胞与真核细胞

地球上原始细胞的诞生距今已有大约 35 亿年，此前经历了漫长的演化过程。根据细胞的进化程度，可将细胞分为原核细胞（prokaryotic cell）与真核细胞（eukaryotic cell）两大类。

一、原核细胞

原核细胞较小，直径在 1~10μm 之间，结构简单，细胞的外部由细胞膜包绕，多数原核细胞在细胞膜的外面还有一层坚韧的细胞壁起保护作用，细胞壁主要成分是蛋白多糖和糖脂。

在细胞质内有一个比较集中的核区，无核膜、核仁，该区域称为拟核；其内只有一个环状的 DNA 分子卷曲折叠，这种 DNA 不与蛋白质结合，而是裸露于细胞质中。所以说，原核细胞无核膜、核仁，无典型的细胞核。

在原核细胞的细胞质中没有内质网、高尔基复合体、溶酶体、线粒体等具有膜性结构的细胞器，但含有核糖体、中间体和一些内含物，如糖原颗粒、脂肪颗粒等。由原核细胞组成的生物叫原核生物，是单细胞生物，常见的原核生物有支原体、细菌、放线菌和蓝绿藻等。

细菌（bacteria）是典型的原核生物。细菌的外表面为一层由肽聚糖构成的细胞壁，有时在细胞壁之外还有一层由多肽和多糖组成的荚膜，荚膜具有保护作用，保护其在真核细胞内的寄生。细菌的细胞壁内为细胞膜，膜上含有某些代谢反应的酶类，如呼吸链酶类（图 2-7）。

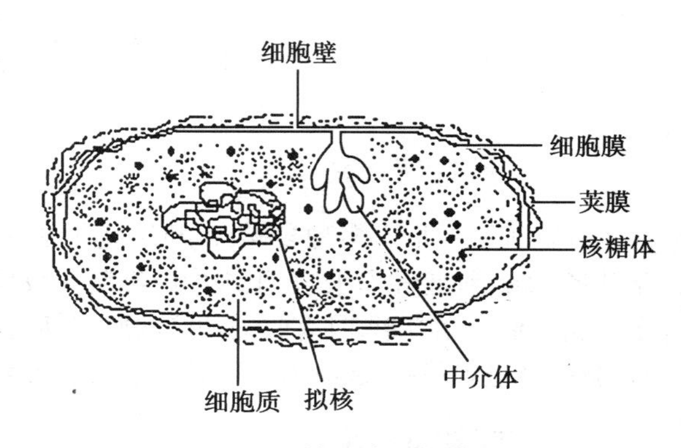

图 2-7　原核细胞结构模式图

细菌的拟核区中含有一个环状 DNA 分子，其很少有重复序列，基因的编码序列排列在一起，无内含子。另外，细菌的细胞质内还有质粒，是拟核 DNA 以外的遗传物质，它们能够自我复制；有丰富的核糖体，它们大部分游离于细胞质中，只有一小部分附着在细胞膜的内表面，是细胞合成蛋白质的场所。

二、真核细胞

真核细胞比原核细胞进化程度高，其结构比原核细胞更为复杂。自然界中由真核细胞组成的生物称为真核生物，包括单细胞生物（如酵母）、原生生物、动物、植物及人类等。真核细胞区别于原核细胞的最主要特征是出现有核膜包围的细胞核。

在光学显微镜下看到的结构称为显微结构，真核细胞可见细胞膜、细胞质和细胞核的三部分结构，在细胞核中可看到核仁。

在电子显微镜下看到的结构称为亚显微结构或超微结构，将细胞分为膜相结构和非膜相结构。膜相结构包括细胞膜、内质网、高尔基复合体、线粒体、核膜、溶酶体和过氧化物酶体；非膜相结构包括中心体、核糖体、染色质、核仁、细胞骨架、细胞基质和核基质（图 2-8）。

从功能角度划分，真核细胞分为三大功能体系。以磷脂和蛋白质为主要成分的生物膜体系，包括各种膜性结构；以核酸和蛋白质为主要成分的遗传信息表达结构体系，包括染色质、核仁和核糖体；以蛋白质为主要成分的细胞骨架体系，包括微管、微丝和中间纤维等。

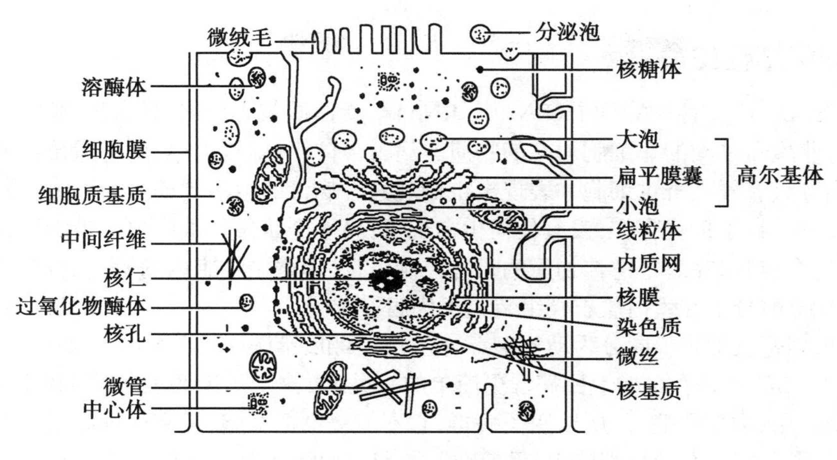

图 2-8　真核细胞结构模式图

中 核 细 胞

近年来有学者提出了中核细胞，这种细胞比原核细胞结构复杂，具有了典型的具膜细胞核，遗传物质 DNA 也与组蛋白结合形成染色体，很接近真核细胞，但它与真核细胞相比较又有区别，染色体始终处于凝聚状态，细胞核核膜在分裂过程中不消失。这种结构的生物很少，如甲藻和夜光虫。

三、原核细胞与真核细胞的异同

原核细胞与真核细胞的基本特征相同，其表现是：①都具有脂质双分子组成的细胞膜，使其与周围环境分开，同时通过膜与周围环境进行物质交换；②都具有 DNA 和 RNA，储存和传递遗传信息，指导蛋白质的合成；③都具有蛋白质合成场所——核糖体；④细胞增殖方式基本是一分为二的增殖方式。但是原核细胞与真核细胞在形态结构和功能方面，又存在明显差异，主要表现为：①原核细胞没有典型的核结构，这是因为原核细胞缺少细胞内膜系统，不能把核物质集中到核内；②原核细胞没有各种膜性细胞器；③原核细胞的 mRNA 转录与蛋白质翻译同时同地点进行，而真核细胞 DNA 转录与蛋白质翻译是分开进行的；④原核细胞为无丝分裂，真核细胞主要为有丝分裂，具有明显的周期性。原核细胞与真核细胞的主要区别见表 2-2。

表 2-2　原核细胞与真核细胞的主要区别

特征	原核细胞	真核细胞
细胞大小	小（<10μm）	大（10~100μm）
细胞壁	主要组分为肽聚糖	主要组分为纤维素
细胞器	只有核糖体	除核糖体还有许多结构复杂的细胞器
核糖体	70S	80S
细胞骨架	无	有
细胞核	拟核，无核膜、核仁	有核膜包裹的成形细胞核
遗传物质	含一个 DNA 分子，双链闭合环状裸露于细胞质中	含两个以上的 DNA 分子，线形双链 DNA 与组蛋白结合形成染色体
遗传物质表达	转录和翻译同时同地点进行	转录在细胞核内，翻译在细胞质中。先转录后翻译
细胞分裂	无丝分裂	无丝分裂、有丝分裂、减数分裂

四、非细胞结构生命

1. 病毒（virus）　由一种核酸分子（DNA 或 RNA）与蛋白质衣壳构成，具有生命特征——增殖与突变，介于生命与非生命之间的非细胞形态的物质。病毒个体小、结构简单，所含遗传物质少，专营细胞内寄生生活，病毒只有侵入寄主细胞才表现出生命现象。病毒的生活周期分为两个阶段：一个阶段是细胞外阶段，以病毒粒子形式存在，没有任何生命现象；另一个阶段是细胞内侵染阶段，在这个阶段病毒完成自己的生命过程，在病毒遗传物质的指导控制下，利用寄主细胞内的游离的核苷酸和氨基酸来合成自己的子代核酸分子和蛋白质衣壳组装成子代病毒粒子。

病毒可以根据寄主细胞不同分为动物病毒、植物病毒和细菌病毒（噬菌体）3 类。

2. 类病毒（viroid）　是在结构上比病毒更简单的一类感染物，只有裸露的遗传物质，而没有蛋白质衣壳，具有感染作用，类似于病毒，所以叫类病毒，它不能侵染活细胞，只有当细胞受损伤时，才能侵入寄主细胞。类病毒只寄生在植物细胞中，目前在人类和动物细胞中还没有发现。

3. "朊病毒"　又叫蛋白质感染因子，是 1982 年在患羊瘙痒病的羊体内发现的一类蛋白因子，后来被证明是羊瘙痒病的致病因子。现已证明疯牛病、人纹状体脊髓变性病、脑组织软化病都是由这种蛋白感染因子引起的。

本章小结

细胞是生物体结构和功能的基本单位，构成细胞的生命物质称为原生质，分为有机化合物和无机化合物，有机化合物是组成细胞的基本成分，包括有机小分子和生物大分子，生物大分子主要有蛋白质、核酸、糖类和脂类等。

蛋白质是细胞的主要成分，它是细胞形态、结构、功能的物质基础，蛋白质的基本单位是氨基酸，相邻的氨基酸之间通过肽键相连形成多肽链，此为蛋白质的一级结构，在一级结构的基础上形成二、三、四级空间结构，空间结构是其功能活性的基础。核酸是生物体内的遗传物质，基本组成单位是核苷酸，每个核苷酸是由一分子的磷酸、一分子的戊糖和一分子含氮的碱基组成；核酸分为核糖核酸（RNA）和脱氧核糖核酸（DNA）两大类。DNA 携带遗传信息，通过转录、翻译表达遗传信息，通过复制传递遗传信息。DNA 分子是由两条反向平行的多核苷酸链构成的双螺旋结构，两条链的碱基之间通过氢键互补配对。RNA 分子以单链形式存在，主要有三类：mRNA、tRNA 和 rRNA，参与遗传信息的表达。

细胞的大小形态各不相同，其大小形态与其所处的环境和生理功能相关。根据进化程度把细胞分为原核细胞和真核细胞，真核细胞有完整的细胞核与各种膜性和非膜性细胞器。

镰形细胞贫血症是一种遗传性疾病，病人的红细胞在氧分压低的环境下由正常的圆饼形变成了镰刀形，目前已经知道造成该变异的原因主要是病人体内编码血红蛋白的 β 珠蛋白基因的第 6 位密码子由正常的 GAG 变成了 GTG（A→T），使其编码的 β 珠蛋白链 N 端第 6 位氨基酸由正常的谷氨酸变成了缬氨酸，正常的血红蛋白 HbA 变成了 HbS。这种血红蛋白分子表面电荷改变，出现一个疏水区，导致溶解度降低。在氧分压低的静脉中 HbS 凝成结晶状，使红细胞呈镰刀状。镰变细胞使血液黏性增加，易使微血管栓塞，同时镰状细胞变形能力降低，通过狭窄毛细血管时易破裂，导致溶血性贫血。

结合本章学习内容分析该病变涉及哪些知识点？

案例讨论

（张群芝）

扫一扫，测一测

思考题

1. 简述细胞的化学组成和它们的主要功能。
2. 简述蛋白质的化学结构和主要功能。
3. 阐述 DNA 的化学结构及主要功能。
4. 比较 DNA 和 RNA 的区别。
5. 原核细胞和真核细胞有哪些主要区别？

笔记

第三章　细　胞　膜

学习目标

1. 掌握：单位膜、生物膜的概念；细胞膜的结构和特性；物质跨膜运输的主要方式和特点；膜受体的类型；细胞连接的类型、结构和功能。
2. 熟悉：细胞膜的化学组成；配体、受体的概念。
3. 了解：细胞膜抗原；细胞膜与疾病的关系。
4. 具备熟练使用普通光学显微镜，鉴别死、活细胞的能力。
5. 能够帮助病人了解常见的膜运输蛋白、膜受体异常疾病的知识，便于疾病的预防和早期诊断。

细胞膜（cell membrane）又称质膜（plasma membrane），是包围在细胞外周的一层薄膜。在生命的进化过程中，细胞膜的出现具有非常重要的意义，标志着细胞生命形态的出现。作为细胞外层的一道界膜，它的基本功能首先是将细胞与外界环境分隔、维持细胞内环境的相对稳定；同时，它还是细胞与外界环境交流的门户，与外界环境不断地进行物质交换、能量转换及信息传递。

除了细胞膜外，在真核细胞内还有大量的膜性结构，它们组成了具有各种特定功能的细胞器，例如内质网、高尔基复合体等，称为细胞内膜。人们把细胞膜和细胞内膜统称为生物膜（biomembrane），主要由脂类和蛋白质组成。

各种生物膜虽然在功能上各不相同，但在化学组成和结构上具有共同特征，因此，对细胞膜结构与功能的学习亦有助于对整个生物膜结构与功能的了解。

第一节　细胞膜的化学组成

细胞膜主要由脂类、蛋白质和糖类 3 种成分构成。脂类和蛋白质构成膜的主体，糖类是以糖脂和糖蛋白的复合多糖形式存在。此外，细胞膜还含有水、无机盐和少量的金属离子等。不同种类细胞膜的各种成分比例不同，通常认为，功能越复杂的膜中，蛋白质的比例越高。如人红细胞膜中蛋白质的含量为 50%，而只起绝缘作用的神经髓鞘细胞膜中蛋白质的含量仅为 19%。

一、膜脂

生物膜上的脂类统称为膜脂（membrane lipid），主要包括磷脂（phospholipid）、胆固醇（cholesterol）和糖脂（glycolipid）3 种类型，其中以磷脂为最多。所有的膜脂分子都具有双亲性（amphipathic），即它们都是由一个亲水的极性头部和一个疏水的非极性尾部组成。

1. 磷脂　是膜脂的基本成分，约占膜脂的 50% 以上，分为甘油磷脂和鞘磷脂两大类。甘油磷脂是由磷脂酰碱基、甘油和脂肪酸结合而成，磷脂酰碱基、甘油组成亲水的头部，两条长短不一的脂肪酸

链组成疏水的尾部(图 3-1),甘油磷脂包括磷脂酰胆碱(卵磷脂)、磷脂酰乙醇胺(脑磷脂)、磷脂酰丝氨酸和磷脂酰肌醇。鞘磷脂主要存在于神经轴突鞘,为神经鞘磷脂,是以鞘氨醇为骨架组成的。脂肪酸链的长度和不饱和程度可影响膜的流动性。

2. 胆固醇　是真核细胞膜上的一种重要组分,动物细胞膜中含量较高。胆固醇分子分为 3 部分:羟基组成的极性头部、非极性的类固醇环结构和一个疏水的碳氢链尾部。在膜中胆固醇分子散布在磷脂分子之间,其亲水的头部紧靠着磷脂的极性头部,固醇环部分固定在靠近磷脂头部的碳氢链上,其余部分游离(图 3-2)。胆固醇在调节膜的流动性、增加膜的稳定性和降低水溶性物质的通透性等方

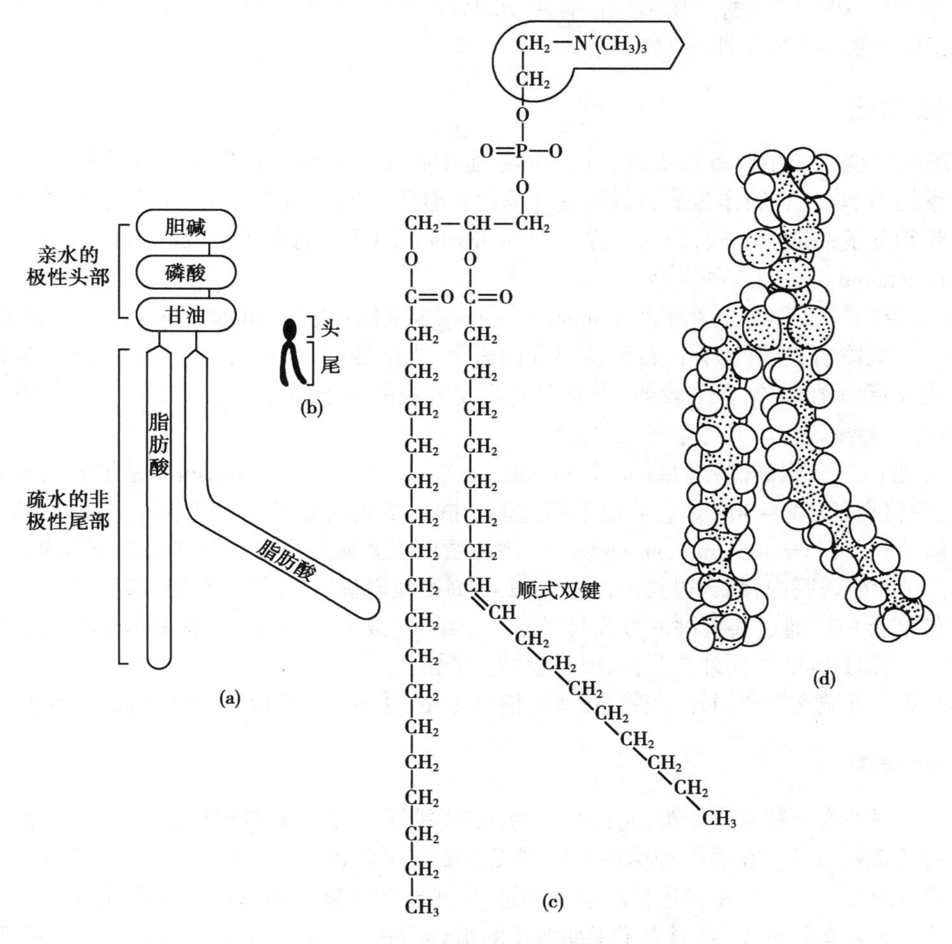

图 3-1　磷脂酰胆碱的分子结构

(a) 分子结构示意图;(b) 空间结构符号;(c) 结构式;(d) 空间结构模型

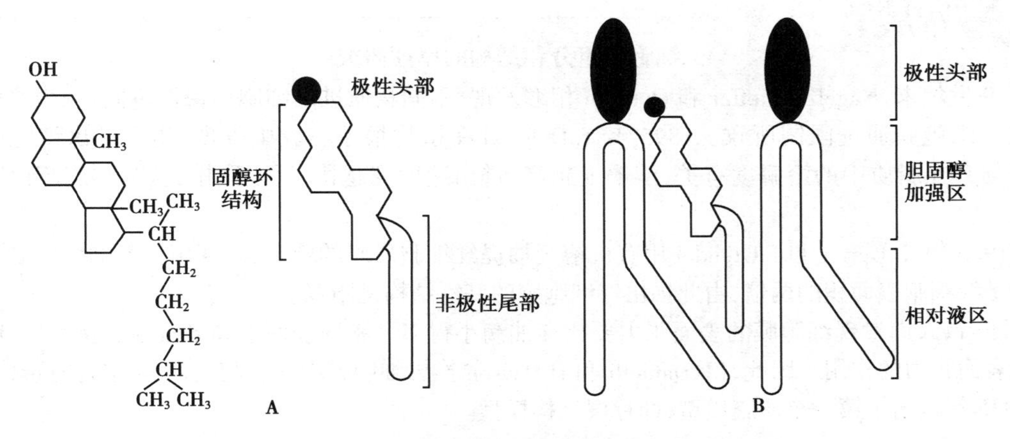

图 3-2　胆固醇分子结构模型及其在细胞膜中的位置

面起着重要作用。

3. 糖脂 为含有一个或几个糖基的脂类，广泛分布在所有细胞膜上。在动物细胞膜中糖脂主要为鞘氨醇的衍生物，最简单的糖脂是脑苷脂，只含 1 个糖残基，比较复杂的是神经节苷脂，含有 7 个糖残基的分支链。目前已发现 40 多种糖脂。

由于膜脂分子具有双亲性的特点，因此它们在水相中能自动靠拢、聚集，极性头部伸向水中，而非极性的疏水尾部则避开水相，可以形成两种排列形式，即球形的分子团(lipid micell)或脂双分子层(lipid bilayer)。脂双分子层是组成细胞膜的基本骨架。为了避免双分子层两端疏水尾部与水的接触，脂质分子在水中形成双分子层后，其尾部往往有自动闭合的趋势，形成一种自我封闭的球形脂质体，脂质体常被用于研究膜的生物学性质。

二、膜蛋白

细胞膜的功能主要由膜蛋白决定。在不同细胞中膜蛋白的种类和含量差别很大，大多数真核细胞膜中含量约为 50%，它们作为酶、载体、受体等执行着重要的生物学功能。根据蛋白质在膜中的位置及其与膜脂分子的结合方式，分为外在蛋白(extrinsic protein)、内在蛋白(intrinsic protein)和脂锚定蛋白(lipid anchored protein)3 种类型。

1. 外在蛋白 又称外周蛋白(peripheral protein)或附着蛋白(attachment protein)，占膜蛋白的 20%~30%。它们附着在膜的内外表面，主要在内表面，为水溶性蛋白。它们通过离子键、氢键与膜表面的膜脂或膜蛋白结合，结合力较弱，因此只要改变溶液的离子强度甚至温度就可以从膜上分离下来，而膜结构不会被破坏。

2. 内在蛋白 又称镶嵌蛋白(mosaic protein)或整合蛋白(integral protein)，是细胞膜功能的主要承担者，占膜蛋白的 70%~80%。它们以不同的形式嵌入脂质双分子层内部或贯穿于整个脂质双层，后者又叫做跨膜蛋白(transmembrane protein)。内在蛋白主要通过非极性氨基酸部分与膜脂双层的疏水区相互作用而嵌入膜内，结合很紧密，只有用去垢剂使膜崩解后，才能将它们分离出来。

3. 脂锚定蛋白 通过共价键的方式与膜脂分子结合，或通过糖分子而间接与膜脂分子结合。这类膜蛋白位于膜的两侧，形同外在蛋白，但与膜结合紧密，不易分离。

膜蛋白除有机械支持作用外，在物质运输、信息传递、受体、抗原和酶等方面也都起着重要作用。

三、膜糖类

真核细胞膜外表面覆盖有糖类，它们与膜蛋白或膜脂相结合，形成糖蛋白或糖脂。细胞膜中的糖类占膜重量的 2%~10%。在动物细胞膜上的糖类主要有半乳糖、半乳糖胺、甘露糖、岩藻糖、葡萄糖、葡萄糖胺和唾液酸等。这些单糖连接组成寡糖链，由于组成寡糖链的单糖的数量、种类、排列顺序、结合方式以及有无分支的不同，就形成了千变万化的组合形式。在各种细胞器的膜上，糖分子均分布于细胞器膜的非胞质面。膜糖类与细胞之间的黏着、细胞免疫、细胞识别有密切的关系。

细胞膜组分和结构的早期研究

19 世纪末，Nageli、Pfeffer 和 Overton 相继发现，不同物质进出细胞的快慢不同，认为这种速率差是细胞膜通透限制所致。1895 年，E.Overton 在植物根毛实验中发现，物质进出细胞膜的速度与其在脂质中的溶解度有关，溶解度越高，进出速度就越快，反之则慢，认为细胞膜由脂质组成。

1925 年，E.Gorter 和 F.Grendel 用有机溶剂抽提红细胞质膜的脂类，发现用提取的脂铺展后的面积是红细胞表面积的两倍，由此提出红细胞膜的基本结构是脂双层。

随后，人们发现细胞膜的表面张力要比纯油滴小得多。脂滴表面上如果吸附有蛋白质，则有降低表面张力的作用。因此，J.F.Danielli 和 H.Davson 推想细胞膜中除有脂质外，可能还有蛋白质，于 1935 年提出了第一个质膜模型，即片层结构模型。

第二节 细胞膜的分子结构与特性

一、细胞膜的分子结构模型

细胞膜主要由蛋白质、脂类和糖类组成，这些成分在膜中是如何排列的？它们之间的相互关系又是怎样的？为了合理地解释膜的各种生物学特性，科学家们对膜的结构进行了许多研究，迄今为止提出了数十种膜的分子结构模型，下面介绍几种具有代表性的模型。

1. 单位膜模型 单位膜模型（unit membrane model）是由Robertson于1959年提出的。他利用透射电镜观察发现，生物膜均呈现为"两暗夹一明"的三层式结构，即两侧为电子密度高的暗带，中间为电子密度低的亮带，暗带厚约2nm，明带厚约3.5nm，膜全层厚约7.5nm，这种结构称为单位膜（图3-3）。该模型认为，磷脂双分子层构成膜的主体，其极性头部朝向膜的内外两侧，疏水的尾部埋在膜的中央；单层肽链的蛋白质通过静电作用与磷脂极性端结合于膜的内外两侧；电子密度高的暗带相当于磷脂分子的亲水端和蛋白质分子，而电子密度低的明带相当于磷脂分子的疏水尾区。该模型提出了各种生物膜在形态上的共性，但将膜视为静态的单一结构，无法解释各种生物膜功能的多样性。

2. 液态镶嵌模型 液态镶嵌模型（fluid mosaic model）是由Singer和Nicolson于1972年提出的，目前被广泛接受。该模型认为：流动的脂类双分子层构成膜的连续主体，球形蛋白质分子以不同程度嵌入到脂质双分子层中，根据蛋白质在脂双层中的位置以及与脂质分子的作用方式，将其分为内在蛋白、外在蛋白和脂锚定蛋白（图3-4）。该模型主要强调了膜的流动性和球形蛋白与脂类双分子层的镶嵌关系，但忽视了蛋白质对脂类分子流动性的控制作用，不能说明具有流动性的质膜是怎样保持其相对的稳定性和完整性的。

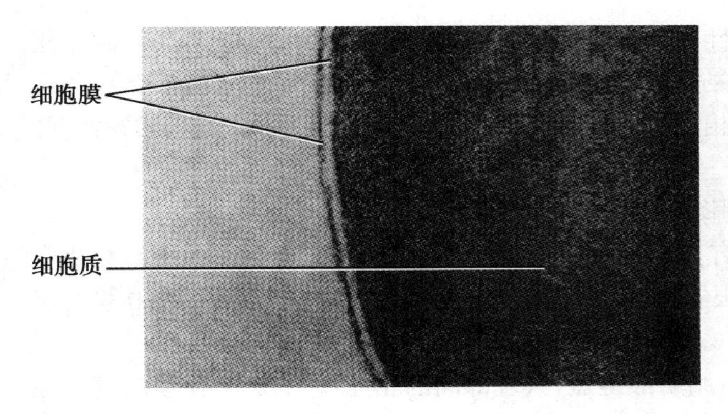

图3-3 红细胞膜的电子显微镜照片（示单位膜）

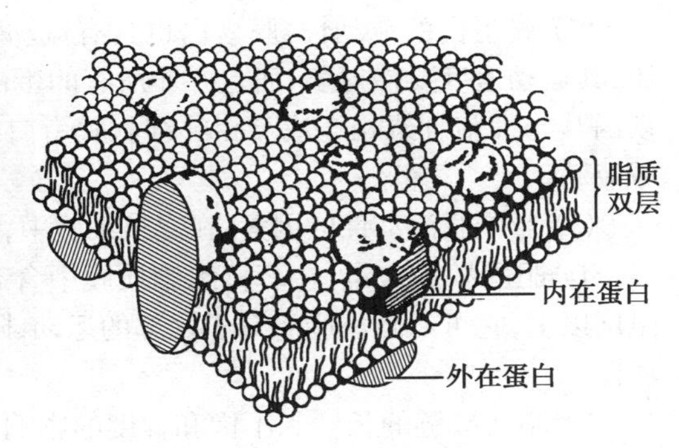

图3-4 液态镶嵌模型

3. 晶格镶嵌模型 晶格镶嵌模型（crystal mosaic model）是1975年由Wallach提出的。该模型强调膜脂处于无序（液态）和有序（晶态）的相变过程之中，膜蛋白对脂类分子的运动有限制作用。镶嵌蛋白可与其周围的脂类分子共同组成膜中的晶态部分（晶格），致使流动的膜脂仅呈小片状或点状分布。由此可见脂质的流动性只是局部的，解释了膜既具有流动性又有完整性和稳定性。但该模型还是不能代表所有生物膜的结构特点。

4. 板块镶嵌模型 板块镶嵌模型（block mosaic model）也是对液态镶嵌模型的补充，于1977年由Jain和White提出。该模型认为生物膜实际上是由刚性较大、流动性程度不同的板块镶嵌而成。即许多大小不同、能独立移动的脂质区（有序结构板块）之间有流动的脂质区（无序结构板块）分布，这两者之间处于一种连续的动态平衡之中。它们使膜各部分的流动性处于不均一状态，并可随着环境条件和生理状态的变化而发生晶态和非晶态的相互转化，赋予膜更复杂的生理功能。

由于膜的结构复杂，功能多样，尽管仍有许多问题尚未解决，但随着研究的不断深入，对膜的分子结构已经有了较为一致的看法。

物质的第四态——液晶态

人们熟悉的物质形态有固态、液态和气态，而液晶态被称为物质的第四态。1888年，奥地利植物学家弗里德里希·莱尼泽（Friedrich Reinitzer）观察到苯甲酸胆固醇酯在热熔时有两个熔点。该物质在145.5℃时熔化成浑浊液体，继续加热到175℃时，它似乎再次熔化，变成清澈透明的液体。后来，德国物理学家奥托·雷曼（Otto Lehmann）认为这种浑浊物质是一种流动性结晶，由此而取名为Liquid Crystal，即液晶。液晶态的物质既有液态物质的流动性，也兼有固态物质的有序性，在某些光学性质方面又与晶体相似。现在认为，在生理状态下，生物膜即呈液晶态。

二、细胞膜的特性

细胞膜具有两个明显的特性，即流动性（fluidity）和不对称性（asymmetry）。

1. 细胞膜的流动性　细胞膜的流动性是指膜脂和膜蛋白的运动性，它是保证正常膜功能的必要条件。

（1）膜脂的流动性：在正常生理条件下，膜脂多呈液晶态，当温度下降致某一点时，则变为晶态，若温度上升，晶态又可转变为液晶态。这种状态的相互转化称为相变，引起相变的温度称相变温度。在相变温度以上，膜脂分子总是处于不断的运动之中，其运动方式有：①侧向扩散：脂质分子在同一层面侧向地与相邻分子互相快速交换位置，其交换速率约每秒10^7次，每秒移动的距离可达2μm；②旋转运动：膜脂分子围绕着与膜平面垂直的轴快速旋转；③弯曲运动：膜脂分子围绕着与膜平面垂直的轴左右摆动，尾部摆动幅度大，头部摆动幅度小；④翻转运动：脂质分子从双分子层的一个单层翻转到另一个单层。这种翻转运动在大多数膜上很少发生且速度极慢，但在合成脂质活跃的内质网膜上，磷脂分子经常发生翻转。

（2）膜蛋白的流动性：膜蛋白也具有流动性，运动的方式有侧向运动和旋转运动两种。与膜脂相比，其运动速度要慢得多，而且并非所有的蛋白质分子在整个膜上都能自由地流动。有些膜蛋白的运动因其与细胞骨架相连或与相邻细胞膜蛋白相结合而受限制，绝大多数蛋白只是在细胞膜的特定区域流动。

（3）影响膜流动性的因素：在真核细胞中，影响膜流动性的主要因素有：

1）胆固醇的含量：在真核细胞质膜中含有大量的胆固醇，对膜的流动性起着调节作用。在相变温度以上，它可以减小脂质分子尾部的运动，限制膜的流动性；而在相变温度以下，则可以提高膜的流动性。

2）脂肪酸链的长度和不饱和程度的影响：脂肪酸链短，其尾部间的相互作用较小，使膜的流动性增加；反之，脂肪酸链长，其尾部的相互作用较大，膜的流动性降低。饱和的脂肪酸链直而排列紧密，使分子间的有序性加强，降低膜的流动性；不饱和脂肪酸链的双键部位有弯曲，使分子间的排列疏松，增加膜的流动性。

3）卵磷脂和鞘磷脂比值的影响：卵磷脂的脂肪酸链短，不饱和程度高，相变温度低；而鞘磷脂饱和程度高，相变温度也高。卵磷脂与鞘磷脂的比值越高，膜的流动性就越大。

4）膜蛋白对膜流动性的影响：内在蛋白使其周围的脂类成为界面脂，导致膜脂的微黏度增加、膜脂流动性降低。膜中内在蛋白与膜外的配体、抗体及其他大分子相互作用均影响膜蛋白的流动性。另外，内在膜蛋白与膜下细胞骨架相互作用也会限制膜蛋白的运动。因此，内在膜蛋白的数量越多，膜的流动性越小。

2. 细胞膜的不对称性　以脂质双分子层的疏水端为界，细胞膜被分隔为胞质面和非胞质面的内外两层。细胞膜内外两层的组分和功能有很大差异，这种差异就是膜的不对称性。各种膜结构和功能都存在不对称性。

（1）膜脂分布的不对称性：细胞膜脂质双层的内外两层在脂质组成和含量上有所不同，形成了脂类分子的相对不对称性分布。如磷脂酰胆碱和鞘磷脂多分布在外层，而磷脂酰乙醇胺、磷脂酰丝氨酸、

磷脂酰肌醇多分布在内层，从而导致了内层的负电荷大于外层；胆固醇主要分布在外层。

(2) 膜蛋白分布的不对称性：红细胞膜的冰冻蚀刻标本显示，膜的胞质面一侧蛋白质颗粒多，约为 2800/μm^2，而外层非胞质面一侧蛋白质颗粒少，只有 1400/μm^2；每种蛋白质分子在膜上都有确定的排布方向，如细胞膜上的受体、载体蛋白都是按一定方向传递信号和转运物质，膜上结合的各种酶分子其活性位点往往朝向膜的某一侧面；外在蛋白多附着在膜的胞质面。

(3) 膜糖类分布的不对称性：无论是与膜脂结合的糖，还是与膜蛋白结合的糖，主要分布在膜的非胞质面。

这种膜结构的不对称性决定了膜功能的方向性，使膜内外表面具有不同功能。

第三节 细胞膜的功能

细胞膜最基本的功能是维持细胞内环境的相对稳定，对细胞的生命活动起保护作用；同时，细胞膜是细胞与周围环境之间的一道半透膜屏障，选择性地进行物质跨膜运输，调控细胞内外物质及渗透压平衡。此外，细胞膜还是能量转换和信息传递的场所，它与细胞的代谢调控、基因表达、细胞识别和通讯以及免疫等均有密切关系。

一、细胞膜与物质运输

细胞膜的物质运输，根据被运输物质的分子大小可分为两大类：一是小分子和离子的穿膜运输；二是大分子和颗粒物质的膜泡运输。

（一）穿膜运输

穿膜运输根据是否消耗能量分为被动运输（passive transport）和主动运输（active transport）两类。

1. 被动运输　被动运输是指物质顺浓度梯度（即由高浓度向低浓度）方向的跨膜转运，转运的动力来自浓度梯度，不消耗细胞的代谢能。被动运输包括单纯扩散和易化扩散。

(1) 单纯扩散：单纯扩散（simple diffusion）又称简单扩散，是指一些脂溶性的小分子物质能顺浓度梯度自由穿越脂质双层，既不消耗能量又不需膜蛋白帮助的运输方式。单纯扩散是一种最简单的运输方式，只要物质在膜两侧保持一定的浓度差，即可进行。单纯扩散的速率取决于通透物质的分子大小及对脂类的相对可溶性。一般来说，分子越小、脂溶性越大，通过脂质双分子层的速率越快。以单纯扩散形式进出细胞的物质很少，脂溶性物质如苯、醇、甾类激素和非极性小分子 O_2、CO_2、N_2 以及一些极性小分子（不带电）H_2O、尿素、甘油等就可通过单纯扩散的方式穿过脂双层。

(2) 易化扩散：易化扩散（facilitated diffusion）又称协助扩散或帮助扩散，是指借助于膜蛋白的帮助顺浓度梯度运输物质的方式。一些非脂溶性物质或亲水性的小分子物质，如 Na^+、K^+、葡萄糖、氨基酸、核苷酸等，由高浓度处向低浓度处移动时不能以单纯扩散的方式通过细胞膜，而必须借助于细胞膜上的专一膜蛋白的帮助才能得以实现。这种能协助物质转运的跨膜蛋白，称为膜转运蛋白。易化扩散与单纯扩散相比具有速度快、高度特异性等特点。根据参与运输的膜转运蛋白的不同，易化扩散又分为载体蛋白介导的易化扩散和通道蛋白介导的易化扩散两种方式。

1) 载体蛋白介导的易化扩散：某些膜转运蛋白上具有特殊的结合位点，能特异地与某物质进行暂时性的结合，然后通过其构象变化把该物质顺浓度梯度带入细胞或运出细胞的方式，称为载体蛋白介导的易化扩散（图 3-5）。某些小分子亲水性物质如葡萄糖、氨基酸、核苷酸就是依靠这种方式进出细胞的。目前，葡萄糖载体蛋白已从红细胞膜中分离出来并进行了提纯和序列测定，它由 12 个 α 螺旋的跨膜蛋白片段组成，相对分子质量为 55 000，主要含有疏水的氨基酸，但也有一些极性氨基酸结合于膜中。葡萄糖结合位点朝向细胞外，葡萄糖结合后，引起载体蛋白的构象改变，将葡萄糖的结合位点转向细胞膜内，最终将葡萄糖释放到细胞质中，随后载体蛋白构象复原。这种运输过程是利用被转运物质的浓度势能差，而不是消耗代谢能来实现的。

2) 通道蛋白介导的易化扩散：通道蛋白是一类贯穿脂质双层、中央带有亲水性孔道的膜蛋白。当孔道开放时，物质可经孔道从高浓度一侧向低浓度一侧扩散，称为通道蛋白介导的易化扩散（图 3-6）。

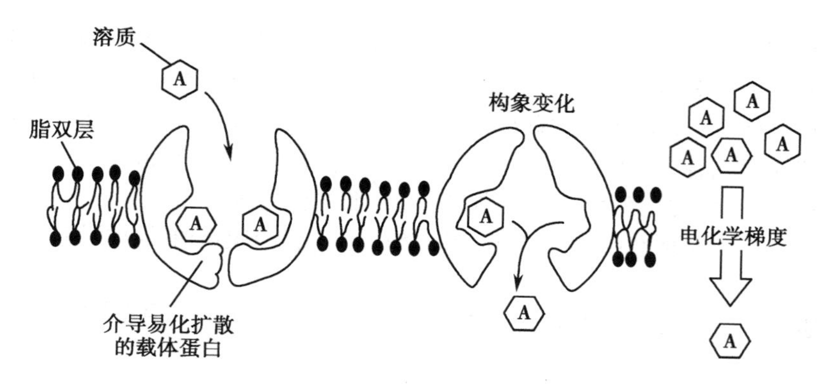

图 3-5 载体蛋白介导的易化扩散示意图

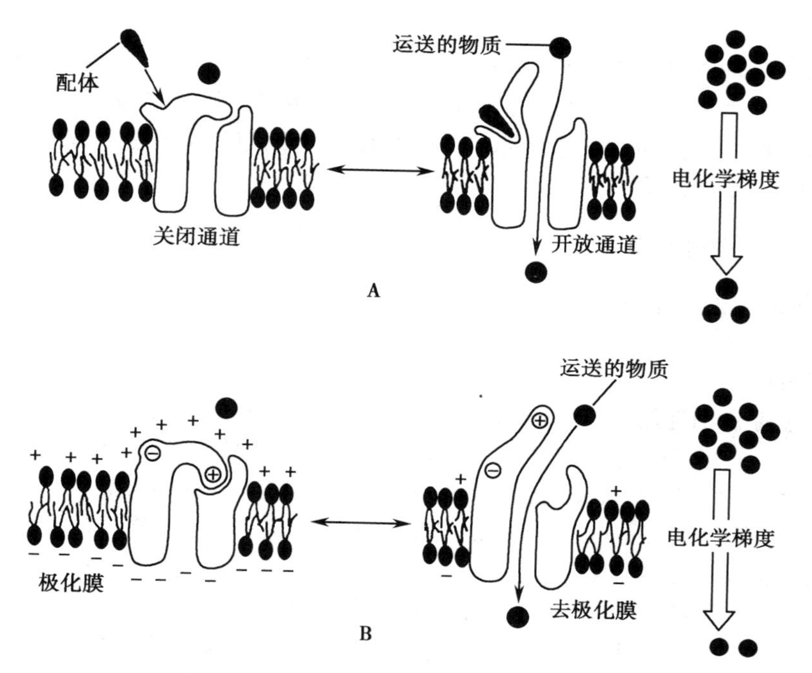

图 3-6 通道蛋白介导的易化扩散示意图

A. 配体闸门通道 B. 电压闸门通道

Na^+、K^+、Ca^{2+}、Cl^-等可以此方式迅速穿膜转运。通道蛋白有的是持续开放的，有的是间断开放的，间断开放的也叫闸门通道。闸门通道主要有两类：由配体与特异受体结合引起闸门开放的称配体闸门通道；受膜电位变化控制的称电压闸门通道。目前发现的通道蛋白已有 50 多种，主要是离子通道，几乎存在于所有的细胞膜中，研究了解较多的有神经和肌肉细胞膜上的与神经冲动传导及肌肉收缩有关的离子通道。

2. 主动运输　主动运输是指物质借助载体蛋白、利用细胞代谢能、逆浓度梯度（从低浓度一侧向高浓度一侧）通过细胞膜的运输方式。主动运输建立了细胞内外的浓度梯度，而浓度的差异是维持细胞生命活动所必需的。常见的主动运输有离子泵和协同运输。

（1）钠钾泵（Na^+-K^+ 泵）：钠钾泵普遍存在于哺乳动物细胞膜上，其实质是 Na^+-K^+-ATP 酶，既是载体同时又是酶。它可使 ATP 水解并释放出能量，逆浓度梯度运输 Na^+、K^+。

目前 Na^+-K^+-ATP 酶已可从多种细胞膜上提纯，它由两个亚基组成，大亚基是一个多次跨膜的整合膜蛋白，具有催化活性，相对分子量约为 120 000；小亚基是具有组织特异性的糖蛋白，起定位作用，相对分子量约为 50 000。如将大小亚基分开，酶活性即丧失。大多数细胞内 Na^+浓度低于细胞外 10~20 倍，而 K^+ 的浓度比细胞外高 10~20 倍，这种细胞内的高 K^+ 低 Na^+ 的离子梯度，主要靠细胞膜上的钠钾泵来维持。

钠钾泵的作用过程是通过 Na^+-K^+-ATP 酶的构象变化来完成的。其大亚基在膜内表面有 Na^+ 和 ATP 结合位点，在膜外表面有 K^+ 结合位点。首先细胞内 Na^+ 结合到离子泵的 Na^+ 结合位点上，激活了 ATP 酶活性，使 ATP 分解；ATP 分解产生的高能磷酸根与 ATP 酶结合，使酶发生磷酸化并引起酶构象的改变，Na^+ 结合位点转向膜外侧。此时酶对 Na^+ 的亲和力低而对 K^+ 的亲和力高，于是将 Na^+ 释放到细胞外，同时与细胞外的 K^+ 结合，K^+ 与酶结合后促使 ATP 酶释放磷酸根（去磷酸化），酶的构象又恢复原状，将 K^+ 转运到细胞内（图 3-7）。如此可反复进行。钠钾泵每完成一次转运过程，可同时泵出 3 个 Na^+ 和泵入 2 个 K^+。而且，这种反复进行的构象变化相当快速，1s 可进行 1000 次。

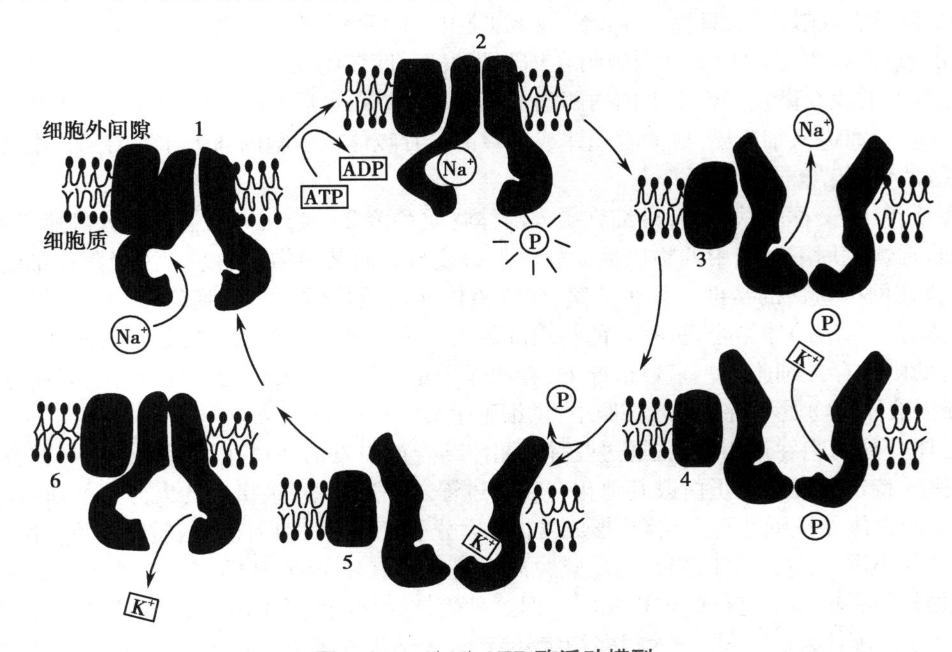

图 3-7 Na^+-K^+-ATP 酶活动模型

1. 结合到膜上 2. 酶磷酸化 3. 酶构象变化，Na^+ 释放到细胞外 4. K^+ 结合到外表面 5. 酶去磷酸化 6. K^+ 释放到细胞内，酶构象恢复原始状态

通过钠钾泵的作用直接维持细胞内低钠高钾的特殊离子浓度，如人红细胞内的 K^+ 浓度为血浆中的 30 倍，而细胞内 Na^+ 的浓度则比血浆低 13 倍。这种细胞内外的 Na^+-K^+ 浓度梯度在维持膜电位、调节渗透压、保持细胞容积恒定和驱动葡萄糖与氨基酸的主动运输等方面都起着重要的作用。

与钠钾泵工作原理相同还有钙泵，又称 Ca^{2+}-ATP 酶。它也是通过磷酸化和去磷酸化来调节 ATP 酶的活性，广泛分布在细胞膜、肌浆网或内质网膜上，其中以骨骼肌的肌浆网膜上为最多。

(2) 协同运输：协同运输（cotransport）又称偶联运输，是指一种物质的运输依赖于第二种物质的同时运输，运输的动力不是直接由 ATP 提供，而是由存储于离子梯度中的能量驱动。如果两种物质的运输方向相同，称为同向协同运输（symport），如果两种物质的运输方向相反，则称为逆向协同运输（antiport）。例如小肠上皮细胞对葡萄糖的吸收，需要肠腔内高浓度的 Na^+ 驱动。由于肠腔内 Na^+ 浓度高，而小肠上皮细胞内 Na^+ 浓度低，Na^+ 就有向低浓度区转移的趋势，以降低其浓度差。在转运过程中，葡萄糖与 Na^+ 结合在同一载体的不同位点上，由于 Na^+ 可顺电化学梯度流入细胞，这样葡萄糖就与 Na^+ 相伴逆浓度梯度进入细胞。Na^+ 浓度梯度越大，葡萄糖进入细胞的速度就越快；相反，Na^+ 浓度梯度越小，转运速度就越慢甚至停止。而 Na^+ 浓度梯度的维持，依靠 Na^+-K^+ 泵将 Na^+ 排出细胞。所以，在该过程中，葡萄糖转运并不直接消耗 ATP，而是间接的，直接动力是 Na^+ 浓度梯度。

Na^+ 顺浓度梯度转运的同时伴有葡萄糖的逆浓度梯度转运是同向协同运输。常见的逆向协同运输是 Na^+-Ca^{2+} 和 Na^+-H^+ 交换载体。当 Na^+ 顺浓度梯度进入细胞时，提供能量使 Ca^{2+} 逆浓度梯度排出细胞外，这是细胞向外环境驱出 Ca^{2+} 的一种重要机制。

（二）膜泡运输

膜转运蛋白能介导小分子物质通过细胞膜，但它不能转运大分子和颗粒物质，如蛋白质、多核苷

酸、多糖等。这些大分子和颗粒物质穿越细胞膜首先要由膜包裹形成囊泡，通过囊泡的迁移和融合实现跨膜转运，称膜泡运输。这个过程与主动运输一样，需要消耗细胞的代谢能。发生在细胞膜上的膜泡运输可分为胞吞作用和胞吐作用。

1. 胞吞作用 胞吞作用（endocytosis）又称为入胞作用，是指细胞外的大分子或颗粒性物质由于细胞膜的凹陷而被包裹后形成小泡，进而被转运到细胞内的过程。根据摄入物质的状态、大小和特异程度不同，将胞吞作用分为吞噬作用、吞饮作用和受体介导的胞吞作用三种方式。

(1) 吞噬作用：是细胞摄入较大的固体颗粒和大分子复合物的过程，如细菌、细胞碎片。在哺乳动物大多数细胞没有吞噬作用，只发生在少数特化细胞中，如巨噬细胞、中性粒细胞等。

吞噬的过程：被吞噬的物质首先吸附在细胞膜表面，即该物质与膜上某些蛋白质有特殊的亲和力，随后接触处的膜在微丝的作用下向内凹陷，凹陷越来越深，最后凹陷颈部的膜融合封闭形成囊泡，并从细胞膜上分离进入细胞质，成为吞噬体或吞噬泡。吞噬体在细胞内与内体性溶酶体融合，将吞入的物质进行消化分解。

(2) 吞饮作用：又称胞饮作用，是细胞摄入液体物质和溶质的过程。所有的真核细胞都具有这种功能。细胞吞饮时周围环境中的物质借助静电引力或与表面某些物质的亲和力吸附在细胞表面，该部位细胞膜在网格蛋白的帮助下发生凹陷，包围液体或溶质物质后与质膜分离，形成吞饮体或吞饮泡。吞饮体有的与溶酶体结合，被吞入的物质降解为小分子的氨基酸、核苷酸、糖等进入细胞质被细胞利用，有的则贮存在细胞内。多数情况下，吞饮作用是一个连续发生的过程，也是胞吞作用的基本形式，以保证液体等物质不断被摄入细胞中，供细胞生命活动所需。

(3) 受体介导的胞吞作用：细胞通过受体 - 配体结合而引发的吞饮作用叫受体介导的胞吞作用。它是细胞摄入特定的细胞外蛋白或其他化合物的过程。此过程中，被摄取的大分子物质（配体）首先与细胞膜上的受体相识别并与之结合，形成受体 - 大分子复合物，然后该处的质膜部位在网格蛋白参与下形成有被小窝，有被小窝凹陷并与质膜脱离后转变为有被小泡，从而将细胞外物质摄入细胞内。此后的过程就与吞饮体所进行的过程相同。但这种受体介导的胞吞作用是高度特异性的，能使细胞摄入大量特定的配体，而不需要摄入很多细胞外液，大大地提高了内吞效率。某些激素如胰岛素进入靶细胞、肝细胞摄入转铁蛋白、低密度脂蛋白的摄入等都是通过这种途径进行的。

例如细胞对胆固醇的摄取，就是受体介导的胞吞作用的典型例子。血液中的胆固醇多以蛋白质复合体的形式存在和运输。这种复合体就是低密度脂蛋白（low density lipoprotein，LDL），它是一种直径为 22nm 的圆形颗粒，核心含有大约 1500 个胆固醇分子并与脂肪酸结合为胆固醇脂，外层包绕着脂质单层，脂质单层中镶嵌一种特异性表面蛋白，此蛋白称为配体。细胞膜中 LDL 受体是分散存在的，有被小窝形成过程中，LDL 受体即集中于有被小窝。当低密度脂蛋白（配体）与 LDL 受体发生特异性结合时，就促使此有被小窝凹陷，进而与细胞膜脱离并进入细胞，形成有被小泡。有被小泡很快脱去衣被转变为无被小泡，胞质中这些无被小泡间相互融合，或与细胞质中其他小泡相互融合，融合后的结构叫内体。内体膜上有 H^+ 泵，使腔内 pH 降低，受体与 LDL 分离，并被分选到两个不同的小囊泡中。含有 LDL 受体的小泡返回到细胞膜上的有被小窝区以备再利用；而含有低密度脂蛋白的小泡则与内体性溶酶体融合，并将低密度脂蛋白分解为游离的胆固醇和蛋白质。如果细胞内胆固醇的量已过剩，胆固醇将抑制低密度脂蛋白受体的合成，细胞停止对胆固醇的摄取（图 3-8）。

案例导学

病人，男，32 岁，因心绞痛急性发作就诊。体检：血浆胆固醇浓度为 11.9mmol/L；病人掌指关节背侧面、足趾关节处有黄色瘤；其父亦为高胆固醇血症病人，并于 50 岁时死于冠心病。医生诊断为家族性高胆固醇血症。

问题：1. 联系本章所学知识分析该病病因。

2. 你认为可以采取哪些预防措施？

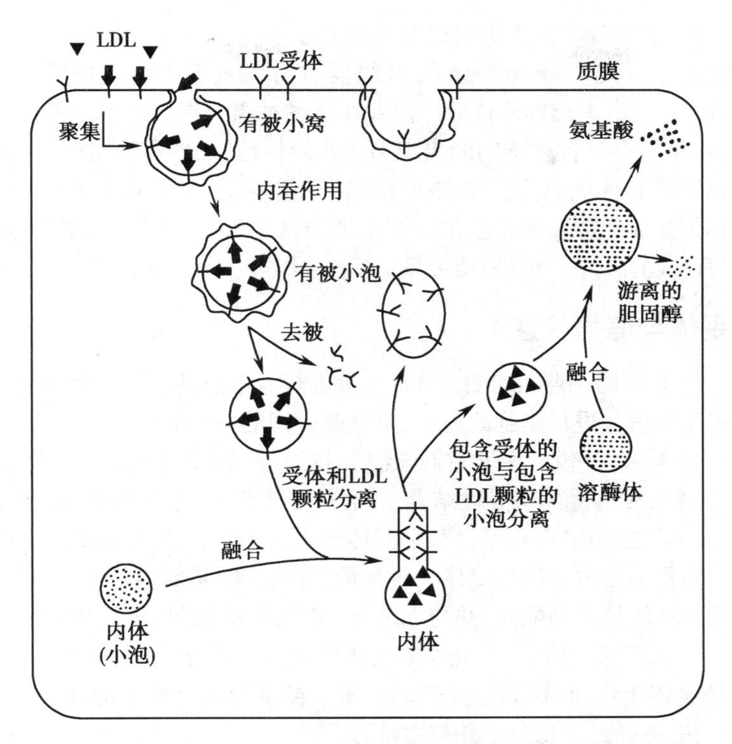

图 3-8 LDL 颗粒及 LDL 受体介导的胞吞作用示意图

2. 胞吐作用 胞吐作用(exocytosis)又称外排作用,是与内吞作用相反的过程。它是指细胞内合成的某些大分子物质——分泌物或细胞内代谢废物由膜包围形成囊泡,从细胞内部逐步移至细胞膜内表面并与细胞膜融合将物质排出细胞之外的过程。根据排出的机制,分为结构性分泌途径和调节性分泌途径。

结构性分泌途径:在真核细胞的内质网上合成的分泌蛋白,被转运到高尔基复合体,然后在高尔基复合体内被修饰、浓缩和分类,最后包装形成分泌囊泡,分泌囊泡被迅速转运到细胞膜处排出,这种分泌过程称结构性分泌途径。通过此途径,囊泡膜的蛋白和脂类不断地供应质膜更新。囊泡的内含物被排到细胞外,有的成为质膜的外周蛋白,有的成为胞外基质的组成成分,有的作为信号分子或营养物质扩散到胞外液。结构性分泌途径几乎存在于所有的真核细胞中。

调节性分泌途径:是专指某些具有特殊机能的分泌细胞(如内分泌腺体细胞、神经细胞等)将内含物排出的途径。这些细胞合成的特殊蛋白质等大分子,合成后先被贮存在分泌囊泡中,只有当细胞接受到细胞外信号(如激素)的刺激时,分泌囊泡才移到细胞膜处,与膜融合并将内含物排出。

二、细胞膜抗原与免疫作用

凡能刺激机体免疫系统(脾、骨髓、胸腺和淋巴细胞等)产生抗体或效应淋巴细胞,并与相应抗体或效应淋巴细胞发生特异性结合出现各种生理或病理过程的异物分子,统称为抗原(antigen)。细胞膜抗原多为镶嵌在细胞膜上的糖蛋白和糖脂,具有特定的抗原性。细胞膜上有多种细胞膜抗原,它们在输血、器官移植和肿瘤研究中都有重要的意义。下面主要介绍两种与医学有关的细胞膜抗原。

1. ABO 血型抗原 是人红细胞膜上的主要血型抗原。它是存在于人类红细胞膜上的糖脂。目前已发现有若干种类血型抗原,且每种血型抗原又有几种亚型,如 ABO 血型抗原可分为 A 型、B 型、O 型和 AB 型四种亚型。其化学组分为糖脂,血型的不同是由其寡糖链的结构决定的。已知构成 ABO 血型抗原的寡糖链的基本结构基础是由 *N*- 乙酰氨基葡萄糖和半乳糖组成的二糖单位。在糖链非还原末端半乳糖上加一个岩藻糖则为 H 抗原(O 型血);若在 H 抗原末端半乳糖上再接一个乙酰氨基半乳糖则成为 A 抗原(A 型血);若在 H 抗原上接一个半乳糖,则成为 B 抗原(B 型血);若在 H 抗原末端半乳糖上分别有一个乙酰氨基葡萄糖和一个半乳糖时,则成为 A、B 抗原(AB 型血)。ABO 血型抗原不仅

存在于红细胞膜上，还广泛地分布在人体组织细胞和体液中。

2. 组织相容性抗原 凡能引起个体间组织器官移植排斥反应的抗原称组织相容性抗原(histocompatibility antigen)。组织相容性抗原广泛存在于各种组织细胞的细胞膜上，现已知道的组织相容性抗原有140多种，可组合成各种不同的组织型。当异体组织、器官移植时，若组织型不相容，则出现免疫排斥反应。组织相容性抗原是存在于机体组织细胞表面的，且主要存在于白细胞的表面，故又把人的白细胞抗原称为主要组织相容性抗原。目前普遍认为人的白细胞抗原(HLA)作为一种移植抗原，与同种或异种器官移植排斥反应有密切关系。

三、细胞膜受体与信号传递

多细胞生物是一个有序的细胞社会，细胞间经常进行着信息传递以协调细胞内和细胞间的生命活动。细胞通过分泌化学信号进行细胞间通讯，是普遍采用的一种方式。

可以传递信息的化学信号，包括激素、神经递质、抗原、药物以及其他有生物活性的化学物质，统称为配体(ligand)。配体必须与受体特异性结合，并通过受体介导，才能对细胞产生效应。

受体(receptor)是一类能够识别和结合某种配体的大分子。位于细胞膜上的称细胞膜受体，位于细胞内其他结构膜上的称细胞内受体。受体大多为糖蛋白，少数是糖脂。

细胞膜受体的主要功能是识别配体，并与之结合，将胞外信号转变成胞内信号，引起胞内效应。

1. 膜受体的结构 从广义上讲，一个完整的受体应包括三部分：

(1) 调节单位：是受体蛋白向着细胞外的部分，多为糖蛋白带有糖链的部分。由于糖链是多种多样的，故可以识别环境中不同的信息分子并与之结合。

(2) 催化单位：是受体向着细胞质的部分，一般具有酶的活性，在受体未接受化学信号前是无活性的，只有在受体与化学信号结合以后被激活，才具有活性，从而引起一系列变化，产生相应的生物效应。

(3) 转换部分：是受体与效应器之间的偶联成分，它将受体所接受的信号，转换为蛋白质的构象变化，传给效应器。

膜受体的三部分可以是不同的蛋白质分子，也可以是同一蛋白质的不同亚单位(图3-9)。由于膜受体的结构决定了受体与配体结合具有特异性、高亲和性、可饱和性及可逆性等生物学特性。

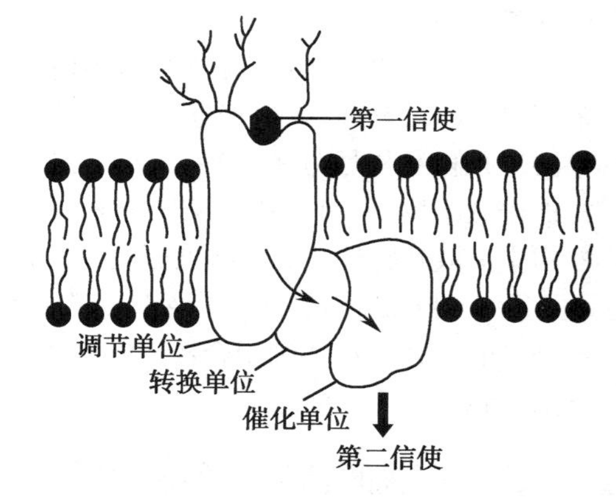

图3-9 受体的结构

2. 膜受体的类型与信号传递 根据膜受体分子的结构和信息转导方式的不同，可将细胞膜受体分为三种(图3-10)。

(1) 离子通道偶联受体：这类受体都是由几个亚单位组成的多聚体，亚单位上面有配体结合部位，中间围成离子通道。离子通道的“开”或“关”受细胞外配体的调节。如*N*-乙酰胆碱受体(*N*-AchR)、γ-氨基丁酸受体、甘氨酸受体等。

(2) 酶联受体：它就是由单条肽链组成的一次性跨膜蛋白。其N端(细胞外区)有配体结合部位，C端(细胞质区)具有酪氨酸激酶的活性。当细胞外配体与受体结合区结合后，通过蛋白质构象的变化，激活C端的酪氨酸激酶，后者使底物磷酸化，这样就把细胞外的信号转导到细胞内。这类受体包括胰岛素受体、生长因子受体、血小板源生长因子受体等。

(3) G蛋白偶联受体：此类受体是一条含350~400个氨基酸残基的多肽链7次反复跨膜形成的糖蛋白受体，具有高度的保守性和同源性。受体细胞质区具有与鸟苷酸结合蛋白(G蛋白)结合的部位。而G蛋白有结合GTP的能力，并有GTP酶的活性，能将与之结合的GTP分解为GDP。当受体与相应的配体结合就触发受体蛋白构象的改变，后者进一步调节G蛋白的活性，从而激活效应蛋白，实现把细胞外的信号传递到细胞内的过程。这类受体主要包括环磷酸腺苷(cAMP)和环磷酸鸟苷(cGMP)信使途径、磷脂酰肌醇信使途径及Ca^{2+}信使途径的受体。

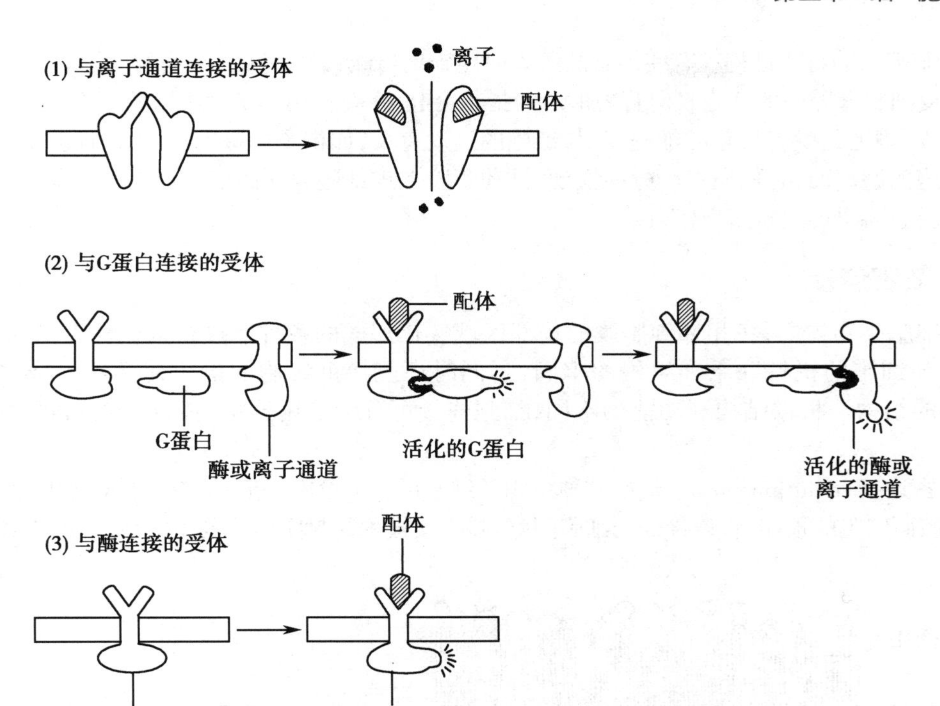

图 3-10 细胞表面信号传导三类受体的模式图

案例导学

将两种不同颜色的海绵，分别分散成游离的单个细胞，然后再把它们混合在一起，放置一段时间发现，两种海绵细胞各自重新聚集，形成两团单色海绵体，并未出现混杂。

问题：1. 请说出这是一种什么现象？

2. 细胞膜实现这种功能的分子基础是什么？

第四节 细胞表面与细胞连接

一、细胞表面

细胞表面（cell surface）就是指包围在细胞质外层的一个复合结构体系和功能体系，是细胞与细胞或细胞与外环境相互作用并产生各种复杂功能的部位。有学者认为，细胞表面是细胞膜与细胞外被的总称。不同生物的细胞表面不一样，动物的细胞表面结构包括细胞膜、细胞外被、胞质溶胶、细胞连接以及表面特化结构。

1. 细胞外被 电镜观察和组织化学分析均证明，动物细胞的外被是一层绒毛状或丝状的复合糖。其厚度 5~20nm，是细胞膜上糖蛋白和糖脂暴露于脂质双层外的糖链部分，因此又有糖萼之称。细胞外被的糖链由各种己糖借糖苷键聚合而成，这些糖链由于排列顺序、种类、数目和结合部位的差异，而贮存着极大的信息，成为细胞识别、通讯联络、免疫应答等的分子基础。如人红细胞表面的 ABO 血型抗原，就是膜上的一种鞘糖脂，血型的差异主要是鞘糖脂中的糖链部分一个糖基的差异。此外，细胞表面的接触抑制也是由于糖链的作用，细胞表面受体介导的细胞内吞作用也与外被的糖链有关。

2. 胞质溶胶 细胞膜的内表面有一层厚度 100~200nm 的黏滞透明的胶态物质，称为胞质溶胶，其主要成分有蛋白质和丰富的微管、微丝，可使细胞具有较高的抗张强度，并能维持细胞的形态和运动。

3. 细胞表面的特化结构 有些细胞的游离面还分化出微绒毛、纤毛、鞭毛等特化结构。微绒毛是消化道上皮细胞管腔面的细胞膜向管腔形成的指状突起，主要作用是扩大细胞的表面积，以利于营养物质的吸收；鞭毛是微管特化的细胞器，与细胞的运动有关，如精子的鞭毛；纤毛短而多，常分布于管腔上皮细胞的游离面，它们向一个方向摆动，推动管腔上皮细胞表面的液体或颗粒物前进，如支气管上皮细胞纤毛、输卵管上皮细胞纤毛。

二、细胞连接

在多细胞生物体内，各相邻细胞膜的局部区域特化形成的各种连接结构被称为细胞连接。它不但能加强细胞的机械联系和组织的牢固性，同时还能协助细胞间的代谢活动，是动物细胞中普遍存在的结构。根据结构和功能的不同，细胞连接可分为紧密连接、锚定连接和间隙连接三种（图 3-11）。

1. 紧密连接（tight junction） 是指一种将相邻细胞网状嵌合在一起的连接方式，它广泛存在于各种上皮管腔面细胞的顶端，将连接处的细胞间隙封闭，又被称为封闭连接或闭锁小带（图 3-12）。

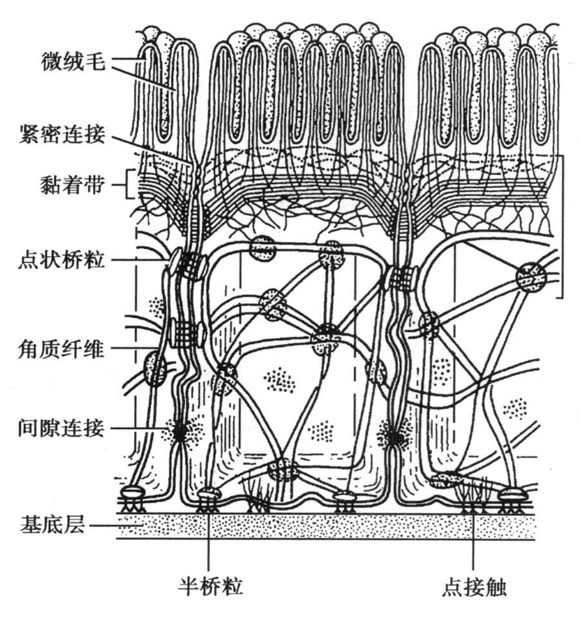

图 3-11 小肠上皮细胞的各种细胞连接模式图

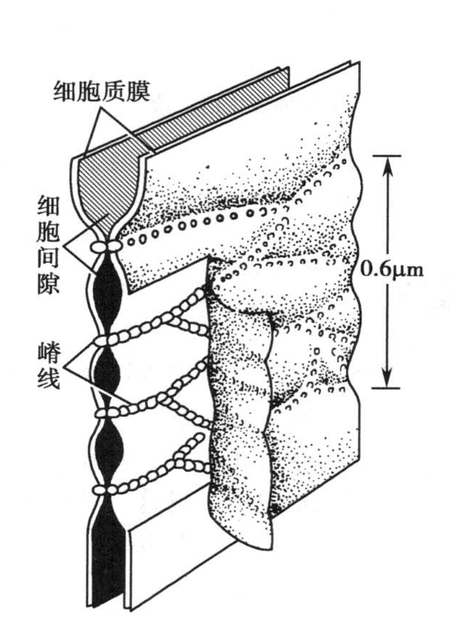

图 3-12 紧密连接模式图

冰冻蚀刻标本显示其结构：由相邻细胞质膜中成串排列的跨膜蛋白组成对合的封闭线，又称嵴线，类似拉链（图 3-12），数条这样的封闭嵴线相互交织成网，交织处为融合的接触点，使细胞间隙消失，而网孔则保留了局部的间隙，以便有选择性地进行物质运输。

紧密连接的主要功能是封闭上皮细胞的间隙，阻止物质在细胞间隙中任意穿行。另外紧密连接可限制膜转运蛋白的扩散，使不同功能的蛋白质维持在不同的质膜部位，以保证物质转运的方向性。例如：能将葡萄糖分子从肠腔主动运至细胞内的载体蛋白只存在于小肠上皮细胞肠腔面的质膜，而将葡萄糖分子从细胞内经细胞外被运送到血液的载体蛋白则分布在细胞基底和侧壁的质膜。如果没有紧密连接栅栏，由于蛋白质在膜内的运动将导致两种载体蛋白的混杂分布，而引起小肠吸收功能的混乱。此外，紧密连接还具有隔离和一定的支持功能。

2. 锚定连接（anchoring junctions） 是指两细胞骨架成分间的连接，或细胞骨架成分与另一细胞外基质相连接而形成的结构。根据参与连接的成分不同，可分为黏着连接和桥粒连接两种。

（1）黏着连接：是由肌动蛋白丝介导的锚定连接形式，可分为细胞与细胞之间形成的黏着带和细胞与细胞外基质之间形成的黏着斑两种。

黏着带又称为带状桥粒，常位于某些上皮细胞紧密连接的下方，是相邻细胞间形成的连续带状结

构，通过跨膜黏连蛋白形成胞间连接，相邻质膜并不融合，而是黏合，两膜间有15~20nm的间隙。在胞质面上有黏着斑，通过黏着斑将黏连蛋白与细胞内的微丝束联系在一起(图3-13)。黏着带不仅能使细胞间相互联系成一个坚固的整体，而且对脊椎动物胚胎发育过程中神经管的形成有重要作用。

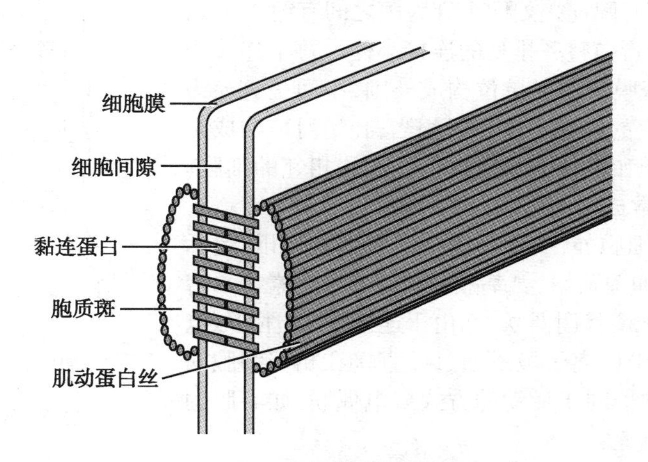

图3-13　黏着带结构模式图

黏着斑是由细胞内肌动蛋白丝(微丝束)与细胞外基质纤黏连蛋白连接起来形成的，介导细胞与细胞外基质黏着。黏着斑的形成与解离，对细胞的贴附铺展或迁移运动有重要意义。

(2)桥粒连接(desmosome junction)：是由中间纤维介导的锚定连接形式，有较强的抗张、抗压作用。桥粒多见于上皮，尤以皮肤、口腔、食管、阴道等处的复层扁平上皮细胞间较多。根据其分布部位的不同，分为点状桥粒和半桥粒。

点状桥粒是相邻细胞间形成的纽扣样或铆钉样的结构，可将两个细胞牢固地扣接在一起，对保持细胞形态和细胞硬度起重要作用。跨膜黏连蛋白是将细胞衔接的分子基础，黏连蛋白与胞质面盘状胞质斑相连，胞质斑直径约0.5μm，其化学成分是细胞内附着蛋白，充当细胞内角蛋白纤维锚定附着的部位。角蛋白纤维从细胞骨架伸向胞质斑，进入胞质斑后又折回到细胞质中，伸展到整个细胞内部，使相邻细胞质内的中间纤维连接成了一个贯穿于整个组织的整体网络(图3-14)。

半桥粒是上皮细胞与基底层的连接结构。相当于半个点状桥粒。它不是连接相邻细胞，而是将

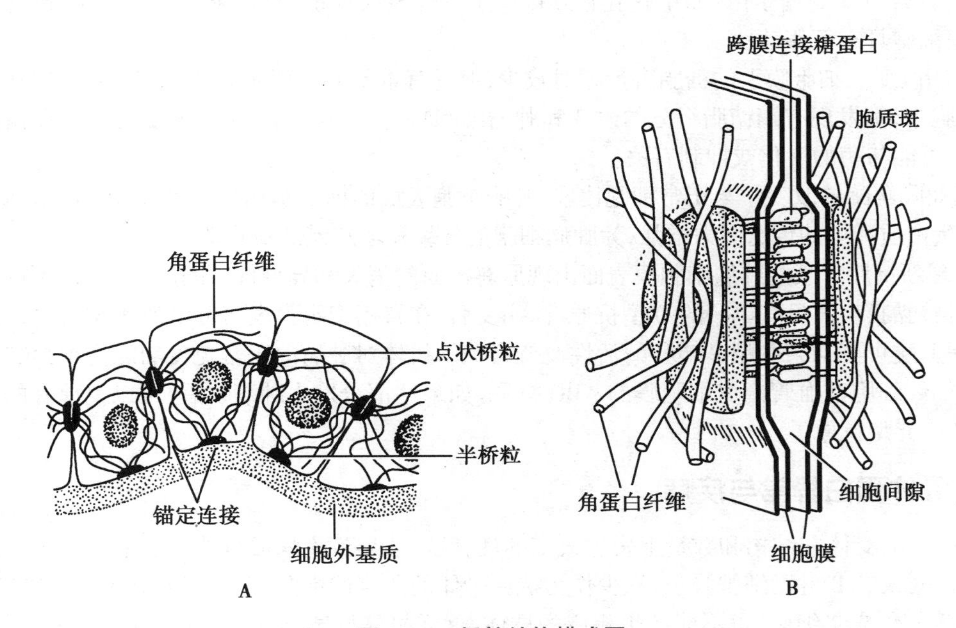

图3-14　桥粒结构模式图
A.示桥粒与半桥粒在上皮组织中的分布　B.示桥粒结构

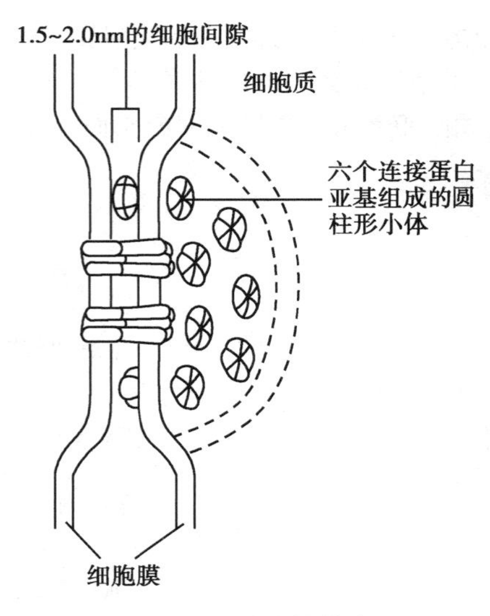

图 3-15　间隙连接模式图

上皮细胞铆接在基底膜上，可防止上皮细胞层的脱落。

3. 间隙连接　间隙连接（gap junction）又称缝隙连接，是存在于骨骼肌细胞和血细胞之外的所有动物细胞间最普遍的细胞连接方式。电镜下，间隙连接处两个细胞膜之间有约 2nm 的缝隙，膜上分布着跨膜蛋白整齐排列的连接小体。每个连接小体呈六角形，由 6 个跨膜蛋白亚单位构成外围，中间是直径为 1.5nm 的孔道。两膜上的连接小体位置相当，孔道对应构成亲水小管，细胞内的离子和小分子物质可借此通往相邻的细胞。连接小体在细胞膜上常成簇地出现（图 3-15）。

间隙连接除连接细胞外，主要功能是偶联细胞通讯，包括代谢偶联和电偶联。如葡萄糖、氨基酸、核苷酸、维生素等水溶性物质在细胞间的分配属代谢偶联。而由于连接处的电阻抗（电导率或电性能）变低，带电离子极易通过而直接在相邻细胞间传导，导致组织或细胞群同步活动的方式属电偶联，如心肌的收缩和小肠平滑肌的蠕动。

第五节　细胞膜与疾病

细胞膜是细胞的重要组成部分，它是进行生命活动和与环境保持协调的必要结构层次，是细胞生存的保障。细胞膜结构改变和功能异常，都将导致细胞乃至机体功能紊乱，并由此引起疾病。

一、细胞膜与肿瘤

肿瘤产生的原因与机制是非常复杂的，下面仅就肿瘤细胞与正常细胞在细胞膜上显著不同部分做简单阐述。

1. 糖蛋白改变　糖蛋白下面几个方面的改变都可能与肿瘤有关。①在膜上某种糖蛋白的丢失：各种肿瘤细胞都有黏连蛋白的缺失，这种改变使肿瘤细胞容易从原来的部位脱落转移；②糖蛋白糖链的改变：糖蛋白出现唾液酸化，使癌细胞表面唾液酸残基增加，导致机体免疫活性细胞不能识别和攻击癌细胞；③合成新的糖蛋白：如小鼠乳腺癌可产生一种表面糖蛋白，它掩盖小鼠主要组织相容性抗原，使肿瘤细胞具有可移动性。

2. 糖脂改变　细胞膜上的糖脂含量相对较少，但具有重要的生理功能，例如在结肠、胃、胰腺癌和淋巴瘤细胞中，都发现有鞘糖脂组分的改变和肿瘤细胞特有的新糖脂。糖脂改变可表现在糖链缩短，糖基缺失，可能与酶的活化或抑制有关。

3. 表面降解酶的改变　与正常细胞比较，肿瘤细胞表面的糖苷酶和蛋白水解酶活性增加，这样使细胞膜对蛋白质和糖的传送能力增强，为肿瘤细胞的分裂和增殖提供物质基础。

4. 出现新抗原　某些肿瘤细胞膜表面出现原有抗原的消失和异型抗原的产生。如胃癌 O 型血病人，正常时胃黏膜表面只有单一的 O 型抗原，而病变后，在胃癌细胞膜表面可出现 A 型抗原，增加了一个单糖残基，这可能与某些糖基转移酶活性改变有关。机体对肿瘤的正常免疫功能受到影响，而出现疾病。又如红细胞在血管内皮细胞膜的 ABO 抗原，如果这部分发生肿瘤以后，可以使原有的 ABO 抗原消失，产生异型抗原。

二、受体蛋白异常与疾病

细胞膜上的受体在结构和数量上发生改变的话，就可能导致疾病或机体功能不全。例如，无丙种球蛋白血症病人的 B 淋巴细胞膜上，缺少作为抗原受体的免疫球蛋白，那么病人 B 淋巴细胞就不能接受抗原刺激分化成浆细胞，也不能产生相应的抗体，这样机体抗感染功能严重受损，使病人常反复出现肺感染疾病。又如，部分 2 型糖尿病病人是由于细胞膜表面胰岛素受体缺陷，使胰岛素不能与细胞

膜受体结合产生生物学效应，导致糖尿病的发生。再就是，重症肌无力症的病人是由于体内产生了乙酰胆碱受体的抗体，此抗体会与乙酰胆碱受体结合，从而封闭乙酰胆碱的作用。另外乙酰胆碱受体抗体还可以促使乙酰胆碱受体的分解，病人的受体大大减少，从而导致重症肌无力症。也有人认为膜受体缺损可能与基因突变有关。

三、转运蛋白功能紊乱与疾病

胱氨酸尿症是由于肾小管上皮细胞转运胱氨酸、赖氨酸、精氨酸和鸟氨酸的载体蛋白先天性缺陷，导致对原尿中的 4 种氨基酸重吸收障碍，尿液中 4 种氨基酸水平高于正常值，其中的胱氨酸在尿液 pH 下降时易沉淀形成尿路结石，引起肾损伤。肾性糖尿病也是一种遗传性疾病，它的病因是由于肾小管上皮细胞膜中转运葡萄糖的载体蛋白功能缺陷，使肾小管上皮细胞对葡萄糖的重吸收障碍，导致尿液中出现葡萄糖。

本章小结

细胞膜是包围在细胞质外周的一层界膜，主要是由脂类、蛋白质和糖类组成。膜脂主要有磷脂、胆固醇和糖脂。膜蛋白分为外在蛋白、内在蛋白和脂锚定蛋白。脂质双层分子构成生物膜的骨架，膜蛋白是膜功能的主要承担者。

液态镶嵌模型认为细胞膜具有流动性和不对称性的特点。

细胞膜对小分子和离子的穿膜运输有两类：一是被动运输，即物质从高浓度侧经过细胞膜转移至低浓度侧，不需要消耗细胞的代谢能。其中，有的没有膜蛋白的参与，如单纯扩散；有的则需要膜运输蛋白的介导，称为协助扩散。另一大类是主动运输，物质从低浓度一侧经过细胞膜向高浓度一侧运输，需要消耗细胞的代谢能，并需要载体蛋白的介导。

大分子和颗粒物质进出细胞是通过膜泡运输。根据物质转运方向，膜泡运输分为胞吞作用和胞吐作用。胞吞作用根据摄入物质状态和特异程度分为三种类型：吞噬作用、吞饮作用和受体介导的胞吞作用。胞吐作用是细胞内的大分子物质（分泌物、代谢产物）排出细胞的过程，细胞的分泌有两种形式：结构性分泌和调节性分泌。

细胞膜受体的主要功能是识别配体并与之结合，将胞外信号转变成胞内信号，引起胞内效应。细胞膜受体分为三种类型：离子通道偶联受体、酶联受体和 G 蛋白偶联受体。

细胞连接是指生物体相邻细胞间细胞膜局部区域特化形成的细胞结合结构，分为三种类型：紧密连接、锚定连接和间隙连接。它具有加强细胞之间的机械联系、沟通细胞间物质交换和信息传递的作用。

案例讨论

用带有绿色和红色荧光素的抗体分别标记鼠和人的细胞膜蛋白，然后用灭活的仙台病毒介导两种细胞融合。细胞融合后数分钟内，融合细胞一半呈绿色、一半呈红色，随后不同颜色的荧光开始在融合细胞表面扩散，直至均匀分布。

0301 案例讨论

（关　晶）

扫一扫，测一测

思考题

1. 比较几种细胞膜模型，试述生物膜的结构特征及其与膜功能的关系。
2. 各种跨细胞膜转运方式的特点分别是什么？
3. 简述细胞膜在信息传递中的作用。

第四章 细胞的内膜系统

学习目标

1. 掌握：内质网、高尔基复合体、溶酶体、过氧化物酶体的形态结构及功能；溶酶体的形成和成熟过程。
2. 熟悉：内质网和溶酶体的类型；内质网、高尔基复合体的化学组成。
3. 了解：溶酶体与疾病；过氧化物酶体的发生。
4. 具有观察内膜系统的各细胞器形态结构显微图片的能力。
5. 能与病人及家属解释溶酶体异常引起常见疾病的临床表现、发病机制。

原核细胞结构比较简单，胞内物质由唯一的细胞膜包围，无细胞核和细胞质之分。而真核细胞除细胞膜之外，还存在通过细胞膜内陷演变而成的复杂的内膜系统（endomembrane system），它是指位于细胞质内，在结构、功能乃至发生上具有一定联系的膜性结构的总称。其主要包括：内质网、高尔基复合体、溶酶体、过氧化物酶体、核膜及各种转运小泡等功能结构。这些功能结构都是相互分割的封闭性区室，每个区室各具备一套独特的酶系，互不干扰地执行着专一的生理功能，完成各种重要生命活动。线粒体虽然也是细胞质内的膜性结构，但由于它在结构、功能及发生上均有一定的独立性，故而一般不将其列入内膜系统。

第一节 内质网

内质网（endoplasmic reticulum，ER）是真核细胞重要的细胞器。1945 年 K.R.Porter 等人在应用电子显微镜观察培养的小鼠成纤维细胞时，发现细胞质中有一些小管和小泡样结构，相互吻合连接成网状。由于这些网状结构多位于细胞核附近的内胞质区，故称为内质网。后来的研究发现内质网可延续到细胞质的外胞质区，甚至与细胞膜相连。除了人的成熟红细胞外，内质网普遍存在于动植物细胞中。

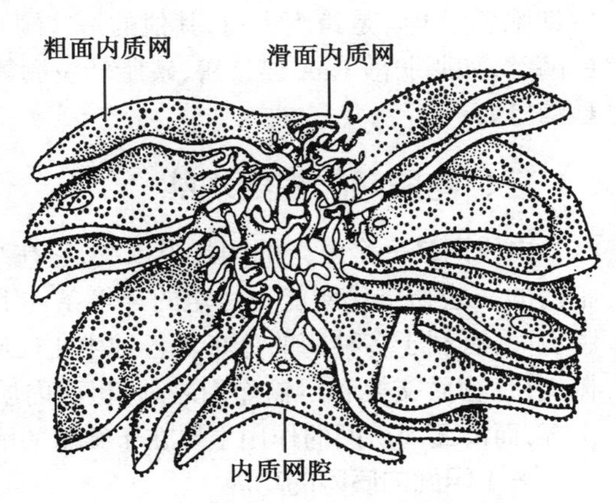

图 4-1 内质网立体结构模式图

一、内质网的形态结构与类型

（一）内质网的形态结构

内质网是由一层厚为 5~6nm 的单位膜所形成的，电子显微镜下可见内质网是由封闭的管状、泡状和扁囊状结构形成相互沟通的三维网状膜系统（图 4-1）。小管

(tubule)、小泡(vesicle)和扁囊(lamina)是构成内质网的单位结构。在一些细胞中这三种结构都存在,而另一些细胞中只具有其中的一种或两种。由内质网膜围成的空间称为内质网腔。内质网向内延伸可与外核膜相通,向外扩展可与质膜内褶相连,构成一个相互连通的膜性管网系统。在某些细胞中,内质网可分布在整个细胞质中。

在不同的组织细胞或同一个细胞的不同生理阶段,内质网的形态结构、分布差异很大。例如,大鼠肝细胞中的内质网以扁囊和小管状结构为主,而睾丸间质细胞中的内质网则由大量的小管连接成网状。

(二) 内质网的类型

根据内质网膜外表面是否有核糖体附着可将内质网分为粗面内质网和滑面内质网两大类。

1. 粗面内质网(rough endoplasmic reticulum,RER) 电镜下 RER 多呈囊状或扁平囊状,排列较为整齐,因在其外表面附着大量的颗粒状核糖体,表面粗糙而得名。RER 是内质网和核糖体共同形成的一种功能性结构复合体,主要功能是合成分泌蛋白和各种膜蛋白,因此在 RER 腔内含有均质的低等或中等电子密度的蛋白类物质。RER 在分泌细胞(如胰腺腺泡细胞)和分泌抗体的浆细胞中非常发达,而在一些未分化的细胞(如胚胎细胞、干细胞等)和肿瘤细胞中则较为不发达。RER 的分布情况及发达程度可作为判断细胞功能状态和分化程度的一个指标。

2. 滑面内质网(smooth endoplasmic reticulum,SER) 电镜下 SER 多呈分支小管或圆形小泡构成细网,并常常可见与 RER 相互连通,因其表面没有核糖体附着,无颗粒而光滑。SER 在一些特化的细胞中含量比较丰富,如肾上腺皮质细胞、睾丸间质细胞、卵巢黄体细胞及横纹肌细胞等;此外成年的白细胞、肥大细胞及汗腺细胞的 SER 也发达。

二、内质网的化学组成

应用蔗糖密度梯度离心方法,可以从细胞匀浆中分离出内质网碎片。内质网断裂后形成许多封闭的、直径约 100nm 的球形小囊泡,称微粒体。虽然内质网在离心过程中受到一定程度的破坏,但微粒体仍保持内质网的一些基本特征,通过对微粒体的生化、生理分析,可了解内质网的化学特征和生理功能,因此微粒体是研究内质网的理想材料。

通过对微粒体的生化分析,了解到内质网和其他细胞生物膜系统一样,也是由脂类和蛋白质组成。与细胞膜相比,内质网膜含有的脂类较细胞膜少,蛋白质比细胞膜多,如大鼠肝微粒体膜中含 30% ~40%磷脂和 60% ~70%蛋白质(按重量)。

内质网膜所含的脂类有磷脂、中性脂、缩醛脂和神经节苷脂等。其中磷脂的含量最多,而在磷脂中又以磷脂酰胆碱(卵磷脂)含量最多,鞘磷脂含量少。

内质网膜有较为丰富的蛋白质,通过对大鼠肝细胞内质网的研究,发现至少有 33 种多肽,相对分子量从 15 000~150 000 不等,其理化性质各不相同。内质网膜还含有 30 种以上的酶,其中葡萄糖 -6- 磷酸酶被视为内质网膜的标志酶。根据功能特性可将酶分为三种类型:①与解毒功能相关的电子传递体酶系,如细胞色素 b_5、NADH 细胞色素 b_5 还原酶、NADH 细胞色素 c 还原酶、细胞色素 P_{450} 等,其中细胞色素 P_{450} 是跨膜蛋白,其他的一些酶则是内质网的嵌入蛋白;②与脂类物质代谢功能反应相关的酶类,如脂肪酸 CoA 连接酶、磷脂转位酶等;③与碳水化合物代谢功能相关的酶类,如葡萄糖 -6- 磷酸酶等。

三、内质网的主要功能

内质网是一个复杂的网状膜系统,它在细胞内将细胞质基质分隔成许多不同的小区域,从而使细胞内的一些物质代谢能在特定的环境条件下进行,同时它在细胞内极为有限的空间里建立起大量的膜表面,有利于多种酶的分布及各种生化反应过程高效率的进行。具体地讲,内质网除了对细胞有机械支持、物质交换和运输作用之外,粗面内质网主要负责蛋白质的合成、转运以及蛋白质的修饰和加工等,而滑面内质网的作用主要在于细胞的解毒以及一些小分子的合成和代谢等。

(一) 粗面内质网的功能

RER 的主要功能是为负责蛋白质合成的核糖体提供支架,同时也进行新合成蛋白质的粗加工和

蛋白质的转运。RER 能合成的蛋白质主要有：①外输性或分泌性蛋白：被排出细胞的抗体、肽类激素和分泌性酶类等；②跨膜蛋白：跨膜蛋白为转移并整合于内质网膜中的蛋白，并成为内质网膜、高尔基复合体膜、溶酶体膜和细胞膜的膜蛋白；③驻留蛋白：内质网、高尔基复合体、溶酶体等细胞器中的可溶性驻留蛋白。现以分泌性蛋白为例介绍 RER 的蛋白质合成过程。

1. 信号肽指导分泌蛋白质的合成　核糖体被信号肽引导到内质网膜，内质网膜上核糖体合成的不断延长的多肽链穿过内质网膜并进入内质网腔，在内质网腔内新合成蛋白经过折叠与糖基化后，向高尔基复合体运输。

知识拓展

信号肽与信号假说

20 世纪 60 年代，Redman 和 Sabatini 用分离的粗面微粒体研究粗面内质网上附着核糖体合成的蛋白质进入内质网腔的机制；1971 年，Blobel 和 Sabatini 等对上述机制做出的解释是：分泌蛋白的 N 端含有一段特殊的信号序列，可将多肽和核糖体引导到内质网膜上，多肽边合成边通过内质网膜进入内质网腔；1972 年，Milstein 等发现从骨髓瘤细胞提取的免疫球蛋白分子 N 端要比分泌到细胞外的多一段；1975 年，Blobel 和 Sabatini 等根据进一步实验结果，提出了信号假说。1999 年，Blobel 等因信号假说获得了诺贝尔医学和生理学奖。

信号假说主要包括以下几个方面内容：

(1) 信号肽的合成：在细胞质基质中的核糖体合成分泌蛋白时，在 mRNA 的 5′端的起始密码后有一段编码特殊氨基酸序列的密码子，称为信号密码。在蛋白质合成中最先被翻译的一段氨基酸序列，由信号密码所编码，通常由 18~30 个疏水氨基酸组成，称为信号肽。凡是能合成信号肽的核糖体，都能在信号肽的引导下附着到内质网的表面，并结合于该处。

(2) 信号识别颗粒（signal recognition particle，SRP）识别信号肽并与核糖体结合：SRP 存在于细胞质基质中，由 6 个结构不同的多肽亚单位和 1 个沉降值为 7S 的小分子 RNA 组成（图 4-2）。SRP 既能识别露于核糖体之外的信号肽，又能识别内质网膜上的 SRP 受体，并与它们特异结合。通常 SRP 与核糖体的亲和力很低，但当肽链延长至 80 个氨基酸残基、信号肽伸出核糖体外时，SRP 与核糖体的亲和力增加，SRP 的一部分与信号肽结合，另一部分与核糖体结合形成 SRP- 核糖体复合体。由于结合到核糖体上的 SRP 占据了核糖体的受体部位（A 位），阻止了下一个氨酰 - tRNA 进入核糖体，从而蛋白的合成过程暂时停止。

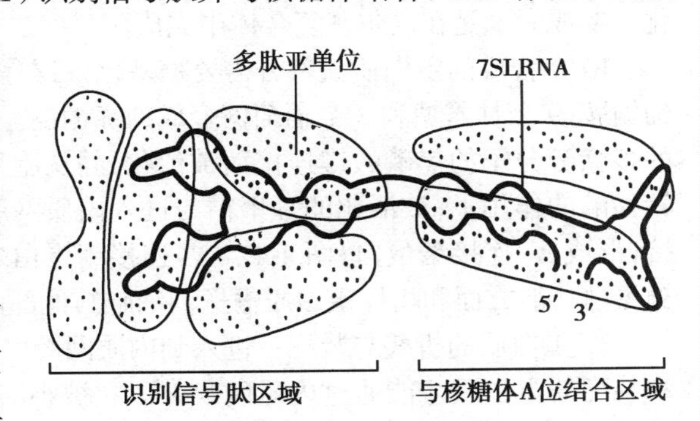

图 4-2　信号识别颗粒模式图

(3) SRP 介导核糖体附于 RER 膜上：SRP- 核糖体复合体中的 SRP 与暴露于内质网膜上的 SRP 受体结合，同时核糖体大亚基与膜上的核糖体结合蛋白Ⅰ和Ⅱ结合，使核糖体附于内质网膜上。SRP 与 SRP 受体的结合是暂时性的，当核糖体附着于内质网膜之后，SRP 便从核糖体和 SRP 受体上解离下来，返回细胞质基质中重复上述过程。

(4) 信号肽引导多肽链穿越内质网膜：核糖体与内质网膜结合后，核糖体能利用蛋白质合成的能量，促使不断延伸的多肽链经由运输器构成的通道，穿过内质网膜进入膜腔内。当 SRP 与核糖体脱离，核糖体上的 A 位点空出，多肽链继续合成并进入到内质网腔。蛋白质运输器的孔道是个动态结构，当带有生长多肽链的核糖体与内质网膜结合时，孔道张开；当核糖体完成蛋白质合成脱离内质网膜时，便呈关闭状态（图 4-3）。

(5) 切掉信号肽：信号肽进入到内质网腔，由内质网膜内表面的信号肽酶切去，与之相连的合成中的多肽链继续进入内质网腔，直至合成完整的多肽链。当多肽链合成结束时，在分离因子的作用下，核糖体的大、小亚基解聚，大亚基也从 RER 上脱落进入细胞质中。

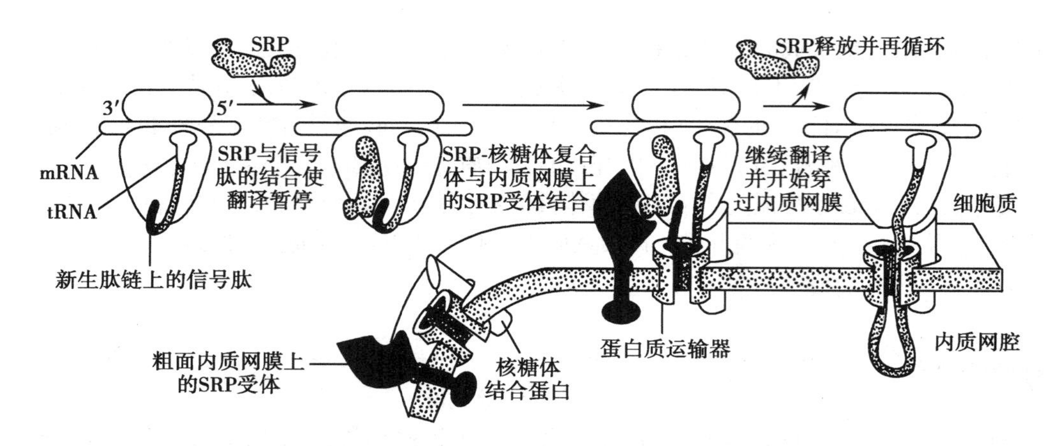

图 4-3　信号识别颗粒（SRP）与核糖体的结合与分离模式图

遗传和生化实验证明，信号假说不仅适用于真核生物的细胞，同时也可以说明原核生物细胞膜蛋白的转运过程。在原核细胞，结合于细胞膜上的附着核糖体也具有信号肽。

如果RER膜上的核糖体合成蛋白为跨膜蛋白，跨膜蛋白在N端起始转移信号引导下穿过RER膜，进入内质网腔并继续延伸，当新生肽链中出现停止转移信号时，肽链通过膜的转移就停止，该肽链穿过脂双层形成单次跨膜蛋白。如果新生肽链有多个起始转移信号和多个停止转移信号，使肽链多次横跨脂质双层膜，成为多次跨膜蛋白。

2. 蛋白质糖基化　蛋白质糖基化是指单糖或寡聚糖与蛋白质共价结合形成糖蛋白的过程。在糖蛋白中，糖与蛋白质的连接方式有两种，一种是 *N*- 连接糖蛋白，即由寡糖与蛋白质天冬酰胺残基侧链的氨基基团共价结合形成的，糖链合成与糖基化修饰始于 RER，完成于高尔基复合体。另一种是 *O*- 连接糖蛋白，由寡糖与蛋白质的酪氨酸、丝氨酸和苏氨酸残基侧链上的羟基基团共价结合形成，糖基化主要或完全是在高尔基复合体中完成。

RER 合成的蛋白质大部分需要糖基化，可与多肽链的合成同时进行。寡聚糖是由 2 个 *N*- 乙酰葡萄糖胺、9 个甘露糖和 3 个葡萄糖合成的寡糖链。当寡聚糖在细胞质基质中合成后，与位于 RER 膜上的多萜醇分子的焦磷酸键连接而被活化，并从胞质面翻转到内质网腔面。在内质网腔面膜上的糖基转移酶的作用下，被活化的寡聚糖与进入内质网腔的多肽链上的天冬酰胺残基侧链上的氨基基团连接，形成 *N*- 连接糖蛋白（图 4-4）。*N*- 连接糖蛋白多为分泌性蛋白和溶酶体酶蛋白。蛋白质糖基化在糖蛋白功能方面和指导蛋白质输送到细胞其他部位方面都起到重要作用。

3. 蛋白质的折叠与装配　进入到内质网腔内的多肽链要在内质网腔里进行折叠。经过正确折叠和装配的蛋白质才能通过内质网膜并以衣被小泡的形式运输到高尔基复合体内，而折叠不正确的肽

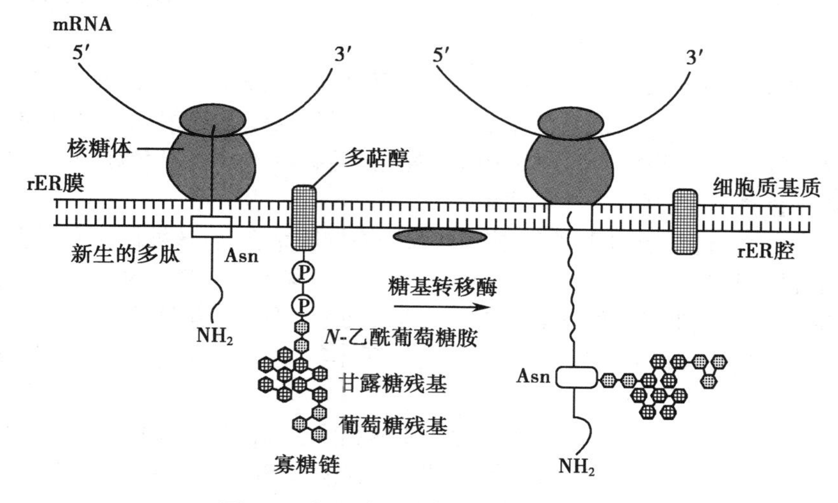

图 4-4　粗面内质网内的蛋白质糖基化

链或未装配成寡聚体的蛋白质亚单位，不论是在内质网膜上还是在腔中，一般都不能进入高尔基复合体。

蛋白质折叠需要内质网腔内可溶性驻留蛋白的参与。驻留蛋白是留在内质网腔中发挥作用的自身结构蛋白和酶蛋白，如蛋白二硫键异构酶、结合蛋白、葡萄糖调节蛋白等分子伴侣。这类蛋白能特异性地识别新生肽链或部分折叠的多肽并与之结合，帮助这些多肽进行折叠、装配和转运，但本身并不参与最终产物的形成，只起陪伴作用，故称为分子伴侣。蛋白二硫键异构酶附着在内质网膜的腔面上，可反复切断和形成二硫键，以帮助新合成的蛋白质处于正确折叠的状态。结合蛋白可以识别不正确折叠的蛋白或未装配好的蛋白亚单位，并促使它们重新折叠与装配。一旦这些蛋白形成正确构象或装配完成，便与结合蛋白分离。最近研究证明，结合蛋白属于热休克蛋白70（HSP70）家族的新成员，遍布在内质网中。葡萄糖调节蛋白被蛋白激酶激活后，参与新生蛋白的折叠和转运。

4. 蛋白质的运输　RER合成的蛋白质有多种：

(1) 分泌性蛋白，进入内质网腔后，经糖基化、折叠与装配，被包裹于由内质网分泌的囊泡中，以出芽形式形成膜性小泡而转运。其转运主要途径有两种：一是进入高尔基复合体，进一步修饰加工后形成大囊泡，最终以分泌颗粒的形式被排出到细胞外。这是最为常见的蛋白质分泌途径。二是直接进入大的浓缩泡，进而发育成酶原颗粒，被排出细胞。此途径仅见于某些哺乳动物的胰腺外分泌细胞。

(2) 跨膜蛋白，可以通过膜泡运输到细胞膜上或其他细胞器膜上，或保留在内质网膜上。

(3) 驻留蛋白，有的需要留在内质网腔或运输到其他细胞器内发挥作用。

（二）滑面内质网的功能

不同细胞中的SER虽然形态相似，但因其化学组成及所含酶的种类不同，常常表现出不同的功能作用。

1. 脂类合成　SER膜含有一整套脂类合成酶系，参与合成膜脂、脂肪和类固醇激素。如肾上腺皮质细胞、睾丸间质细胞和卵巢黄体细胞等分泌类固醇激素的细胞中，SER发达。实验证明，这些SER能合成胆固醇并进一步将其转化为类固醇激素，分别为肾上腺激素、雄激素和雌激素等。

除线粒体特有的两种磷脂外，细胞所需要的全部膜脂几乎全部是由内质网合成的。在内质网合成的磷脂主要是卵磷脂，所需要的底物有2个脂肪酸、1个磷酸甘油和1个胆碱，在脂酰基转移酶、磷酸酶和胆碱磷酸转移酶的催化下，经过三个步骤合成。这些底物均存在于细胞质基质中，而催化各步骤反应的酶是位于内质网膜上的镶嵌蛋白，酶的活性部位都朝向细胞质基质，新合成的脂类分子最初只嵌入内质网脂质双层的细胞质基质面。在内质网膜中有一种磷脂转位因子即翻转酶的作用下，磷脂分子从细胞质基质侧翻转到内质网腔面，使内质网的脂质双层能平行伸展。

就目前所知，脂质由内质网向其他膜性结构转运主要有两种形式：①以出芽小泡的形式转运到高尔基复合体、溶酶体和细胞膜；②以水溶性的磷脂交换蛋白作为载体，与之结合形成复合体进入细胞质基质，通过自由扩散，到达缺少磷脂的线粒体和过氧化物酶体膜上。

2. 糖原代谢　肝细胞的SER很丰富，已有实验证明，附着于内质网胞质面的糖原被降解为葡萄糖-6-磷酸，然后再由SER膜上的葡萄糖-6-磷酸酶分解为磷酸和葡萄糖，葡萄糖转移进入内质网腔再被释放到血液中。另外肝细胞的SER是否与糖原的合成有关，目前还存在不同的观点。

3. 解毒作用　肝细胞的SER中含有一些酶，可使脂溶性的代谢产物和外来的药物或毒物进行氧化反应或羟化反应，使毒物、药物的毒性被钝化或者消除，由于羟化作用可增强化合物的极性，使之易于排出体外。如肝细胞对苯巴比妥类药物等具有解毒作用。

4. 肌肉收缩　肌细胞中含有发达的特化的SER，称肌浆网。肌浆网膜上的Ca^{2+}-ATP酶可将细胞质基质中的Ca^{2+}泵入肌浆网腔，因此肌浆网具有储存Ca^{2+}的作用。当肌细胞受到神经冲动刺激后，肌浆网内Ca^{2+}释放，引起肌肉收缩。

第二节　高尔基复合体

1898年，意大利学者C. Golgi用银染技术研究猫头鹰的神经细胞时，在光学显微镜下观察到细胞质中有一种网状结构，称为内网器。后来证实，这种细胞器广泛存在于脊椎动物的各种细胞中，被后

人命名为高尔基体。电镜下证实，这种细胞器是由几部分膜性结构共同组成的，故称为高尔基复合体(Golgi complex)。20世纪50年代以后，由于电子显微镜技术、超速离心技术、放射自显影及现代细胞分子生物学技术的应用，人们对高尔基复合体的微细结构和功能有了越来越深入的了解。

一、高尔基复合体的形态结构

在电子显微镜下观察，高尔基复合体是由一层单位膜构成的囊泡结构复合体，由扁平囊、小囊泡、大囊泡三部分组成(图4-5)。

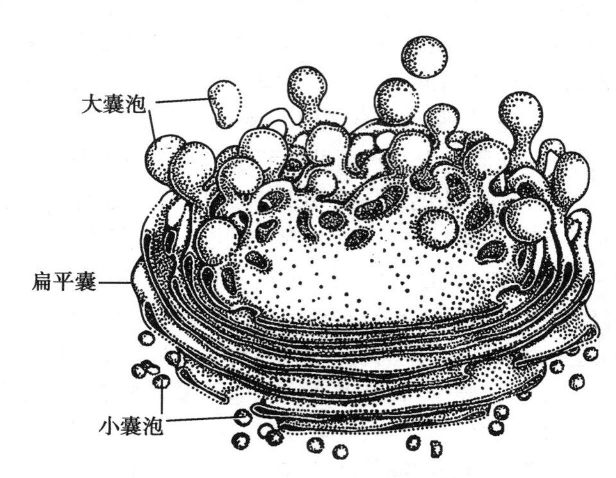

图4-5　高尔基复合体立体结构模式图

1. 扁平囊　高尔基复合体的主体部分是由3~8个扁平囊整齐地排列层叠在一起组成的。扁平囊截面呈弓形，中间膜腔较窄，边缘部分较宽大。扁平囊的囊腔宽15~20nm，囊腔中有中等电子密度的无定形或颗粒状物质。相邻扁平囊的间距20~30nm，扁平囊之间有小管相连形成复合结构。高尔基扁平囊有极性，并呈盘状弯曲似弓形，凸面朝向细胞核，称为形成面或顺面，膜厚度约6nm；凹面朝向细胞膜，称为成熟面或反面，膜厚度约8nm。

高尔基复合体的主体部分从顺面到反面依次为顺面高尔基网、高尔基中间膜囊和反面高尔基网等三个具有其各自功能结构特征的组成部分，各层膜囊的标志化学反应及其所执行的功能不尽相同。

2. 小囊泡　小囊泡也称为小泡(vesicle)，在扁平囊的周围有许多直径40~80nm的小囊泡，膜厚度约6nm，多见于高尔基复合体的形成面。它包括两种类型：一类为表面光滑的小泡；一类是表面有绒毛样结构的有被小泡。一般认为，小囊泡是由附近RER出芽、脱落形成的，内携有RER合成的蛋白质，其电子密度较低。通过与形成面扁平囊的膜融合将蛋白质运送到囊腔中，并不断补充扁平囊的膜结构。

3. 大囊泡　大囊泡直径100~150nm，膜厚度约8nm，多见于高尔基复合体的成熟面或末端，一般认为大囊泡是由扁平囊的局部或边缘膨出、脱落而成。它带有来自高尔基复合体的分泌物，并有对所含分泌物继续浓缩的作用，所以又称分泌小泡，其内容物电子密度高。大囊泡既发育成将内容物分泌出细胞外的分泌泡，又发育成溶酶体和细胞内的营养贮藏泡。大囊泡的形成，不仅运输了扁平囊内加工、修饰的蛋白质等大分子物质，而且使扁平囊膜不断消耗而更新。

高尔基复合体的形态结构、数量和在细胞内的位置分布，常与细胞的种类和功能状态有关。在分化程度高、分泌功能旺盛的细胞中，如神经细胞、胰腺细胞、肝细胞等，高尔基复合体很发达。但成熟的红细胞和粒细胞中高尔基复合体消失或明显萎缩。在未分化的细胞，如肿瘤细胞、胚胎细胞、干细胞等，高尔基复合体往往较少。一般情况下，高尔基复合体在细胞中的位置比较恒定，神经细胞的高尔基复合体分布于细胞核周围并交织成网；肝细胞中则分布于细胞的边缘。而具有极性的细胞中，如上皮细胞、胰腺细胞等，高尔基复合体多分布于游离面的细胞核附近。

二、高尔基复合体的化学组成

从大鼠肝细胞的分离实验表明，高尔基复合体膜成分大约含55%蛋白质和45%脂类。通过对多种细胞膜相结构的化学分析发现，组成高尔基复合体的各种膜脂的含量介于细胞膜和内质网膜之间。因此高尔基复合体是构成细胞膜和内质网之间相互联系的一种过渡性细胞器。

高尔基复合体含有多种酶类，主要有参与糖蛋白合成的糖基转移酶，如唾液酸转移酶；参与糖脂合成的磺化(硫化)-糖基转移酶，如乳糖神经酰胺唾液酸基转移酶；参与磷脂合成的转移酶，如磷脂甘油磷脂酰转移酶。糖基转移酶被认为是高尔基复合体的标志酶，它们主要参与糖蛋白和糖脂的合成。此外，在高尔基复合体中还存在着其他的一些重要的酶类，如NADH-细胞色素C还原酶、NADPH-细

胞色素还原酶的氧化还原酶和酪蛋白磷酸激酶等。

三、高尔基复合体的功能

高尔基复合体的主要功能是参与细胞的分泌活动。它含有多种酶系，不仅对内质网合成的多种蛋白质进行加工、分类与包装，然后分门别类地运送到细胞特定的部位或分泌到细胞外，而且将内质网上合成的一部分脂质向细胞膜和溶酶体膜等部位运输。此外，高尔基复合体在细胞内膜的转化上也起重要作用。因此高尔基复合体是细胞内物质运输的特殊通道。

（一）在细胞分泌活动中的作用

应用放射自显影技术追踪细胞内蛋白质合成和转运的过程，将鼠胰腺组织放入含放射线标记的培养基中，电镜观察3min后放射性出现在粗面内质网；7min后放射性移至高尔基复合体扁平囊；37min后出现在大囊泡中；117min后，出现在靠近细胞顶部的酶原颗粒及胞外的分泌物中。因此RER的核糖体上合成蛋白质，经小泡运输到高尔基复合体进一步加工修饰后，浓缩成酶原颗粒，最后通过出胞作用排出细胞之外。

（二）对蛋白质的修饰加工作用

高尔基复合体的修饰加工作用主要是对内质网合成的蛋白质的糖基化及对前体蛋白质的水解作用等。研究表明，*O*-连接糖蛋白主要或全部在高尔基复合体内进行。在高尔基复合体不同部位存在的与糖修饰加工有关的酶类是不同的，因此糖蛋白在高尔基复合体中的修饰和加工在空间上和时间上具有高度有序性，如溶酶体酶蛋白的修饰加工过程。

有些蛋白质在RER内合成后，通过高尔基复合体的水解作用，才能成为有活性的成熟蛋白。如人胰岛素由胰岛B细胞中的RER合成，是一种没有生物活性的蛋白原，称为胰岛素原。它由86个氨基酸残基组成，除含有胰岛素的A、B两条多肽链外，还有一条起连接作用的C肽链。当胰岛素原被运输至高尔基复合体时，在转肽酶的作用下被切除C肽链后成为有活性的胰岛素，胰岛素是由51个氨基酸残基组成的。此外，胰高血糖素、血清蛋白等的成熟，也是经过高尔基复合体中的切除修饰后完成的。还有，溶酶体酸性水解酶的磷酸化、蛋白聚糖类的硫酸化等也在高尔基复合体中完成。

（三）对蛋白质的分选和运输

RER合成的蛋白质经高尔基复合体修饰加工后形成分泌蛋白、膜蛋白和溶酶体酶，经高尔基复合体的反面分选后被送往细胞的各个部位。这些蛋白分别经过高尔基复合体修饰加工、包装后：①可形成运输分泌蛋白的分泌泡，分泌蛋白被运出细胞外；②可形成有膜蛋白的运输小泡被运送到细胞膜的不同部位；③可形成由溶酶体酶蛋白组成的溶酶体，留在细胞质中发挥作用。

（四）参与膜的转化

细胞膜与内膜系统的生化分析结果显示，高尔基复合体膜的厚度和化学组成介于内质网膜和细胞膜之间。细胞内的膜由内质网到高尔基复合体，再到细胞膜，存在着逐渐变化的过程，说明高尔基复合体与膜的转化有密切关系。从分泌蛋白的运输和排出过程来看，由内质网芽生的运输小泡与顺面高尔基复合体融合，运输小泡的膜成为高尔基复合体扁平囊的膜，而高尔基复合体的反面又不断形成分泌泡向细胞膜移动，最后与细胞膜融合，分泌泡膜成为细胞膜的一部分，膜的这种转移过程也称为膜流。膜流不仅在物质运输上起重要作用，而且还使膜性细胞器的膜成分不断得到补充和更新。

第三节　溶　酶　体

1955年C. de Duve等用超离心技术从小鼠肝细胞中分离出一种有膜包被的微小颗粒，经细胞化学鉴定，这种颗粒内含丰富的酸性水解酶，具有分解多种大分子物质的功能，故被命名为溶酶体（lysosome）。现已清楚，溶酶体广泛分布于真核细胞中（除哺乳动物成熟的红细胞以外），但在原核细胞中尚未观察到。

一、溶酶体的形态结构与组成

溶酶体是由一层单位膜包围而成的球形或卵圆形的囊泡状细胞器，大小不一，多数直径在0.2~0.8μm之间。溶酶体内含60多种高浓度的酸性水解酶，主要包括核酸酶类、蛋白酶类、糖苷酶类、脂肪酶类、磷酸酶类和硫酸酯酶类等，水解酶最适pH为3.5~5.5。溶酶体具有高度异质性，不同类型的细胞，溶酶体所含酶的种类和数量也不相同，通常不能在同一溶酶体内找到上述所有的酶，但酸性磷酸酶普遍存在于各种溶酶体中，是溶酶体的标志酶。在生理状态下，溶酶体的酶只在溶酶体膜内发挥作用而不外逸，但如果溶酶体膜被破坏，水解酶就会溢出，整个细胞会被消化并波及周围的细胞。

二、溶酶体的形成和成熟过程

溶酶体的形成由内质网和高尔基复合体共同参与，在细胞基质内完成，包括溶酶体酶蛋白合成、加工、包装、运输后形成囊泡，然后与晚期内体融合的复杂而有序的过程，主要经历如下几个阶段(图4-6)：

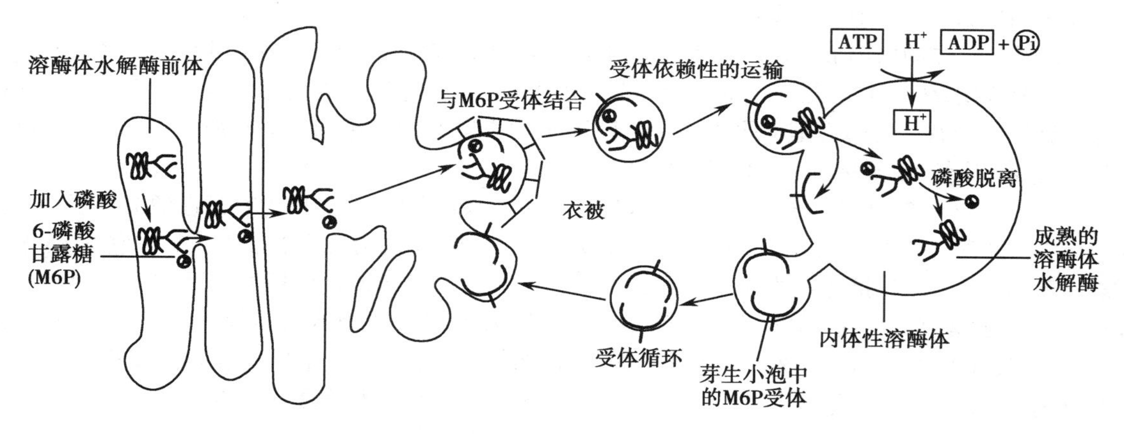

图4-6　内体性溶酶体的形成过程示意图

1. 酶蛋白在内质网内合成和糖基化　溶酶体酶蛋白在附着于内质网膜上的多聚核糖体上合成，酶蛋白前体进入内质网腔，经过加工、修饰，形成*N*-连接的甘露糖糖蛋白；再被内质网以出芽的形式包裹形成膜性小泡，转运到高尔基复合体的形成面。

2. 酶蛋白在高尔基复合体内磷酸化和糖基化　①在高尔基复合体形成面膜囊内，溶酶体酶蛋白寡糖链上的甘露糖残基在磷酸转移酶的催化下，可被磷酸化为甘露糖-6-磷酸(mannose-6-phosphate，M-6-P)，M-6-P被认为是溶酶体水解酶分选的重要识别信号；②在高尔基复合体中间膜囊，*N*-连接的溶酶体糖蛋白继续被糖基化，从顺面膜囊到反面膜囊，依次切去甘露糖，加上*N*-乙酰葡萄糖胺、半乳糖、唾液酸；③在高尔基复合体成熟面上有可被M-6-P识别的受体，能与M-6-P标记的溶酶体水解酶前体识别、结合，然后局部出芽形成表面覆有网格蛋白的有被小泡。

3. 在细胞质基质中形成溶酶体　①有被小泡很快脱去网格蛋白外被形成表面光滑的无被小泡；②无被小泡与晚期内体融合，在其膜上质子泵的作用下，将胞质中的H^+泵入使其腔内pH降到6.0以下；③在酸性条件下M-6-P标记的溶酶体水解酶前体与识别M-6-P的受体分离，并通过去磷酸化而形成内体性溶酶体(即成熟溶酶体)，同时，膜上M-6-P受体则以出芽形式形成运输小泡返回到高尔基复合体成熟面。

三、溶酶体的类型

溶酶体在形态及内含物上呈现多样性和异质性。根据溶酶体的形成过程和功能状态，可将溶酶体分为内体性溶酶体(endolysosome)和吞噬性溶酶体(phagolysosome)两大类。

(一)内体性溶酶体

内体性溶酶体由高尔基复合体成熟面芽生的运输小泡和晚期内体融合而成，内含有尚未被激活

的水解酶，而没有作用底物及消化产物。

（二）吞噬性溶酶体

吞噬性溶酶体是由内体性溶酶体和来源于细胞内外的作用底物融合而成。吞噬性溶酶体除了含有已被激活的水解酶外，还有作用底物和消化产物，其底物可以是细胞内的自身产物或由细胞摄入的外来物质，根据其作用底物的来源和性质不同，可分为自噬性溶酶体和异噬性溶酶体（图 4-7）。处于末期阶段的吞噬性溶酶体称为终末溶酶体，也称后溶酶体或残余小体。

1. 自噬性溶酶体　它的作用底物是内源性物质，包括细胞内衰老或损伤的细胞器（如内质网、线粒体等）以及细胞质中过量贮存的脂类、糖原颗粒等。这些物质先被内膜系统的膜包裹形成自噬体，然后再与内体性溶酶体融合形成自噬性溶酶体。自噬性溶酶体在消化、分解及自然更替一些细胞内的结构上起重要作用，参与衰老细胞器的清除和更新。当细胞受到药物作用、射线、机械损伤以及在病变的细胞中，其数量明显增多。

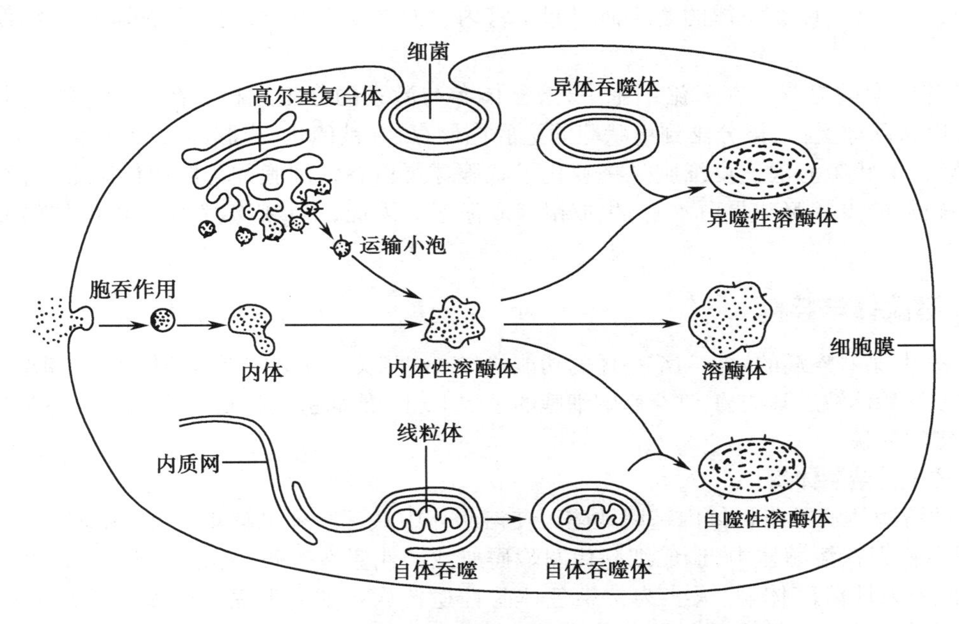

图 4-7　自噬性溶酶体和异噬性溶酶体的形成过程示意图

2. 异噬性溶酶体　它的作用底物是一些被摄入到细胞内的外源性物质，其中包括外源性的细胞和一些大分子物质，如细菌、红细胞、血红蛋白、铁蛋白、酶和糖原颗粒等。细胞先以内吞方式将这些外源性物质摄入细胞内，形成吞噬体或吞饮体，再与内体性溶酶体融合形成异噬性溶酶体。异噬性溶酶体在机体防御系统中起重要作用，常见于单核吞噬系统的细胞、肝细胞和肾细胞等。

3. 终末溶酶体　吞噬性溶酶体到达终末阶段，由于水解酶的活性降低或消失，还残留一些未被消化和分解的物质，形成在电镜下见到电子密度高、色调较深的残余物，称为终末溶酶体（或残余小体）。有的细胞能将残余小体中的残余物通过胞吐作用排出细胞，有些则长期蓄积在细胞内而不被排出，例如常见于神经细胞、壁细胞和卵母细胞中的多泡体；常见于单核吞噬细胞、大肺泡细胞、肿瘤细胞和病毒感染细胞中的髓样结构及含铁小体；常见于神经细胞、肝细胞和心肌细胞中的脂褐质，随着细胞寿命的增长，其数量也不断增多并不被排出细胞，如老年斑。

四、溶酶体的功能

1. 对细胞内物质的消化　溶酶体能在细胞内消化分解多种外源性和内源性物质。外源性物质主要包括经吞噬作用摄入的细菌、异物和衰老红细胞等及经胞饮作用摄入的可溶性物质；内源性物质包括细胞内损伤或衰老的各种细胞器和生物大分子等。这些外源性或内源性物质与内体性溶酶体融合形成吞噬性溶酶体，在各种水解酶的作用下，可被分解为简单的可溶性小分子物质，这些小分子物质通过溶酶体膜脂双层或膜载体蛋白转运，重新释放到细胞质中被细胞利用。一些未被完全消化的物

质残留下来，形成残余小体。由此可见，溶酶体通过消化作用不仅可以清除细胞内衰老和病变的细胞器、促进细胞成分的更新，而且还参与机体的防御机能。

2. 对细胞外物质的消化　一般情况下溶酶体在细胞内发挥作用，但在某些特殊的细胞，溶酶体酶被释放到细胞外，消化分解细胞外物质。如精、卵细胞的受精过程，精子头部的顶体是高尔基复合体特化而成的溶酶体，内含多种水解酶。当精子与卵细胞外被接触时，顶体膜便与精子的细胞膜互相融合并将水解酶释放出来，消化包围在卵细胞外的放射冠（卵泡细胞），便于精子的核进入卵细胞，达到受精的目的。

3. 参与器官、组织退化与更新　在一定条件下，溶酶体膜破裂，被释放出来的水解酶使自身细胞降解，这一过程称为细胞的自溶作用。在生理状态下，自溶作用在个体发育过程中对器官、组织的形态建成具有重要作用。如无尾两栖类蝌蚪变态时，尾部逐渐消失是由于蝌蚪尾部细胞含有丰富的溶酶体，溶酶体膜破裂，释放组织蛋白酶能消化尾部退化的细胞，引起细胞自溶至尾部消失。此外，由于女性卵巢黄体的萎缩而引起子宫内膜的周期性变化，也与溶酶体的自溶作用有密切关系。

4. 参与激素的分泌　在分泌细胞中，溶酶体参与激素的分泌过程。在甲状腺滤泡上皮细胞中合成的甲状腺球蛋白，被分泌到甲状腺滤泡腔内储存，并被碘化，当腺体接受垂体分泌的促甲状腺素刺激后，甲状腺滤泡上皮细胞又将碘化甲状腺球蛋白吞入细胞并与溶酶体结合，溶酶体内的蛋白酶将碘化的甲状腺球蛋白水解，生成甲状腺激素。因此，甲状腺激素是在溶酶体的参与下形成的。

五、溶酶体与疾病

研究表明，某些疾病的发生与溶酶体的功能状态密切相关。在某些因素的作用下，如果溶酶体膜发生破裂或溶酶体缺乏某些酶，都会影响细胞的正常生理功能而引起病变。另外，溶酶体与肿瘤的发生也有一定的关联。

（一）先天性溶酶体病

先天性溶酶体病是指机体内基因缺陷可使溶酶体中缺乏某种水解酶，致使相应底物不能被消化和降解而积聚在溶酶体中，造成细胞代谢障碍所致的代谢性疾病，又称溶酶体贮积病。现已发现 40 多种先天性溶酶体病，大多为常染色体隐性遗传病。如Ⅱ型糖原贮积病是病人肝细胞中常染色体上的一个基因缺陷，使溶酶体内缺乏 α- 葡萄糖苷酶，导致糖原不能降解为葡萄糖，造成糖原在肝脏和肌肉细胞溶酶体内大量积蓄。其临床表现为肌无力，心脏增大，进行性心力衰竭，多于两周岁前死亡。此外，先天性溶酶体病还包括黑蒙性先天愚型、脂质沉积症、黏多糖贮积症等。

（二）溶酶体膜的稳定性与疾病的关系

硅沉着病是一种职业病，其形成原因与溶酶体膜的破裂有关。当空气中的矽尘颗粒被吸入肺组织后，被巨噬细胞吞下形成吞噬小体，吞噬小体与内体性溶酶体融合形成吞噬性溶酶体。带有负电荷的矽尘颗粒在溶酶体内形成矽酸分子。矽酸分子能以其羧基与溶酶体膜上的受体产生氢键，破坏膜的稳定性，使溶酶体破裂，大量矽酸分子和水解酶流入细胞质内，引起巨噬细胞死亡。死亡的巨噬细胞释放的矽尘颗粒被正常巨噬细胞吞噬后，重复上述过程。受损或已破坏的巨噬细胞释放“致纤维化因子”，使成纤维细胞增生并分泌大量的胶原纤维，使肺组织局部出现胶原纤维结节，降低了肺的弹性，妨碍了肺的功能而形成硅沉着病。此外，类风湿性关节炎的发生可能与类风湿因子使细胞内溶酶体膜脆性增强有关；痛风是尿酸结晶使溶酶体破裂而引起的。

（三）溶酶体与恶性肿瘤

溶酶体可能与恶性肿瘤的发生有关。有研究者应用电镜放射自显影技术，观察到致癌物质进入细胞后，先贮存于溶酶体内，再与染色体整合，并诱发细胞的恶性转变。也有研究证实，致癌物质引起的细胞分裂调节功能障碍及染色体畸变，可能与细胞受到损伤后溶酶体酶的释放有关。至于溶酶体与恶性肿瘤的发生是否有直接关系，尚待进一步的深入研究。

第四节　过氧化物酶体

过氧化物酶体（peroxisome）又称微体，1954年由瑞典的J.Rhodin等在小鼠肾近曲小管上皮细胞中首次发现。在1965年C. de Duve等发现微体中含有多种氧化酶和过氧化氢酶，能分解细胞中的过氧化物，故又命名为过氧化物酶体。它普遍存在于所有的真核细胞中，在哺乳动物主要存在于肝细胞和肾近曲细小管上皮细胞中。

一、过氧化物酶体的形态结构和组成

过氧化物酶体是一种具有异质性的细胞器，在不同生物及不同发育阶段有所不同。过氧化物酶体是由一层单位膜包裹的圆形或椭圆形小体，直径为0.2~1.5μm，通常为0.5μm。过氧化物酶体内含中等电子密度的颗粒状物质，中央常有一高密度的核心，呈有规则的晶体结构，称类核体（图4-8）。类核体的化学本质是尿酸氧化酶结晶。人和鸟类的过氧化物酶体不含尿酸氧化酶，所以没有类核体。

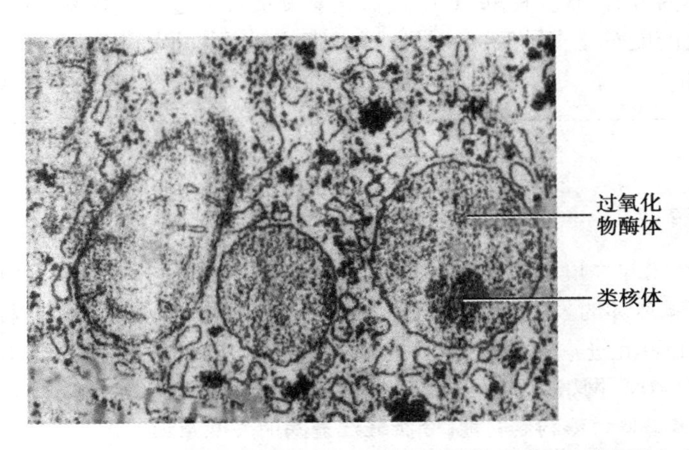

图4-8　鼠肝细胞超薄切片所显示的过氧化物酶体（电镜照片）

过氧化物酶体中含有40多种酶，主要分为氧化酶和过氧化氢酶两类。氧化酶有*L*-氨基酸氧化酶、*D*-氨基酸氧化酶、尿酸氧化酶和*L*-α-羟基酸氧化酶等。过氧化物酶体所含氧化酶的种类和比例不同，但过氧化氢酶存在于各种细胞的过氧化物酶体中，因此，过氧化氢酶可视为过氧化物酶体的标志酶。

二、过氧化物酶体的功能

过氧化物酶体内含多种氧化酶及过氧化氢酶。氧化酶能催化多种物质生成H_2O_2，而其中的过氧化氢酶能将H_2O_2分解成H_2O和O_2。因为H_2O_2在细胞内积累过多时，对细胞有毒害作用，所以过氧化物酶体对细胞有保护作用。这种氧化反应对肝、肾细胞非常重要，因为过氧化物酶体担负着代谢血液中各种毒素的作用。如人们摄入的乙醇，有一半通过此途径被氧化。另外过氧化物酶体还可能参与核酸、脂肪和糖的代谢。

三、过氧化物酶体的发生

现在有证据显示，过氧化物酶体的发生与线粒体相类似，是由原有的过氧化物酶体分裂而来。过氧化物酶体的膜脂，可能是在内质网上合成，再通过磷脂交换蛋白或膜泡运输的方式转运的。过氧化物酶体的基质蛋白和膜整合蛋白由细胞质中游离的核糖体合成，基质蛋白的某一端有分选信号序列（PTS）或导肽，在其引导下进入过氧化物酶体中；膜整合蛋白通过不同途径嵌入过氧化物酶体的膜脂中。

本章小结

内膜系统是真核细胞特有的结构，包括内质网、高尔基复合体、溶酶体、过氧化物酶体及各种转运小泡等。

内质网是由相互连续的管状、泡状和扁囊状结构构成的三维网状膜系统。根据内质网膜外表面是否有核糖体附着，可分为粗面内质网和滑面内质网两大类。粗面内质网主要合成分泌性蛋白、膜蛋白及驻留蛋白。滑面内质网主要与脂类合成、糖原代谢、解毒作用及肌肉收缩等有关。葡萄糖-6-磷酸酶被视为内质网膜的标志酶。

高尔基复合体由扁平囊、小囊泡、大囊泡三部分组成。其主要功能是在分泌颗粒的形成过程中起着修饰、加工、浓缩、分选、包装与运输等作用。糖基转移酶被认为是高尔基复合体的标志酶。

溶酶体内含有60多种酸性水解酶，其中酸性磷酸酶是溶酶体的标志酶。根据溶酶体形成过程和功能状态，可将其分为内体性溶酶体和吞噬性溶酶体两大类。吞噬性溶酶体根据其作用底物来源和性质不同，分为自噬性溶酶体和异噬性溶酶体。溶酶体的功能是对细胞内、外物质的消化；参与器官、组织退化与更新；激素的分泌等。

过氧化物酶体内含有40多种酶，其中过氧化氢酶被视为过氧化物酶体的标志酶。过氧化物酶体中的各种氧化酶能氧化多种底物，对肝、肾细胞的解毒作用是非常必要的；还可能参与核酸、脂肪和糖类的代谢。

案例讨论

王某，男，50岁，常年在煤矿工作，咳嗽2年，低热，盗汗，乏力，进行性加重1周，持续性干咳伴胸痛，前去医院就诊，查体时发现病人口唇青紫，发绀，肺低纹及Velcro啰音，杵状指，全身多处有皮疹，P2>A2（第二心音亢进）。辅助检查，X线胸片显示弥漫性浸润性阴影。HRCT（高分辨率CT）有磨玻璃影，小叶间增厚，网格蜂窝状改变，诊断为硅沉着病。

0401 案例讨论

问题：1. 结合溶酶体的结构和功能，分析硅沉着病的发病原因？

2. 在日常工作中怎样预防硅沉着病的发生？

（王　英）

0402 扫一扫，测一测

思考题

1. 简述内质网的形态结构、分类及功能。
2. 简述高尔基复合体的形态结构及其主要功能。
3. 叙述溶酶体形成和成熟过程。

第五章　核　糖　体

学习目标

1. 掌握：核糖体的成分、类型与结构；核糖体的功能；核糖体合成蛋白质的基本步骤。
2. 熟悉：核糖体上与多肽链合成密切相关的功能活性部位。
3. 了解：线粒体核糖体及叶绿体核糖体有关内容。
4. 具有观察识别核糖体显微结构的能力。
5. 能向病人及家属解释核糖体异常导致的疾病的临床表现、发病机制。

核糖体（ribosome）是 Robinsin 等人于 1953 年在电子显微镜下发现的一种颗粒状小体，除哺乳动物的成熟红细胞外，核糖体几乎存在于所有的细胞内，即使是最简单的支原体细胞也至少含有上百个核糖体。此外，核糖体也存在于线粒体和叶绿体中，可以说核糖体是细胞最基本的不可缺少的结构。1958 年 Robinsin 建议命名为核糖核蛋白体，简称核糖体。核糖体可以游离在细胞质中，也可以附着在内质网上。电子显微镜下核糖体为直径 15~25nm 的致密小颗粒，常见于细胞内蛋白质合成旺盛的区域。核糖体是一种非膜性结构的颗粒状细胞器，核糖体的功能是按照 mRNA 的指令把氨基酸高效而精确地缩合成蛋白质。随着分子生物学的发展，核糖体概念有了进一步的发展，细胞内除了从事蛋白质合成的核糖体外，还有许多由小分子的 RNA 与蛋白质组成的颗粒——核糖核蛋白体颗粒，它们也参与 RNA 的加工、RNA 的编辑、基因表达的调控等。

第一节　核糖体的类型和结构

一、核糖体的基本类型和成分

细胞内含有两种基本类型的核糖体：一种是 70S（S 为 Svedberg，沉降系数单位）的核糖体，其相对分子质量为 2.7×10^6，主要存在于原核细胞；另一种是 80S 核糖体，相对分子质量为 4.5×10^6，存在于真核细胞。70S 和 80S 核糖体均由大小不同的两个亚单位构成，分别称为大亚基和小亚基。核糖体大、小亚基在细胞内常常游离于细胞基质中，只有当小亚基与 mRNA 结合后，大亚基才与小亚基结合形成完整的核糖体。肽链合成终止后，大、小亚基解离，又游离于细胞基质中。

在真核细胞中，根据核糖体存在的部位不同，将其分为附着核糖体和游离核糖体。附着核糖体是指附着在粗面内质网膜上的核糖体（原核细胞的质膜内侧也常有附着核糖体），游离核糖体是指以游离形式分布在细胞质基质中的核糖体。

核糖体的成分可以通过化学方法测定，结果如表 5-1 所示。

表 5-1 原核细胞和真核细胞核糖体的成分比较

来源		相对分子质量	rRNA		蛋白质种类
			大小	长度(bp)	
原核细胞	70S 核糖体	2 700 000			55
	50S 亚基	1 800 000	23S	3000	34
			5S	120	
	30S 亚基	900 000	16S	1500	21
真核细胞	80S 核糖体	4 500 000			82
	60S 亚基	3 000 000	28S	5000	49
			5.8S	160	
			5S	120	
	40S 亚基	1 500 000	18S	2000	33

核糖体的主要成分是蛋白质和 rRNA，蛋白质成分约占核糖体的 40%，主要分布在核糖体的表面，rRNA 约占 60%，主要分布在核糖体内部。

特别指出，线粒体核糖体是存在于真核细胞线粒体内的一种核糖体，负责完成线粒体的翻译过程。线粒体核糖体的沉降系数介于 55S~56S 之间，是已发现的沉降系数最小的核糖体。常见线粒体核糖体由 28S 亚基（小亚基）和 39S 亚基（大亚基）组成。此类核糖体中，rRNA 约占 25%，核糖体蛋白质约占 75%，是已发现的蛋白质含量最高的一类核糖体。

二、核糖体的结构

通过电子显微镜观察发现，核糖体（图 5-1）的大亚基略呈圆锥形，有一侧伸出三个突起，中央为一凹陷。小亚基为长条形，1/3 处有一细的缢痕。大小亚基结合，凹陷部彼此对应，形成一个隧道，在蛋白质合成过程中，用于 mRNA 通过。在大亚基中有一条垂直于隧道的通道，用于新合成多肽链的释放。

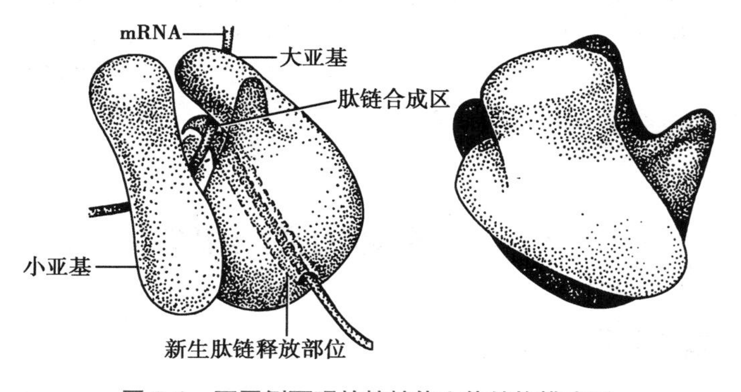

图 5-1 不同侧面观的核糖体立体结构模式图

1968 年，Masayasu Nomura 把拆开的大肠埃希菌的核糖体的 30S 亚基的 21 种蛋白质与 16S rRNA 在体外混合后重新装配成 30S 小亚基，然后把重建的小亚基同 50S 大亚基以及其他辅助因子混合后，进行蛋白质合成实验，发现重建的核糖体具有生物活性，能催化氨基酸掺入到蛋白质多肽链中。这一实验证明，核糖体是一种自组装的结构。当蛋白质和 rRNA 合成加工成熟之后就开始装配核糖体的大、小两个亚基，真核生物核糖体亚基的装配地点在细胞核的核仁部位，原核生物核糖体亚基的装配则在细胞质。蛋白质和 rRNA 在组装形成核糖体的过程中，单链的 rRNA 分子首先折叠成复杂的三维结构，组成大、小亚基的骨架，构成核糖体的多种蛋白质分子通过与 rRNA 的识别，自动组装到骨架上，构成严格有序的超分子结构——大、小亚基（图 5-2）。

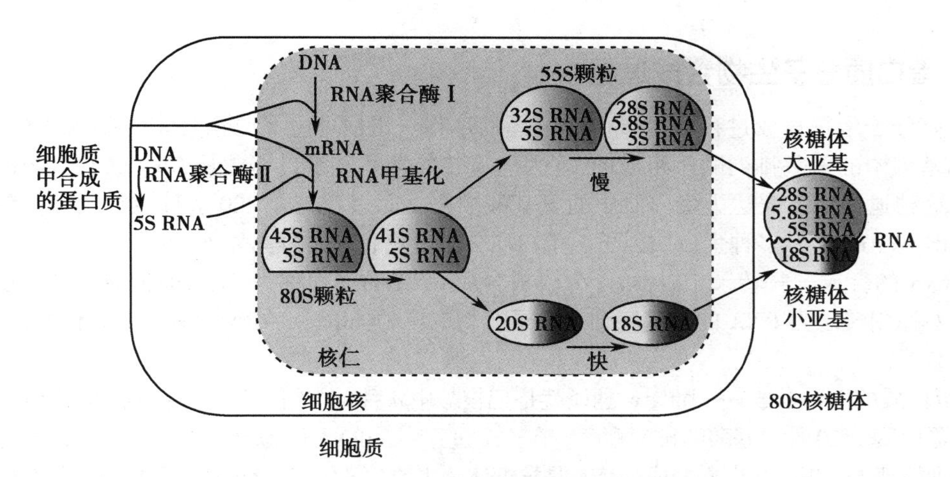

图 5-2 核糖体自体组装示意图

核糖体上有多个与蛋白质合成有关的功能活性部位，主要有：①供体部位，也称 P 位，主要位于小亚基，是肽酰 -tRNA 结合的位置；②受体部位，也称 A 位，主要位于大亚基上，是氨酰 -tRNA 结合的部位；③转肽酶的结合部位，位于大亚基上，其作用是在肽链合成过程中催化氨基酸间的缩合反应而形成肽链；④GTP 酶活性部位，GTP 酶又称转位酶，能分解 GTP 分子，并将肽酰 -tRNA 由 A 位转到 P 位（图 5-3）。

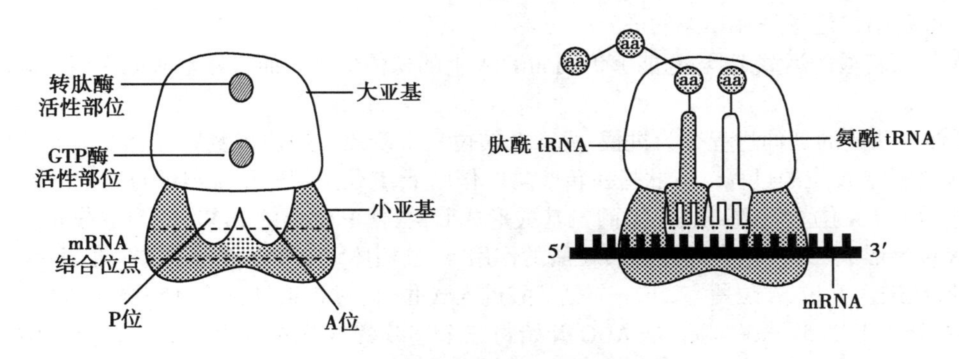

图 5-3 核糖体主要活性部位示意图

第二节 核糖体的功能

核糖体是合成蛋白质的场所，能按照 mRNA 的指令把氨基酸高效而精确地缩合成多肽链。蛋白质合成时，由多个甚至几十个核糖体串联在一条 mRNA 上，成串排列，形成蛋白质合成的功能单位，称多聚核糖体（polyribosome）。由于蛋白质的合成是以多聚核糖体的形式进行的，使得一条 mRNA 分子上可以同时有多个核糖体在进行蛋白质的合成，从而大大提高了蛋白质的合成效率。

知识拓展

细菌的核糖体与抗生素作用靶点

随着核糖体精细结构研究的深入，其根据 mRNA 所携带的遗传信息进行蛋白质的翻译合成机制愈加清晰，抗生素类药物大多以细菌的核糖体为作用靶点，抑制细菌的蛋白质合成。万卡特拉曼 - 莱马克里斯南（Venkatraman Ramakrishnan）、托马斯 - 施泰茨（Thomas Steitz）和阿达 - 尤纳斯（Ada Yonath）因“核糖体的结构和功能”的研究获 2009 年诺贝尔化学奖，评委会说，三位科学家构筑了三维模型来显示不同的抗生素是如何抑制核糖体功能的，“这些模型已被用于研发新的抗生素，直接帮助减轻人类的病痛，拯救生命”。

一、蛋白质分子生物合成过程

蛋白质分子生物合成过程就是蛋白质翻译的过程。蛋白质分子是由许多氨基酸严格按照蛋白质的编码基因中的碱基排列顺序组成的，基因的遗传信息在转录过程中从 DNA 转移到 mRNA，再由 mRNA 将这种遗传信息表达为蛋白质中的氨基酸顺序。此过程需要 200 多种生物大分子参加，包括核糖体、mRNA、tRNA 及多种蛋白质因子。蛋白质分子生物合成过程具体如下：

(1) RNA 的合成——转录。以 DNA 为模板合成 RNA 的过程称为转录，即把 DNA 的碱基序列根据碱基配对原则转录为 RNA 的碱基序列。转录产物有三种：mRNA、tRNA、rRNA，它们共同参与蛋白质的生物合成。

(2) 蛋白质的生物合成——翻译。翻译就是把核酸中 4 种碱基组成的遗传信息，以遗传密码翻译方式转变为蛋白质中 20 种氨基酸的排列顺序。在这个过程中，mRNA 作为模板指导蛋白质的合成，tRNA 转运氨基酸到核糖体上进行蛋白质合成，rRNA 是核糖体的主要化学组成，核糖体是蛋白质生物合成的场所。

二、核糖体与蛋白质合成

在核糖体上进行的蛋白质合成过程可分为三个阶段，即起始、延伸和终止。

1. 起始　在各种起始因子作用下，核糖体的大小亚基、tRNA 和 mRNA 装配成核糖体起始复合物的过程。原核细胞与真核细胞形成的翻译起始复合物略有不同，原核细胞中为甲酰甲硫氨酸 -tRNA，而真核细胞中为甲硫氨酸 -tRNA。起始复合物生成后，P 位被甲硫氨酸（甲酰甲硫氨酸）-tRNA 占据而 A 位留空，准备第二位氨酰 -tRNA 的进入。

tRNA 是氨基酸的运载工具，它能够识别 mRNA 上的遗传信息从而将氨基酸运送到相应位置组成多肽链。

2. 延伸　肽链的延伸过程分为进位、成肽及转位三个阶段。进位指氨酰 -tRNA 根据遗传密码的指引，进入核糖体 A 位的过程。成肽指在转肽酶的作用下，P 位上甲酰甲硫氨酸（原核生物）或甲硫氨酸（真核生物）与 A 位上氨酰 -tRNA 上的氨基酸形成肽键，使 P 位上的 tRNA 变为空载并从核糖体上释放，而 A 位上形成二肽。转位是指在转位酶的作用下，核糖体沿 mRNA 5′→3′方向移动一个密码子，A 位上的肽链进入 P 位，A 位留空，下一个氨基酸进入 A 位，此过程重复进行，使肽链延伸。

mRNA 分子上以 5′→3′方向，从 AUG 开始每三个连续的核苷酸组成一个密码子，mRNA 中的 4 种碱基可以组成 64 种密码子。这些密码不仅代表了 20 种氨基酸，还决定了翻译过程的起始和终止位置。从对遗传密码性质的推论到决定各个密码子的含义，进而全部阐明遗传密码，是科学上最杰出的成就之一，科学家通过遗传学和生物化学实验，于 1966 年将 64 种遗传密码全部破译。

3. 终止　当肽链延伸到 A 位出现 mRNA 终止密码时，由于没有相应的氨酰 -tRNA 与之结合，在各种释放因子的作用下，核糖体从 mRNA 脱离下来，肽链合成终止（图 5-4）。

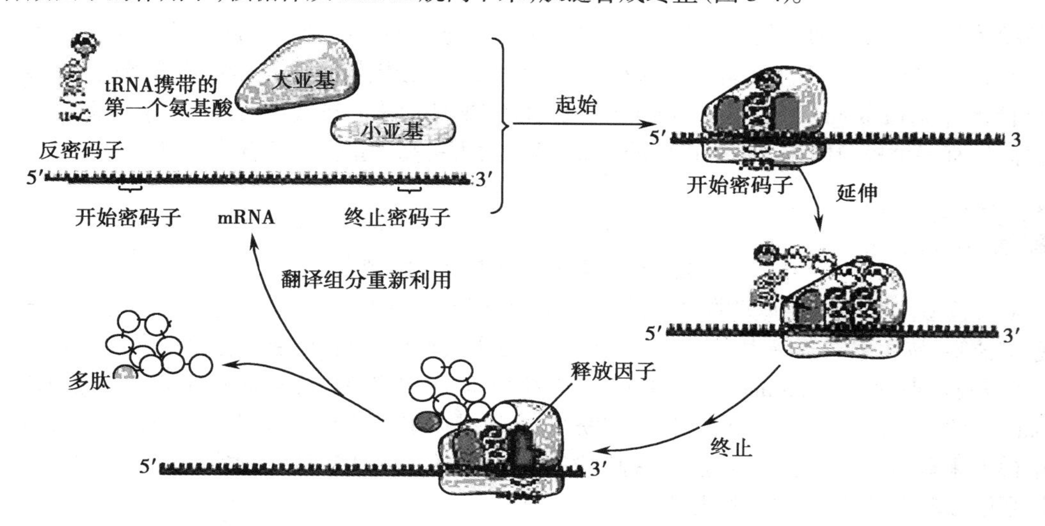

图 5-4　蛋白质合成示意图

蛋白质在核糖体合成时，核糖体多以多聚核糖体的形式存在。每个核糖体之间有5~15nm距离，估算出在mRNA链上每80个核苷酸即附有一个核糖体。

游离核糖体和附着核糖体都能合成蛋白质，但它们合成的蛋白质的用途与去向有所不同。一般认为，游离核糖体合成的是细胞所需的基础性蛋白，供细胞本身使用；附着核糖体主要合成分泌性蛋白，供生物体其他细胞或器官使用；如合成膜蛋白，构成膜的结构；合成溶酶体的酶，执行消化分解功能。

本章小结

核糖体是细胞中普遍存在的一种非膜性细胞器，为直径15~25nm的致密小颗粒，常常分布在细胞内蛋白质合成旺盛的区域。细胞内含有70S、80S两种基本类型的核糖体，核糖体的主要成分是蛋白质和rRNA，只有当核糖体的小亚基与mRNA结合后，大亚基才与小亚基结合形成完整的核糖体。肽链合成终止后，大、小亚基解离，又游离于细胞质基质中。

核糖体上存在多个与多肽链形成密切相关的功能活性部位，主要有：①供体部位，也称P位，主要位于小亚基，是肽酰-tRNA结合的位置；②受体部位，也称A位，主要位于大亚基上，是氨酰-tRNA结合的部位；③转肽酶的结合部位，位于大亚基上，其作用是在肽链合成过程中催化氨基酸间的缩合反应而形成肽链；④GTP酶活性部位，GTP酶又称转位酶，能分解GTP分子，并将肽酰-tRNA由A位转到P位。核糖体是蛋白质合成的机器，蛋白质合成时，多个核糖体结合到一个mRNA上，成串排列，形成蛋白质合成的功能单位，称多聚核糖体。在核糖体上进行的蛋白质合成过程可分为三个阶段，即起始、延伸和终止。一般认为，游离核糖体和附着核糖体所合成的蛋白质种类不同。游离核糖体主要合成细胞内的某些基础性蛋白质（可溶性蛋白），而附着核糖体主要合成细胞的分泌性蛋白和膜蛋白。

案例讨论

案例讨论

患儿，男，15月龄，皮肤苍白、发育迟缓入院。检查结果为大细胞正色素性贫血、网织红细胞减少、白细胞轻度降低、血小板正常，骨髓红系增生低下而粒系和巨核细胞系增生活跃、胎儿血红蛋白和腺苷脱氨酶增高。

诊断：先天性纯红细胞再生障碍性贫血。

（唐鹏程）

扫一扫，测一测

思考题

1. 核糖体上四个主要活性位点及在核糖体主要功能中的作用是什么？

2. 试比较原核生物与真核生物核糖体在结构组分及蛋白质合成上的异同点。

3. 细胞质中进行的蛋白质合成分别是在游离核糖体和附着核糖体上完成的，请说明两者有什么不同？

第六章　线　粒　体

1. 掌握：光、电镜下线粒体的结构特征；线粒体的化学组成及主要部位的标志酶；线粒体的功能。
2. 熟悉：线粒体遗传物质的组成及线粒体的半自主性。
3. 了解：线粒体的形态、大小、数量和分布；线粒体与疾病。
4. 具有观察线粒体的形态结构显微图片的能力。
5. 能与线粒体病的病人及家属解释疾病的临床表现、危害及发病的机制。

线粒体（mitochondrion）是普遍存在于真核细胞中的一种重要细胞器。除了原核细胞和哺乳动物成熟的红细胞以外，线粒体普遍存在于真核细胞中。线粒体是细胞生物氧化和能量转换的主要场所，细胞生命活动所需能量的80%是线粒体提供的，因此有人将线粒体比喻为细胞的“动力工厂”。此外，线粒体还与细胞中氧自由基的生成、细胞凋亡、信号转导、细胞内多种离子的跨膜转运及电解质稳态平衡的调控等有关。

知识拓展

线粒体的发现

1894年德国生物学家Altmann首先在动物细胞内发现一种粒状、棒状结构，并将这些结构描述为生命小体（bioblast）。1897年，Benda将这些结构命名为线粒体。线粒体被发现后，通过很多科学家不断进行的探索性研究，人们对线粒体的结构、功能、发生等有了逐渐深入的认识。1963—1964年，有学者研究证实线粒体中存在着DNA（mtDNA），线粒体有独立的蛋白质合成体系，能合成自身所需的少数蛋白质。20世纪90年代中期以来，临床上已发现人类有100多种疾病与线粒体DNA的突变有关，线粒体的研究已成为当前生命科学中的一个新的前沿领域。

第一节　线粒体形态结构及化学组成

一、线粒体的形态、大小、数量和分布

光镜下线粒体的形态一般呈线状、粒状、杆状等，但随生物种类和生理状态而发生改变，如细胞处于低渗环境下，线粒体膨胀呈颗粒状；在高渗环境下，线粒体又伸长为线状。

线粒体的大小，直径一般为0.5~1.0μm，长1.5~3.0μm，因细胞种类的不同而异。如在骨骼肌细胞

中，有时可出现巨大线粒体，长达 8~10μm。

线粒体的数目，在不同类型的细胞或同一细胞在不同的生理状态下变化很大。如哺乳动物的肝细胞中有 800~2000 个线粒体，肝癌细胞线粒体数目明显减少，而成熟的红细胞没有线粒体。一般来讲，在新陈代谢旺盛的细胞中线粒体多，反之较少。如人和哺乳动物的心肌细胞、肝细胞、骨骼肌细胞、胃壁细胞中线粒体较多；而在精子、淋巴细胞、上皮细胞的线粒体较少。动物细胞比植物细胞的线粒体多。

线粒体在细胞内的分布也与细胞类型和生理活动有关。线粒体一般较多集聚在需能较多的区域，如蛋白质合成活跃的细胞，线粒体集中分布在 RER 周围；有丝分裂，线粒体均匀集中在纺锤丝周围，分裂结束，它们大致平均分配到两个子细胞中；在横纹肌细胞中线粒体沿肌原纤维排布，以保证肌肉收缩时的能量供给；精子细胞的线粒体围绕鞭毛中轴紧密排列，精子的运动就是靠线粒体产生 ATP 供给能量。

二、线粒体的超微结构

电镜下，线粒体是由内外两层单位膜包围而成的封闭性囊状结构，主要由外膜、内膜、基粒、膜间腔和基质腔组成。内外两层膜将线粒体内部空间与细胞质隔离，内膜又将线粒体的内部空间分为两部分，其中内膜包围的空间称内室或基质腔；内膜与外膜之间的空间称外室或膜间腔（图 6-1）。

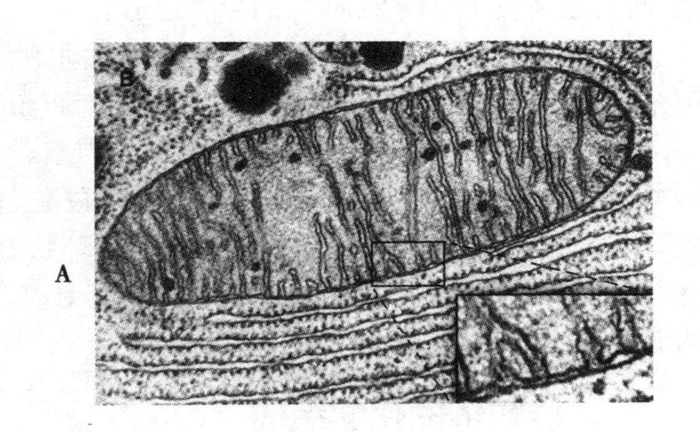

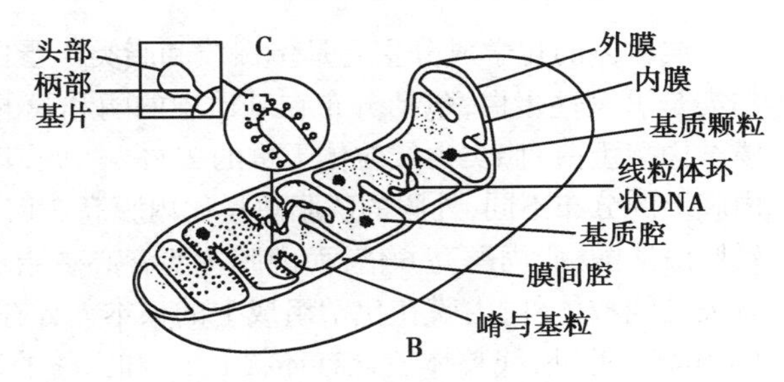

图 6-1　线粒体的形态结构

A. 线粒体电镜照片　B. 超微结构模式图　C. 嵴的超微结构模式图

1. 外膜　外膜是包围在线粒体最外面的一层单位膜，厚 5~7nm，光滑平整。外膜由 50% 脂类和 50% 蛋白质组成，膜上有排列整齐的筒状圆柱体，其成分是孔蛋白，圆柱体中央有直径 2~3nm 的小孔。这种膜结构决定了外膜有较高的通透性，分子量在 10 000 以下的小分子物质均可自由通过，包括 ATP、NAD^+、辅酶 A、水、蔗糖及质子等。外膜含有一些特殊的酶类，如参与脂肪酸链延伸和色氨酸降解的酶，使外膜能够参与膜磷脂的合成，同时，还可对需彻底氧化分解的物质进行初步分解作用。

2. 内膜　内膜位于外膜内侧，也是由一层单位膜组成，厚约 4.5nm。内膜由 20% 脂类和 80% 蛋白质组成，与外膜相比，内膜的通透性很低，只允许不带电荷的小分子物质通过，分子量大于 150 的物质便不能通过。但内膜有高度的选择通透性，如 H^+、ATP、丙酮酸、大分子物质和离子等必须借助内膜上特殊的载体蛋白进行运输，以保证活性物质的代谢。内膜蛋白质含量高，部分蛋白为线粒体电子传递链的成分，因此从能量转换角度来说，内膜起主要作用。

内膜向内室折叠形成的结构，称为嵴。嵴的排列方式有两种类型：板层状和管状。高等动物细胞线粒体大多为板层状嵴，相互平行且与线粒体长轴垂直，如胰腺细胞；人白细胞线粒体嵴为分支管状。嵴使内膜的表面积大大增加，这对线粒体进行高速率生化反应是非常重要的。线粒体嵴的形状、数量与细胞种类和生理状况密切相关，一般而言，需要能量较多的细胞，不仅线粒体多，嵴的数量也多。

3. 基粒　内膜（包括嵴）的基质面上规则排列着带柄的球状小体称为基粒（elementary particle）。每个线粒体有 10^4~10^5 个基粒，基粒与内膜表面垂直，基粒间相距约 10nm。基粒由多种蛋白质亚基组成，可分为头部、柄部和基片三部分。头部为球形，与柄部相连凸出在内膜表面，柄部与嵌入内膜的基片相连。基粒能催化 ADP 磷酸化形成 ATP，又称 ATP 酶复合体（也称 F_0F_1 偶联因子），是偶联磷酸化

的关键装置(图 6-2)。

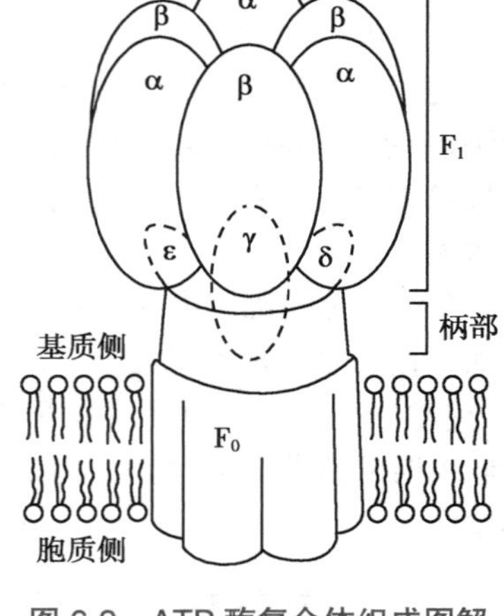

图 6-2　ATP 酶复合体组成图解

头部(也称偶联因子 F_1)是由五种亚基组成的水溶性复合体($\alpha_3\beta_3\gamma\delta\varepsilon$)。头部含有可溶性 ATP 酶,可催化 ATP 的合成。头部单独存在时,具有分解 ATP 的能力,但其自然状态下(通过柄部与基片相连)的功能是合成 ATP。此外,头部还含有一个热稳定的小分子蛋白,称为 F_1 抑制蛋白,它对 ATP 酶复合体的活力具有调节作用,它与 F_1 结合时抑制 ATP 的合成。

柄部是一种对寡霉素敏感的蛋白质(OSCP),连接头部与基片,其作用是调控质子(H^+)通道。OSCP 能与寡霉素特异结合并使寡霉素的解偶联作用得以发挥,从而抑制 ATP 合成。

基片(又称偶联因子 F_0)是由 3 种亚基组成的疏水性蛋白质复合体(ab_2c_{12})。F_0 镶嵌于内膜的脂双层中,不仅起连接 F_1 与内膜的作用,而且还是质子(H^+)流向 F_1 的穿膜通道。

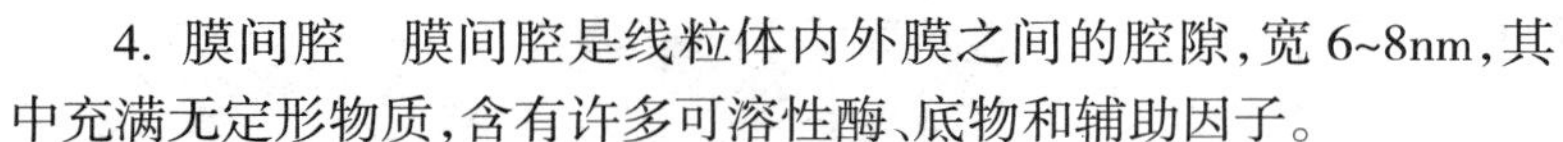

4. 膜间腔　膜间腔是线粒体内外膜之间的腔隙,宽 6~8nm,其中充满无定形物质,含有许多可溶性酶、底物和辅助因子。

5. 基质　内膜和嵴围成的内部空间称内室。其内充满电子密度低的物质称为基质。基质是含有脂类和可溶性蛋白质的胶状物,存在着与三羧酸循环、脂肪酸氧化、氨基酸分解、核酸合成及蛋白质合成等有关的酶系;还含有线粒体独特的双链环状 DNA、mRNA 和 tRNA 及核糖体。此外,基质中还含有一些较大致密颗粒,称为基质颗粒,内含有 Ca^{2+}、Mg^{2+}、Fe^{2+} 等二价阳离子。这些基质颗粒可能具有调节线粒体内部离子环境的功能。

三、线粒体的化学组成

线粒体的化学成分主要是蛋白质和脂类。蛋白质含量占线粒体干重的 65% ~70%,可分为两类:一类是可溶性蛋白,包括分布在基质中的酶和膜的外周蛋白;另一类是不溶性蛋白,为膜镶嵌蛋白或膜结构酶蛋白。脂类占线粒体干重的 25% ~30%,其中 90% 是磷脂及少量胆固醇等。脂类在线粒体外、内膜上的分布不同,外膜的磷脂总量比内膜高 3 倍,包括磷脂酰胆碱(卵磷脂)、磷脂酰乙醇胺(脑磷脂)、磷脂酰肌醇,胆固醇高 6 倍;而内膜主要含心磷脂(占 20%),胆固醇含量极低,这与内膜的高度疏水性有关。线粒体外、内膜在化学组成上的根本差异在于蛋白质与脂类的比值不同,外膜约 1 : 1,内膜为 1 : 0.25。此外,线粒体还含有环状 DNA 和完整的遗传系统、核糖体、多种辅酶(如 CoQ、FMN、FAD、NAD^+ 等)、维生素、金属离子和水等。

线粒体中已分离出 120 多种酶,是细胞中含酶最多的细胞器。其中氧化还原酶约占 37%,连接酶占 10%,水解酶占 9% 以下,标志酶约 30 种。这些酶分别位于线粒体的不同部位,在线粒体行使细胞氧化功能时起重要作用。如外膜中含有合成线粒体脂类的酶类;内膜中含有执行呼吸链氧化反应的酶系和 ATP 合成的酶系;基质中含有参与三羧酸循环、丙酮酸与脂肪酸氧化的酶系、蛋白质与核酸合成酶等多种酶类。有些酶可作为线粒体不同部位的标志酶。如外、内膜的标志酶分别是单胺氧化酶和细胞色素氧化酶;膜间腔、基质的标志酶分别是腺苷酸激酶和苹果酸脱氢酶。

第二节　线粒体的半自主性

1963 年,M. Nass 和 S. Nass 发现了线粒体中含有 DNA。以后,研究者在许多动植物细胞中均分离出了 DNA。进一步研究发现,线粒体有自身的遗传系统和蛋白质合成体系(mRNA、tRNA、rRNA、核糖体和氨基酸活化酶等)。随后的研究又揭示,线粒体 DNA 的变化和线粒体结构与功能变化存在相关性,证明了线粒体 DNA 具有遗传功能。所以将线粒体 DNA 视为真核细胞的第二遗传系统。

一、线粒体 DNA

线粒体是人类细胞中除细胞核之外唯一含有遗传物质 DNA 的细胞器。线粒体的基因组只有一条裸露的双链环状 DNA 分子，称为线粒体 DNA（mtDNA）。mtDNA 由 16 569 个碱基对（bp）组成，双链中一条为重链（H），一条为轻链（L），共含有 37 个基因，包括编码 2 种 rRNA（12S rRNA、16S rRNA）的基因、22 种 tRNA 基因和 13 种 mRNA 编码蛋白质亚基的基因(图 6-3)。一个线粒体含有一个或数个 mtDNA 分子。

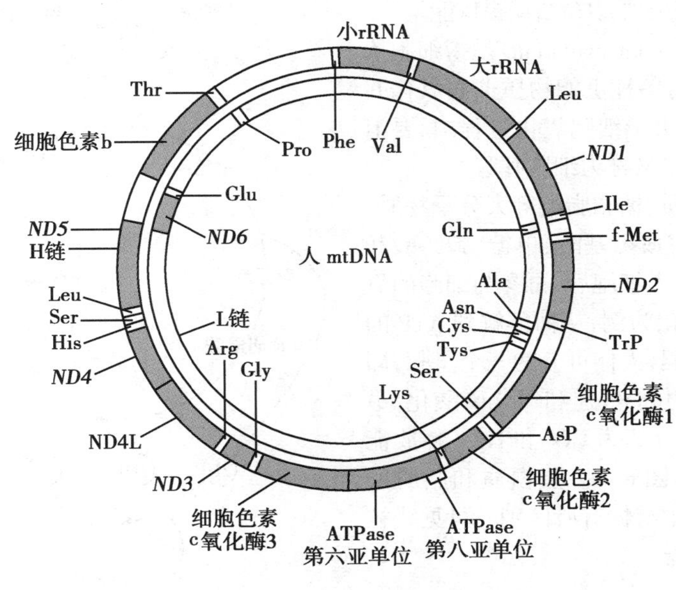

图 6-3 人类线粒体基因组

mtDNA 具有自我复制能力，以自身为模板，进行半保留复制。mtDNA 复制与细胞核 DNA 复制时间不是同步的，不局限于 S 期，而是贯穿于整个细胞周期。mtDNA 的复制周期与线粒体增殖平行，从而保证了线粒体本身的 DNA 在生命过程中的连续性。

二、线粒体蛋白质合成

哺乳动物线粒体中约有 1000 个基因产物，其中仅有 37 个基因产物是在线粒体基因组编码的。线粒体核糖体大小因生物不同而各异，低等真核细胞（如酵母）线粒体核糖体为 70S~80S；动物细胞线粒体核糖体较小，为 50S~60S。线粒体的蛋白质合成与原核细胞相似，线粒体 mRNA 转录和翻译几乎在同一时间和地点进行，并且起始氨基酸为甲酰甲硫氨酸，mtDNA 所用的遗传密码表与通用的遗传密码表不完全相同，例如 UGA 在核编码系统中为终止信号，但在人类细胞的线粒体编码系统中是编码色氨酸。mtDNA 主要编码线粒体的 tRNA 、rRNA 和一些线粒体蛋白质（如电子传递链酶复合体的亚基、ATP 酶亚单位等）。线粒体中大多数酶或蛋白质（包括核糖体蛋白质、DNA 聚合酶、RNA 聚合酶和蛋白质合成因子等）仍由核基因编码，在细胞质核糖体中合成后转运到线粒体中，参与线粒体蛋白质的合成。

细胞质中合成的线粒体蛋白质都在其 *N*- 端具有一段基质导入序列（matrix-targeting sequence，MTS），线粒体的外膜和内膜上的受体识别并结合各种不同的但相关的 MTS，介导蛋白质前体进入线粒体。绝大多数线粒体蛋白被输入到基质，少数输入到膜间腔及插入到内膜和外膜上。

三、线粒体是半自主性细胞器

线粒体中有 DNA 和蛋白质合成系统，即线粒体有自己的遗传系统和翻译系统，但线粒体的自主性是有限的。线粒体 DNA 的遗传信息量小，合成的蛋白质约占线粒体全部蛋白质的 10%，大多数酶和蛋白质依赖于核基因编码。而且，线粒体的复制、转录和翻译还受核遗传系统的指导和控制。也就是说，线粒体的生长和增殖受核基因组和自身基因组两套遗传系统的控制。因此，线粒体在遗传上是一种半自主性的细胞器。

第三节 线粒体的功能

线粒体是糖类、脂肪和蛋白质最终氧化并释放能量(ATP)的场所。线粒体的主要功能是进行氧化磷酸化,合成ATP,为细胞生命活动提供能量。

所谓细胞氧化(cellular oxidation)是指细胞依靠酶的催化,将细胞内各种供能物质彻底氧化并释放出能量的过程。由于细胞氧化过程中,要消耗O_2,并放出CO_2,所以又称为细胞呼吸。

人体摄取的蛋白质、糖和脂类等大分子物质,首先要经过消化,分解成氨基酸、单糖、脂肪酸和甘油等小分子物质,进入细胞后,再参与细胞的氧化过程。以葡萄糖氧化为例,从糖酵解到ATP的形成是一个复杂的过程,大体可分为三个步骤,即糖酵解、三羧酸循环、电子传递和氧化磷酸化,最终葡萄糖被彻底氧化分解为CO_2和H_2O,释放能量,并促进ATP生成(图6-4)。蛋白质和脂肪的彻底氧化只在第一步中与糖有所区别。可见线粒体是细胞的能量转化器。

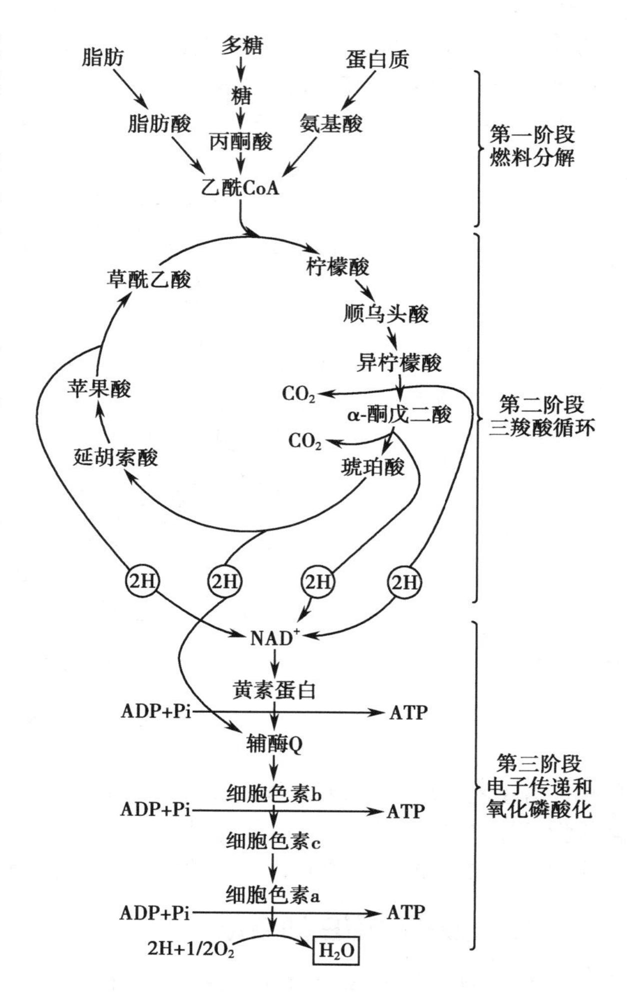

图6-4 细胞有氧呼吸和ATP的产生过程图解

一、糖酵解

糖酵解是在细胞质中进行的,反应过程不需要氧,故称为无氧酵解。葡萄糖进行糖酵解,在细胞质中经过降解形成丙酮酸和乙酰乙酸。糖酵解产物丙酮酸的代谢去路,因不同生活状态的生物而异。专性厌氧生物在无氧条件下,丙酮酸被还原为乳酸或乙醇。专性需氧生物在有氧条件下,丙酮酸进入线粒体后,在线粒体基质内的丙酮酸脱氢酶系作用下,丙酮酸进一步形成乙酰辅酶A(乙酰CoA),参与到三羧酸循环中,产生4对氢原子和2分子的CO_2。丙酮酸脱氢酶系是由3种酶(丙酮酸脱氢酶、二氢硫辛酸乙酰转移酶和二氢硫辛酸脱氢酶)和5种辅酶(TPP、二氢硫辛酸、CoA、FAD和NAD)组成的多酶复合体。

二、三羧酸循环

三羧酸循环是生物体内重要的代谢途径,因为它是糖的有氧氧化的必经之路,也是脂肪及氨基酸的代谢途径。三羧酸循环是在线粒体的基质内进行的,基质内有三羧酸循环中所需要的全部酶(除琥珀酸脱氢酶外)。

三羧酸循环开始于乙酰CoA与草酰乙酸缩合成的含有三个羧基的柠檬酸,柠檬酸经一系列酶促反应,氧化脱羧,最终降解成草酰乙酸。而草酰乙酸又可和另一分子乙酰CoA结合,重新生成柠檬酸,开始下一个循环,如此周而复始,所以三羧酸循环又称柠檬酸循环。每循环一次,氧化分解一分子的乙酰基,产生4对氢原子和2分子的CO_2。三羧酸循环中脱下的氢(H)经线粒体内膜上的电子传递链(呼吸链),最后传递给氧,生成水。CO_2逐渐扩散到线粒体外,然后再转移到细胞外。

三、电子传递和氧化磷酸化

电子传递和氧化磷酸化是将1分子葡萄糖经糖酵解、丙酮酸脱氢、三羧酸循环脱下的12对氢(H),

离解为 H^+ 和 e^-，e^- 通过内膜上一系列呼吸链酶系的逐级传递，最后使 1/2 O_2 成为 O^{2-}，O^{2-} 与基质中的 2 个 H^+ 化合生成 H_2O，e^- 传递过程中释放的能量被用于 ADP 磷酸化形成 ATP。

线粒体内膜上传递电子的酶体系由一系列能可逆地接受和释放 H^+ 或 e^- 的酶和辅酶组成，它们镶嵌在内膜上，有序地排列成相互关联的链状，称为电子传递链或呼吸链。呼吸链中有 3 个主要的能量释放部位，即 NADH →辅酶 Q，细胞色素 b →细胞色素 c，细胞色素 a → O_2，每个部位裂解所释放的能量都足以使 1 分子 ADP 磷酸化生成 1 分子 ATP，即 ADP+Pi → ATP。在葡萄糖氧化的过程中，共产生 12 对氢（H），其中 10 对是以 NAD^+ 为载氢体，1 分子 NADH+H^+ 经过电子传递释放的能量可以形成 2.5 分子 ATP，共生成 25 分子 ATP；2 对是以 FAD 为载氢体，1 分子 $FADH_2$ 所释放的能量可以形成 1.5 分子 ATP，氧化磷酸化后共产生 3 分子 ATP。

氧化磷酸化是伴随着电子从底物到氧的传递所发生的氧化作用，释放的能量通过转换，使 ADP 磷酸化形成 ATP 的过程。线粒体内膜中的呼吸链起着质子泵的作用。NADH 和 $FADH_2$ 上的氢原子具有高能电子，当高能电子沿着呼吸链传递时，释放的能量使 ADP 与 Pi 合成 ATP，并以高能磷酸键的形式储存在 ATP 中。

在葡萄糖氧化分解的过程中，1 分子葡萄糖在细胞内彻底氧化成 CO_2 和 H_2O，净生成 32 个 ATP 分子。细胞质糖酵解产生 2 分子的 ATP，三羧酸循环产生 2 分子的 ATP，其余 28 分子的 ATP 都是在线粒体氧化磷酸化过程中形成的。ATP 的形成是在呼吸链的电子传递过程中完成的，合成的 ATP 需要输送至线粒体外，由于线粒体内膜具有高度的不透性，因此这些物质进出细胞要依赖专门的结构。线粒体内膜中有一些专一性运输蛋白与这些物质进出线粒体有关。其中有一种腺苷转移酶能利用内膜内外的 H^+ 梯度势能，把 ADP 和 Pi 运入线粒体基质，并把 ATP 输出线粒体外，供细胞正常生理活动所需的能量。

综上所述，线粒体是细胞有氧呼吸的基地和能量储存供给的场所。细胞内的能源物质经线粒体彻底氧化分解后，可释放出大量的能量并贮存在 ATP 分子中，随时为细胞的新陈代谢、分裂、运动、物质合成、神经传导、主动运输、生物发光等活动提供能量，一部分则以热能形式散发。生物体内 80% 以上的能量来自线粒体的氧化作用，所以，线粒体是细胞的供能中心。

第四节 线粒体与疾病

线粒体是一种结构和功能复杂而敏感多变的细胞器。在细胞内、外环境因素改变的情况下，线粒体结构、数量及代谢反应等均发生明显的变化。因此线粒体是细胞病变或损伤时最敏感的指标之一，是分子细胞病理学检查的重要依据。

在病理状态下常见线粒体的结构、数目改变，如心瓣膜病或心肌和骨骼肌机能亢进时，线粒体增生；在急性细胞损伤（如中毒或缺氧）时，不仅线粒体崩解和自溶使线粒体数目减少，而且线粒体结构发生变化，嵴被破坏，在基质或嵴内可形成病理性包含物，如线粒体肌病、进行性肌营养不良症。缺氧、射线、各种毒素和渗透压改变都可引起线粒体变大变圆，从而导致肿胀。

一、线粒体与疾病治疗

线粒体是细胞的能量代谢中心，其各组成成分在疾病治疗方面都起着很大的辅助作用。临床上应用较多的是线粒体内膜上的一些结合蛋白质，如细胞色素 C——电子传递系统中的重要成分，作为治疗组织缺氧的药物，如一氧化碳中毒、新生儿窒息、高山缺氧、肺功能不全、心肌炎及心绞痛等；辅酶 Q 用于治疗肌肉萎缩症、牙周病和高血压以及急性黄疸型肝炎的辅助药物；NAD^+ 可用于治疗进行性肌肉萎缩症和肝炎疾病等。

二、线粒体 DNA 突变与疾病

由于 mtDNA 是裸露的，无组蛋白的保护，基因基本无内含子，排列紧密，且无 DNA 损伤修复系统，所以 mtDNA 易受各类诱变因素损伤而发生突变。mtDNA 的突变率比核 DNA 高 10~20 倍。突变可能发生在所有组织细胞中，包括体细胞和生殖细胞。线粒体 DNA 异常（如缺失、重复、突变等）所致的疾

病称线粒体遗传病，现已发现有 100 余种。

线粒体 DNA 具有以下遗传学特征：①mtDNA 为母系遗传：即母亲将她的 mtDNA 传给她所有的子女，她的女儿们又将其 mtDNA 传给下一代，发生在生殖细胞系中的 mtDNA 突变能通过女儿传递给子代，引起母系家族性疾病；②mtDNA 具有阈值效应：即 mtDNA 突变数目达到某一数量时，才可引起某组织或器官的功能异常而出现临床症状。具有 mtDNA 突变的病人，其表型与氧化磷酸化缺陷的严重程度及各器官系统对能量的依赖性密切相关。不同的组织和器官对能量的依赖程度是不同的，如脑、骨骼肌、心脏、肾脏、肝脏等器官对能量的依赖性依次降低。这样，当线粒体中 ATP 产生减少，最先受损的是中枢神经系统，其后为肌肉、心脏、胰腺、肾脏和肝脏。例如 Leber 遗传性视神经病，病人发生严重的双侧视神经萎缩，一般发病为 18~30 岁，病因是 mtDNA 的点突变。如帕金森病是病人基底神经节细胞线粒体基因组中某基因缺失所致，主要临床症状有震颤、动作迟缓且常常错误等。还有线粒体心肌病、非胰岛素依赖型糖尿病等。现已证明人的衰老也与 mtDNA 突变的积累呈正相关。

本章小结

电镜下线粒体是由内外两层单位膜套叠而成的封闭性囊状结构，包括外膜、内膜、基粒、膜间腔、基质。内膜向内室折叠形成嵴，内膜（包括嵴）的基质面上规则排列着带柄的球状小体称为基粒（或 ATP 酶复合体），基粒能催化 ADP 磷酸化形成 ATP。线粒体在基质中含酶最多，有催化三羧酸循环、脂肪酸氧化、氨基酸分解、蛋白质合成等有关的酶系。此外，线粒体含有双链环状 DNA、70S 核糖体及一些基质颗粒。

线粒体主要功能是进行氧化磷酸化，合成 ATP，为细胞生命活动提供能量，它是糖类、脂肪和蛋白质最终氧化释能的场所。细胞氧化基本过程可分为三个步骤，即糖酵解、三羧酸循环、电子传递和氧化磷酸化。

线粒体是人细胞中除细胞核之外唯一含有遗传物质 DNA 的细胞器。虽然线粒体有自己的 DNA 和蛋白质翻译系统，表现了一定的自主性，但线粒体的复制、转录和翻译还受核遗传系统的指导和控制。因此线粒体在遗传上是一种半自主性的细胞器。目前临床上已发现人类有 100 多种疾病与线粒体 DNA 的突变有关。

案例讨论

案例讨论

刘某，69 岁，退休教师，初期手足震颤抖动，动作迟缓，记忆力减退。多年后发展到手不停颤抖，连写字也很困难，头也间歇性摇摆，背部肌肉僵直，走路小碎步状态，身体前倾。经 CT、MRI（磁共振）检查可发现脑萎缩、腔隙性脑梗死；PET（正电子放射断层造影术）和 SPECT（单电子发射计算机化断层显像）检查显示多巴胺代谢异常，诊断为帕金森病（Parkinson's disease，PD）。

（王 英）

扫一扫，测一测

思考题

1. 简述线粒体的形态结构及主要功能。
2. 为什么说线粒体是一种半自主性的细胞器？

第七章 细胞骨架

学习目标

1. 掌握:细胞骨架的概念;三种细胞质骨架的组成、结构、装配过程和功能。
2. 熟悉:微管和微丝的特异性药物。
3. 了解:骨架结合蛋白;细胞骨架与疾病的关系。
4. 掌握免疫细胞化学方法显示细胞骨架的分布。
5. 探讨细胞内不同细胞骨架的特异性分布在疾病诊断中的作用。

细胞骨架(cytoskeleton)是由蛋白纤维交织而成的立体网架结构,是细胞的重要细胞器。真核细胞质中的细胞骨架是由微管(microtubules,MT)、微丝(microfilaments,MF)和中间纤维(intermediate filaments,IF)组成的。近年来在真核细胞的细胞核中又发现另一类骨架系统,称为核骨架,它们与中间纤维在结构上互相连接,形成贯穿于细胞核和细胞质的统一网络体系。细胞骨架对于维持细胞形态和细胞内部结构的有序性,以及细胞运动、物质定向运输、能量转换、信息传递等方面起重要作用。目前,细胞骨架的研究,已成为细胞生物学中最为活跃的领域之一。

知识拓展

细胞骨架的发现

真核细胞的一个重要特征是具有运动性,如细胞形态的改变、细胞内物质的运输、细胞器的移动、染色体的分离等。这些细胞运动的有序性和方向性使人们意识到细胞内必定存在着负责支撑和运动的成分。早在1928年,Koltzoff就推测原生质中存在着具有一定形态和结构的纤维成分,细胞就是一个由液体成分和硬性骨架组成的体系。20世纪40年代,Wyssling提出细胞质中含有细丝组成的网架。但由于一般电镜制样采用低温(0~4℃)固定,而细胞骨架会在低温下解聚,所以发现较晚。直到20世纪60年代,人们对制作电镜标本的固定剂和条件作了改动。1963年,Slauterback使用戊二醛(代替锇酸)在室温(代替0℃)下固定标本,首先在水螅刺细胞中发现了微管,同年,Porter在植物细胞中也发现了微管的结构。至此,人们才真正确认细胞中骨架系统的存在并命名。

第一节 微 管

微管是真核细胞普遍存在的结构。大多数微管见于细胞质内,同时,它们又是纤毛、鞭毛及中心粒的组成部分。

一、微管的化学组成和结构

微管为不分支的中空管状结构，管的外径约25nm，内径约15nm。不同细胞中，微管长度差异很大，一般仅长几微米，但在某些特化细胞，如中枢神经系统的运动神经元中，微管可长达数厘米。

组成微管的主要化学成分是微管蛋白，为酸性蛋白，包括α-微管蛋白和β-微管蛋白，两者大小相近，均为球形蛋白。在细胞质中，微管蛋白通常以较稳定的异二聚体形式存在，否则极易被降解。因此，一般认为，由α和β两种微管蛋白结合形成的α、β微管蛋白异二聚体，是微管装配的基本结构单位。研究表明，α、β微管蛋白异二聚体上含有二价阳离子（Mg^{2+}与Ca^{2+}）、鸟嘌呤核苷酸（GTP与GDP）、秋水仙碱和长春碱的结合位点。它们在微管组装与解聚的调节过程中具有重要的作用。

近年来新发现了第三种微管蛋白即γ-微管蛋白，此种蛋白质只占微管蛋白总含量的不到1%，存在于中心粒周围基质中。它可促进微管组装的成核作用，稳定微管的负端结构。

微管的管壁是由α、β微管蛋白异二聚体首先首尾相接连接成为具有正（β端）、负（α端）之分的极性链状原纤维，然后13根原纤维同向侧面结合围成中空的微管（图7-1）。由于原纤维的两端是不对称的，所以整个微管具有一定的方向性或极性。并且微管两端的组装速度是不同的，正极生长得快，负极则慢。

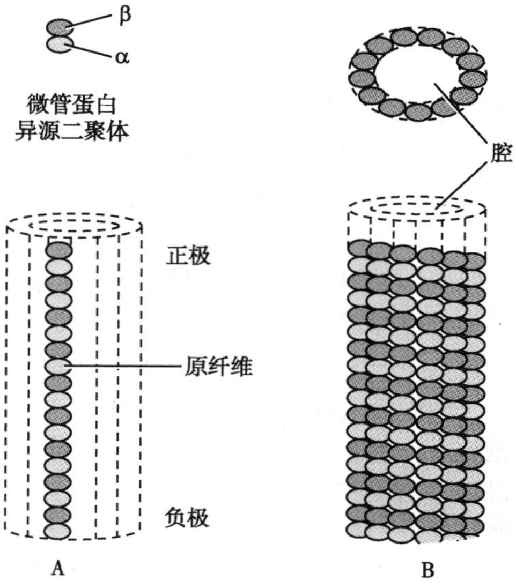

图7-1 微管结构模式图
A. 示微管蛋白异二聚体和一条原纤维 B. 微管的结构

细胞质中，微管有三种存在形式，即单管、二联管和三联管，它们各自执行不同的功能。

单管是胞质中最常见的微管存在形式，由13根原纤维环围而成。随细胞功能状态的变化，单管可以单体形式分散于细胞质中；也可相互聚集成束；或者依一定方式定向排列，构成执行某种专一功能的临时性胞内结构。

由于单管容易受到低温、Ca^{2+}和秋水仙碱等诸多因素的影响而发生解聚，并经常地随细胞生理活动的改变，处于不断地组装、聚合与解聚的动态变化之中，因此，单管属于不稳定型微管，如纺锤丝微管。

二联管由A、B两根单管组成，A管有13根原纤维，B管与A管在相连接处共用三根原纤维，主要构成鞭毛和纤毛的周围小管。三联管由A、B、C三根单管组成，A管与B管、B管与C管两两之间，分别共用三根原纤维，主要分布于中心粒及鞭毛和纤毛的基体中（图7-2，图7-3）。二联微管和三联微管作为细胞内某些永久性功能结构细胞器的主体组分，通常不易受低温、Ca^{2+}及秋水仙碱等的影响而发生解聚，所以，它们属细胞内稳定型微管结构。

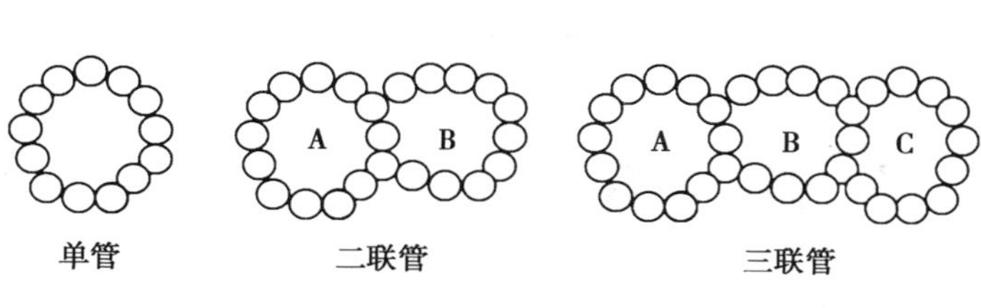

图7-2 微管的三种存在形式

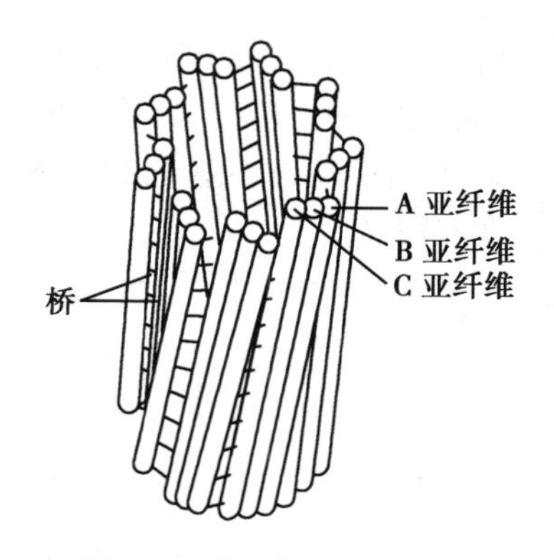

图7-3 中心粒结构模式图

二、微管的组装

有关微管的组装过程及机制，虽然还存在着许多尚待探明的问题，但是，大量的研究表明，它是一个受到多种因素影响、具有高度时空顺序性的自我调控过程。

（一）微管组装的条件和影响因素

体外研究证明，微管蛋白浓度是影响微管组装的关键因素之一。只有当微管蛋白达到一定浓度时，才可进行微管的聚合组装。把这一微管蛋白聚合与微管组装时必需的最低微管蛋白浓度，称之为临界浓度。临界浓度值大约为1mg/ml；临界浓度可随温度及其他聚合、组装条件的变化而改变。

除微管蛋白浓度外，目前还发现，较高的Mg^{2+}浓度、适当的pH（约6.9）、合适的温度（>20℃）及GTP的水平等，均为微管组装的必要条件。相反地，小于4℃的温度、较高的Ca^{2+}浓度和秋水仙碱与长春碱等，都可抑制微管的聚合组装，甚至促使微管解体。

（二）微管蛋白合成与微管组装的体内调控

微管蛋白的体内合成是一个自我调节的过程。即当微管蛋白达到一定浓度时，多余的微管蛋白单体便可结合于合成微管蛋白的核糖体上，导致编码微管蛋白的mRNA降解。而微管的组装，则受细胞周期的调控。间期细胞中，胞质微管与微管蛋白处于一种相对平衡的状态。有丝分裂前期，一方面是细胞质微管网络中的微管解体；另一方面，胞质中游离的微管蛋白进行聚合，组装为纺锤丝微管，并聚合排列成纺锤体。到了分裂末期，则又发生逆向变化，即纺锤丝微管的解体和网络微管的组装。

（三）微管的组装过程

微管组装的“踏车”模型认为：微管的组装表现为一种动态不稳定性，即在一定条件下，微管正端发生组装，使微管得以延长；而其负端，则可通过去组装，使微管缩短。当一端组装的速度和另一端解聚的速度相同时，微管的长度保持稳定，即所谓的踏车行为。

微管的组装可分为三个时期：

1. 延迟期　微管开始组装时，先由α、β异二聚体聚合成一个短的丝状核心，然后异二聚体在核心的两端和侧面结合，延伸、扩展成片状结构，当片状结构聚合扩展至13根原纤维时，即横向卷曲、合拢成管状。由于该期微管蛋白异二聚体的聚合速度缓慢，是微管聚合的限速阶段，故称之为延迟期。

2. 聚合期　在这一时期，细胞内高浓度的游离微管蛋白，使微管蛋白异二聚体在微管正端的聚合、组装速度远远快于负端的解离速度，微管因此得以生长、延长，亦称延长期。

3. 稳定期　随着细胞质中游离微管蛋白浓度的下降，微管在正、负两端的聚合与解聚速度达到平衡，使得微管长度趋于相对稳定状态。

微管的组装是一个消耗能量的过程。前已述及，异二聚体上有鸟嘌呤核苷酸的两个结合位点，它们可与GTP和GDP结合。结合有GTP的微管蛋白异二聚体组装到微管的末端后，β亚基上的GTP会水解为GDP，GDP微管蛋白对微管末端的亲和性小，容易从末端解聚。当结合有GTP的微管蛋白异二聚体组装到微管末端的速度大于GTP水解的速度时，就会在微管的末端形成GTP帽，此时，微管趋于生长、延长；当随着微管的组装而使GTP微管蛋白异二聚体浓度下降时，其组装的速度小于GTP水解的速度，就会在微管的末端形成GDP帽，GDP微管蛋白异二聚体对微管末端的亲和性小而很快解离下来，导致微管的解聚、缩短。

三、微管的主要功能

微管的主要功能可归纳为以下几个方面：

1. 构成细胞的网状支架，维持细胞的形态，固定和支持细胞器的位置　用秋水仙碱对哺乳动物红细胞进行处理，微管结构被破坏，使得红细胞原有的双凹形态变成了球形状态。体外培养细胞观察发现，围绕细胞核的微管向外呈辐射状分布，不仅提供了细胞机械支持，维持了细胞的形态，而且也固定了细胞核在细胞中的相对位置。

2. 参与细胞的收缩与变形运动，是纤毛和鞭毛等运动细胞器的主体结构成分　变形运动和依赖于鞭毛、纤毛的运动，是较低等的单细胞原生动物或多细胞生物体内某些执行特殊功能的单个细胞运动的主要形式。微管的导向作用不仅与通过细胞质运动变化的细胞变形运动密切相关，而且也是鞭

毛、纤毛等特殊运动细胞器的主体结构成分。

3. 参与细胞分裂过程中染色体的位移　最为经典的例证是作为有丝分裂器纺锤体的主要成分，微管在有丝分裂后期，牵引分离的姐妹染色单体移动，并最终到达细胞两极，使得遗传物质得以均等的分配。

4. 参与细胞内大分子颗粒物质及囊泡的定向转运　例如病毒和色素颗粒在细胞内可沿微管进行快速移动；由高尔基复合体形成的分泌囊泡，常常以分布于该细胞器周围的微管为轨道，定向地从细胞近核区向细胞外围进行转运。

5. 参与细胞内信号转导　神经细胞内的微管与某些信息传递有关，有人认为在电信号传导的同时，微管的介导使细胞内化学物质得到传递，证明微管能进行信号传递。还有人认为质膜上糖脂和跨膜糖蛋白，能起一种"接收天线"的作用，而细胞膜下的微管则作为"导线"连接细胞器和代谢分子，共同完成细胞信息传递。这说明微管能进行某些信息传递。

第二节　微　　丝

微丝是普遍存在于各种真核细胞内纤维状的结构，直径约 6nm。在具有运动功能和不对称形态的细胞中，微丝尤为丰富、发达。微丝常成束平行排列或呈网状分布。在一些高度特化的细胞(如肌细胞)，它们能形成稳定的结构；而在非肌细胞中，微丝常分布在细胞膜下方，其形态、分布可随细胞活动的需要而发生变化。

微丝有两种主要类型：一种可被细胞松弛素 B 破坏，通常以疏松网状形式分布于细胞质膜下；另一种不能被细胞松弛素 B 破坏，形成鞘或粗纤维。两种微丝在细胞移动时可能具有不同的功能，但它们无论在结构上还是在功能上，都是相互联系的。

一、微丝的化学组成

1. 肌动蛋白　构成微丝的主要成分是肌动蛋白，肌动蛋白在细胞内有两种存在形式，即肌动蛋白单体(又称球形肌动蛋白，G-actin)和由单体组装而成的纤维状肌动蛋白(F-actin)。肌动蛋白单体分子量为 43 000Da，外观呈哑铃形，分子的一侧有裂口，具有 Mg^{2+}、K^{+}、Na^{+} 等阳离子和 ATP(或 ADP)结合的位点。

目前，已分离得到的肌动蛋白可分为三类：一类为横纹肌、心肌与血管及肠壁平滑肌细胞所特有，称之为 α 肌动蛋白；另外两类即 β 肌动蛋白和 γ 肌动蛋白，可见于所有肌细胞和非肌细胞中。

2. 微丝结合蛋白　微丝结合蛋白(microfilament associated protein)是一类控制着微丝的结构和功能的蛋白质。目前发现的这类蛋白质已超过 40 种，其中有些是特定的细胞类型所特有的，但多数则是一般细胞所共有的。微丝结合蛋白按其功能分为以下几类：掺入因子、聚合因子、交联蛋白和捆绑蛋白、成核因子和移动因子。

二、微丝的结构与组装

1. 微丝的结构　微丝是一种实心的结构(图 7-4)。在电子显微镜下，单根微丝呈双股螺旋状，每条微丝都是由肌动蛋白单体首尾相连螺旋排列而成，每旋转一圈的长度为 37nm，正好为 14 个球状肌动蛋白分子线形聚合的长度。由于肌动蛋白具有极性，所以微丝也有极性，其中结合有 ATP 的一端为负极，而另一端为正极，通常微丝正极组装速度较负极快。

2. 微丝组装的基本过程及影响微丝组装的因素　微丝的装配可分为三个层次，即球形肌动蛋白

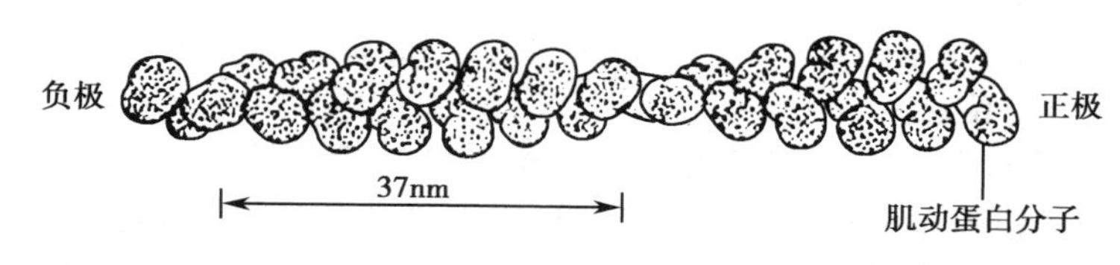

图 7-4　微丝结构模式图

单体→纤维状肌动蛋白→微丝。

当溶液中含有 ATP、Mg^{2+} 和高浓度的 Na^+、K^+ 时，可诱导肌动蛋白单体聚合组装为纤维状肌动蛋白；而含有 Ca^{2+} 及较低浓度的 Na^+、K^+ 溶液，则会导致微丝解聚为肌动蛋白单体。体外实验证明，微丝的装配，也表现出与微管组装相同的“踏车”现象，即肌动蛋白在一端的不断组装而使微丝延长；另一端，肌动蛋白不断地脱落，导致微丝缩短。

肌动蛋白也受某些药物分子的影响。这些药物主要有细胞松弛素 B 和鬼笔环肽，它们与肌动蛋白特异性结合，影响着肌动蛋白单体—多聚体的平衡。细胞松弛素 B 是第一个用于研究细胞骨架的药物，它是真菌分泌的生物碱。细胞松弛素及其衍生物在细胞内通过与微丝的正端结合起抑制微丝聚合的作用。当将细胞松弛素加到活细胞后，肌动蛋白纤维骨架消失，使动物细胞的各种活动瘫痪，包括细胞的移动、吞噬作用、胞质分裂等。鬼笔环肽是从毒蘑菇分离的毒素，它同细胞松弛素的作用相反，它只与聚合的微丝结合，而不与肌动蛋白单体分子结合。它同聚合的微丝结合后，抑制了微丝的解体，因而破坏了微丝的聚合和解聚的动态平衡。

实际上，在大多数非肌细胞中，微丝是一种动态结构，肌动蛋白单体和微丝之间存在着动态平衡。在哺乳动物细胞中，有的微丝是稳定的永久性结构（如肠上皮细胞微绒毛中的轴心微丝），有些则是临时性结构（如胞质分裂环中的微丝）。

三、微丝的功能

作为细胞骨架系统的重要组分，微丝的功能是多方面的，可大致归纳为以下几点：

1. 维持细胞形态　在大多数细胞中，细胞膜下有一层由微丝和微丝结合蛋白组成的网状结构，称为细胞皮层。皮层内密布的微丝网络极大地增加了细胞膜的韧性与强度，有助于维持细胞的形态。

在细胞中还有一种由大量微丝反向平行排列、积聚成束的稳定纤维结构——应力纤维，该结构通常与细胞长轴平行，并贯穿到细胞长轴之两端，可加大细胞的强度和韧性，维持细胞形态，并使之具有抵抗细胞表面张力的功能。此外，密集存在于小肠上皮细胞游离面的微绒毛，也是聚集成束的微丝及相关的微丝结合蛋白相互作用，共同形成的一种特殊结构。

2. 参与细胞运动　细胞的各种运动，如胞质环流、变形运动、变皱膜运动以及细胞的吞噬活动等都与微丝有关。在炎症时，白细胞以变形运动的方式从血管渗出并向炎症部位游走。在上皮修补时，上皮细胞也是以这种运动方式向伤口移动使创伤愈合。

3. 作为肌纤维的组成成分，参与肌肉收缩　肌小节是横纹肌收缩的基本单位，电子显微镜下显示肌小节的明带和暗带中都含有更细的平行排列的肌丝。其中粗肌丝直径约为 10nm，长约 1.5mm，由肌球蛋白组成。细肌丝直径约 5nm，由肌动蛋白、原肌球蛋白和肌钙蛋白组成，又称肌动蛋白丝。肌肉的收缩是组成其收缩单位的粗、细肌丝相对滑动的结果。

4. 参与细胞分裂　在动物细胞有丝分裂末期的细胞质中，肌动蛋白组装成大量平行排列的微丝，它们在质膜下卷曲形成环状的收缩环。随着收缩环的逐渐收缩，使细胞质缢裂成两部分，形成两个子细胞。

5. 参与细胞内信号传递　微丝可作为某些信息传递的介质。细胞表面的受体在受到外界信号作用时，可触发质膜下肌动蛋白的结构变化，从而启动细胞内激酶变化的信号传导过程。

此外，微丝可能还具有许多尚未认识的重要功能。例如，微丝在细胞的形态发生、细胞的分化、组织的形成等方面的作用近年来已受到广泛的关注。

案例导学

病人，女，14 岁。四肢和腹部疼痛三天，近期未有外伤。身体虚弱，易疲乏，面色苍白，头晕气短，体温正常，其他体征正常。患者白细胞计数 10×10^9/L，血红蛋白 80g/L，红细胞镰变试验：阳性。诊断为镰形细胞贫血症。

问题：1. 疾病发病机制是什么？

2. 为什么红细胞形状会发生改变？

第三节 中间纤维

中间纤维又称中等纤维或中丝，其直径约为 10nm，介于微管和微丝之间，因而得名。中间纤维存在于绝大多数动物细胞中，在核膜下形成核纤层；在细胞质围绕细胞核并伸展到细胞边缘；还可通过细胞连接将相邻细胞连为一体。其分布具有严格的组织特异性。与微管和微丝相比，中间纤维更为稳定，既不受细胞松弛素影响也不受秋水仙碱的影响。

一、中间纤维的化学组成和类型

组成中间纤维的成分极为复杂，不同种类细胞的中间纤维虽然在结构上表现出相似的特征，但其组成成分和功能都有所不同。按其组织来源及免疫学性质可分为 5 种类型。

1. 角蛋白纤维　存在于上皮细胞或外胚层起源的细胞中。

2. 结蛋白纤维　存在于成熟的肌细胞中。结蛋白纤维仅含一种多肽。

3. 波形纤维　仅含有波形蛋白一种多肽。波形蛋白纤维主要见于间质细胞和中胚层起源的细胞中，如结缔组织细胞、红细胞及淋巴管上皮细胞等。但是各种细胞在体外培养时，均会有波形蛋白纤维的出现。

4. 神经胶质纤维　只出现在中枢神经系统的胶质细胞中。

5. 神经元纤维　存在于中枢神经及外周神经系统的神经元中。

近年来，对各类中间纤维蛋白的氨基酸组成和氨基酸顺序的分析过程中，又提出了中间纤维组分的新的分类体系。根据氨基酸顺序的同源性，中间纤维蛋白可分为六种类型，分别是：①酸性角蛋白；②中性与碱性角蛋白；③结蛋白、波形蛋白、胶质纤维酸性蛋白和神经中间纤维蛋白；④神经原纤维蛋白；⑤核内核纤层蛋白；⑥巢蛋白。

二、中间纤维的结构与组装

（一）中间纤维蛋白的分子结构

中间纤维蛋白为长的纤维状蛋白，每个蛋白单体都可区分为非螺旋化的头部区（氨基端）、尾部区（羟基端）和中部的 α 螺旋杆状区。头尾两部分是高度可变的，中间纤维蛋白不同种类间的变化，主要取决于头部和尾部的变化。杆状区是一段约 310 个氨基酸的 α 螺旋区，其氨基酸顺序是高度保守的（图 7-5）。

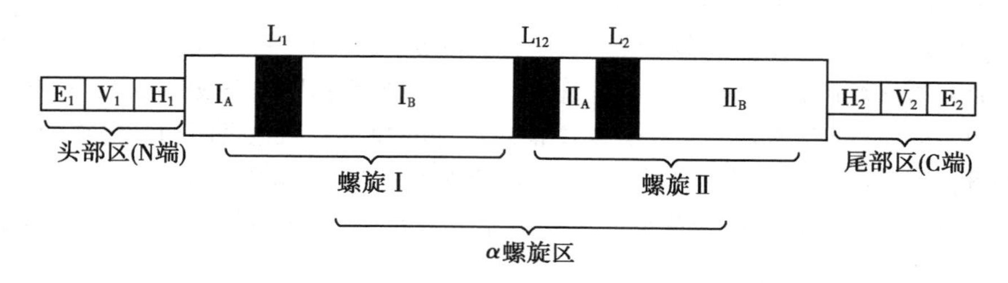

图 7-5　中间纤维蛋白结构模式图

（二）中间纤维的组装

中间纤维的组装较微管、微丝更为复杂，首先两个中间纤维蛋白分子以相同的方向形成双股螺旋二聚体，二聚体再以反向平行和半分子交错的方式组装成四聚体，即一个二聚体的头部与另一个二聚体的尾部连接，因此对四聚体而言没有极性。四聚体首尾相连进一步组装成原纤维，2 根原纤维聚集成 1 根亚丝，即八聚体。4 根亚丝互相缠绕最终形成中间纤维。也可以没有亚丝层次，直接由 8 根原纤维盘绕成中间纤维（图 7-6，图 7-7）。

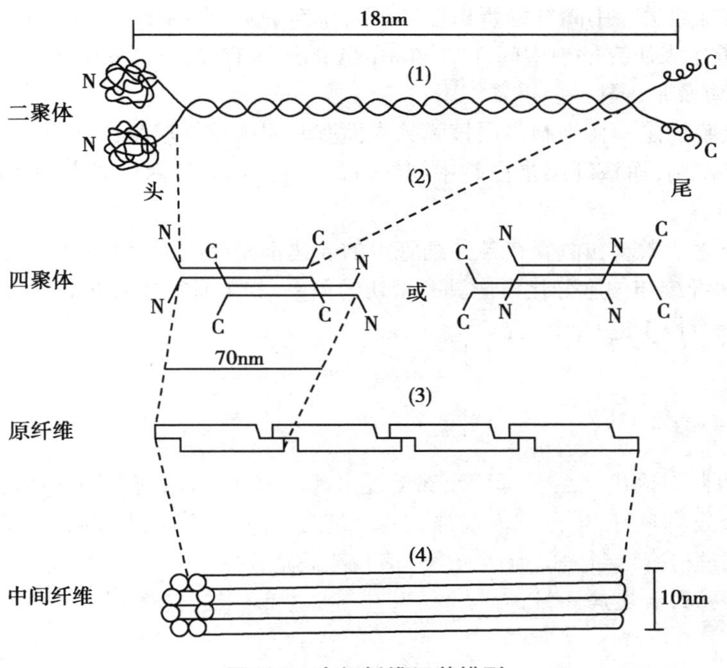

图 7-6 中间纤维组装模型

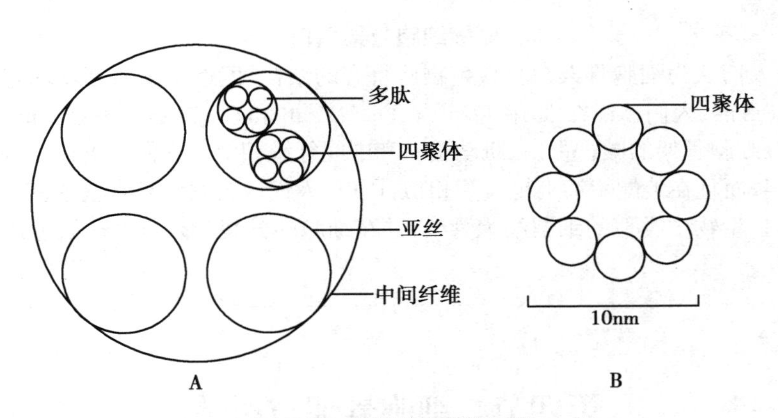

图 7-7 中间纤维横切面图

A. 示亚丝层次;B. 无亚丝层次

三、中间纤维的功能

中间纤维的类型复杂而多样,人们对其功能的了解较少。近年来,采用转基因和基因剔除等方法证实,中间纤维在细胞生命活动中起着相当重要的作用。归纳其作用如下:

1. 在细胞质内形成一个完整的网状骨架系统 近来发现中间纤维在近核区域多次分支,最后与核表面特别是核纤层及核孔复合体相连,而核纤层又与核骨架相连。同时整个纤维网架通过细胞质终止于细胞膜,因此中间纤维形成的三维网络结构维持着细胞及细胞器和细胞核的位置及形态。

2. 为细胞提供机械强度支持 中间纤维在那些容易受到机械应力的细胞质中特别丰富。体外实验证实,中间纤维比微管和微丝更耐受剪切力,在受到较大的剪切力时产生机械应力而不易断裂,在维持细胞机械强度方面有重要作用。

3. 参与细胞连接 一些器官和皮肤的表皮细胞之间是通过桥粒和半桥粒连接在一起的。中间纤维参与桥粒和半桥粒连接,通过这些连接,中间纤维在组织细胞中形成一个网络,既能维持细胞形态,又能提供支持力。

4. 参与细胞内信息传递及物质运输 由于中间纤维外连质膜和胞外基质,内穿到达核骨架,因此

形成一个跨膜的信息通道。中间纤维蛋白在体外与单链 DNA 有高度亲和性，可能与 DNA 的复制和转录有关。此外，近年来研究发现中间纤维与 mRNA 的运输有关，胞质 mRNA 锚定于中间纤维，可能对其在细胞内的定位及是否翻译起重要作用。

5. 维持细胞核膜稳定　在细胞内层核膜的内面有一层由核纤层蛋白组成的网络，对于细胞核形态的维持具有重要作用，而核纤层蛋白是中间纤维的一种，它通过内核膜上的相应受体贴附在内核膜上。

6. 参与细胞分化　微丝和微管在各种细胞中的表达都是相同的，而中间纤维蛋白的表达具有组织特异性，表明中间纤维与细胞分化可能具有密切的关系，相关研究主要在胚胎发育和上皮分化的方面，对其详细了解还有待于进一步研究。

患儿，男，3 月龄。因出生后手、足、颈部反复出现水疱就诊，水疱破裂、愈后无瘢痕，患儿出生正常。体检：生长发育良好，生命体征正常，手背、足跟、膝关节部皮肤可见大小不等透亮水疱，直径 1~2cm，皮肤病理检查诊断为单纯性大疱性表皮松解症。

问题：请解释病因和发病机制。

原核细胞骨架蛋白

长期以来，人们认为细胞骨架是真核生物所特有的结构，但近年来研究发现它也存在于细菌等原核生物中。目前，人们已经在细菌中发现了 FtsZ、MreB 和 CreS3 这三种重要的细胞骨架蛋白。它们分别与真核细胞骨架的微管蛋白、肌动蛋白和中间纤维相似。它们不仅在结构上类似于相应的真核细胞骨架，而且在装配特性上也极为相似，所以，人们认为它们是真核细胞骨架的原核类似蛋白，构成与真核生物中类似的细菌细胞骨架，并在细胞的分裂、形态建成、染色体分离等方面发挥重要作用。

第四节　细胞骨架与医学

细胞骨架对细胞的形态改变和维持、细胞内物质运输、细胞的分裂与分化等具有重要作用，是生命活动不可缺少的细胞结构，它们的异常可引起很多疾病，包括肿瘤、部分神经系统疾病和遗传性疾病等。不同细胞骨架在细胞内的特异性分布可用于对一些疑难疾病的诊断，也可根据细胞骨架与疾病的关系来设计药物。

一、细胞骨架与肿瘤

肿瘤的主要特点是细胞形态改变，增殖快，有侵蚀组织及向周围和远处转移的能力。在恶性转化的细胞中，细胞常表现为细胞骨架结构的破坏和解聚。肿瘤细胞的浸润转移过程中某些细胞骨架成分的改变可增加癌细胞的运动能力。体外培养的多种人癌细胞中，微管和微丝发生明显改变：微管数量减少，网架紊乱甚至消失；微丝应力纤维破坏和消失，肌动蛋白发生重组，形成小体，聚集分布在细胞皮层，由于其形状为小球形或不规则，故被命名为“肌动蛋白小体”“皮层小体”等。微管和微丝可作为肿瘤化疗药物的靶位，长春碱、秋水仙碱和细胞松弛素等及其衍生物作为有效的化疗药物可抑制细胞增殖，诱导细胞凋亡。另外，中间纤维表达的组织特异性可用于正确区分肿瘤细胞的类型及其来源，对肿瘤诊断起决定性作用。

二、细胞骨架蛋白与神经系统疾病

许多神经性疾病与骨架蛋白的异常表达有关,如老年痴呆症,病人的神经元中可见到大量损伤的神经原纤维,神经元中微管蛋白的数量并无异常,但微管聚集缺陷。因为微管是轴浆流必需的细胞骨架,因此微管聚集缺陷可能引起轴浆流阻塞,神经元包含体形成,从而使神经信号传递紊乱。肌萎缩性侧索硬化症和幼稚性脊柱肌肉萎缩症,神经原纤维在运动神经元胞体和轴突近端堆积,使骨骼肌失去神经支配而萎缩,造成瘫痪,接着运动神经元丧失,最终导致死亡。

三、细胞骨架与遗传性疾病

一些遗传性疾病的病人常有细胞骨架的异常或细胞骨架蛋白基因的突变。镰形红细胞贫血症是一种遗传性疾病,主要是由于血红蛋白 β 链上的第 6 位氨基酸由正常的谷氨酸变成了缬氨酸而造成携氧能力异常,红细胞因为缺氧而使 Ca^{2+} 浓度和 ATP 显著减少,引起微丝网发生改变,红细胞的形状发生镰形变化。

本章小结

细胞骨架是真核细胞中存在的蛋白纤维网架系统,是细胞的重要细胞器,主要包括微管、微丝和中间纤维。细胞骨架是一类动态结构,它们通过蛋白亚基的组装与去组装过程来调节其在细胞内的分布与结构。

微管是由微管蛋白组装而成的中空管状结构,管壁由 13 根原纤维纵向包围而成。α- 微管蛋白和 β- 微管蛋白在构成原纤维时首尾相接交替排列,因此,微管具有极性。微管存在于所有真核细胞中,参与细胞形态的维持、细胞的运动、细胞内物质运输、细胞分裂时染色体的运动和细胞内信号转导。

微丝是由肌动蛋白组成的骨架纤维,主要分布在细胞膜的内侧,是有极性的结构。其具有多种重要功能,可参与细胞形态的维持、骨骼肌细胞的伸缩、细胞内的物质运输、细胞的运动以及细胞分裂。

中间纤维是一类形态上十分相似、而化学组成上有明显差别的蛋白质纤维。其分布有严格的组织特异性。与微管、微丝相比,中间纤维更稳定。它除有为细胞提供机械强度、维持细胞和组织完整性的作用外,还与 DNA 复制、细胞分化等有关。

三种细胞骨架虽然结构与功能各异,但三者之间存在着密切联系。

案例讨论

不动纤毛综合征(immotile cilia syndrome)为常染色体隐性遗传病,半数病人伴内脏转位。患者可反复发生上呼吸道感染,包括复发性中耳炎、鼻窦炎和支气管炎、肺炎以致支气管扩张,常见鼻脓性分泌物、咳嗽、咳痰、咯血、呼吸困难及男性不育等症状。可取鼻腔黏膜活检或支气管镜取支气管黏膜上皮在电镜下观察纤毛数目及结构,从而确诊。

案例讨论

(朱友双 关 晶)

扫一扫,测一测

思考题

1. 细胞骨架的概念是什么？细胞骨架包括哪些主要组分？
2. 为什么说细胞骨架是细胞内的一种动态不稳定性结构？
3. 为什么说细胞骨架是细胞结构和功能的组织者？

第八章 细 胞 核

学习目标

1. 掌握:细胞核的结构和功能。
2. 熟悉:核糖体在核仁的装配过程。
3. 了解:组蛋白与非组蛋白的区别特点。
4. 具有观察识别细胞核显微图片的能力。
5. 能解释与细胞核相关疾病的临床表现及发病机制。

细胞核(nuclear)是真核细胞中最大、最重要的细胞器,它是由双层单位膜包围而形成的多态性结构,是细胞遗传与代谢等生命活动的调控中心。细胞核的出现是生物进化史上极其重要的转折点,是原核细胞进化为真核细胞的标志,使 RNA 的转录和蛋白质的合成在时间和空间上相当独立。17 世纪荷兰人 Leeuwenhoek 在自制的显微镜下首次发现了细胞核,1831 年苏格兰人 Brown 第一次使用了 nucleus 一词,并认为所有细胞均有细胞核。

细胞核的功能主要是提供细胞内遗传信息的储存、复制和转录的场所,并调控细胞的代谢、生长、分化和增殖,这种调控是在细胞核与细胞质相互作用下共同完成的。总结其功能如下:

(1) 遗传信息的储存与传递:细胞核是遗传信息的主要贮存库,整套遗传信息贮存在细胞核内。在细胞周期中,遗传信息(DNA)首先通过 DNA 复制加倍,再均等分配传递给下一代细胞。在有性生殖的机体中,细胞核中的遗传信息可通过配子的形成及雌雄配子的结合传递给下一代。

(2) 控制细胞的生长和代谢活动:细胞的生长需要各种蛋白质作为其结构和功能成分,细胞的代谢活动离不开酶和本质为蛋白质的各种生物活性物质。细胞核内的遗传信息,在细胞质和细胞核的相互作用下,可通过转录和翻译过程表达为蛋白质,从而达到控制细胞生长和代谢的目的。

(3) 细胞核与细胞的增殖:细胞增殖受多因子在多层次上的调控,其中,细胞核中某些基因(包括癌基因、抑癌基因和细胞分裂周期基因)及其产物对细胞增殖的调控是细胞增殖调控的主要方面。因此,细胞核对细胞增殖具有决定性的作用。

(4) 细胞核与细胞的分化、衰老和死亡:细胞核中存在着控制生物个体发育的全部遗传信息(基因),细胞分化是这些基因在一定的时空上选择性表达的结果。很多发育生物学家认为细胞的衰老与死亡是遗传决定的自然演化过程,是受特定基因控制的,外部因素只能在一定限度内影响细胞的衰老和寿命。在生命过程中,衰老(死亡)有关基因的启动和关闭是“按时”发生的,细胞会按期执行“自我毁灭”的指令。此外,细胞核在细胞的分化、衰老与死亡过程中具有重要的作用。

从上述细胞核的功能可以看出,细胞核各组成结构具有协调关系以及细胞核在整个生命活动中起着重要作用。如果细胞核的结构或者功能受损,将导致严重的后果。恶性肿瘤和遗传性疾病主要是细胞核异常所导致的两大类疾病。在肿瘤细胞中,细胞核通常较大,并表现为多形性和染色质增多;

核被膜增厚可出现小泡、小囊状突起等；核仁数目增多，常规染色的肿瘤细胞中核仁深染并增大，这反映了肿瘤细胞中活跃的RNA代谢。近几年发展的银染核仁形成区（AgNOR）染色技术是一项肿瘤研究新技术，AgNOR可作为肿瘤研究的一种新指标，在良、恶性肿瘤的鉴别、肿瘤的分型、分级、癌前病变的检测及预后等方面都有着重要应用价值。

第一节 细胞核的形态

一、细胞核的形态、位置和数目

细胞核的形态、位置、数目随细胞类型的不同而差异很大。

细胞核的形态大都与细胞的形状相适应，但也可以完全无规则。等直径的细胞，如球形、立方形、多角形的细胞，其核一般为球形；柱状细胞或椭圆形细胞的核为卵圆形；梭形细胞的核呈杆状；中性粒细胞的核呈分叶状，有2~5叶。细胞核的形状还可随细胞功能状态的改变而发生变化，如细长的平滑肌细胞的核呈杆状，当平滑肌细胞收缩时，核可以发生螺旋形扭曲。细胞周期的不同时期，细胞核的形态结构变化很大，只有在间期细胞中才可观察到完整的细胞核。

细胞核一般都位于细胞的中央。但在有极性的细胞，如柱状上皮细胞中，核位于细胞基底面的一侧；而在脂肪细胞中由于细胞的内含物过多，核被挤于一侧。

每个细胞通常只有一个核。但有的细胞有两个核，如人的肝细胞和肾细胞；有的细胞有多个核，甚至几十个核，如横纹肌细胞的核可达几十个，破骨细胞的核可达100多个乃至数百个；也有的细胞没有核，如哺乳动物的成熟红细胞。

二、核质比

不同类型的细胞，细胞核的大小也差异很大，最小的核直径不足1μm。低等植物细胞核的直径通常在1~4μm，动物为10μm左右。细胞核的大小与细胞大小有关，常用细胞核与细胞质的体积比，即核质比（NP）来表示：

$$NP=\frac{Vn}{Vc-Vn}$$ 其中，Vn：细胞核的体积；Vc：细胞的体积

核质比大则细胞核大，反之则细胞核小。核质比与生物种类、细胞类型、发育时期、生理状态及细胞核染色体的倍数等相关。生长旺盛的细胞，如卵细胞、肿瘤细胞的核较大；分化成熟的细胞核较小。一般情况下，当细胞体积增大时，细胞核也随着增大，以保持核质比不变。当核质比大到一定限度时，就会促使细胞分裂。在同一种生物，由于遗传物质的含量是恒定的，因此核的大小也比较恒定。

通常情况下，细胞核占细胞体积的1/10，同类细胞的核质比是一个比较恒定的值，因此，常用其作为细胞病变的指标。例如，对组织学证实为甲状腺嗜酸细胞腺瘤（HCA）和甲状腺嗜酸细胞腺癌（HCC）的病例，用细针吸取细胞学标本研究其核质比，常用作区分良恶性的一个指标。

透射电镜下可以见到间期细胞的核由核被膜、染色质、核仁和核基质四部分组成。

细胞核与疾病

细胞核是细胞内遗传物质储存、复制和转录的场所，是细胞生命活动的控制中心。细胞核的结构和功能异常会导致各种疾病，在癌变细胞中可见明显的核形态变化。与正常细胞相比，肿瘤细胞通常具有高核质比，核结构呈异型性，表现为核外形不规则，核表面突出或凹陷，核分叶，呈桑葚状或弯月形等。染色质呈粗颗粒状，大小不等，分布不均，多分布在核的边缘。

第二节 核 被 膜

核被膜(nuclear envelop)又称核膜,是由平行排列的两层单位膜组成的,包括外核膜、内核膜、核周隙、核孔复合体、核纤层(图 8-1)。

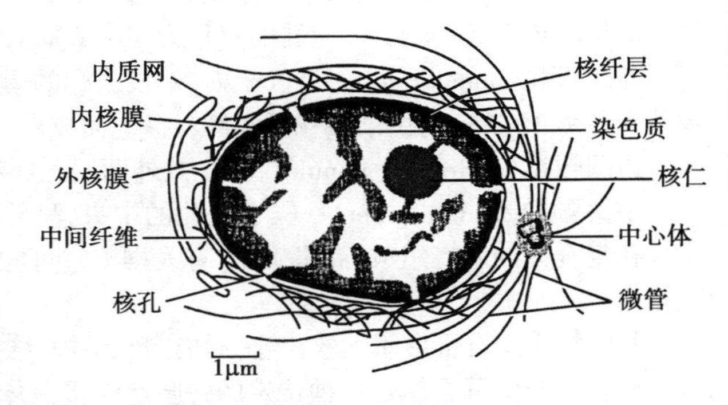

图 8-1 细胞核被膜结构示意图

核被膜的主要功能有:①使细胞核成为一个相对独立的区域,起到保护性屏障作用。真核细胞的核被膜作为细胞核和细胞质的界膜,使细胞核有相对稳定的内环境进行核内各种代谢活动,使 DNA 复制、RNA 转录与蛋白质合成在时间和空间上独立进行;②是细胞核和细胞质间物质交换、信息交流的通道,核膜不是完全封闭的,主要通过核膜上的核孔复合体进行核质间的物质交换与信息交流;③核被膜的分解和合成在细胞分裂中起重要作用,同时对染色体定位起作用。

一、外核膜

外核膜(outer nuclear membrane)厚 6.5~7.5nm,面向细胞质的表面有核糖体附着,显得粗糙不平,其形态和生化性质上与粗面内质网颇为相似,在一些部位可见到它与粗面内质网相连续,被认为是内质网膜的特化区域。细胞间期的核膜外表面还可以见到微管、中间纤维形成的细胞骨架网络,它与细胞核在细胞内的位置固定有关。

二、内核膜

内核膜(inner nuclear membrane)与外核膜平行排列,稍厚,没有核糖体附着,表面光滑,紧贴其内表面附有酸性蛋白质分子的聚合物组成的致密纤维网络,称为核纤层,对内核膜具有支持作用。

三、核周隙

外核膜与内核膜之间的腔隙称为核周隙(perinuclear space),其宽度为 20~40nm,随细胞的种类不同而有差异,并随着细胞的功能状态而改变。核周隙与粗面内质网腔相通,其内充满液态不定形物质,含多种蛋白质和酶,它是核质之间活跃的物质交换渠道。

四、核孔复合体

核孔复合体(nuclear pore complex)是细胞质与细胞核之间进行物质运输的重要通道,普遍存在于各种细胞的核膜上,由核孔、孔环颗粒、边围颗粒、中央颗粒组成(图 8-2)。

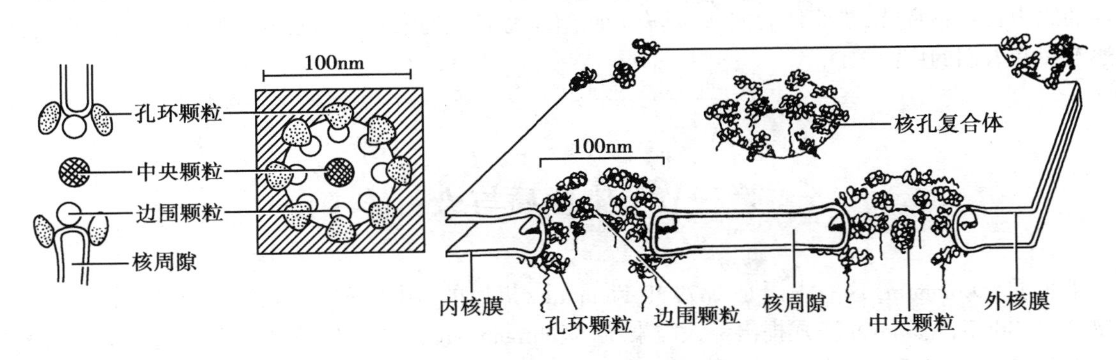

图 8-2 核孔复合体结构模式图

核孔（nuclear pore）是内、外核膜在局部融合形成的圆形孔道，但它并不是一个简单的孔洞，而是有一个复杂的结构调节核孔的关闭或大小，因此，称之为核孔复合体。一个典型的哺乳动物细胞核膜上有3000~4000个核孔，核孔的数目随细胞的种类和细胞的生理状态不同有很大的差异。代谢旺盛、分化程度低、转录活动强的细胞，核孔数目较多，如非洲爪蟾卵母细胞的核孔数达60个/μm^2；代谢不活跃的细胞核孔数目较少。核孔的直径为40~100nm，一般为50~70nm。

孔环颗粒（annular granule）位于内、外核膜孔的周缘，内外两圈各有8个，呈辐射状排列。每个颗粒的直径为10~25nm，由细微粒子和纤丝盘绕而成。

边围颗粒（peripheral granule）位于内、外两层孔环颗粒之间，8个颗粒排列于内、外核膜的交界处。

中央颗粒（central granule）位于核孔的中央，呈粒状或棒状，并不充满整个核孔。中央颗粒是否为核孔复合体的固有组成，尚未确定，有人推测它可能是正在通过核孔的新合成的核糖体亚基或其他颗粒。

各颗粒之间有蛋白质细丝相连，形成网状结构，维持核孔复合体的稳定。

核孔复合体可看作是一种特殊的跨膜运输蛋白复合体，是具有双功能、双向性和选择性的运输通道。双功能是指其转运的方式有被动运输和主动运输两种；双向性是指其介导生物大分子的入核和出核的双向转运；核孔复合体对蛋白质等生物大分子物质的转运具有选择性，在特定信号引导下，核孔复合体可通过特定的机制，将构成核糖体、染色质的蛋白质以及细胞核代谢所需的各种酶运进细胞核，也可将在细胞核内合成的各种RNA和装配形成的核糖体亚基等运输到细胞质中，以此完成细胞核与细胞质之间的大分子物质的交换。

五、核纤层

核纤层（nuclear lamina）广泛分布于高等生物真核细胞的细胞核中。它是附着于内核膜内侧的纤维状蛋白网，电镜视野中紧靠内核膜内表面的光亮区，实验证实组成核纤层的纤维蛋白属于中间纤维。其化学成分由3种属于中间纤维的多肽混合组成，分别称为核纤层蛋白A、核纤层蛋白B、核纤层蛋白C。这些纤维状蛋白的一端结合于内核膜的特殊部位，另一侧与染色质的特殊位点结合。

在细胞周期的间期，核纤层纤维蛋白的一端结合于内核膜的特殊部位，另一端与染色质的特殊位点结合，因此，核纤层为维持细胞核的形态结构起支持作用，同时为染色质提供锚定部位。

核纤层的中间纤维在细胞周期中发生可逆性解聚和重组装，对核被膜的崩解与重建有调节作用。在细胞周期中，通过磷酸化，中间纤维解聚，核被膜崩解；去磷酸化时，中间纤维重新组装，核被膜随之重新形成。

核膜结构动态变化及核膜相关疾病

越来越多的证据表明，细胞核膜结构的变化与核膜相关疾病的发生发展有着极为密切的关系。已鉴定出的核膜疾病多与核膜蛋白突变或缺失有关，目前导致疾病种类最多且突变研究相对全面的是核纤层蛋白lamin A，即核纤层的骨架组分之一。核膜相关疾病的几种主要类型是：以多器官加速衰老为症状的人类早老综合征，导致全身性严重早老的限制性皮肤病，具有肌组织特异性的肌肉营养不良症，扩张性心肌病，具有脂肪组织特异性的家族性脂营养不良症等，这些疾病已逐渐引起人们的广泛关注。

第三节 染色质与染色体

染色质（chromatin）这一术语是1879年Flemming提出的，用于描述细胞核中能被碱性染料着色的物质；1888年，Waldeyer正式提出了人类染色体（chromosome）的命名。染色质和染色体是同一物质在不同的细胞时相所表现出的不同形态。在间期细胞中，染色质伸展、弥散呈丝网状结构，形态不规

则；在细胞进入分裂期时，染色质高度折叠、盘曲而凝缩成条状或棒状的染色体。

一、染色质的化学成分

染色质的主要化学成分是DNA、组蛋白，此外还有非组蛋白、RNA。其中组蛋白与DNA之比近于1∶1，非组蛋白与DNA之比变化很大，RNA与DNA之比约为0.1∶1。DNA与组蛋白是染色质的稳定成分，而非组蛋白与RNA的含量随着细胞的生理状态不同而变化。

（一）DNA

它是染色质中储存遗传信息的生物大分子，其中的碱基序列代表遗传信息。不同物种细胞中的DNA在数量、结构（碱基序列）上差异明显，同一物种细胞中的DNA数量与结构稳定，此为物种多样性和某一物种遗传的特性和稳定性的物质基础。原核细胞的DNA是闭合环状的双链DNA分子，没有重复顺序。真核细胞的DNA为线性的双螺旋分子，除了单一顺序外，还含有大量的重复顺序；在细胞有丝分裂时，DNA经过自我复制后将两个相同的拷贝分配到两个子细胞中去。在染色体DNA上含有三个特殊序列：①复制源（replication origin）顺序，该顺序是细胞分裂时进行DNA复制的起点；②着丝粒（centromere）顺序，它是复制完成后两条姐妹染色单体的连接部位；③端粒（telomere）顺序，端粒存在于染色体DNA的两端，为富含G的高度重复的DNA序列，是染色体稳定的必要条件之一。人类的端粒顺序是（5′-TTAGGG-3′）n，其重复可达250~1500次。端粒的作用是保证DNA分子两个末端复制的完整性。2009年诺贝尔生理学和医学奖授予三位科学家关于染色体是如何被端粒和端粒酶保护的研究，该研究对癌症和衰老研究具有重要意义，端粒学说由Olovnikov提出，认为细胞在每次分裂过程中都会由于DNA聚合酶功能障碍而不能完全复制它们的染色体，因此最后复制DNA序列可能会丢失，最终造成细胞衰老死亡。

细胞的“生物钟”

端粒是人体细胞染色体两臂末端长短不一、形似念珠的结构，其长度可以用来衡量细胞寿命的长短。端粒缩短被认为是加速衰老的标志，也是罹患心脏病、糖尿病、关节炎及其他疾病的原因之一，又被称为细胞的“生物钟”。有研究表明，肥胖与抽烟导致氧负荷增大，这种损害的长期积累将导致端粒受损，因此抽烟或肥胖者的端粒往往较短，使他们在生理上比不抽烟或不肥胖者更易衰老。

（二）组蛋白

它是真核细胞中特有的成分，是染色质的主要成分，为富含精氨酸和赖氨酸的碱性蛋白质，溶于水、稀酸和稀碱。组蛋白带正电荷，能与带负电荷的DNA紧密结合，一般认为组蛋白与DNA结合可抑制DNA的复制和转录，起到稳定维持染色质结构和功能完整性的作用。组蛋白在细胞周期的DNA合成期与DNA同时合成，在胞质中合成后即转移到核内与DNA紧密结合。根据精氨酸和赖氨酸的比例不同，组蛋白可分为5类：H_1、H_2A、H_2B、H_3、H_4。H_1富含赖氨酸，进化上不保守，有种属特异性和组织特异性，功能与染色质的高级结构形成有关。H_2A、H_2B、H_3、H_4组成染色体结构中的核小体，又称为核小体组蛋白（nucleosomal histone）。其中H_2A、H_2B含有稍多的赖氨酸，进化上十分保守；H_3、H_4含有大量精氨酸，是已知蛋白质中最保守的，例如牛和豌豆的H_4均含有102个氨基酸，但仅有两个氨基酸不同，这种保守性表明H_3、H_4的功能几乎涉及所有的氨基酸，以至于任何位置上氨基酸残基的改变对细胞都是有害的。这4种组蛋白都没有种属或者组织特异性。

组蛋白可以被化学修饰，如乙酰化、磷酸化和甲基化等。乙酰化可以改变赖氨酸所带的电荷，降低组蛋白与DNA的结合，从而有利于转录。磷酸化也有相似的作用。而甲基化则可增强组蛋白与DNA的结合，降低DNA的转录活性。

（三）非组蛋白（non-histone）

它是指染色体上与特异DNA序列相结合的蛋白质，为富含天冬氨酸、谷氨酸的酸性蛋白质，带负电荷。其具有物种和组织特异性，与组蛋白相比，数量少而种类多，是染色质中除组蛋白以外的其他

所有蛋白质的总称。

一般说来，功能活跃的细胞中染色质非组蛋白含量高。非组蛋白用双向电泳处理可获得500多种不同组分，相对分子质量为15 000~100 000。非组蛋白中包括与DNA合成及修复有关的DNA聚合酶、DNA连接酶、RNA聚合酶以及与蛋白质加工、降解有关的酶，此外，还有核质蛋白、染色体骨架蛋白、肌动蛋白和基因表达调控蛋白等，其中一些可作为结构蛋白维持染色质的结构。有实验证据表明，非组蛋白是真核细胞转录活动的调控因子，与基因的选择性表达有关。非组蛋白也可以被磷酸化或去磷酸化，并被认为是基因调控的重要环节。

（四）RNA

染色质中含有少量RNA，且含量变化很大。这些RNA是染色质的正常组成部分，还是转录出来的各种RNA的混杂，尚有争论。

二、染色质的组装

染色质和染色体是遗传物质的携带者，一条染色单体由一个DNA分子组成。人的体细胞，平均每条染色体的DNA分子长度为5cm，总长约为174cm，如此长的DNA分子在直径只有5μm的细胞核中进行储存并行使功能，需要经过有序的组装和压缩。组装从核小体开始，在此基础上折叠，最终组装成只有几个微米长的染色单体。高度有序的包装保证了细胞分裂中遗传物质平均分配到两个子细胞中，保证基因复制、表达的准确。

最初人们认为染色质是组蛋白包裹在DNA外面形成的纤维状结构。20世纪70年代初期，人们发现用非特异性的核酸酶处理染色质，大多数DNA都会形成长度为200bp的片段；如果用同样的核酸酶处理裸露的DNA，则产生随机大小的DNA片段。据此推测染色体DNA中有些切割位点受到了保护，使核酸酶不能随机切割，并推测这种保护作用与DNA结合的蛋白质有关。1974年，美国哈佛大学的Kornberg R.根据这些结果以及其他的研究进展，提出了DNA和组蛋白组成染色质重复的亚单位——核小体（nucleosome）的概念。现已知染色质的基本结构是由无数核小体串连而成的“串珠链”——核小体链（丝）。

（一）核小体

它是染色质的基本结构单位。核小体由一个组蛋白八聚体、一分子组蛋白H_1和长约200bp的DNA分子组成。其中八个组蛋白聚集成八聚体，约146bp的DNA以左手方向盘绕八聚体1.75周构成直径11nm的圆盘状颗粒即核心颗粒。组蛋白H_1在核心颗粒外结合20bp的DNA锁住DNA进出口，起着稳定核小体的作用（图8-3）。

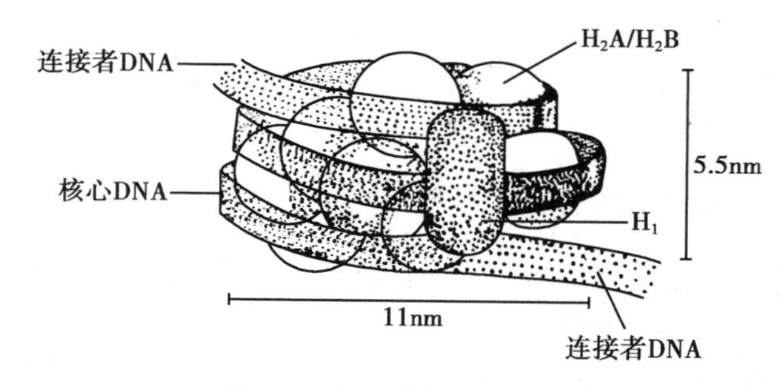

图8-3 核小体结构模式图

组蛋白八聚体由H_3、H_4各2个分子形成四聚体作为轴心，H_2A、H_2B形成2个二聚体排列在四聚体的两侧。围绕八聚体的长146bp的DNA称为核心DNA；两个核心颗粒之间以DNA相连，这部分DNA称为连接者DNA，其典型长度为60bp，不同的物种长度不同，变化范围在0~80bp不等。所以在染色质中平均每200bp即出现一个核小体，人体细胞6×10^9bp的DNA含核小体3×10^7。有些DNA区域无核小体存在，这一区段多为基因调节蛋白存在部位，可调节基因转录。

核小体形成后在H_1的介导下彼此连接形成直径约10nm的核小体串珠结构，称为核小体链，这是染色质的一级结构。经此过程，一个裸露的DNA的长度与核小体丝的长度比较，压缩了约7倍。

（二）螺线管

在电镜下观察发现，大多数染色质以染色质纤维的形式存在，它是在核小体的基础上，在H_1参与下形成的一种更为紧密的结构，为染色质的二级结构。1976年Finch等提出了螺线管（solenoid）结构模型，即在H_1存在下，每个核小体紧密连接，螺旋缠绕形成外径30nm、内径10nm、相邻螺距为11nm的中空的螺线管。螺线管的管壁由核小体组成，每圈含有6个核小体，使得DNA又压缩了6倍。组

蛋白 H_1 位于螺线管的内部，其分子上球形中心区结合到核小体的特殊位点，使核小体组装成有规则的重复排列结构，对螺线管的稳定起着重要作用。

（三）超螺线管

1977 年 Bak 等从胎儿离体培养的分裂细胞中分离出染色体，经温和处理后在电镜下看到直径 400nm，长 11~60μm 的染色线，提出了超螺线管的结构模型。该模型认为 30nm 的螺线管无规则地进一步螺旋盘绕，形成超螺线管，管的直径为 400nm，该结构是染色质的三级结构。经此过程 DNA 又压缩了近 40 倍。

（四）染色单体

超螺线管再经过进一步的盘曲折叠，形成 2~10μm 染色单体（chromatid），即染色质的四级结构。从超螺线管到染色单体 DNA 又压缩了 5 倍。

综上所述，从线性 DNA 分子到染色单体，DNA 长度被逐级压缩，长约 5cm 的 DNA 形成核小体，被压缩 7 倍，在形成螺旋管时，每圈螺旋由 6 个核小体组成，缩短了 6 倍，形成三级结构超螺旋管又被压缩近 40 倍，最后形成染色单体长 2~10μm，DNA 共压缩了约 8400 倍（图 8-4）。

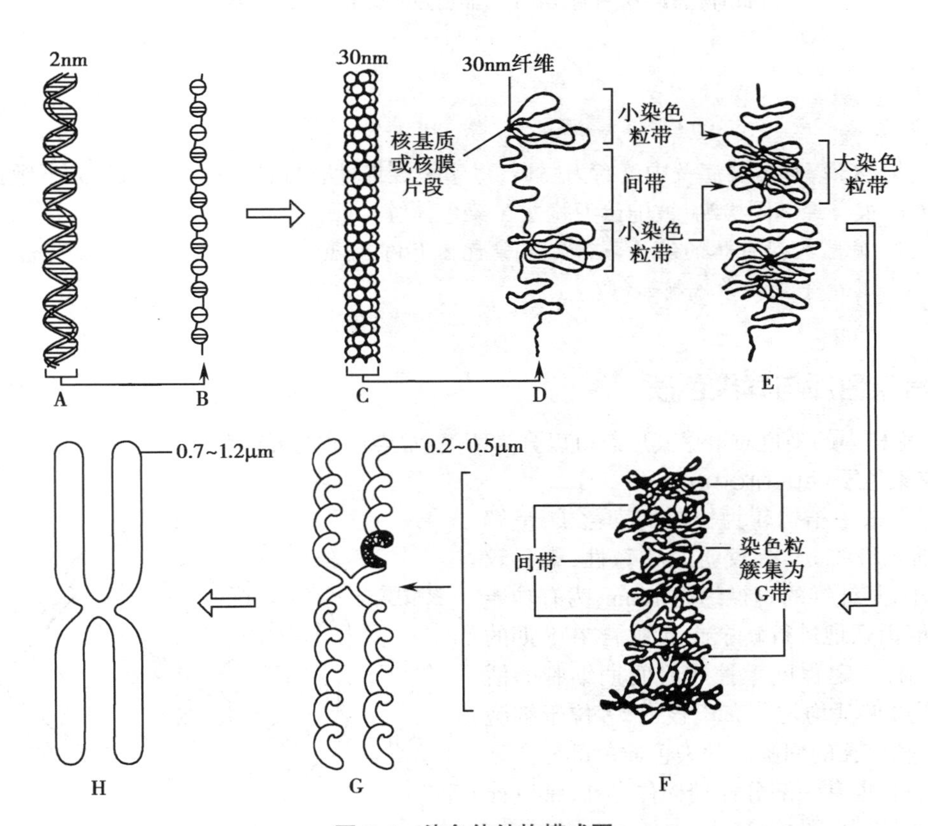

图 8-4　染色体结构模式图

A. DNA；B. 核小体链；C. 螺线管，30nm 纤维；D. 染色体和带间染色质；E. 染色粒的簇集；F. 染色体带；G. 折叠的染色体；H. 分裂中期的染色体

染色质的结构在一级和二级结构上取得了基本一致的看法，但是直径 30nm 的螺线管怎样进一步包装形成染色单体，仍然是个有争议的问题。目前广泛认同的另一个模型是袢环结构模型。该模型认为 30nm 螺线管染色质纤维形成袢环，沿着染色单体的纵轴向外伸出，形成放射状环，环的基部连在染色单体中央的非组蛋白支架上（图 8-5），每个 DNA 袢环平均含有 350 个核小体，约 63 000bp，长度约为 21μm，每 18 个袢环呈放射状平行排列形成微带，再由微带沿纵轴构建染色单体。该模型与电镜下细胞分裂中期染色体的形态相吻合，并在某些特殊染色体如果蝇唾液腺的多线染色体和卵母细胞中的灯刷染色体中得到验证。

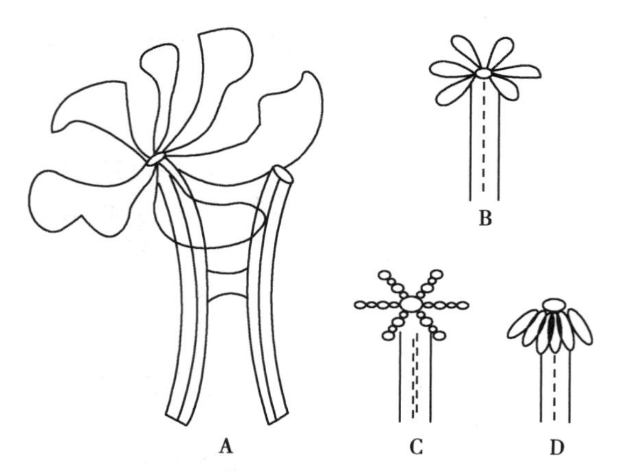

图 8-5 染色体结构的支架模型

A. 非组蛋白在着丝粒处结合形成稳定的支架,DNA 袢环由此伸出;B~D. 袢环 DNA 与非组蛋白交互作用形成各种结构

案例导学

病人,男,8 岁,有多动症及中度智力障碍,母亲家族男性有智障发病史。该病人下颌宽大,尖耳朵,睾丸肥大。经基因检测,被确诊为脆性 X 染色体综合征。

问题:1. 脆性 X 染色体的结构与正常 X 染色体有何不同?

2. 其分子生物学机制如何?

三、常染色质与异染色质

间期细胞核中的染色质根据其形态可以分为两类:常染色质与异染色质。

(一)常染色质(euchromatin)

它是间期核中结构较为松散的染色质,呈解螺旋化的细丝纤维,具有较弱的嗜碱性,染色较浅,折光性小,其纤维的直径约为 10nm,为有功能的染色质,能活跃地进行转录或复制,多在 S 期的早、中期复制,一定程度上控制着间期细胞的活动。电镜下可见其均匀分布于核内,多位于细胞核中央部位和核孔的周围。常染色质一部分介于异染色质之间,也有一部分伴随核仁存在,常以袢环形式伸入核仁内(图 8-6)。

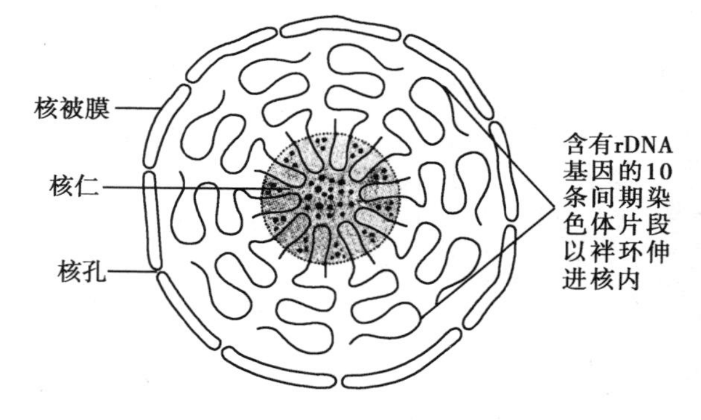

图 8-6 核仁中 rDNA 袢环示意图

(二)异染色质(heterochromatin)

它是间期核中螺旋、折叠程度高、处于凝集状态的染色质,具有强烈的嗜碱性,碱性染料着色深,是核小体丝未伸展开的部分,处于无活性状态,转录不活跃。电镜下异染色质呈各种不同的深染纤维、颗粒状团块,直径约 25nm,散布在整个细胞核中,常分布于内核膜的边缘,贴在核膜的内表面;还有一些与核仁结合,构成核仁染色质的一部分。

异染色质根据其功能特点可以分为结构异染色质(constitutive heterochromatin)和兼性异染色质(facultative heterochromatin)。结构异染色质是指各种类型的细胞中,除复制期以外,在整个细胞周期均处于凝聚状态的异染色质。它多位于着丝粒区域、端粒和染色体臂的次缢痕部位,含有重复序列 DNA。兼性异染色质是指在一定的细胞类型或一定的发育阶段,原来的常染色质凝集,并丧失基因转录活性而转变成的异染色质。在一定条件下,兼性异染色质又可以向常染色质转变,恢复转录活性。兼性异染色质的总量随着不同的细胞类型而变化,一般胚胎细胞中含量少,而高度特化的细胞中含量

高，说明随着细胞的分化，较多的基因依次以染色质聚缩状态而关闭。例如雌性哺乳动物细胞中的一对X染色体，在间期一条为常染色质，另一条为异染色质，间期可见固缩的X染色质形成的巴氏小体，在受精卵分裂的早期转变为异染色质。又如人血液淋巴细胞核中的大部分染色质处于异染色质状态，体外培养的淋巴细胞中加入植物血凝素可见异染色质转变为常染色质。

常染色质与异染色质在螺旋化程度、DNA序列及功能上有明显的区别，常染色质在S期较早时期复制，而异染色质在S期较晚时期复制；在各种细胞中常染色质与异染色质的分布比例很不一致，一般情况下专一化程度越高的细胞，其细胞核内往往以致密的异染色质为主，可占90%，例如精子；而分化低、分裂快的细胞，其细胞内往往以常染色质为主，例如胚胎细胞。常染色质与异染色质的相互转换，可能与基因表达的调控有关。

第四节 核 仁

核仁（nucleolus）是细胞核的一个重要组成部分，也是真核细胞间期核中最明显的结构，呈圆球形。核仁的大小、数目、位置因生物种类、细胞的类型和生理状态不同而有差异，蛋白质合成旺盛、活跃生长的细胞如分泌细胞、卵母细胞，核仁较大，可占核总体积的25%左右；蛋白质合成能力较弱的细胞如肌细胞、休眠的植物细胞，核仁较小。核仁数目一般1~2个，也有多达3~5个的。核仁可以位于核的任何部位，在生长旺盛的细胞中，核仁常趋向于核的边缘，靠近核膜，有利于把核仁合成的物质运输到细胞质中去。在细胞周期中，核仁是一个高度动态的结构，在细胞分裂期间表现出周期性的消失与重建。

一、核仁的化学组成和结构

（一）核仁的化学成分

核仁的主要化学成分是RNA、DNA、蛋白质，此外还有微量的脂类。

核仁中蛋白质的含量很高，占核仁干重的80%，主要是核仁染色质的组蛋白与非组蛋白，其次是组成核糖体的蛋白质；核仁中还有多种酶类。

DNA占核仁干重的8%，这些DNA是转录rRNA的基因，称为rDNA。RNA占核仁干重的11%，主要是rRNA；在RNA转录及蛋白质合成旺盛的细胞中，核仁的RNA含量增加。

（二）核仁的结构

与细胞质中的大多数细胞器不同，核仁是没有被膜包裹、由细纤丝等多种成分构成的海绵状结构。根据电镜观察结合各种酶消化实验的结果，一般认为核仁的结构由纤维中心、致密纤维成分、颗粒成分组成（图8-7）。

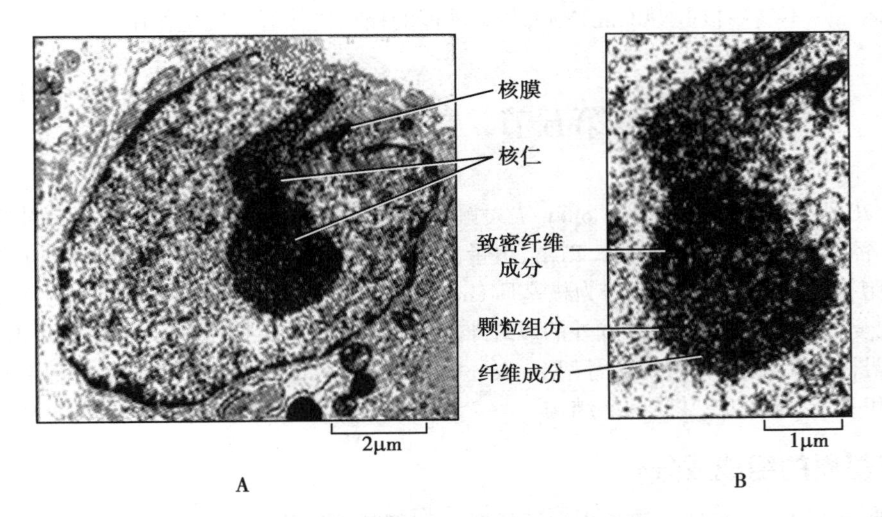

图8-7 核仁的结构电子显微镜图

1. 纤维中心(fibrillar center,FC) 是包埋在颗粒成分内部的一个或几个浅染的低电子密度的圆形结构,其中有 rDNA、RNA 聚合酶 I 等。rDNA 实际上是从染色体上伸出的 DNA 袢环,这种袢环上 rRNA 基因串联排列,可进行高速转录,产生 rRNA,组织形成核仁。因此,每个 rDNA 的袢环称为一个核仁组织者(nucleolar organizer,NOR)。

2. 致密纤维成分(dense fibrillar component,DFC) 是核仁内电子密度最高的区域,由致密的纤维构成,呈环形或半月形包围纤维中心,通常见不到颗粒。这些纤维含有正在转录的 rRNA 分子,其实质是 rDNA 进行活跃转录合成 rRNA 的区域。

3. 颗粒成分(granular component,GC) 呈致密的颗粒,直径 15~20nm,在代谢活跃的细胞中,颗粒成分是核仁的主要结构。这些颗粒可被蛋白酶和 RNA 酶消化,因此,它们是正在加工、成熟的核糖体亚单位的前体颗粒,间期核中核仁的大小差异主要是由这些颗粒组分的数量差异造成的。

除了上述 3 种基本核仁组分外,还有一些异染色质包围在核仁周围,称为核仁周围染色质;此外,还有一些常染色质深入核仁内,称为核仁内染色质,其中 rDNA 以袢环的形式伸展到核仁内成为纤维中心。核仁内染色质与核仁周围染色质统称为核仁相随染色质。除了颗粒成分、纤维成分外的无定形蛋白质液体物质称为核仁基质,与核基质沟通,因此,有观点认为核基质与核仁基质是同一物质。

二、核仁的功能

核仁是核糖体主要成分 rRNA 合成加工及核糖体大、小亚单位装配的场所,因此与细胞内蛋白质的合成密切相关。在核仁中装配好的大、小亚基经过核孔复合体运输到细胞质中去,形成有功能的核糖体。

(一) 核仁是细胞核中 rRNA 合成的活动中心

真核细胞对核糖体的需求量非常大,处于生长中的细胞一般都有 10^7 个核糖体以确保蛋白质合成机制的运转。与此相适应,rRNA 基因数量多,并高度有效地进行转录。人的单倍体基因组中含有大约 200 个 rRNA 基因拷贝,成簇串联重复排列在 DNA 袢环上,为合成 rRNA 提供模板。1969 年 Miller 等利用染色质铺展技术在非洲爪蟾卵母细胞中,首先发现核仁中 rRNA 基因转录、包装的形态学过程。电镜下可见核仁的核心部分由缠在一起的一根长 DNA 纤维组成,称为轴纤维。沿轴纤维有一系列重复的箭头状结构单位,箭头之间为裸露的间隔 DNA。每个结构单位中 DNA 纤维是一个 rRNA 基因,在 RNA 聚合酶 I 作用下快速转录 rRNA。

核仁中每个 rRNA 基因都产生相同的初级转录产物,为 45S rRNA,合成后被剪切为 28S、18S、5.8S rRNA。

(二) 核糖体大小亚基的装配

细胞内 rRNA 前体的加工是以构成核糖体的蛋白质方式进行的,合成后与进入核仁的蛋白质结合形成 80S 的核糖核蛋白颗粒(RNP),加工成熟过程中丢失部分 RNA 和蛋白质,形成核糖体大、小亚基前体,完成组装后进入细胞质,在细胞质中进一步加工成熟。这有利于防止核内加工不完全的 mRNA 的未成熟前体——不均一核 RNA(hnRNA),与有功能的核糖体接近并发生作用。

第五节 核 基 质

20 世纪 70 年代初,Berezney 和 Coffey 从大鼠肝细胞中分离出一种非染色质蛋白纤维,他们用核酸酶与高盐溶液处理细胞核,将 DNA、RNA、组蛋白抽提后发现核内仍残留有纤维蛋白的网架结构,基本保持了细胞核的外形和大小,命名为核基质(nuclear matrix)。它是指真核细胞核内除核被膜(包括核纤层、核孔复合体)、染色质、核仁以外的以纤维蛋白成分为主的网架结构体系。它的基本形态与细胞质中的骨架相似,因此又称之为核骨架(nuclear skeleton)。广义上的核骨架包括核纤层、核孔复合体、残存的核仁和一个精密的核基质网络结构。

一、核基质的组成成分

核基质是由 3~30nm 粗细不一的蛋白纤维和一些颗粒状结构组成,含有十多种蛋白质,相对分子

质量在4000~6000之间，主要成分是非组蛋白性的纤维蛋白，相当一部分含有硫蛋白。蛋白纤维的成分复杂，种类多达数十种，且因细胞类型和细胞生理状态不同而有较大差别。核基质中还含有少量的RNA和DNA，一般认为它们不是核基质的成分，只是与蛋白纤维进行功能性结合，发挥保持核基质三维网络结构的完整性作用。

知识拓展

核基质异常与肿瘤

肿瘤细胞核中，核基质组成异常、结构紊乱，据推测与细胞癌变有一定关系，核基质上有许多癌基因结合位点，癌基因与之结合后可被激活，癌基因激活是肿瘤形成的机制之一。另外，核基质也存在某些致癌物的作用位点，这些位点也是DNA复制、基因转录时DNA的结合位点，由于致癌物的结合，影响了DNA复制和转录，最终导致细胞癌变。

二、核基质的功能

不少研究表明核基质在DNA复制、基因表达、染色体构建以及细胞分裂、分化等生命活动中起重要作用。

（一）与DNA复制有关

近二十多年实验表明，特别是电镜放射自显影的实验发现，DNA复制的位置是在核基质上，DNA的复制起始点结合到核基质时才能开始复制。此外，DNA聚合酶也结合在核基质上并被激活，由此推论，核基质与DNA复制有关。

（二）与RNA的合成有关

RNA的合成是在核基质中进行的，有证据表明，核基质参与基因的表达与调控。在基因转录过程中，新合成的RNA与核基质紧密结合，RNA聚合酶在核基质上也有特殊的结合位点，正在转录的基因也结合在核基质上；而只有活跃转录的基因才能选择性地与核基质结合，不被转录的基因不与核基质结合。因此有人提出了基因只有结合于核基质才能进行转录的观点。

（三）参与染色体的构建

现在一般认为核骨架与染色体骨架为同一类物质，30nm的染色质纤维就是结合在核骨架上，形成放射环状的结构，在分裂期进一步包装成光学显微镜下可见的染色体。

（四）病毒复制依赖核基质

病毒的生命活动必须依赖宿主细胞，其DNA复制、RNA转录及加工等基因表达过程与真核细胞相似，必须依赖核基质。

本章小结

细胞核的功能主要是提供细胞内遗传信息的储存、复制和转录的场所，并调控细胞的代谢、生长、分化和增殖。间期细胞核的结构包括核膜、染色质、核仁与核基质。常用核质比（NP）来表示细胞核的大小。

核被膜包括外核膜、内核膜、核周隙、核孔复合体和核纤层。核孔复合体是物质进出细胞核的通道，核纤层对内核膜起支持作用。

染色质与染色体是同种物质在细胞不同时期的两种表现形式，其主要化学成分是DNA、组蛋白；另外还有非组蛋白和RNA。其基本结构单位是核小体，一个核小体的结构包括组蛋白八聚体和长约200bp的DNA。核小体链螺旋化形成螺线管，螺线管进一步螺旋盘绕，形成超螺线管，再进一步地盘曲折叠形成染色单体。从DNA到染色单体共压缩了约8400倍。

常染色质结构疏松、螺旋化程度低、能活跃地进行转录或复制；异染色质结构紧密、螺旋化程度高、转录不活跃，常分布于核的边缘。二者在化学本质上没有任何差别，在结构上也是连续的，

常染色质在一定条件下可以转变为兼性异染色质。

核仁的主要成分是 RNA、DNA、蛋白质。核仁的结构由纤维中心、致密纤维成分、颗粒成分组成。核仁是核糖体的装配场所。

核基质是指真核细胞核内除核被膜、染色质、核纤层、核仁以外的精密网架结构系统，在 DNA 复制、基因表达、染色体构建以及细胞分裂、分化等生命活动中起重要作用。

0801
案例讨论

病人，女，8 岁，因心脏不适而就诊。该病人身高只有 106cm，体重仅 12kg，脸上皮肤松弛、满脸皱纹、头发稀疏，右腿因先天性髋关节脱位比左腿要短 5~6cm，脊柱侧弯，颅骨、下颌骨畸形。经基因测序，被诊断为早老症。

（尚喜雨）

扫一扫，测一测

思考题

1. 细胞核的主要功能有哪些？间期的细胞核是由哪几部分组成？
2. 核孔的结构和功能是什么？
3. 染色质与染色体有何关系？
4. 试述核小体的结构要点。
5. 简述核仁的结构和功能。

第九章 细胞的增殖

学习目标

1. 掌握：细胞周期、有丝分裂、减数分裂的定义；细胞周期各时期的主要特点；有丝分裂、减数分裂的过程及分裂各时期的主要特点。
2. 熟悉：减数分裂的生物学意义；配子的发生过程。
3. 了解：细胞增殖与医学的关系。
4. 具备在显微镜下鉴别各种分裂期的细胞的能力。
5. 能利用细胞增殖的理论，与病人进行有效沟通，正确认识肿瘤诊治过程。

细胞增殖(cell proliferation)是指细胞通过分裂使细胞数目增加，子细胞获得和母细胞相同遗传特性的过程。它是细胞生命活动的重要特征之一，是个体生长发育和生命延续的基本保证。单细胞生物以细胞增殖的方式产生新的个体，多细胞生物可以由一个受精卵，经过细胞的分裂和分化，最终发育成一个新的多细胞个体；同时，以细胞增殖的方式产生新细胞，用来补充体内衰老和死亡的细胞。可以说，没有细胞增殖就不会有生命的存在。细胞增殖是以遗传物质DNA的复制和细胞分裂为基本事件，通过细胞周期的方式实现的。

生物的细胞增殖方式有3种，即无丝分裂(amitosis)、有丝分裂(mitosis)和减数分裂(meiosis)。无丝分裂是一种直接进行细胞核与细胞质分裂的方式，是细菌、纤毛虫等低等生物细胞增殖的主要方式。有丝分裂是真核细胞增殖的主要方式，每分裂一次，一个细胞形成两个子细胞，分裂的结果是遗传物质平均分配到两个子细胞中，从而保证了细胞在遗传上的稳定性。减数分裂是发生在有性生殖过程中的一种特殊的细胞分裂方式，通过减数分裂，子细胞的染色体数目减少一半。

多细胞有机体对细胞增殖周期有十分精密准确的自我调节机制，使细胞增殖过程表现出严格的时间和空间顺序。如果细胞增殖不能正常进行，有机体就会因失去平衡而产生各种疾病，若有机体正处在胚胎发育阶段，就可能在基因水平上发生突变和在染色体水平上发生缺失、易位等异常。在成年时期，细胞增殖过度、失去控制，就可能发生肿瘤；如果细胞增殖受到抑制，就会发生各种功能不全或异常的疾病。

第一节 细胞周期

一、细胞周期的概念

细胞周期(cell cycle)是指细胞从一次有丝分裂结束开始到下一次有丝分裂结束所经历的过程。这一过程所经历的时间称为细胞周期时间(cell cycle time, Tc)。不同生物、不同组织以及机体发育的

不同阶段，细胞周期的时间是不同的。有的只需要几十分钟（如早期胚胎细胞），有的要几十个小时（某些上皮细胞），也有的要1~2年（肝、肾实质细胞），有些细胞的周期甚至和人的寿命一样长（如骨骼肌和神经细胞）。另外，环境条件和生理状况的改变也会影响细胞周期时间变化，如以28d为一个周期的子宫内膜细胞，接受激素作用后细胞周期可以缩短到几天；机体的失血过程可以刺激造血细胞的细胞周期变短。

（一）细胞周期的分期

20世纪50年代，人们把细胞周期划分为分裂期和静止期两个阶段，当时认为分裂期是细胞增殖的主要阶段。近年来，由于放射自显影和细胞化学等技术的迅速发展，对于细胞增殖过程的动态研究也日趋深入。现在把细胞周期分为两个阶段：间期和分裂期。间期的细胞内部发生着以DNA复制为主的复杂的物质变化，具体又分为DNA合成前期（G_1期）、DNA合成期（S期）和DNA合成后期（G_2期）。这样，加上有丝分裂期（M期），细胞周期可分为G_1期、S期、G_2期和M期。其中S期的DNA合成加倍和M期的染色体平均分配到两个子细胞是细胞周期的两个关键变化（图9-1）。不同的细胞，其细胞周期时间可以有很大的差异，且差异主要表现在G_1期的变化上。

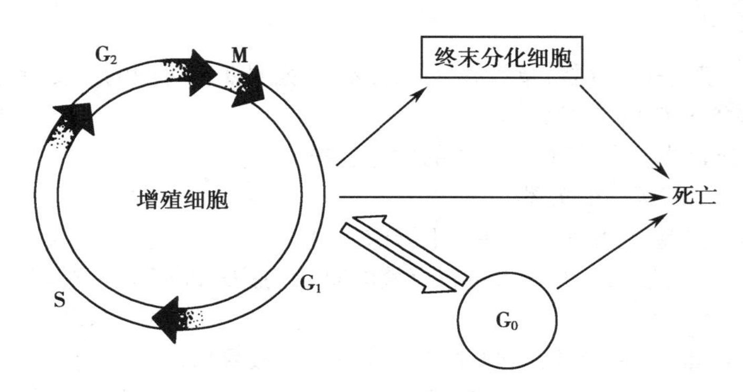

图9-1　细胞增殖活动图解

（二）细胞的增殖特性

细胞增殖周期在有机体内是受到严格调节控制的，胚胎早期的细胞快速增殖和分化，产生大量不同种类的细胞，随着细胞分化程度的提高，其增殖速度下降。发育到成体后，根据细胞DNA合成和分裂能力的不同，可将哺乳动物细胞分为三类：①持续增殖的细胞，这类细胞保持分裂能力，连续增殖，产生新细胞，这类细胞分化程度较低，主要包括部分骨髓细胞、表皮基底层细胞、消化道、阴道上皮细胞等；②暂不增殖细胞，这些细胞暂时离开细胞周期，停止细胞分裂，但在适当的刺激下（如损伤），又重新进入细胞周期，恢复增殖能力，以补充失去的细胞，如纤维细胞、平滑肌细胞、血管内皮细胞以及肝、肾、胰腺、前列腺和乳腺上皮细胞等，这类细胞又称为G_0期细胞，表明这类细胞停止在G_1期最初的某个时期，一旦需要，则由G_0期进入G_1期，完成一个周期；③终末分化细胞，这类细胞完全失去了增殖能力，如成人心肌细胞、神经细胞等。

二、细胞周期各时期的特点

（一）DNA合成前期（G_1期）

G_1期是指前一次细胞分裂结束到DNA合成开始前的一段时间，是子细胞生长发育的时期，主要进行RNA和蛋白质的合成。根据时间顺序以及发生分子事件的特点，G_1期又可进一步分为G_1早期和G_1晚期。早期和晚期之间有一限制点，是细胞在G_1期的重要调控点。各类细胞G_1期的时间差异很大，有的细胞在G_1期可以停留几天、几年甚至几十年，有的细胞只停留几分钟，甚至完全没有G_1期（如早期胚胎细胞及大变形虫、四膜虫等）。

1. G_1早期细胞的生长　细胞的生长主要表现为RNA合成加速，导致结构蛋白和酶蛋白、脂类以及糖类的大量合成，形成大量的细胞器和其他结构，使细胞体积、表面积以及细胞核质比增加。

2. G_1晚期为S期的DNA合成作准备 处于G_0期和G_1早期的细胞在细胞内外信号分子的调控下，通过限制点进入G_1晚期。

细胞在G_1晚期的活动主要是为DNA合成作准备，如DNA复制所需要的各种脱氧核糖核酸、胸腺嘧啶核苷激酶、DNA聚合酶、解旋酶等物质大量合成；另外还有与细胞周期运行密切相关的蛋白，如细胞周期蛋白、钙调蛋白、触发蛋白等也大量合成。很多学者认为，G_1晚期是细胞能否进入S期的关键时期。

限制点与细胞周期

在正常细胞的G_1期有一个特殊调节点，叫做限制点（restriction point，R点），细胞是继续增殖还是进入静息状态，由细胞是否通过R点决定。在进行体外培养时，如果培养中缺少血清或者加入抑制蛋白质合成的药物，细胞不越过R点而停留在G_1期；加入足量的血清或除去蛋白合成抑制剂，细胞才能越过R点进入S期。很多因素如温度、营养物质、生长因子、离子浓度、pH等都可以影响细胞增殖，因为G_1期R点对这些环境信号敏感。肿瘤细胞往往是失去全部或部分R点的控制，所以细胞不断进行分裂。

（二）DNA合成期（S期）

S期是DNA合成的时期，在这段时间内，DNA功能最活跃，既要完成自身的复制，又要进行转录和合成蛋白质的活动。

1. DNA合成的启动 细胞在G_1晚期已经为DNA合成做好准备，但还需要一个启动过程。用细胞融合的方法，将G_1期细胞与S期细胞融合形成杂种细胞，可见G_1期细胞核提前进入S期，说明S期细胞质内含有能促进G_1期细胞核进入DNA合成的启动因子。分子生物学研究进一步证明，启动DNA合成是微小染色体维持蛋白（MCMp）家族作用的结果。

2. DNA复制 真核细胞DNA复制是遵循半保留复制原则进行的，并且真核细胞的DNA有多个复制起点，各自启动复制。一般情况下，CG含量高的DNA序列先复制，AT含量高的序列后复制。就染色质而言，常染色质先复制，异染色质后复制，性染色质的复制则是在S期结束后才完成的。

3. 蛋白质合成 已在G_1晚期合成的DNA复制所需要的酶和蛋白质，进入S期后活性逐渐提高并参与DNA的合成。另外，还有大量新的蛋白质合成。这些蛋白质在胞质中合成，迅速通过核孔进入细胞核，其中，DNA聚合酶等参与DNA的合成，组蛋白则与新合成的DNA组装成新的核小体。

蛋白质的合成与DNA的合成是相互关联、相互制约、同步进行的。当S期细胞内加入蛋白质合成抑制剂时，DNA合成速度下降，甚至完全停止。

到S期结束，每一条染色体都复制成两个染色单体。细胞一旦进入S期，细胞增殖活动就会进行下去，直到分裂成2个子细胞。

（三）DNA合成后期（G_2期）

G_2期是从DNA合成结束到细胞分裂开始前的阶段。细胞进入G_2期后，开始新的RNA和蛋白质的合成，这些RNA和蛋白质主要是细胞进入M期所必需的，主要有：①促有丝分裂因子（MPF）：MPF是启动细胞从G_2期向M期转变的蛋白激酶，该激酶活性在分裂中期达到高峰；②微管蛋白：为M期组装纺锤体准备材料。另外，在S期尚有约0.3%的DNA未复制部分在G_2期完成。

（四）有丝分裂期（M期）

M期就是细胞有丝分裂期，细胞周期中有丝分裂期持续时间最短，一般为0.5~2h。细胞M期的变化将在有丝分裂一节详述。细胞在有丝分裂期，由于染色质已高度凝集成染色体，DNA模板活性大大降低。在分子水平上，RNA的合成几乎完全被抑制。除了一部分与细胞周期调控密切相关的蛋白外，细胞蛋白质的合成也几乎全部停止。

第二节　细胞的有丝分裂

有丝分裂是真核细胞在长期进化过程中发展起来的细胞分裂方式。其特点是细胞通过有丝分裂装置或纺锤体将遗传物质精确地等分到两个子细胞中去，从而保证了细胞在遗传上的稳定性。

一、有丝分裂过程及其特点

有丝分裂是一个连续的过程，按其时间顺序可分为前期、中期、后期和末期。在这一过程中发生的主要变化有：①细胞膜的崩解和重建；②染色质凝聚形成染色体和染色质的重新形成；③纺锤体的形成和染色体的运动；④细胞质的分裂，其中包括膜相细胞器的囊泡化、分离和囊泡融合再次形成膜相细胞器。

有丝分裂的过程如下：

1. 前期　前期（prophase）是指细胞从间期进入有丝分裂期时，核膜消失，核仁解体，染色质凝集成染色体，纺锤体（spindle）形成的时期（图 9-2）。

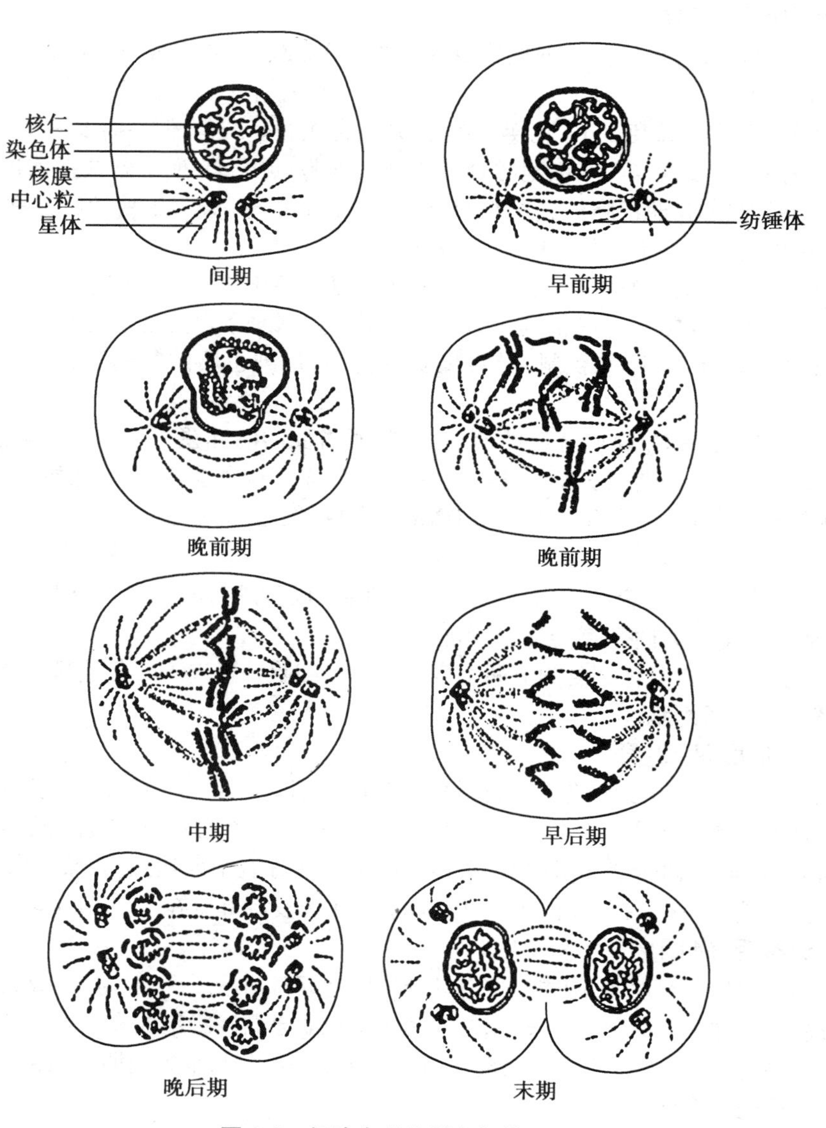

图 9-2　细胞有丝分裂各期模式图

(1) 染色质凝集成染色体：染色质凝集形成染色体是细胞分裂开始的第一个可见标志。进入有丝分裂前期时染色质开始不断缩短，实质是螺旋化、折叠、包装的过程。光镜下可见染色质呈带颗粒的线团状，进一步缩短变粗，即形成棒状或杆状的染色体。由于每一条染色体都经过了间期的DNA复制，因而由两条染色单体组成，它们靠着丝粒相连。着丝粒的两外侧在前期较晚时期形成动粒，是纺锤丝和染色体连接的部位。

(2) 核膜破裂和核仁消失：在前期末，核膜由于核纤层的解聚，崩解成许多片段及小泡，散布于细胞质中。染色质凝集过程中，染色质上的核仁组织者（转录rRNA的DNA片段）组装到染色体中，rRNA停止合成，核仁逐渐分解，并最终消失。

(3) 分裂极的确定和纺锤体的形成：有丝分裂最早期的形态学变化就是在间期已完成复制的两组中心体彼此分开，并分别向细胞的两极移动（图9-2）。中心体由中心粒以及周围的无定形基质组成，近年来发现，中心体基质是由很多种蛋白质组成的，包括微管依赖性动力蛋白、螺线蛋白和一些细胞周期调控蛋白，其中最重要的是中心体周围微管蛋白复合体。中心体具有微管组织中心的作用，其周围聚集大量的呈放射状排列的微管，称为星体。中心粒周围呈放射状排列的为星体微管；由纺锤体一端发出，伸向另一端的为极间微管；由纺锤体一极发生，其远端和染色体动粒相连的为动粒微管。

由两端星体、星体微管、极间微管和动粒微管组合形成的纺锤形结构称为纺锤体或有丝分裂器（图9-3）。纺锤体与染色体的运动密切相关。

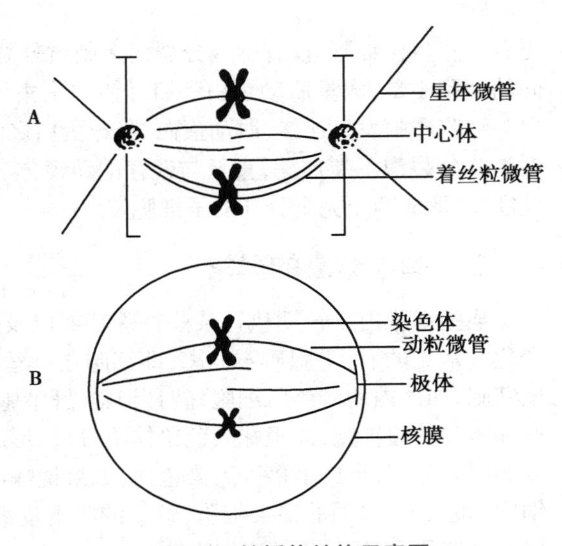

图9-3　纺锤体结构示意图

2. 中期　中期（metaphase）的主要标志是染色体排列在细胞中央的赤道面上，构成赤道板。在分裂前期末，染色体在动粒微管的作用下，逐渐向细胞的赤道面移动，纺锤体的结构已经完善。此时，从细胞的侧面观察，染色体排列成线状；从细胞的极面观察，染色体集中排列成菊花状。染色体的双臂伸向外周，着丝粒位于花心，此种形态称为单星，该期一般持续10~20min。如果用药物（如秋水仙碱）抑制微管聚合，破坏纺锤体，细胞就被阻断在有丝分裂中期。因此，观察染色体形态常常选择分裂中期的细胞。

3. 后期　后期（anaphase）的主要标志是姐妹染色单体分开并向细胞两极迁移。分裂中期排列在赤道面的染色体，其姐妹染色单体借着丝粒相连。随着进入后期，染色体几乎同时在着丝粒处分离成两条染色单体，并分别被动粒微管拉向两极。此时分开的染色单体称为子代细胞染色体。随着极间微管的不断延长，动粒微管不断缩短，纺锤体纵轴变长。待两组染色体分别被拉向细胞两极时称为双星，分裂后期一般持续10min左右。

染色体的向极运动是由纺锤体微管的两个独立运动过程完成的：其一是动粒微管的牵引作用，导致构成动粒微管的微管蛋白去组装而不断缩短，由此带动染色体动粒移动；其二是极间微管加速聚合而伸长，并和对侧的极间微管在相互重叠部分产生滑动，使纺锤体两极间的距离增加（图9-4）。在电镜下可见极间微管之间有横桥出现，其化学成分是动力蛋白，可水解ATP，为微管滑动提供能量。

4. 末期　末期（telophase）的主要标志是两个子细胞核的形成和胞质分裂。

(1) 染色体的解聚和细胞核的重新形成：染色体到达两极后开始解聚，与分裂前期的过程相反，染色体逐渐解聚形成纤维状染色质，与此同时，分布在胞质中的核膜小泡在核纤层蛋白聚合的过程中开始向染色体表面集聚，在每条染色体的周围形成双层膜。随着染色质纤维集聚和相互缠绕，原来每条染色体周围的双层膜或小泡重新分布在染色体团的周围，形成核膜。随着染色体不断解聚，部分内质网膜和环孔膜也参与核被膜的形成，使细胞核逐渐增大。另外，在核仁组织者DNA周围形成新的核仁。至此，有丝分裂的细胞核分裂过程已经完成。

(2) 胞质分裂将细胞分成两个子细胞：胞质分裂（cytokinesis）是分裂末期继核分裂后的另一重要过程。由于核分裂与胞质分裂不一定同步进行，有的将胞质分裂单列为分裂末期后的一个独立时期。

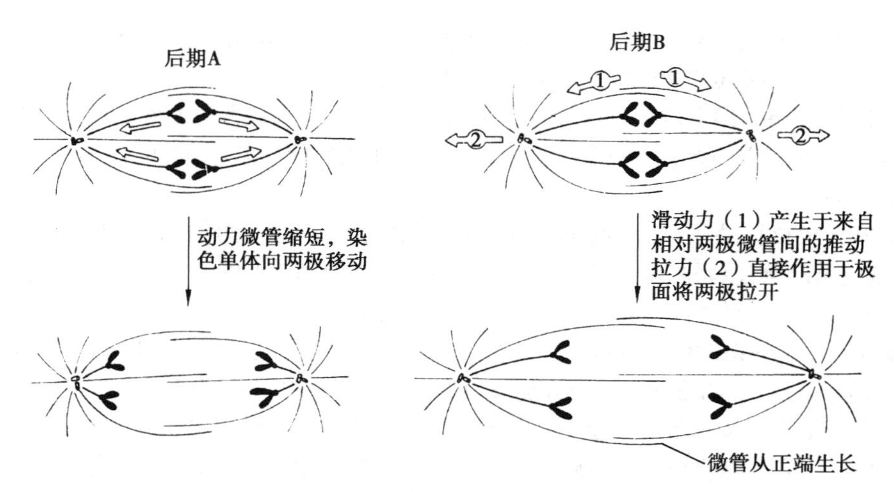

图 9-4　有丝分裂后期染色单体分离机制图解
A 动粒微管缩短；B 极间微管延长

更有一些多核细胞，仅有胞核分裂而无胞质分裂。胞质分裂通常开始于后期，完成于末期。在子核之间的细胞中部，大量肌动蛋白和肌球蛋白聚集于质膜下方，形成收缩环，收缩环通过肌动蛋白结合蛋白与细胞质膜发生连接，肌动蛋白、肌球蛋白之间相互滑动，使细胞膜凹陷，形成与纺锤体相垂直的分裂沟。分裂沟不断加深，直至与残存的纺锤体、微管和一些囊泡组成的中间体相接触，细胞质最终在此断裂，形成两个完全分开的子细胞。

二、有丝分裂的异常

某些细胞由于长期执行某些特殊功能以及周围环境的变化，其细胞有丝分裂的行为也可能发生变化。常见的有：①胞质不分离，即细胞在有丝分裂过程中仅有核分裂而胞质不分裂，形成双核或多核细胞，如体内的骨骼肌细胞、破骨细胞、肝细胞等；②染色体不分开或核内复制，形成多倍体，如某些肝细胞和肿瘤细胞；③姐妹染色单体不分离，形成双染色体，偶见于体外培养细胞；④细胞染色体反复复制但不分离，形成多倍巨大染色体，如果蝇唾液腺细胞多线染色体；⑤体细胞减数分裂，形成单倍体细胞，如玉米、水稻的根尖细胞，蚊子的肠上皮细胞等；⑥由于纺锤体有三个或三个以上的中心体，形成多极核分裂，如某些肿瘤细胞等。

第三节　减 数 分 裂

减数分裂是有性生殖个体性成熟后，在形成生殖细胞的过程中发生的一种特殊的细胞分裂方式，即 DNA 只复制一次，细胞连续分裂两次，结果一个细胞形成四个子细胞，每个子细胞中染色体数目及 DNA 含量减少一半。

一、减数分裂的过程及其特点

减数分裂是一种特殊的有丝分裂，不同的是减数分裂由两次分裂构成，包括第一次减数分裂和第二次减数分裂。第一次减数分裂是同源染色体通过联会进行片段交换，然后分开；第二次减数分裂与有丝分裂相似，是姐妹染色单体分开，经过两次分裂形成四个单倍体子细胞。

生殖细胞在早期主要是通过有丝分裂进行增殖的，细胞进入减数分裂之前的间期称为减数分裂间期，该期 DNA 合成速度明显减慢，遗留部分 DNA 序列未复制，到第一次减数分裂时完成。两次分裂之间可有一个间隔期，但不进行 DNA 合成。减数分裂的特殊事件主要发生在第一次减数分裂中。

（一）第一次减数分裂（减数分裂Ⅰ）

细胞经过间期，完成 DNA 复制，进入减数分裂Ⅰ。这一时期分成前期Ⅰ、中期Ⅰ、后期Ⅰ、末期Ⅰ。

1. 前期Ⅰ　该期持续时间长，不同生物种属变化很大，有的持续数周、数月，也有的可达几年，几十年。前期Ⅰ的主要特点是染色质的凝集和同源染色体之间的片段交换。前期Ⅰ是减数分裂过程中最复杂的时期，根据染色体的变化将前期Ⅰ又分成细线期（leptotene stage）、偶线期（zygotene stage）、粗线期（pachytene stage）、双线期（diplotene stage）和终变期（diakinesis）。

（1）细线期：染色质开始凝集，呈细线状。细胞进入该期后，体积开始增大，细胞核增大，核仁明显，染色质逐渐凝集成光学显微镜下可见的细线状，称为染色线。染色线上有成串的局部膨大，颇似串珠，称为染色粒。此时染色体虽已复制，但在光镜下辨认不出两条染色单体。

（2）偶线期：同源染色体之间形成联会结构。同源染色体（homologous chromosomes）是指在大小和形态上相同的一对染色体，上面载有成对的基因，其中一条来自父本，另一条来自母本。同源染色体从某一点开始靠拢在一起，在相同的位置上准确的配对，称为联会（synapsis）。联会的结果是每对染色体形成紧密相并的二价体。同源染色体进一步靠拢和凝集，同源染色体之间部分片段侧面紧密相贴并配对，形成特殊的联会复合体（synaptonemal complex，SC）结构。在电镜下，每个联会复合体呈三行纵带结构，总宽度为150~200nm，两侧为电子密度较高的侧生成分，为同源染色体的染色单体；两侧体之间为电子密度较低的中间区，在中间区的中间有一条暗的、由蛋白质构成的纵线，称中央成分。中央成分和侧体之间经梯形排列的横纤维相连接。联会复合体的作用主要在于稳定二价体中同源染色体紧密的配对，同时参与重组机制。

（3）粗线期：染色体进一步浓缩，DNA重组活跃。联会复合体在偶线期组装后，到粗线期开始执行活跃的DNA重组和交换的功能，所以此期又称重组期。此时，每个二价体由两条同源染色体组成，每条染色体的着丝粒连接着两条姐妹染色单体，这样每个二价体含有四条染色单体，称为四分体。在二价体的某些区段上，两条非姐妹染色单体之间存在交叉，这是因为它们之间发生了片段的交换。交叉与交换并非一个概念，交叉是同源染色体非姐妹染色单体间发生了交换的一种表现。随着交叉的端化，交叉从某一点向二价体末端移动，所以交叉的位置并不意味着交换的位置。该期染色体进一步浓缩变粗。在联会复合体中间部有一些圆形、椭圆形或棒形的蛋白结合体，称为重组节（recombination nodule）。重组节含有多种与基因重组有关的酶蛋白。同源染色体内的等位基因或DNA片段在该处重组和交换（图9-5）。

（4）双线期：染色体继续浓缩，同源染色体发生交叉端化，RNA合成活跃。交叉端化是指同源染色体产生交叉的位置随时间的推移不断向染色体两端移动，最后消失的现象，此过程可以一直进行到中期，是同源染色体完成重组和交换的过程。该期RNA合成活跃，特别是爬行类、鸟类和两栖类卵母细胞由于RNA大量合成，形成灯刷染色体，为卵细胞受精后的卵裂提供物质储备。

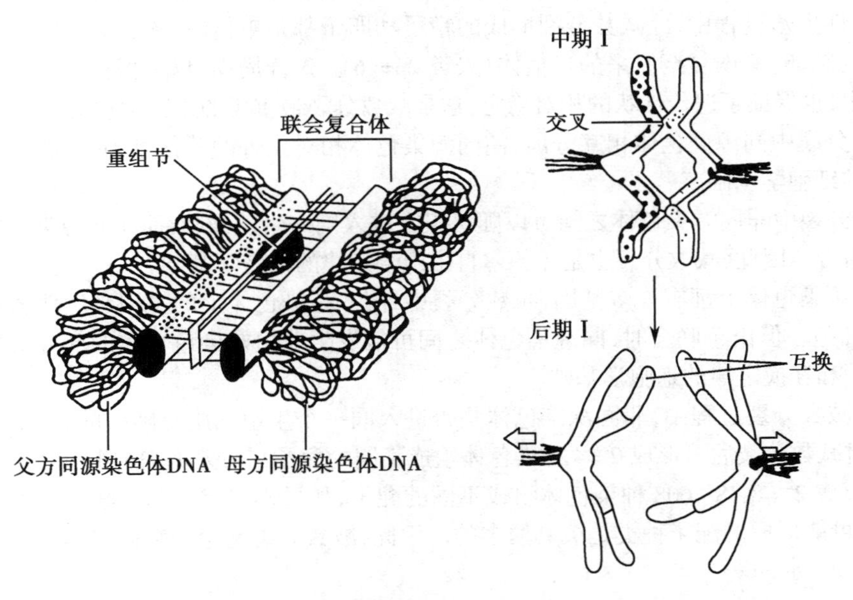

图9-5　联会复合体结构模式图

在人和许多动物中，双线期常停留非常长的时间。如人的卵母细胞在5月龄的胎儿中已达到双线期，停留在此期一直到排卵时，而排卵年龄在12~50岁之间。所以双线期持续时间很长，是细胞减数分裂的重要调控点。

(5) 终变期：二价体螺旋化达到最高程度，染色体继续浓缩变粗变短，同源染色体重组完成，交叉仅存在于同源染色体的端部或完全消失，核膜、核仁消失，纺锤体形成。

2. 中期Ⅰ　与有丝分裂中期相似，该期标志是纺锤体已发育完善，同源染色体排列在细胞赤道面上。中期Ⅰ的每一个同源染色体与有丝分裂中期染色体不同，主缢痕处的动粒位于一对姐妹染色单体的同一侧，分别与同侧动粒微管相连。

3. 后期Ⅰ　位于赤道板上的同源染色体分开，非同源染色体重组后，在纺锤体的作用下分离并分别向细胞的两极移动。最后到达两极的染色体数相等，每条染色体均由两条姐妹染色单体组成，因而其DNA的含量仍为2n。

4. 末期Ⅰ　染色体到达细胞两极，多数物种细胞染色体仍保持凝集状态，直到胞质分裂完成，形成两个子细胞，每个子细胞中含n条染色体数，子细胞染色体数目减半。

减数分裂Ⅰ完成后，新生子细胞经过短暂的间期即进入第二次减数分裂。也有少数种属生殖细胞仍要形成新的细胞核后再进入第二次减数分裂。此阶段没有新的DNA合成，只进行动粒组装和中心粒的复制。

(二) 第二次减数分裂(减数分裂Ⅱ)

经过第二次减数分裂后，细胞核将含有以单体为单位的染色体。第二次减数分裂的过程与体细胞有丝分裂相似，可分为前期Ⅱ、中期Ⅱ、后期Ⅱ和末期Ⅱ。细胞进入前期Ⅱ时，若染色体已去凝聚，则再发生凝聚，同时纺锤体形成。每一条染色体由两条染色单体组成，每一条染色体的两个动粒分别与不同极的动粒微管相连，并逐渐移向细胞中央，核仁核膜消失。中期Ⅱ时染色体排列在赤道面上。进入后期Ⅱ，染色体着丝粒纵裂，两条姐妹染色单体在纺锤体微管的牵引下移向细胞两极。末期Ⅱ，染色体到达细胞的两极并去凝聚后，核仁、核膜重新形成，细胞质分裂，完成减数分裂全过程(图9-6)。

减数分裂Ⅰ后的子细胞中染色体为n条，经减数分裂Ⅱ，每条染色体的两条染色单体分开。最后，每个子细胞核内有n条以单体为单位的染色体，DNA含量为母细胞的一半。

经过上述的两次减数分裂，1个母细胞分裂成4个子细胞，子细胞的染色体数目与母细胞相比，减少了一半，而且染色体的组成和组合彼此间也各不相同。

二、减数分裂的生物学意义

减数分裂在真核生物的遗传和生命周期中具有非常重要的意义，概括起来有以下几个方面：

(1) 在有性生殖过程中，经减数分裂形成的精子和卵子都是单倍体(人类n=23)。在受精过程中，精卵结合成受精卵，又恢复至原来的二倍体(人类2n=46)。这样周而复始，保持着生物物种染色体数目的相对稳定，也保证了遗传性状的相对稳定，这是减数分裂最重要的生物学意义。

(2) 减数分裂中同源染色体相互分离，使同源染色体相对位置的等位基因彼此分离，这正是孟德尔分离定律的细胞学基础。

(3) 减数分裂中非同源染色体之间可以随机组合进入同一生殖细胞，而非同源染色体上的非等位基因亦随机组合。因此，减数分裂也是孟德尔自由组合定律的细胞学基础。

(4) 每一条染色体上都有许多基因，减数分裂中，同一条染色体上的基因必然伴随这条染色体进入一个生殖细胞。但由于联会时，同源染色体之间可能发生非姐妹染色单体的部分交换。这就是摩尔根基因连锁和互换定律的细胞学基础。

(5) 由于减数分裂过程中，非同源染色体是否进入同一个生殖细胞是随机的，一个具有2对染色体的细胞经过减数分裂后可形成2^2=4种染色体组成不同的配子。在人类细胞中有23对染色体，经过减数分裂则形成2^{23}=8 388 608种染色体组成不同的配子，如果再考虑到非姐妹染色单体间所发生的互换，则人类可能形成的配子种类是极其繁多的。因此，减数分裂是生物个体多样性和变异的细胞学基础。

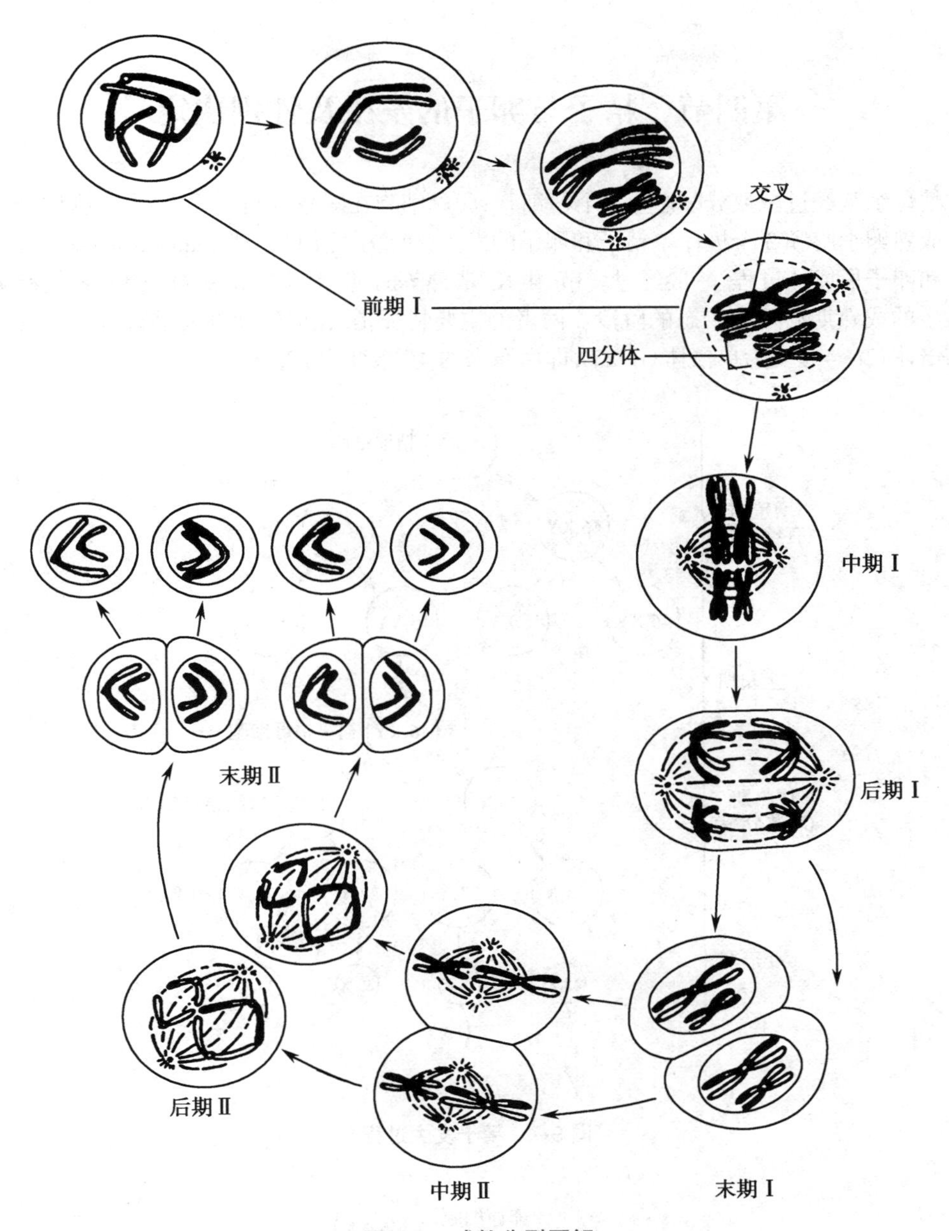

图 9-6　减数分裂图解

案例导学

病人，女，19 岁，身高 140cm，头发略稀疏，后发际低，有颈蹼，胸部平而宽，两乳房未见发育，至今无月经来潮，雌激素水平低。12 岁起较同龄儿身高矮，初中毕业后未再上学，学习成绩差。遗传诊断怀疑为 Turen 综合征，抽取外周血培养做核型分析，发现病人体内染色体为 45 条，性染色体只有一条 X 染色体，核型为 45，X。

问题：

1. 分析 45，X 核型形成的原因。
2. 如果是病人母亲卵子异常，分析异常卵子产生的机制。
3. 如果是父亲精子异常，分析异常精子产生的机制。

第四节　精子与卵子的发生及性别决定

人类精母细胞经过减数分裂产生4个精细胞；卵母细胞在减数分裂过程中，由于胞质分裂不对称，产生1个成熟卵细胞和3个极体。精子和卵子的发生又称为配子的发生（gametogenesis）。

精子和卵子形成的过程，一般经过增殖、生长、成熟等时期（图9-7，图9-8）。但两者也有某些差异，如精子发生的成熟期后还有变态的阶段。两者的主要特征是：在成熟期都要进行减数分裂，染色体的数目由二倍体（2n=46）变为单倍体（n=23），即由原来的46条变为23条。

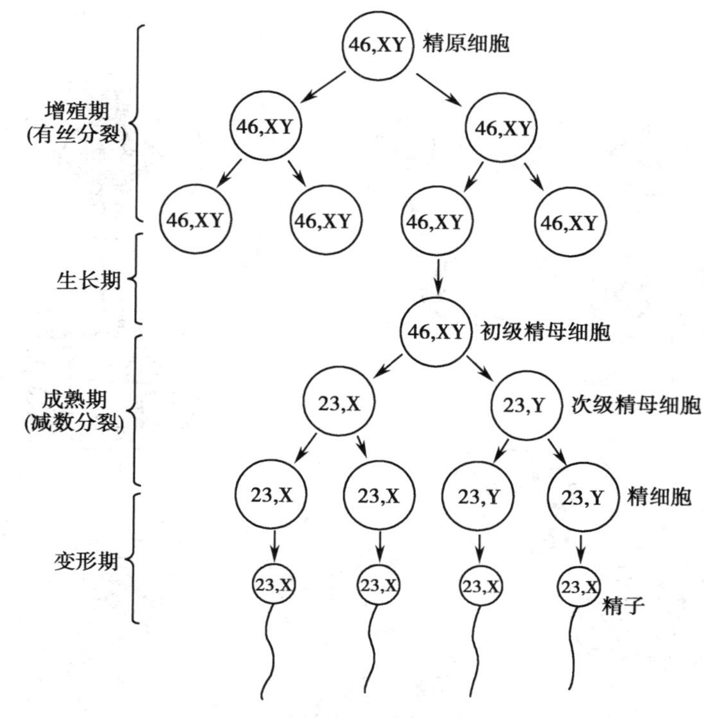

图9-7　精子发生过程

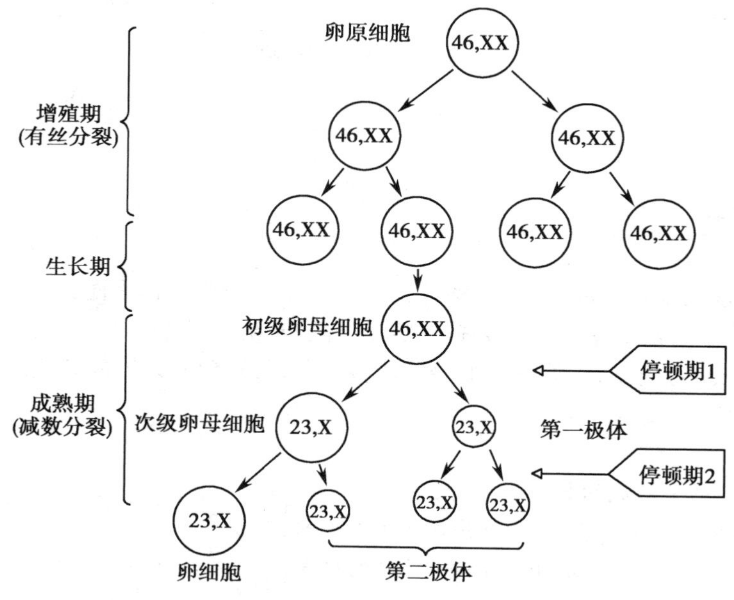

图9-8　卵子发生过程

一、精子的发生

精子发生在睾丸生精小管的生精上皮中，可分为增殖期、生长期、成熟期和变形期四个阶段（图9-7）。

1. 增殖期　睾丸生精小管上皮的精原细胞含有46条染色体，属于二倍体。在增殖期，经有丝分裂，精原细胞数目增多。精原细胞紧贴于生精小管生精上皮的基膜，呈圆形，分化较低，可分为A、B两型。A型是精原细胞的干细胞，经过有丝分裂不断分裂增殖，一部分A型精原细胞继续保留了干细胞功能，另一部分A型精原细胞分化为B型精原细胞。增殖期只是细胞数量的增加，染色体数目并未改变。

2. 生长期　B型精原细胞经过数次有丝分裂后细胞体积增大，分化为初级精母细胞（primary spermatocyte），其染色体数目仍为二倍体。

3. 成熟期　初级精母细胞经过DNA复制后，进行第一次减数分裂，形成2个次级精母细胞（secondary spermatocyte）。每个次级精母细胞再经第二次减数分裂，结果共形成4个精细胞（spermatid）。由于两次连续分裂中，DNA或染色体只在第一次分裂中复制了一次，所形成的精细胞中染色体数目减少了一半，即只有23条，成为单倍体。

4. 变形期　精子细胞在此期经过形态变化，失去多余的细胞质，细胞核染色质极度浓缩，核变长并移向细胞的一侧，构成精子的头部；高尔基复合体形成顶体泡，逐渐增大，凹陷成双层帽状覆盖在核的头部，成为顶体；中心粒迁移到细胞的尾侧，发出轴丝。精子细胞变长，形成尾部（又称为鞭毛），成为能主动游动的精子。

从精原细胞到成熟的精子需要64~72d。一个男性一生大约产生10万亿个精子。

二、卵子的发生

女性的卵子（ovum）来源于卵巢的生发上皮，其基本过程与精子发生相似，但无变形期，且生长期较长（图9-8）。

1. 增殖期　卵巢生发上皮中的卵原细胞具有46条染色体，也是二倍体，经过有丝分裂不断增殖，在胚胎期这类细胞数目达到600万个。每个卵原细胞周围有一层卵泡细胞，构成初级卵泡。

2. 生长期　卵原细胞体积增大成初级卵母细胞，细胞内积累了大量卵黄、RNA和蛋白质等物质，为受精后的发育提供物质和能量准备，其染色体仍然为二倍体（2n）。

3. 成熟期　初级卵母细胞也经过两次连续分裂，即减数分裂。第一次减数分裂时，初级卵母细胞形成两个细胞，一个是次级卵母细胞；另一个体积很小，位于次级卵母细胞一侧，称为第一极体，第一极体也可以进行第二次减数分裂，形成两个第二极体。次级卵母细胞经过第二次减数分裂形成两个细胞，一个是卵细胞，另一个是第二极体。这样，一个初级卵母细胞经过减数分裂形成1个卵细胞和3个极体，它们的染色体数目都减少了一半，只有23条，即单倍体。卵细胞即成为卵子，极体由于不能继续发育而退化、消失。

女性胎儿自第5个月起至出生后，卵巢中的卵母细胞逐渐退变。从青春期开始，由于脑垂体促性腺激素的影响，卵巢出现周期性变化。促性腺激素解除了卵泡细胞对卵母细胞的抑制作用，每月通常有1个初级卵母细胞恢复其减数分裂，形成次级卵母细胞。排卵时，次级卵母细胞停留在第二次减数分裂中期，受精后，才完成第二次减数分裂，形成卵细胞，如未受精，次级卵母细胞在24h内死亡。

三、性别决定

精子与卵子融合成受精卵的过程称为受精。通过受精作用遗传物质进行重新组合，受精卵既含有精子带来的父源遗传物质也含有卵子带来的母源遗传物质；同时，在受精的一瞬间，决定了新个体的性别。

人类的体细胞中有23对染色体，其中22对染色体为常染色体（每对都是一对同源染色体），另一对是大小形态不同的性染色体。常染色体男女组成一样，而性染色体组成男女有别，女性为XX（同型

性染色体),男性为 XY(异型性染色体)。性染色体是与性别决定有直接关系的染色体。

如前所述,人类的精子和卵子是通过初级精母细胞和初级卵母细胞减数分裂产生的,因此,男性可产生含有 X 染色体和含有 Y 染色体的两种精子——X 型精子与 Y 型精子,两种精子的数目相等;而女性只产生含有 X 染色体的一种卵子。受精时,如果 X 型精子与卵子结合,则形成性染色体组成为 XX 的受精卵,将来发育成女性个体;如果 Y 型精子与卵子结合,则形成性染色体组成为 XY 的受精卵,将来发育成男性个体。在自然状态下,两种类型的精子与卵子的结合是随机的,因此,人类男女的性别比例应大致保持平衡为 1∶1(图 9-9)。

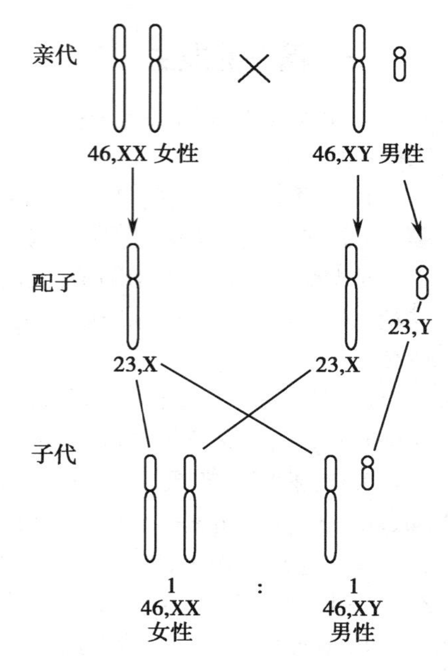

图 9-9　人类的性别决定

很显然,人类性别实际上是由参与受精的精子中带有的是 X 染色体还是 Y 染色体决定的。一般情况下,人类的性别决定于 Y 染色体,即 Y 染色体在性别决定中起关键作用,凡是有 Y 染色体存在的就可形成睾丸,而无 Y 染色体存在的则形成卵巢。Y 染色体的存在之所以使个体发育为男性,是因为 Y 染色体短臂上有与睾丸分化有关的基因,称为睾丸决定因子,其产物为 H-Y 抗原,即组织相容性 Y 抗原。男性胚胎细胞中因含有 H-Y 抗原,便可促使原始性腺发育成睾丸;女性胚胎细胞中无 H-Y 抗原,原始性腺就发育成卵巢。

第五节　细胞的增殖与医学

众所周知,细胞增殖是人体的基本生命活动之一,人体内任何一种细胞出现增殖异常,都会引起该细胞的功能障碍,进而给人体的健康带来影响。所以细胞增殖与医学有着极为密切的关系。

人类细胞增殖异常性疾病大致分为两类。一类是细胞增殖抑制性疾病,由于机体内某种细胞的增殖受到抑制,从而引起该细胞功能障碍,如不同原因引起造血细胞增殖障碍所致的贫血;生殖细胞增殖抑制引起的不育;T 淋巴细胞增殖抑制和凋亡引起全身免疫缺陷的艾滋病等。另一类为细胞增殖失控性疾病,这类疾病最具代表性的是肿瘤。

细胞增殖与疾病诊断及治疗

机体各种组织的更新过程具有启动和终止的严格控制,调节过程不但要有刺激细胞增殖的信号分子,还要有信号的传送者和受纳者。体内诸多因素的变化都可能对增殖调节产生影响。所以,测定细胞增殖有关指标的变化可作为疾病诊断、治疗的依据。例如,用测定群体细胞 ^{3}H-TdR 标记指数的方法,可以诊断上皮增生性病变,并指导其治疗和预后判断。

目前,已有多种与调节细胞增殖有关的生物制剂应用于临床疾病的治疗中,例如用表皮生长因子治疗皮肤溃疡及角膜移植和外科手术的伤口愈合。

一、细胞增殖与肿瘤

细胞增殖与肿瘤有着非常密切的关系。细胞增殖周期中相关问题的探讨,促进了对肿瘤病因、病理的认识,并可指导临床对肿瘤的诊断和治疗。

1. 肿瘤细胞的增殖周期　肿瘤是生物体细胞正常生长失去控制的结果。肿瘤细胞失去了正常的增殖性调节功能,始终处于增殖状态而不能进入静止期;肿瘤细胞还具有自我分泌生长因子的能力,不需要外源性生长因子的激活作用而持续地进行增殖。

肿瘤细胞生长速度的快慢与细胞增殖比率、增殖周期时间和细胞丢失速率有关。

恶性肿瘤的迅速增长不是由于细胞周期时间变短、细胞分裂加快所致。相反，除少数肿瘤（如淋巴瘤）外，绝大多数肿瘤的周期时间比相应的正常组织细胞有明显延长。肿瘤细胞分裂慢，但肿瘤生长快的原因是处于增殖周期的细胞数量增多。正常组织中处于增殖周期中的细胞比例一般 <2%，而肿瘤组织经常可达 20%~60%，甚至更高。

肿瘤所含的细胞群体，根据其细胞周期的特点，可以分为以下 3 类：①增殖细胞群：为肿瘤中连续进入细胞周期、不断进行分裂的细胞群体，与肿瘤增大直接有关。这类细胞对抗肿瘤药物敏感，使用化疗药物容易控制；②暂不增殖细胞群：主要为一些 G_0 期细胞，它们对肿瘤的生长无大影响，但因其生化代谢不活跃，对药物不敏感，又具有潜在的分裂能力，在某些外界环境因素的刺激下，可重新进入细胞周期而发生分裂，因而是肿瘤复发的根源；③不增殖细胞群：它们已经脱离了细胞周期，丧失了分裂能力，通过分化、衰老直至死亡。

2. 细胞周期与肿瘤治疗　肿瘤的常规治疗方法包括化疗、放疗和手术等，根据肿瘤细胞分裂、增殖的情况，针对性选用治疗方法或药物，可使治疗效果显著提高。

G_0 期细胞对物理、化学疗法不敏感，又具有肿瘤复发的潜在危险，可先用一些细胞因子，如血小板生长因子等诱导它们返回细胞周期，再用物理或化疗手段予以治疗。此外，若选择手术治疗，则应尽量清除残余组织，以避免复发。

对于处于细胞周期不同时期的肿瘤细胞，其治疗方法也有不同。如 S 期肿瘤细胞，主要用化疗；G_2 期细胞有对放射线的敏感点，采用放疗较为合适。

抗癌药物的作用机制，已在分子层次上充分阐明，临床对治疗肿瘤的化疗药物，可根据其对细胞周期的不同特点进行选择。如放线菌素 D 可作用于 G_1 期，抑制 DNA 聚合酶合成，也作用于 G_2 期前阶段，抑制 RNA 合成，是一种细胞周期特异性药物；阿糖胞苷选择性抑制核苷三磷酸还原酶，阻断核苷酸转变成脱氧核苷酸，从而抑制 DNA 合成，属 S 期特异性药物；秋水仙碱与微管结合，使微管蛋白解聚，纺锤体破坏，因此，只对分裂期细胞发生作用。

二、细胞周期是肿瘤治疗的理论基础

化学疗法是目前治疗肿瘤最重要的疗法之一。细胞周期调控理论是肿瘤化学治疗的重要理论依据。特别是近年来针对细胞周期调控的关键点，寻找治疗肿瘤的新靶点已取得喜人的进展，这无疑对抗肿瘤新药和基因治疗的研究开发具有重要意义。

1. 细胞周期是抗肿瘤药物分类的主要依据　目前，抗肿瘤药物种类繁多，根据药物作用机制和细胞周期的关系，可将其分为细胞周期特异性药物和细胞周期非特异性药物。这一分类对指导临床用药具有重要意义。

(1) 细胞周期非特异性药物：这类药物的特点是无选择性地杀伤细胞周期内外各时相的细胞，主要包括：烷化剂如氮芥、环磷酰胺、塞替派等；抗癌抗生素如丝裂霉素、柔红霉素、放线菌素 D 等。

(2) 细胞周期特异性药物：这类药物仅对细胞周期中某一时相的细胞有特异性杀伤作用。如特异性杀伤 S 期细胞的药物有羟基脲、阿糖胞苷、甲氨蝶呤等抗代谢药物；特异性杀伤 M 期和 G_1 期细胞的药物有紫杉醇等；杀伤 M 期细胞的药物有长春碱和长春新碱等。

2. 细胞周期理论指导联合化疗方案的制订　在肿瘤治疗中，为了合理用药，提高疗效，降低毒副作用，常常将作用于不同时相的细胞周期特异性药物与非特异性药物联合应用，设计不同的化疗方案。其主要原则为：

(1) 根据细胞周期特点杀伤 G_0 期细胞。众所周知，G_0 期细胞对药物不敏感，又是肿瘤复发的根源。为了达到杀伤 G_0 期细胞的目的，根据细胞周期的理论，可以先用细胞周期特异性药物，将细胞周期内的细胞杀灭，再用细胞周期非特异性药物杀之，待 G_0 期细胞进入细胞周期时再重复前面的疗程，以达到最大程度杀灭肿瘤细胞的目的。

(2) 根据细胞周期时间差选用抗肿瘤药物。根据肿瘤细胞和正常细胞的细胞周期时间不同的特点，设计合理的用药时间以达到减少用药、提高疗效的目的。

3. 细胞周期的理论为研制抗肿瘤药物提供新的靶点　传统的抗肿瘤药物大部分是阻止肿瘤细胞

DNA和蛋白质合成，作用靶点特异性差，毒副作用大，疗效不佳。近年来，新的细胞周期调控点的不断发现，为研制抗肿瘤新药提供了特异性强的新靶点，如针对生长因子受体、细胞周期控制基因、血管生长因子、细胞内信号传递系统等靶点，研制了一批新药，取得了明显效果。

4. 细胞周期理论推动了肿瘤基因治疗的进展　基因治疗是通过对体内细胞基因进行修饰达到治疗疾病目的的治疗新技术。在肿瘤基因治疗中，明确细胞周期的调节机制及关键作用靶点，选好靶基因至关重要。目前肿瘤基因治疗的方法很多，主要有：①将肿瘤抑制基因导入肿瘤细胞；②针对细胞周期调控基因制备相应的寡核苷酸，抑制肿瘤的生长；③将细胞因子，如白介素类、干扰素、肿瘤坏死因子和细胞集落刺激因子基因等导入肿瘤细胞或免疫细胞，通过增强免疫功能或直接杀伤肿瘤细胞。

细胞增殖是指细胞通过分裂使细胞数目增加，使子细胞获得和母细胞相同遗传特性的过程。细胞增殖方式有无丝分裂、有丝分裂和减数分裂三种。

细胞周期是细胞从一次有丝分裂结束开始到下一次有丝分裂结束所经历的过程，分为两个阶段：间期和分裂期。间期中细胞进行DNA复制；分裂期（M期）已加倍的染色体平均分配到两个子细胞中。

减数分裂是有性生殖个体在形成生殖细胞过程中发生的一种特殊的细胞分裂方式，即在间期DNA只复制一次，而细胞连续分裂两次，结果形成染色体数目减半的四个生殖细胞。减数分裂包括减数分裂Ⅰ和减数分裂Ⅱ。减数分裂Ⅰ比较特殊，在前期Ⅰ的偶线期发生同源染色体的联会、粗线期发生非姐妹染色单体的交叉和互换，进而在后期Ⅰ和末期Ⅰ同源染色体发生分离，形成的子细胞染色体数目减少一半；减数分裂Ⅱ与有丝分裂相似，发生的是姐妹染色单体分离。减数分裂是生物个体多样性和变异的细胞学基础。

精子发生分为增殖期、生长期、成熟期和变形期四个阶段，精母细胞经过减数分裂产生4个精细胞。卵子的发生过程与精子相似，但无变形期，且生长期较长。卵母细胞在减数分裂过程中，产生1个成熟的卵细胞和3个极体。精、卵细胞内染色体数目为体细胞的一半。

案例讨论

案例讨论

某女性，34岁，孕6周自然流产，经咨询，该女性生活规律，无剧烈运动，无服用药物等导致流产的诱因。对该流产胎儿进行核型分析，胎儿核型为47，XY，+14。后对该女性及其丈夫进行核型分析，分别抽取该女性及其丈夫外周血2ml，进行外周血淋巴细胞培养，培养结束前2h左右秋水仙碱处理，经染色体分析该夫妇二人核型都未发现异常。

（张群芝）

扫一扫，测一测

思考题

1. 细胞周期可分为哪几个时期，各时期的主要特点有哪些？
2. 减数分裂和有丝分裂的主要异同点有哪些？
3. 精子与卵子的发生有哪些异同点？
4. 减数分裂的主要生物学意义。

第十章　细胞的分化、衰老与死亡

学习目标

1. 掌握：细胞分化的概念和特点；干细胞、细胞衰老、细胞死亡和细胞全能性的概念。
2. 熟悉：影响细胞分化的分子基础；影响细胞分化的因素。
3. 了解：细胞衰老学说；研究细胞凋亡的生物学意义。
4. 具有识别细胞衰老、细胞坏死与细胞凋亡等显微图片的能力。
5. 能将细胞分化、细胞衰老和细胞死亡理论与临床病例结合，尤其在肿瘤的诊疗过程中能应用相关理论，与病人及家属进行有效沟通，开展健康宣教。

一个受精卵发育成一个完整个体的过程是以细胞增殖与细胞分化为基础的，通过细胞的增殖可使细胞的数目增加，通过细胞的分化可以形成不同的细胞类型，并由它们分别构成组织、器官、系统，最后形成一个复杂的生物体。细胞在经历了增殖、分化后，最终的命运是衰老和死亡。

第一节　细胞分化

多细胞生物体有几十、甚至几百种不同类型的细胞，每种细胞在形态结构和功能上都各不相同。例如：人体的红细胞形状呈双凹圆盘状，没有细胞核，含有血红蛋白，能运输氧和二氧化碳；平滑肌细胞呈纺锤形，含有肌动蛋白和肌球蛋白，能发生收缩等。所有这些细胞都有一个共同的来源——受精卵。

细胞分化是细胞生物学的一个重要基础理论问题，也是发育生物学中的核心问题，弄清细胞分化的机制，对于了解个体发育、基因的表达与调控、癌症的发生与防治都有极其重要的意义。

一、细胞分化的概述

（一）细胞分化的概念

细胞分化（cell differentiation）是指同一来源的细胞逐渐产生出形态结构、功能特征各不相同的细胞类群的过程。其结果是在空间上细胞产生差异，在时间上同一细胞与其从前的状态有所不同。

单细胞生物仅有时间上的分化，如：原核生物和原生动物的细胞多型性。多细胞生物的细胞分化包括时间和空间上的分化。一个细胞在不同的发育阶段可以有不同的形态结构和功能，即时间上的分化；同一种细胞的后代，由于每种细胞所处的空间位置不同，其环境也不一样，可以有不同的形态和功能，即空间上的分化。在高等动物整个生命过程中都有细胞分化活动，但以胚胎时期最为旺盛和典型，随着细胞数目的不断增加，细胞的分化越来越复杂，细胞间的差异也越来越大；同一个体的细胞由于所处的空间位置不同而确定了细胞的发育命运，出现头与尾、背与腹等不同。这些时空差异为形成

功能各异的多种组织和器官提供了基础。

（二）细胞分化的特点

1. 稳定性　细胞分化的一个显著特点是分化状态的稳定性。一个细胞分化为一个特化的类型以后，它的分化状态将是十分稳定的，并能保持若干细胞世代。例如，神经元细胞和骨骼肌细胞在机体的整个生命过程中始终保持着稳定的分化状态，不再进行分裂；黑色素细胞在体外培养30代后仍能合成黑色素，没有转变成其他类型的细胞。

2. 持久性　细胞分化贯穿于生物体整个生命进程中，在胚胎期达到最大程度。

3. 普遍性　生物界普遍存在，是生物个体发育的基础。

4. 遗传物质的不变性　细胞分化是伴随细胞分裂进行的，亲代与子代细胞的形态、结构或功能发生改变，但是细胞内的遗传物质却不变。

二、细胞分化的分子基础

生物个体各种类型的体细胞均含有完全相同的整套基因，但其在形态结构、生化特征、生理功能上却有显著差异。从分子水平上看，每个细胞的结构与功能特点都是由特异性蛋白质决定的，而蛋白质的合成又是特定基因表达的结果。

（一）基因选择性表达与细胞分化

机体中大多数细胞，都具有与受精卵相同的全套基因，那么在胚胎发育过程中，它们为什么会合成不同的蛋白质而分化成具有不同形态的细胞呢？现代分子生物学证据表明，在个体发育过程中，细胞内的全部基因并不是同时表达，而是在一定时空顺序上有选择性地表达。在一定时空上，有的基因在进行表达，有的基因则处于沉默状态，而在另一时空上，原来有活性的基因可能继续处于活性状态，也可能关闭，而原来处于沉默状态的基因也可能被激活。在任何时间一种细胞仅有特定的一些基因在进行表达，并且只占全部基因总数的10%~20%，而80%~90%的基因处于失活状态。人体发育的不同阶段，各种血红蛋白呈现严格的消长过程就是基因选择性表达的最好例证。

（二）组织特异性基因与管家基因

分化细胞内基因组中所表达的基因按功能可以分为两大类：一类是管家基因（house keeping gene），这类基因在所有细胞中均要表达，其产物是维持细胞基本生命活动所必需的，如膜蛋白基因、核糖体蛋白基因、线粒体蛋白基因、糖酵解酶基因、组蛋白基因等。管家基因与细胞分化的关系不大，对细胞分化只起支持作用。另一类是组织特异性基因（tissue-specific genes）或称为奢侈基因（luxury gene），这类基因是不同的细胞类型进行特异性表达的基因，其产物对细胞分化起直接作用，并决定此种类型细胞特异的形态结构特征与生理功能，如肌细胞中的肌球蛋白和肌动蛋白、表皮细胞中的角蛋白、红细胞中的血红蛋白等。实验研究证明，细胞分化是组织特异性基因选择性表达的结果。一组特定组织特异性基因的表达，导致一种类型分化细胞的出现。基因的选择性表达具有严密的调控机制。

（三）细胞质在细胞分化中的作用

个体发育从受精卵开始，经卵裂和胚胎发育过程分化出各种组织和细胞。不同细胞的产生往往与细胞获得不同成分的细胞质有关。许多实验证明，在受精卵和早期胚胎细胞中，细胞质中的某些物质的分布有区域性，胞质成分不是均质的，即在细胞分裂时胞质呈不均等分配，子细胞中获得的胞质成分是不相同的，这些尚不完全明确的胞质成分可以调节核基因的选择性表达，使细胞向不同的方向分化。有些海鞘的卵含有不同的色素区域，在受精后这些区域分别分布到某些细胞中，这些细胞将来便发育成特定的组织。如海鞘的黄色细胞质区域（富含线粒体），将来分化成中胚层和肌肉，透明区分化成外胚层，灰色区分化成内胚层。De Robertis 等把非洲爪蟾肾细胞核注入蝾螈的去核卵母细胞内，发现原来在肾中表达的基因被关闭，而原来失活的基因开启表达。实验结果表明，细胞质中一些成分可以调节核基因的表达，从而影响细胞分化。

（四）细胞核在细胞分化中的作用

细胞核是生物体主要遗传信息的储存场所。在细胞分化过程中，细胞核起着重要的作用，这是因为细胞核中存在着控制生物个体发育的主要遗传信息或基因。细胞分化就是这些基因在一定的时空

上选择性表达的结果。细胞质以及其他因素对细胞分化的决定作用都是通过调控细胞核内基因选择性表达来实现的。

三、影响细胞分化的外界因素

（一）细胞间的相互作用对细胞分化的影响

多细胞生物的细胞分化是在细胞间的彼此影响下进行的，因此，细胞间的相互作用对细胞分化有较大影响。在胚胎发育过程中，一部分细胞对邻近的另一部分细胞产生影响，并决定其分化方向的作用称为胚胎诱导（embryonic induction）。胚胎诱导一般发生在中胚层与内胚层、中胚层与外胚层之间。从诱导的层次上看，可分为初级诱导、次级诱导和三级诱导。脊椎动物的组织分化和器官形成是一系列多级胚胎诱导的结果。眼的发生是胚胎诱导的典型例证：中胚层脊索诱导外胚层细胞向神经方向分化形成神经板，这是初级诱导；神经板卷折成神经管后，其头端膨大的原脑视杯可以诱导其外表面覆盖的外胚层形成眼晶状体，这是次级诱导；晶状体进一步诱导其外面的外胚层形成角膜，这是三级诱导，最终形成眼球（图 10-1）。

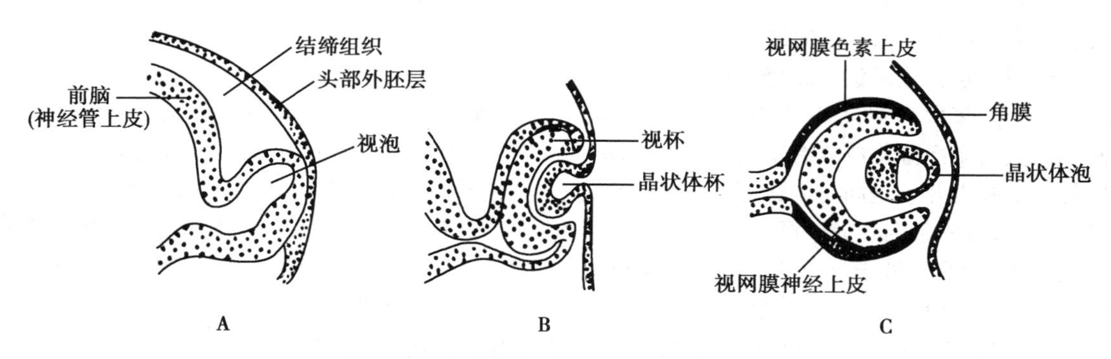

图 10-1　眼球发育过程的多级诱导示意图

细胞群彼此间除有相互诱导促进分化的作用外，还有相互抑制的作用。例如，将一个正在发育的蛙胚放于含有一块成体脑组织的培养液中，则蛙胚不能发育成正常的脑。这表明已分化的组织细胞可以产生某种物质，抑制邻近细胞进行同样的分化，以避免相同器官的发生。由此可见，细胞间的分化抑制作用对于胚胎发育也有重要影响。

（二）激素对细胞分化的影响

随着多细胞生物发育的复杂化和体积增大，细胞的相互作用就不仅局限于邻近细胞之间，而且远距离的细胞之间也有相互作用的现象，这种远距离的相互作用往往是通过激素来实现的。激素通过血液或淋巴液的运输，到达靶细胞，经过一系列的信号传递过程，影响靶细胞的分化。如两栖类动物幼体临近变态时，脑下垂体分泌促甲状腺素，促进甲状腺的生长和分化；甲状腺向血液中分泌甲状腺素，甲状腺素达到一定浓度即可引起变态，使蝌蚪尾退化，促进肢芽生长和分化。如果在蝌蚪发育的早期将其甲状腺原基切除，则不能发生变态现象，而是长成一个特大的蝌蚪。若巨型蝌蚪食入甲状腺素，则可变为成蛙。又如，在哺乳动物胚胎发育过程中，性激素在性细胞分化中起决定性作用。

（三）外环境对细胞分化的影响

生物个体的生长发育离不开环境。哺乳动物受精卵正常发育的环境是子宫，在任何其他环境中都不能正常发育。畸胎瘤就是在异常环境下形成的一种畸胎，来源于有多向分化潜能的生殖细胞，它往往含有三个胚层的多种组织成分，排列结构错乱。如哺乳动物的卵细胞如果因故未经排卵就被激活，就会在卵巢进行异位发育，异常环境使细胞的增殖和分化失控，已分化的毛发、牙、骨、腺上皮等和未分化的干细胞杂乱聚集成无组织的肿块，称为畸胎瘤（teratoma）。早在 1954 年 Stevens 和 Little 就利用实验手段建立了人工诱导畸胎瘤的动物实验模型，他们将囊胚阶段的小鼠胚胎植入雄性小鼠的睾丸下面，使得胚胎组织生长紊乱，再把其转移到肾淋巴结处生长，即形成了畸胎瘤。若将小鼠畸胎瘤的少量干细胞取出，注入到小鼠正常囊胚腔中，再把含畸胎瘤细胞的胚胎植入到寄母小鼠的子宫中，

最终发育成一个正常的嵌合体小鼠(图 10-2)。动物生殖腺畸胎瘤的发生以及上述的畸胎瘤实验均说明,环境因素影响胚胎细胞的分化。异常环境干扰了细胞的分化程序,使正常细胞转化为癌细胞,而适宜的条件又可诱导异常的畸胎瘤细胞(癌细胞)进行正常的发育分化。

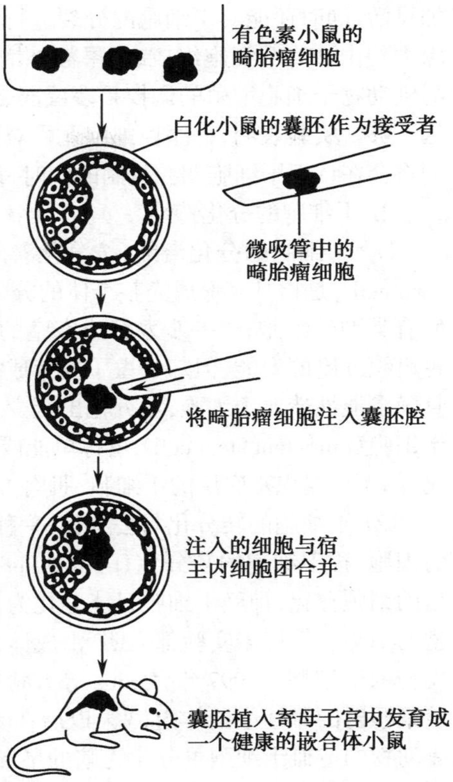

图 10-2 畸胎瘤细胞与正常囊胚细胞融合产生嵌合体小鼠示意图

四、干细胞

在成体的许多组织中都保留了一部分未分化的细胞,一旦需要,这些细胞便可按发育途径,先进行细胞分裂,然后分化产生分化细胞。机体中具有分裂增殖能力、并能分化形成一种以上“专业”细胞的原始细胞就称为干细胞(stem cell)。

干细胞如果按照来源可分为两大类:

(1) 胚胎干细胞(embryonic stem cell,ES)是指胚胎发育早期即受精卵发育分化初始阶段的一组细胞,它是全能干细胞的主要来源,它的最大特点就是具有发育的全能性和通用性,并能参与整个机体的发育。胚胎干细胞是从哺乳动物包括人类早期胚胎分离和培养出来的,30 年前首先从小鼠胚胎分离成功,有报道小鼠胚胎干细胞在体外培养中可分化成 20 种细胞类型。人类胚胎干细胞是干细胞研究的重点与难点,由于受伦理道德与法律的约束,进展一直十分缓慢,近几年才有了新发展。

(2) 成体干细胞(somatic stem cell)是指机体某种组织的专能干细胞。以往传统的观点认为干细胞一旦分化成为成熟细胞就不再分化了,除皮肤、血液、消化道上皮和肝脏组织的干细胞尚存在一定的再生能力外,其他器官组织基本上没有再生能力。随着细胞生物学的发展,科学家发现在人体的各种组织和器官中仍然存在着生长发育早期保留下来的未分化细胞,这些细胞就是存在着一些发育潜能的组织干细胞,它不但能再生某些组织,还可以衍生成为与其来源不同的细胞类型。胚胎干细胞和组织干细胞的这些神奇功能和新特点,对人类医疗有巨大的潜在价值,因而引起了世界各国的重视。

(一) 干细胞的增殖与分化特性

1. 干细胞的增殖特性

(1) 干细胞增殖的缓慢性:增殖缓慢是干细胞的一个重要特性,干细胞进入分化程序前,首先要经过一个短暂的增殖期,产生过渡放大细胞,这是一群介于干细胞和分化细胞之间的过渡细胞,其作用是通过较少的干细胞产生较多的分化细胞。研究表明,干细胞通常分裂较慢,组织中快速分裂的是过渡放大细胞,如肠干细胞较其过渡放大细胞的分裂速度约慢一倍。目前认为缓慢增殖有利于干细胞对特定的外界信号作出反应,然后决定是继续增殖还是进入特定分化程序。另外缓慢增殖还可以减少基因发生突变的危险,使干细胞有充分的时间发现和校正复制错误。由此一些学者认为干细胞的作用除了补充组织细胞以外,还具有防止体细胞发生突变的作用。

(2) 干细胞增殖系统的自稳定性:干细胞在生物体的生命过程中自我更新并维持自身数目恒定的特性称为干细胞的自稳定性(self-maintenance)。干细胞分裂后,如两个子代细胞都是分化细胞或都是干细胞,称为对称分裂。若产生的子代细胞一个是干细胞而另一个是分化细胞,称为不对称分裂。有学者提出造成不对称分裂的原因是由于母细胞中生物分子分布不均等的缘故。对于无脊椎动物,不对称分裂是干细胞维持生物体细胞数目恒定的方式。而哺乳动物则不然,在大多数哺乳动物可自我更新的组织中,干细胞分裂产生的两个子代细胞可能是两个干细胞,也可能是两个分化细胞;当组织处于稳定状态时,平均而言,每个干细胞产生一个子代干细胞和一个特定分化细胞。因此哺乳动物的干细胞是种群意义上的不对称分裂,称为种群不对称分裂。这一特性使有机体对于干细胞的调控更

加灵活，同时还能对干细胞的分裂进行十分精确地调控以适应生理变化的需要。据研究，每个正常肠腺大约由250个细胞组成，如果额外增加一个肠干细胞，就会多产生64~128个子细胞。高度进化的哺乳动物干细胞增殖的调控是多层次、多途径的，目前对干细胞群不对称分裂的调控机制了解得还远远不够。实验表明，程序性细胞死亡对调节干细胞数目也起到了重要作用。随着研究的不断深入，人们将会在认识干细胞调控机制的同时，认识肿瘤的发生机制。

2. 干细胞的分化特性

(1) 干细胞的分化潜能：按分化潜能的大小，干细胞可分为三种类型：①全能性干细胞（totipotent stem cell），是指具有形成完整个体的分化潜能的干细胞，如胚胎期的卵裂球，可以无限增殖并分化成为所有类型的细胞，进一步发育成完整的生物体；②多能性干细胞（pluripotent stem cell），具有分化为多种组织细胞的潜能，但却失去了发育成完整个体的能力，是发育潜能受到了一定限制的干细胞，例如，骨髓多能性造血干细胞，可分化出至少12种血细胞，但不能分化出造血系统以外的其他细胞；③专能干细胞（unipotent stem cell），也称单能或偏能干细胞，只能向一种类型或密切相关的某种类型的细胞分化，如上皮组织基底层的干细胞、肌肉中的成肌细胞等。

(2) 干细胞的转分化与去分化：一种组织类型的干细胞在一定条件下可以分化为另一种组织类型的细胞，称干细胞的转分化（trans-differentiation）。长期以来，人们一直认为成体干细胞只能向一种类型的细胞分化，神经干细胞只能分化为神经系统的细胞，如神经元、神经胶质细胞，而不能成为其他类型的细胞。但许多实验都表明，由成体组织分离的干细胞仍具有可塑性，一定条件下可转分化为其他类型的干细胞。1997年，Eglitis等人将来自成年雄性小鼠的造血干细胞移植到受亚致死剂量放射性核素照射的雌性小鼠体内，3天以后在受体雌鼠的神经胶质细胞中检测到Y染色体存在，首次证明成体动物的造血干细胞可分化为脑的星形胶质细胞、少突胶质细胞和小胶质细胞；成体造血干细胞在一定条件下还可分化为肌细胞、肝细胞；神经干细胞还可转分化为造血细胞等。

一种干细胞向其前体细胞的逆向转化被称为干细胞的去分化（dedifferentiation）。有实验表明当把来自成体小鼠的造血干细胞注入到胚泡的内细胞团后，成体小鼠造血干细胞的分化状态发生逆转，并开始表达胚胎的珠蛋白基因，还参与胚胎造血系统的发育。

对于干细胞可塑性的机制了解甚少，实验观察到的转分化现象大多是将分离自成体的干细胞移植给受亚致死剂量放射性核素照射的受体后表现出来的。在正常生理条件下，机体是否存在转分化和去分化还缺乏直接证据。

（二）几种主要干细胞

1. 胚胎干细胞　当受精卵分裂发育成囊胚时，内胚层细胞团的细胞即为胚胎干细胞。胚胎干细胞是一种高度未分化细胞，具有发育的全能性，可以自我更新并具有分化为体内所有组织的能力。胚胎干细胞的研究可追溯到20世纪50年代，始于畸胎瘤干细胞的发现，早在1970年Martin Evans就已从小鼠中分离出胚胎干细胞并在体外进行培养，而人胚胎干细胞的体外培养最近十几年才获得成功。研究和利用胚胎干细胞是当前生物工程领域的核心问题之一。

目前许多研究工作是以小鼠胚胎干细胞为研究对象展开的，例如：德美医学小组在2009年成功地向试验小鼠体内移植了由胚胎干细胞培养出来的神经胶质细胞。此后，密苏里的研究人员通过鼠胚细胞移植技术，使瘫痪的猫恢复了部分肢体活动能力。随着胚胎干细胞的研究日益深入，科学家对人类胚胎干细胞的了解迈入了一个新的阶段。在1998年末，两个研究小组成功地培养出人类胚胎干细胞，这些细胞保持了分化为各种体细胞的全能性，这样就使人们利用人类胚胎干细胞治疗各种疾病成为可能。然而，由于社会伦理学方面的原因，人类胚胎干细胞的研究工作引起了很大争议，有些国家甚至明令禁止进行人类胚胎干细胞研究。但是，无论从基础研究还是从临床应用方面来看，它带给人类的益处远远大于其在伦理方面可能造成的负面影响，因此要求展开人类胚胎干细胞研究的呼声也一浪高过一浪。

2. 造血干细胞　造血干细胞（hematopoietic stem cell，HSC）是存在于造血组织内的一类能分化产生各种血细胞的原始细胞，又称多能造血干细胞，是成体干细胞的一种。实验表明，造血干细胞在一定的微环境和某些因素的调控下，增殖分化为多能淋巴细胞和多能髓性造血干细胞，它们分别分化发育为功能性淋巴细胞、粒细胞、巨噬细胞系、红细胞系、巨核细胞系等造血祖细胞，并可进一步分化发

育为白细胞、红细胞和血小板，维持机体外周血平衡。

造血干细胞一般分为两类，一类为长期造血干细胞，具有很强的自我更新能力，并维持长期的连续性；另一类为短期造血干细胞，又称为祖细胞或前体细胞，具有很弱的自我更新能力，维持正常造血细胞的生长。长期造血干细胞在进行细胞治疗时极为重要。在成体造血组织中，造血干细胞数目很少，主要来源于骨髓，骨髓中造血干细胞仅占有核细胞的0.05%，在外周血中含量更低。造血干细胞没有明显的形态特征，又是多种类型细胞的混合体，难以从形态上鉴别和分离。

造血干细胞是体内各种血细胞的唯一来源，它主要存在于骨髓、外周血、脐带血中。造血干细胞的移植是治疗血液系统疾病、先天性遗传疾病以及多发性和转移性恶性肿瘤疾病的最有效方法。在20世纪50年代，临床上就开始应用骨髓移植方法来治疗血液系统疾病。到80年代末，外周血干细胞移植技术逐渐推广开来，绝大多数为自体外周血干细胞移植，在提高治疗有效率和缩短疗程方面优于常规治疗，且效果令人满意。与两者相比，脐血干细胞移植的长处在于无来源的限制，对人类白细胞抗原（HLA）配型要求不高，不易受病毒或肿瘤的污染。在2008年初，东北地区首例脐血干细胞移植成功，又为中国造血干细胞移植技术注入新的活力。随着脐血干细胞移植技术的不断完善，它可能会代替目前外周血干细胞移植的地位。

3. 神经干细胞　传统观点认为，哺乳动物和人类的神经组织是非再生组织，即成体的脑和脊髓的神经元不能再生。近年来一些研究证明，在中枢神经系统中部分细胞仍具有自我更新及分化产生成熟脑细胞的能力，这些细胞被称为神经干细胞（neural stem cell，NSC）。

从1992年开始，科学家们分别从小鼠、大鼠和成人脑组织中发现了神经干细胞的存在，并分离得到了神经干细胞。我国学者从人胚胎纹状体、成年大鼠纹状体和小鼠胚胎皮质组织中获得了神经干细胞。1996年，科学家从成年哺乳动物脊髓内分离得到神经干细胞。由此提出了神经干细胞在哺乳动物成体或胚胎中枢神经系统中广泛存在的观点。

神经干细胞形态上存在异质性，大多为梭形，两端有较长的神经突起，比较容易识别。神经干细胞具有如下特点：①自我更新：神经干细胞具有对称分裂及不对称分裂两种分裂方式，从而保持干细胞库稳定；②多向分化潜能：神经干细胞可以向神经元、星形胶质细胞和少突胶质细胞分化；③低免疫原性：神经干细胞是未分化的原始细胞，不表达成熟的细胞抗原，不被免疫系统识别；④组织融合性好：可以与宿主的神经组织良好融合，并在宿主体内长期存活。

科学研究证明了神经干细胞的定向分化性，使修复和替代死亡的神经细胞成为现实。为减少神经损伤的后遗症，延缓或抑止疾病的发展，取得更好的恢复效果，修复和激活死亡神经细胞是十分必要的。

4. 表皮干细胞　皮肤是再生能力较强的组织，表皮细胞和毛囊不断地更新，如人表皮细胞每两周就替换一次。表皮干细胞是具有自我更新能力、能产生至少一种以上高度分化子代细胞潜能的细胞，其最显著的两个特征是慢周期性与自我更新能力。慢周期性在体内表现为标记滞留细胞，即在新生动物细胞分裂活跃时掺入氚标记的胸苷，由于干细胞分裂缓慢，因而可长期探测到放射活性，如小鼠表皮干细胞的标记滞留可长达2年。表皮干细胞的自我更新能力表现为离体培养时细胞呈克隆性生长，如连续传代培养，细胞可进行140次分裂，即能产生1×10^{40}个子代细胞。此外，表皮干细胞还有一个显著的特点就是对基底膜的黏附性，主要通过表达整合素实现对基底膜各种成分的黏附。表皮干细胞的分化行为是被预先程序化还是受周围环境的调控，一直是一个有争议的问题，但干细胞所处的微环境对干细胞分化调控的影响是存在的。干细胞的分化受细胞与细胞、细胞与细胞外基质间相互作用的影响。

5. 间充质干细胞　间充质干细胞是骨髓的另一类干细跑，是由中胚层发育的早期细胞，形成于发育中的骨髓腔。在具有造血功能的骨髓中，间充质干细胞处于静止期。应用密度梯度离心法可以从骨髓抽提物中分离出间充质干细胞。体外培养过程中，间充质干细胞贴壁生长，形态类似成纤维细胞。间充质干细胞可以向多种造血以外组织迁移定位，并分化为相应的组织细胞，如骨、关节、脂肪、肌腱、肌肉和骨髓基质等多种组织。如将转基因小鼠的骨髓间充质干细胞植入受照射小鼠体内，发现移植后1周内供体细胞在受体小鼠骨髓内植入很少，但1~5个月后，在受体小鼠肺、软骨、骨及骨髓和脾脏内可植入率达1.5%~2%。

到目前为止，人们对干细胞的了解仍存在许多盲区。2000年初，美国研究人员无意中发现在胰腺中存有干细胞，加拿大研究人员在人、鼠、牛的视网膜中发现了始终处于“休眠状态的干细胞”。有些科学家证实骨髓干细胞可发育成肝细胞，脑干细胞可发育成血细胞。随着干细胞研究领域向深度和广度不断扩展，干细胞在医学领域的应用将有广阔前景。

白　血　病

白血病是一种常见的造血组织肿瘤性疾病，本病起源于造血干细胞基因突变并无法控制地持续性增生，同时细胞分化成熟受阻，使得白血病细胞（幼稚的白细胞）在骨髓内聚积并经血液浸润体内各器官、组织，引起一系列症状。临床上白血病常有贫血、出血感染和不同程度的肝、脾、淋巴结肿大、胸骨压痛等症状和体征。根据自然病程及骨髓原始细胞数将白血病分为急性白血病和慢性白血病。

五、细胞分化与癌细胞

临床上把具有恶性增殖和广泛侵袭转移能力的肿瘤细胞称为癌（cancer），它是由正常细胞转变而来的。正常细胞一旦恶变，它们的许多生物学行为，包括生化组成、形态结构和功能都发生了显著的变化。癌细胞是当前细胞生物学研究的一个重要领域，深入认识细胞的分化及其异常的发生机制对癌症的治疗和预防有着非常重要的意义。研究肿瘤细胞特征以及肿瘤细胞的诱导分化不但能为肿瘤性疾病提供合理的治疗对策，而且有助于人们对正常细胞分化机制的认识。

癌细胞的许多生物学行为，包括增殖过程、代谢规律、形态学特点都有明显的变化：

（1）形态结构显示迅速增殖细胞具有以下特征：细胞核大、核仁数目多，细胞质呈低分化状态，内膜系统尤其是高尔基复合体不发达，微丝排列不够规则；细胞表面微绒毛增多变细，细胞间连接减少。分化程度低或未分化的肿瘤细胞缺乏正常分化细胞的功能，如胰岛细胞瘤可无胰岛素合成，结肠肿瘤可不合成黏蛋白，肝癌细胞不合成血浆白蛋白等。

（2）接触抑制现象丧失：一般情况下，体外培养的大部分正常细胞需要黏附于固定的表面进行生长，增殖的细胞达到一定密度，汇合成单层以后即停止分裂。而癌细胞缺乏这种生长限制，可持续分裂，达到很高密度而出现堆积形成细胞灶。

（3）癌细胞的生长对于生长因子或血清的依赖性降低：正常二倍体细胞的培养基中必须含有一定浓度的血清（5%以上）才能维持培养细胞分裂增殖，癌细胞在缺乏生长因子或低血清（2%）状态下也可生长、分裂。此外，人类正常细胞在体外培养传代一般不能超过50代，而癌细胞则可以无限传代成为“永生”的细胞系。

从细胞分化观点分析癌细胞，认为分化障碍是癌细胞的一个重要生物学特性。分化是一个定向的、严密调节的程序控制过程，其关键在于基因按一定的时空顺序有选择地被激活或抑制。癌细胞在不同程度上缺乏分化成熟细胞的形态和完整的功能，丧失某些分化细胞的性状，并常对正常的分化调节机制缺乏反应。这对于理解癌细胞起源和本质特征具有重要意义。

HeLa cell

有一种人工培养的细胞，叫海拉细胞（HeLa cell），是从一个非洲女子海拉的子宫颈癌组织中分离出来的。这种细胞在体外培养，能够一代一代地传下去，存活至今已经60多年了（无限增殖），被广泛应用于医学研究。

第二节　细胞衰老

一、细胞衰老概述

(一) 细胞衰老的概念

一般意义上，衰老(aging)是指生物体经生长发育到成熟后，随着时间的推移，在形态结构和生理功能方面出现的一系列慢性、进行性退化过程。它是生物体自发的、不可逆的必然过程，也是细胞重要的生命现象。就人类而言，人类个体随着年龄的增长，将出现头发变白、皮肤松弛、肌肉萎缩、牙齿脱落、血管硬化、腰膝无力、气短乏力、精神不振、记忆力减退、感觉迟钝、免疫功能降低、性功能衰退甚至丧失等变化。但是，由于尚没有适当的定量参数作为衡量衰老的指标，很难为衰老下一个确切的定义。

人体是由许多细胞组成的，生命过程中总是有细胞不断衰老、死亡，因此，探讨衰老问题离不开细胞。细胞衰老是指组成细胞的化学物质在运动中不断受到内外环境的影响而发生损伤，造成细胞功能退行性下降而老化的过程。同新陈代谢一样，细胞的衰老是细胞生命活动客观存在的自然现象。对单细胞生物而言，细胞的衰老也就是生物体的衰老；但对多细胞生物而言，细胞的衰老与生物体的衰老是两个不同的概念，二者之间既有区别又有联系。其区别在于：细胞的衰老始终贯穿于生物体的整个生命过程，也就是说，细胞衰老不仅发生在老年期，即使是胚胎期和幼年期的生物体也有细胞的衰老；生物体的衰老也不等于所有细胞的衰老，生物体内每时每刻都有细胞的衰老和死亡，同时又有新增殖的细胞来代替它们。因此，衰老的生物体也有未衰老的细胞存在。细胞的衰老与生物体的衰老又有密切的联系：生物体的衰老以细胞整体衰老为基础；细胞整体衰老以生物体衰老为表现。

细胞衰老和细胞的寿命密切相关。一般而言，衰老现象容易在短寿命细胞中见到，而长寿命细胞在个体发育的晚期才见到衰老现象。细胞的寿命随组织种类不同而异，同时也受环境因素的影响。以人体内各类血细胞的寿命为例，红细胞一般的平均寿命为120d；在贫血的状态下，红细胞为了供氧而加快循环，容易衰老而寿命缩短，当有溶血性贫血时，红细胞的寿命只有10~15d。淋巴细胞根据其存在的部位不同，寿命也不同，如果是胸导管或淋巴结中，寿命可达100~200d，甚至更长；如果在骨髓中，寿命平均为3~4d，有的可短于24h。需要说明的是，生物体内绝大多数细胞的寿命与生物体寿命并不相等。高等生物体细胞都有最大分裂次数，细胞分裂一旦达到这一次数就要死亡。

实验证明，离体培养的细胞也有一定的寿命。体外培养不同物种的胚胎成纤维细胞，培养细胞的可传代次数越多，该动物的寿命越长，衰老速度越慢，反之亦然。例如，龟胚胎成纤维细胞离体培养可传90~120代，其平均寿命约为175年；小鼠胚胎成纤维细胞离体培养可传5~10代，其平均寿命约为3.5年。体外培养同一物种不同发育阶段的同一种细胞，培养细胞的可传代次数与细胞来源个体的年龄成反比。例如，人胚胎成纤维细胞离体培养可传40~60代，出生至15岁可传20~40代，15岁以后仅能传10~30代；患有早老病儿童(通常20岁前死亡)的成纤维细胞，只能在体外培养2~10代。由此可见，细胞离体培养的增殖能力，可反映它们在体内衰老状况。

(二) 细胞衰老的特征

细胞衰老的过程是细胞生理与生化发生复杂变化的过程，这些变化反映在细胞结构和生理功能上，主要表现为对环境变化适应能力的降低和维持细胞内环境恒定能力的降低，总体表现为细胞生长停止，仍保持代谢功能(表10-1)。

1. 细胞内水分减少　细胞内水分减少导致细胞皱缩、体积变小，是细胞衰老最明显的变化。这可能是由于蛋白质与水的结合能力丧失，造成细胞脱水，因此蛋白质胶体颗粒失去电荷而互相合并，分散度降低，不溶性蛋白增多，导致原生质硬度增加，代谢速率减慢，例如老人的皮肤皱褶。

2. 细胞内色素颗粒积累　细胞内色素沉积是衰老细胞的另一个显著特征。例如，老年斑的形成是脂褐质堆积所致，首先在衰老个体的神经细胞中被发现。各种细胞的细胞质中均有脂褐质的存在，其数量随老年化进程而逐渐增加，尤其在分裂指数低或不分裂的细胞，如肝细胞、肌细胞和神经细胞

表 10-1　衰老细胞的形态变化

细胞组分	形态变化
核	增大、染色深、核内有包含物
染色质	凝聚、固缩、碎裂、溶解
质膜	黏度增加、流动性降低
细胞质	色素集聚、空泡形成
线粒体	数目减少、体积增大、mtDNA 突变或丢失
高尔基体	碎裂
尼氏体	消失
包含物	糖原减少、脂肪积聚
核膜	内陷

中，积累更为明显。脂褐质在细胞内积累，占据了细胞内一定的空间，影响细胞正常的活动，使细胞代谢速率下降，从而导致细胞衰老。据推算，90 岁的老人脂褐色素占心肌面积的 6%~7%，小脑齿状核的大神经细胞脂褐色素占 74%，脂褐色素的沉积引起细胞质结构和比例的异常。

3. 化学组成与生化反应的变化　细胞衰老的过程中，首先是蛋白质合成速率下降，酶活性改变。这主要是由于核糖体的工作效率和准确性降低，以及蛋白质合成中的延长因子数量减少及活性降低。如人体衰老时头发变白可能就与头发基底部细胞中产生黑色素的酪氨酸酶活性降低有关。在衰老过程中大多数蛋白质合成速度下降，而某些控制细胞衰老直接相关的蛋白质合成却增多。此外，细胞衰老的过程中，染色质的转录活性也下降。染色质的结构随着年龄的变化发生改变，其熔解温度(即热稳定性)增加，染色质蛋白的可抽提性降低。染色质凝集、固缩，直接影响到 DNA 的转录活性，即细胞染色质的转录活性随着年龄的增长而下降。

4. 细胞器的改变　衰老细胞内有一系列的改变：①高尔基复合体的数目增多，扁平囊出现肿胀，并伴有断裂崩解，导致高尔基复合体分泌功能衰退；②线粒体逐渐减少，体积随年龄增加而增大肿胀，形态异常，氧化磷酸化低下，能量供应不足，最终导致崩解破裂；③粗面内质网数目减少，弥散地分布于核周细胞质中，膜腔膨胀扩大甚至崩解，其上的核糖体脱落，滑面内质网呈空泡状；④细胞核的形态也有明显变化，常表现为核膜内褶，神经细胞尤为明显。内褶的程度随年龄增长而增加，最后可能导致核膜崩解。细胞核另一个变化是核固缩，即染色质固缩，常染色质减少。其他变化如核质比变小，核结构模糊，细胞核体积增大、染色变深等。

5. 膜系统的改变　细胞膜的改变与细胞衰老之间有着密切的联系。年轻的、功能健全的细胞膜上的脂质双层呈液晶态，镶嵌在脂质双层中的蛋白质可进行侧向运动和旋转运动，从而细胞膜具有流动性。衰老细胞膜的磷脂含量下降，使细胞膜中胆固醇与磷脂的比值随年龄而上升，而磷脂中不饱和脂肪酸含量及卵磷脂与鞘磷脂的比值则随年龄下降。这样衰老细胞膜常处于凝胶相或固相，磷脂及其中的蛋白质分子自由度受到极大限制，使膜的脆性增加，细胞膜的流动性明显减弱。因此，细胞的兴奋性降低，细胞膜的物质运输功能降低，细胞膜受体与配体复合物的形成效能降低，信号转导功能也受到相应的影响。

细胞衰老过程中，细胞骨架系统中微丝结构成分发生变化，与微丝相关的信号传导系统发生改变。

二、细胞衰老学说

衰老是一个复杂过程，表现多种多样，原因错综复杂。半个世纪以来，许多学者对细胞衰老的机制进行了大量的研究，提出许多理论与假说。下面介绍几种具有代表性的学说。

(一) 自由基理论

细胞代谢的过程离不开氧的存在，然而，在生物通过氧化获得能量的同时，会产生一些高活性的化合物,是生物氧化过程的副产品。这些副产品或中间产物与细胞衰老有关,可导致细胞结构和功能的改变,这就是所谓细胞衰老的自由基理论。

自由基是指那些在原子核外层轨道上具有不成对电子的分子或原子基团,化学上也称为“游离基”。这些自由电子导致了这些物质的高反应活性。我们在日常生活和工作中经常碰到它们,例如点燃的香烟、汽车尾气、烧焦的食物和厨房的油烟气中都含有大量自由基。在正常条件下,自由基是在机体代谢过程中产生的。此外,辐射、生物氧化、空气污染以及细胞内的酶促反应等都可影响自由基的产生。一般认为,自由基在体内除有解毒功能外,它对细胞更多的是有害作用。细胞中的自由基若不能被及时清除,则会对细胞产生严重的损伤,加速细胞的衰老,表现为:使生物膜的不饱和脂肪酸过氧化形成脂质,破坏膜上酶的活性,使生物膜的脆性增加,流动性降低,膜性细胞器受损,功能活动降低;产生的过氧化脂质与蛋白质结合形成脂褐质,沉积在神经细胞和心肌细胞,影响细胞正常功能;使DNA发生氧化损伤或交联、断裂、碱基羟基化、碱基切除等,使核酸变性,扰乱DNA的正常复制与转录;使蛋白质中的巯基变性,形成无定性沉淀物,降低各种酶或蛋白质活性,并导致因某些蛋白出现而引起的机体自身免疫现象等。

正常生理状态下,细胞内存在清除自由基的防御系统。首先,细胞内有保护性的酶,主要是超氧化物歧化酶(SOD)和过氧化氢酶(CAT)等,分解清除细胞内过多的自由基。其次,通过细胞内部自身隔离化使产生自由基的物质或位点与细胞其他组分分开。如线粒体是细胞内许多氧化物代谢产生自由基的部位,细胞内线粒体的独立存在就可防止其中产生的自由基危害细胞其他组分。除此之外,体内一些抗氧化分子,如维生素 E 和维生素 C,都是自由基产生的有效阻止剂。

尽管体内有如此严密的防护体系,但仍然有一些氧自由基引起的损伤,因此在生物进化中形成了另一道防护体系——修复体系,它能对损伤的蛋白质和DNA修复,对不正常蛋白质进行水解。一旦氧自由基产生过多或抗氧化酶活性下降、修复体系受损时,氧自由基就能对细胞造成损伤。目前发现一些衰老退行性疾病,如白内障、动脉粥样硬化、神经变性疾病、皮肤衰老等的发病与氧自由基有关,在这些组织内可检测到较高的氧自由基,使用抗氧化剂,如大蒜提取物,可减轻病变。

(二) 端粒学说

端粒学说认为端粒的长度及端粒酶的活性与细胞寿命有密切关系。在细胞有丝分裂过程中,伴随着部分端粒序列的丢失,端粒长度缩短。当端粒缩短到一个临界长度时,启动停止细胞分裂的信号,指令细胞退出细胞周期,此时,细胞不再分裂而出现老化,正常细胞开始死亡,此称为第一死亡期或危险期。如果细胞发生了被病毒转化的事件,或某些抑癌基因如 p53 基因、Rb 基因等发生突变时,细胞逃逸第一死亡期,获得额外的增殖能力,继续分裂,端粒的长度继续缩短直至第二死亡期。此时,大部分细胞染色体丢失了完整性,可能出现形态异常,细胞寿命达到极限,细胞因端粒太短丧失功能而死亡。其中少数被激活了端粒酶的幸存细胞克隆越过第二死亡期,端粒功能恢复,稳定了染色体末端长度,并获得了无限增殖的潜能,成为永生化细胞。

引起细胞衰老的原因是否仅仅只有端粒缩短呢? 1998 年 Bodner 首次在 Science 杂志上报道了将端粒酶导入人成纤维细胞,延长了细胞寿命并使之永生化,同时转入端粒酶的成纤维细胞仍然保持了正常原代成纤维细胞的许多特性,不发生恶性转化。其结果也被另外一些学者所证实。这些研究提示,造成人成纤维细胞衰老的唯一原因是端粒的缩短。但在研究人上皮细胞方面,有些研究显示仅转入端粒酶还不能使细胞达到永生。转入端粒酶后细胞究竟会出现什么样的改变呢? Bodner 等进一步的研究显示,转入端粒酶并不是完全无害。研究表明转入端粒酶的人上皮细胞能够抵抗生长抑制因子。最近的一项研究表明,转端粒酶基因小鼠的皮肤角化细胞表达高水平的端粒酶,细胞对促有丝分裂剂极敏感容易癌变。因此,虽然端粒缩短作为细胞永生化的障碍这一作用已经明确,但是转入端粒酶对细胞的影响还未完全明了。

(三) 神经内分泌 - 免疫调节学说

神经内分泌与免疫调节学说认为,神经内分泌系统和免疫系统与机体衰老有着密切的关联,其中,下丘脑是人体的“衰老生物钟”,下丘脑的衰老是导致神经内分泌器官衰老的中心环节。由于下丘脑 - 垂体 - 内分泌腺系统的功能衰退,使机体表现出一系列内分泌功能下降,首当其冲受到影响的便是激素水平。在机体衰老时,有些激素水平有所下降,尤其是甾类激素。其中,雌激素与睾酮不仅负

责给予有机体以生殖能力，而且还是维持生殖能力和适当性行为所必需的激素。如果这些激素降低，则可预期生殖能力将降低。不仅如此，机体中某些甾体激素受体水平以及组织对这些激素的各种反应均有所下降，影响激素等对靶器官发挥它们应有的作用，继而从宏观上表现出其后果。因此，不少研究者尝试过使用激素来预防衰老。曾有报道，垂体后叶激素（不包括生长激素）和雌激素可延长寿命。此外，随着下丘脑的“衰老”，机体免疫功能也下降，尤其是胸腺，其体积随年龄增长而缩小，重量变轻。例如，新生儿重 15~20g，13 岁时 30~40g，青春期后胸腺开始萎缩，到 40 岁时胸腺实体组织逐渐由脂肪组织代替，老年时胸腺实体基本消失，功能也基本丧失，胸腺所分泌的胸腺素、胸腺增生素等激素水平下降，T 细胞显著减少，活性也明显下降。有实验证明小鼠在年老时排斥组织移植物的能力也是较低的。在胸腺退化之后，辅助 T 细胞的功能或者它们的数目可能会降低，这可能影响 B 细胞的功能，使免疫应答能力有所下降。因此，老年人免疫功能低下，传染病、自身免疫性疾病和癌症等疾病的发生率都有所增加。

（四）遗传程序论

该理论认为衰老是遗传上的程序化过程，是受特定基因控制的。每种生物体的基因组中，都存在有一个控制生物体的生长、发育、老化和死亡的程序，一切生理功能的启动和关闭都是按照这一程序进行的，细胞的衰老也不例外，是有关衰老的基因“按时”启动与关闭从而使细胞按期执行“自我毁灭”指令的。

在遗传程序论的基础上，又有多种学说从基因组水平上进行了补充和加强，典型的有体细胞突变学说、“差误”学说等。

体细胞突变学说认为，基因突变可引起细胞的形态变化及功能性蛋白质的产生，并逐渐增加它的突变负荷从而使细胞功能失调甚至丧失，当细胞内的突变负荷超过临界值时，细胞发生衰老、死亡。

“差误”学说认为随着年龄增长，机体细胞内不但 DNA 复制效率下降，而且常会发生核酸、蛋白质、酶等大分子的合成差错，任何阶段都可能会发生差错，正常情况下，由于细胞具有一定的 DNA 损伤修复能力，不至引起异常后果。如果修复能力下降或修复系统发生差错，基因表达异常，细胞功能降低，衰老逐渐形成。研究发现，在同一物种内，个体的 DNA 损伤修复能力与其年龄相关，从老年动物提纯的 DNA 聚合酶比幼年动物的活性低，而且进行 DNA 合成的精确性也差，即高龄个体的 DNA 损伤修复能力小于低龄个体。

第三节 细胞死亡

一、细胞死亡的概念与特征

细胞死亡（cell death）是指细胞生命现象不可逆地停止。细胞死亡如同细胞生长、增殖、分化一样，都是细胞正常的生命活动现象，也是细胞衰老的最终结果。单细胞生物的细胞死亡，即是个体的死亡。多细胞生物个体死亡时，并不是机体的所有细胞都立即停止生命活动。如人体在心脏停止跳动后，气管上皮细胞还在进行纤毛摆动，皮肤表皮细胞可继续存活 120h 以上。因此，人死亡 10h 的皮肤仍可进行手术植皮，人死后离体冻存的角膜可供角膜移植。

在多细胞生物中，引起细胞死亡的因素很多，有外在因素和内在因素。由于某种外界因素，如局部缺血、高热、物理化学损伤以及微生物侵袭造成细胞急速死亡；内在因素引起的死亡主要为由于衰老导致的自然死亡，进程可较慢。

鉴定细胞是否死亡，可以用形态学的改变作为指标。通常采用活体染色的方法进行，即用中性红、台盼蓝、亚甲基蓝等活性染料对细胞进行染色：用中性红染色，活细胞染成红色，死细胞不着色；台盼蓝则相反，染成蓝色的是死细胞，不着色的是活细胞。

二、细胞死亡的形式

根据细胞死亡特点的不同，可将其分为细胞坏死和细胞凋亡两种形式。

细胞坏死(cell necrosis)是由于受到化学因素(如强酸、强碱、有毒物质等)、物理因素(如高热、辐射等)或生物因素(如病原体)的侵袭而造成的细胞肿大、胀裂、胞内物质溢出,并由此引起周围组织发生炎症等一系列崩溃裂解的现象,是细胞“非正常”“意外”的死亡,是一种被动急速死亡的过程。

细胞凋亡概念的形成

1965 年澳大利亚科学家发现,结扎鼠门静脉后,电镜观察到肝实质组织中有一些散在的死亡细胞,这些细胞的溶酶体未被破坏,显然不同于细胞坏死。这些细胞体积收缩、染色质凝集,从其周围的组织中脱落并被吞噬,机体无炎症反应。1972 年 Kerr 等 3 位科学家首次提出了细胞凋亡的概念,宣告了对细胞凋亡的真正探索的开始,在此之前,关于胚胎发育生物学、免疫系统的研究、肝细胞死亡的研究都为这一概念的提出奠定了基础。

细胞凋亡(apoptosis)是细胞在生理或病理条件下由基因控制的自主有序的死亡,是一种主动的过程,又称为程序性细胞死亡(programmed cell death,PCD,也可译为编程死亡)。由于该过程多发生于生理条件下,又称生理性死亡。多细胞生物随时都在进行着有规律的程序化细胞死亡,如人类的淋巴细胞系统、神经系统等。

细胞坏死和细胞凋亡是多细胞生物细胞的两种完全不同的死亡形式,因此,它们在促成因素、细胞形态、炎症反应等方面都有本质的区别(表 10-2)。

表 10-2　细胞坏死与细胞凋亡的主要特征比较

区别点	细胞坏死	细胞凋亡
促成因素	强酸、强碱、高热、辐射等严重损伤	生理或病理性
范围	大片组织或成群细胞	单个散在细胞
调节过程	被动进行	受基因调控
细胞形态	肿胀、变大	皱缩、变小
细胞膜	通透性增加、破裂	完整、皱缩、内陷
细胞器	受损	无明显变化
DNA	随机降解,电泳图谱呈涂抹状	有控降解,电泳图谱呈梯状
蛋白质合成	无	有
凋亡小体	无,细胞自溶,残余碎片被巨噬细胞吞噬	有,被邻近细胞或巨噬细胞吞噬
炎症反应	有	一般无

三、细胞凋亡

(一) 细胞凋亡的特征

1. 细胞凋亡的形态学特征　研究表明,细胞凋亡往往只涉及单个细胞,即使是一部分细胞,细胞凋亡也不是同步发生的。在凋亡的过程中,细胞在形态学上逐渐呈现以下变化:凋亡初期,细胞表面的特化结构及细胞间的连接结构消失,细胞与相邻细胞脱离,细胞质和染色质固缩,细胞膜皱缩,染色质向核边缘移动,致使染色质边缘化。凋亡中期,细胞核裂解为碎块,细胞膜内陷,将细胞自行分割为多个具有膜包围的、内含各种细胞成分的凋亡小体(apoptotic body)。凋亡晚期,凋亡小体很快被邻近细胞或巨噬细胞识别、吞噬、消化。细胞凋亡是单细胞的丢失,线粒体、溶酶体等细胞器无明显变化,因始终有膜封闭,没有内容物释放,故不会引起炎症反应和周围组织损伤。

2. 细胞凋亡的生物化学特征　细胞在发生凋亡时,最早可测的生物化学变化是细胞内钙离子浓度快速、持续地升高。一般认为,此变化可使内源性核酸内切酶基因活化和表达,导致染色质 DNA 在核小体连接部位断裂,形成约 200bp 及其整数倍的核酸片段。此外,在细胞凋亡的过程中,还涉及一

系列生物大分子的合成，如 RNA 和蛋白质的合成，这说明细胞凋亡的过程有基因的激活和基因表达的参与，而细胞坏死无此特点。

（二）细胞凋亡的机制

细胞凋亡的机制是一个非常复杂的问题，尚不完全清楚。细胞凋亡是细胞在基因控制下的自主有序的死亡。目前已发现了许多与细胞凋亡有关的基因，基因表达与细胞凋亡之间的关系也有许多得到了阐明。

1. 细胞凋亡相关的基因 在细胞凋亡的分子生物学研究过程中，发现有多种基因参与细胞凋亡的基因调控，大约分三类：促进细胞凋亡的基因、抑制细胞凋亡的基因和在细胞凋亡过程中表达的基因。这些基因主要来自对昆虫、啮齿动物和病毒的研究结果。此研究对于我们了解哺乳动物和人类的细胞凋亡的规律，将会有重要的启示。

2. 细胞凋亡的信号转导途径 不同的凋亡信号引发不同的凋亡信号转导途径，其中细胞内信号诱导的细胞凋亡途径，一般认为，诱导信号分子来自于线粒体的膜间腔，当线粒体的外膜在损伤性因子的作用下受损时，外膜通透性会增加或肿胀破裂，向细胞质中释放上述因子，诱导细胞凋亡。最后，细胞质中的结构蛋白和细胞核染色质降解，核纤层解体，细胞凋亡。

（三）细胞凋亡的生物学意义

细胞凋亡是生物界普遍存在的一种细胞死亡方式，是由基因控制的自主有序的死亡。通过细胞凋亡，维持机体自身细胞数量上的动态平衡，消灭威胁机体生存的细胞，使机体成为一个完善的个体，细胞凋亡具有重要的生物学意义。

1. 在胚胎发育、个体成熟过程中发挥作用 生物在胚胎发育和个体成熟过程中，均有细胞凋亡的发生。例如，在两栖动物的个体成熟过程中，由蝌蚪发育为青蛙时，蝌蚪尾巴的自然消失，就是细胞自然凋亡的结果；一些动物指（趾）的形成过程也是肢端的某些细胞自然凋亡而且被吞噬消化的结果；人的胚胎发育过程中，生殖管道的发生同样有细胞凋亡的现象。人胚在第 5~6 周时男女两性胚胎都具有两套生殖管，即苗勒氏管（Mullerian ducts）和伏耳夫管（Wolffian ducts），分别可发育为雌性生殖管道和雄性生殖管道。随着个体的发育，机体出现了性别分化，每一性别个体都要淘汰另一性别的一套生殖管道，这种淘汰过程就是通过细胞凋亡实现的。

2. 保持成体器官的正常体积 机体中各种器官通过细胞的增殖与凋亡维持平衡状态，使组织和器官不发生过分长大或萎缩。例如，药物苯巴比妥具有刺激肝细胞分裂的能力，若给成体大鼠服用此药，可使肝脏长大但在停药之后肝细胞随即大量死亡，1 周左右肝脏便恢复到原来的大小。此实验证明，肝脏可通过调节细胞分裂与凋亡的速率保持其固定的大小。

3. 清除衰老耗损的细胞 机体内不断产生的衰老、耗损的细胞一般通过细胞凋亡加以清除，使细胞能得以更新，维持机体环境和功能的稳定。如人的红细胞平均寿命仅 120d。

4. 清除受病毒感染的细胞和肿瘤细胞 免疫系统是机体防御系统的重要组成部分。淋巴细胞的发育、分化、成熟过程中的阳性选择和阴性选择涉及复杂的细胞凋亡过程。在接受抗原刺激而发生的免疫反应中，参与反应的淋巴细胞和靶细胞均可发生凋亡，这是一种清除受病毒感染细胞和肿瘤细胞的机制。

生物体内的细胞增殖和凋亡在正常情况下处于动态平衡，如果细胞增殖过多或凋亡减少，就会导致细胞过剩性疾病，如癌症、自身免疫病、某些病毒病以及结肠息肉等疾病；如果增殖减少或凋亡增加，就会导致细胞减少性疾病，如艾滋病、遗传性侧索肌萎缩症、脊髓肌肉萎缩症等疾病。研究细胞凋亡将为人类某些重大疾病的防治提供新策略。

本章小结

细胞分化是指同源细胞在形态结构、生理功能等方面产生稳定性差异的过程。分化细胞内基因组所表达的基因按功能可以分为两大类：一类是管家基因，另一类是组织特异性基因又称奢侈基因。细胞分化是奢侈基因选择表达的结果。影响细胞分化的因素有其内在的分子基础，如基因

选择性表达、与细胞分化有关的基因作用、细胞质的作用和细胞核的作用等，也有其外在因素，如细胞间的相互作用、激素和外环境等。机体中具有分裂增殖能力，并能分化形成一种以上"专业"细胞的原始细胞就称为干细胞。分化障碍是癌细胞的重要生物学特征。

细胞衰老是组成细胞的化学物质受到内外环境的影响而发生损伤，造成细胞功能退行性下降而老化的过程。细胞衰老的特征主要有：细胞内水分减少、化学组成与生化反应的变化、细胞内色素颗粒积累、细胞器和膜系统的改变等。有关细胞衰老原因的学说主要有：自由基理论、遗传程序论、端粒学说论、神经内分泌 - 免疫调节学说等。细胞衰老是多种内、外因共同作用的结果。

细胞死亡主要有细胞坏死和细胞凋亡两种形式，它们在促成因素、细胞形态、炎症反应等方面都有本质的区别。细胞凋亡是细胞由基因控制的自主有序的死亡，是一种主动过程。通过细胞凋亡，除了清除衰老病损细胞外，对于维持机体自身细胞数量的动态平衡、生物体的个体发育具有重要意义。

案例讨论

7 岁的艾香蒂·艾略特·史密斯是英国布赖顿市附近人，当她在 2003 年 5 月出生时，体重 2.55kg 的她看起来就像是一个正常而健康的婴儿。然而当艾香蒂出生 3 周后，她的身体就突然开始抽筋，父母迅速将她送往医院检查，医生为艾香蒂进行了一系列医学测试，但并没有查出她患有任何毛病。不过在接下来的几个月中，艾香蒂的病情开始更加恶化，并变本加厉起来，出现秃顶、关节炎、血管硬化、心脏疾病等各种老年人常见的病变。诊断：伦敦大奥蒙德街儿童医院的专家们诊断出艾香蒂患上了罕见的"哈钦森·吉尔福德早衰综合征"。

案例讨论

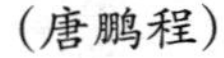

（唐鹏程）

扫一扫，测一测

思考题

1. 细胞分化的特征有哪些？
2. 简述细胞衰老的特征。
3. 细胞凋亡与细胞坏死有哪些主要区别？
4. "没有细胞的衰老与死亡，人就能永葆青春长命百岁。"你认为这种说法对不对？为什么？

笔记

第十一章　医学遗传学概述

学习目标

1. 掌握：医学遗传学的概念；遗传病的概念及分类。
2. 熟悉：家族性疾病、先天性疾病的概念以及与遗传病的联系与区别。
3. 了解：医学遗传学的分支学科、研究方法。
4. 具有医学遗传学的基本知识，能认识到用遗传学的理论和方法解决遗传病的病因、发病机制、病变过程、预后等问题。
5. 能初步了解人类疾病是遗传和环境相互作用的结果，建立指导社区居民的健康与疾病的咨询意识。

第一节　医学遗传学的研究范畴

一、医学遗传学的概念

人类遗传学（human genetics）是研究人类正常性状与病理性状的遗传现象及其物质基础的科学。医学遗传学（medical genetics）是医学与遗传学相结合的一门学科，是人类遗传学的一个组成部分。医学遗传学研究的是人类疾病与遗传的关系，主要研究疾病发生的遗传基础及传递方式，为遗传性疾病的诊断、预防、治疗及预后提供科学依据，为降低遗传病在家庭或群体中的再发风险、改善人类健康水平、提高人口素质做贡献。

随着科学的发展和各个学科的相互渗透，医学遗传学与生物化学、生理学、神经科学、免疫学、病理学、药理学和社会医学等学科的关系越来越紧密，并形成了侧重研究各种遗传病的临床诊断、产前诊断、治疗、预防及遗传咨询的临床遗传学。

二、医学遗传学的分支学科

1. 细胞遗传学　研究人类染色体数目与结构异常的发生机制、频率，及其与疾病发生的关系。迄今人们已认识了100多种染色体异常综合征和十多种染色体异常核型。

2. 生化遗传学　用生物化学的方法研究遗传病病人蛋白质（或酶）的变化，以及核酸的相应改变。通过生化遗传学研究，使人们对分子病和遗传性代谢病的发病机制及对人类健康的危害有了深刻认识。

3. 分子遗传学　用分子生物学的方法，从基因的结构、突变、表达及调控等方面研究控制遗传病的DNA分子改变，为遗传病的基因诊断和基因治疗等提供新的策略和手段。

4. 群体遗传学　研究人群的遗传结构及其随着时间和空间变化的基本规律。医学群体遗传学(或称遗传流行病学)注重研究人群中遗传病的发病率、致病基因频率、基因型频率、携带者频率及影响群体遗传结构变化的因素,诸如突变、选择、迁移、隔离等,从而控制遗传病在人群中的流行。

5. 遗传毒理学　研究环境因素如诱变剂、致癌剂和致畸剂等对遗传物质损伤的机制及其对后代的影响。它具体包括致变、致癌及致畸的"三致"效应及其检测和评价这类效应的手段。

6. 药物遗传学　研究遗传因素对药物代谢的影响,特别是由于遗传因素引起的异常药物反应,从而指导临床医生针对不同个体的遗传差异用药,为药物的开发提供科学依据。

7. 免疫遗传学　研究免疫现象的遗传基础,从细胞和分子水平阐明免疫现象的遗传、变异规律,以及与遗传有关的免疫性疾病的遗传背景,如编码组织相容性抗原的基因复合体及其多态性,抗体生物合成的基因调控和抗体多样性的遗传机制,免疫应答过程的基因调控等。免疫遗传学还可为输血、器官移植、亲子鉴定等提供理论依据。

8. 肿瘤遗传学　研究肿瘤发生、发展的遗传基础,对阐明肿瘤的发生机制、诊断、治疗和预防具有重要意义。

9. 体细胞遗传学　应用细胞体外培养的方法建立细胞系,对离体培养的体细胞进行遗传学研究,为研究基因突变、表达、基因定位、细胞分化、个体发育、肿瘤的发生及基因治疗提供重要的研究手段。

10. 发育遗传学　研究胚胎发育过程中,双亲基因组的作用、基因表达的时序及作用机制等,对阐明发育过程的遗传控制有重要作用。

11. 行为遗传学　研究人类行为的遗传控制,包括人类正常及异常的社会行为、个性、智力、精神性疾病发生的遗传基础,为预防异常行为的发生、智力低下儿童的出生提供有效方法。

12. 辐射遗传学　研究电离辐射对人类的遗传效应、防护措施等。

第二节　医学遗传学研究方法

医学遗传学广泛地采用细胞学、生物化学、免疫学、生物统计学的研究技术和方法,针对不同的研究对象和目的,采用一些特殊的研究方法,来确定某种疾病是否与遗传因素有关。

一、系谱分析法

系谱分析法(pedigree analysis)是以先证者为线索,调查该家族成员的发病情况,绘制成系谱图进行分析,确定疾病的遗传方式,探讨遗传异质性,并开展遗传咨询,有针对性地进行产前诊断。

二、群体筛查法

群体筛查法(population screening method)是采用一种或者几种高效、简便且较为准确的方法对一般人群进行某种遗传病或性状的筛查,主要用于下列目的:①了解某种遗传病在群体中的发病率及其基因频率;②筛查遗传病的预防和治疗对象;③筛查某种遗传病,尤其是隐性遗传病杂合体携带者;④与家系调查相结合探讨某种疾病是否与遗传因素有关。

三、双生子法

双生子法(twin method)是医学遗传学研究中的重要方法之一。双生子分两种,一是单卵双生(MZ),是受精卵在第一次卵裂后,两个子细胞各自发育成一个胚胎,因此单卵双生子的性别、遗传组成及其表型都是相同的;另一种是双卵双生(DZ),是两个卵子分别受精后发育成两个胚胎,故其性别可能不同,遗传组成和表型仅有某些相似,与普通的同胞一样。两种双生子可以从外貌特征、皮肤纹理、血型、同工酶谱、HLA 分型、DNA 多态性等加以鉴定。可以通过比较单卵双生与双卵双生某一疾病的发生一致率,估计疾病在发生过程中遗传因素所起作用的大小。发病一致率是指双生子中一个患某种疾病,另一个也发生同样疾病的概率。如下计算:

发病一致率(%)= 同病双生子对数 / 总双生子(单卵或双卵)对数 ×100%

如果某一疾病在两种双生子中的发病一致率差异不显著，说明该病主要受环境因素的影响；相反，如果某一疾病在两种双生子中的发病一致率差异显著，说明该病的发生与遗传因素有关。表 11-1 列举了双生子法研究的几种与遗传因素有关的疾病。

表 11-1　几种疾病单卵双生子与双卵双生子发病一致率的比较

疾病名称	单卵双生发病一致率（%）	双卵双生发病一致率（%）
21- 三体综合征	89	7
精神分裂症	80	13
结核病	74	28
糖尿病	84	37
十二指肠溃疡	50	14
麻疹	95	87

从表中可以看出，精神分裂症单卵双生子与双卵双生子发病一致率差异较大，表明其与遗传因素关系比较密切；而麻疹在单卵双生子与双卵双生子之间的发病一致率差异较小，表明麻疹与遗传因素的关系相对较小。

四、动物模型

直接研究人类疾病性状的遗传控制受到许多限制，诸如人类每世代的时间很长、不可能进行杂交实验等，但可以利用动物中存在的自发遗传病或人为建立的遗传病动物模型作为研究人类遗传病的辅助手段。尤其是转基因动物技术的应用，大大地丰富了对人类遗传病研究的方法。应该注意的是，动物模型研究结论应用于人类时应十分慎重。

五、染色体分析

多发性畸形、体格或智力发育不全的病人或者是孕早期反复流产的妇女，经过染色体检查、核型分析可以确定是否有染色体异常。

六、关联分析法

关联分析法（association analysis）是指两种遗传上无关的性状非随机地同时出现，通过分析遗传标记与某些疾病的关联，为这些疾病的病因及遗传方式分析提供线索，对这类疾病的防治起重要作用。如果其中某一性状决定于某个基因座的等位基因，就可以作为遗传标记，来检测另一种性状与之是否关联，如果确定有关联，则表明后一性状也有遗传基础。

七、基因诊断

基因诊断（gene diagnosis）又称 DNA 诊断，是利用 DNA 分析技术直接从基因水平检测遗传病的基因缺陷。基因诊断特别是基因产前诊断是预防遗传病的重要手段。

第三节　遗传病概述

一、遗传病的概念与特征

遗传病（genetic disease）是遗传性疾病的简称，指由遗传物质的异常所引起的疾病。遗传物质主要存在于细胞核中，除此之外，细胞质中的线粒体内也存在少量遗传物质即线粒体 DNA（mtDNA）。不管是生殖细胞或受精卵还是体细胞中这两类遗传物质的结构和功能的改变均可引起遗传病。

遗传病的基本特征是遗传物质发生改变,它区别于其他疾病的特点如下:

1. 遗传性　大多数遗传病具有垂直传递的特征,表现为由亲代传向子代的特点。有时突变发生在配子形成时期,因此父母双方都没有这类缺陷,这类病人成为起始性突变者,可能成为后代子孙患病的祖先。但这一特点并非在所有病例中都可以见到,有些基因突变或染色体畸变是致死性的或明显降低生殖力,以致这种缺陷不能传递。除此之外,少数遗传病由体细胞内遗传物质改变所致,又称为体细胞遗传病,这些疾病通常不传给后代。

2. 终身性　多数遗传病是终身性的,虽然有效的防治手段可以在一定程度上改善症状和减缓疾病进程,但因为不能改变遗传的物质基础,还是会造成病人一生及其家庭的痛苦和沉重的负担,并且致病基因会按照一定的遗传方式向下一代传递。

3. 先天性　遗传病具有先天性。先天性疾病(congenital disease)是指个体出生时就表现的疾病,如果出生时表现为机体或某些器官系统的结构异常则称为先天畸形。这类疾病或畸形有的是遗传病,有的则是胚胎发育过程中环境因素引起的,不是遗传病。例如,孕妇怀孕期间感染风疹病毒可导致胎儿先天性心脏病;孕妇服用沙立度胺之类药物缓解妊娠反应,可导致胎儿畸形,这些不属于遗传病。而唇裂和腭裂、先天性巨结肠、脊柱裂等是遗传因素所致,就属于遗传病。当然,遗传病也不一定出生时就表现出症状,有的遗传病,出生时毫无症状,而是到一定年龄才发病,例如甲型血友病一般在儿童期发病,Huntington 舞蹈病一般在 25~45 岁发病,痛风好发于 30~35 岁,家族性结肠息肉一般在青壮年期发病,成年型多囊肾在中年后发病。特别是由遗传基因和环境条件两种因素支配着表现型的遗传性疾病常为晚发的疾病,但仍是遗传病。

4. 家族性　遗传性疾病常可表现为家族性。家族性疾病(familial disease)是指某种表现出家族聚集现象的疾病,一个家族中有多个成员患同一疾病。有人把家族性疾病都认为是遗传病,这是一种误解。首先,一些常染色体隐性遗传病通常不表现家族聚集性而是散发的;一些罕见的常染色体显性遗传病或 X 连锁遗传病也可能是由于基因突变所致,加之一对夫妇只生一个孩子,所看到的往往也是散发病例。其次,一些环境因素所致的疾病,由于同一家族成员生活环境相同,也会表现出发病的家族聚集性。例如缺碘导致的甲状腺肿,在某一地区或某一家族中聚集,但是缺碘引起的甲状腺肿不是遗传病;夜盲也常有家族性,但并非遗传病,而是由于维生素 A 缺乏所致。因此,家族性疾病不一定都是遗传病,遗传病有时也看不到家族聚集现象(图 11-1)。

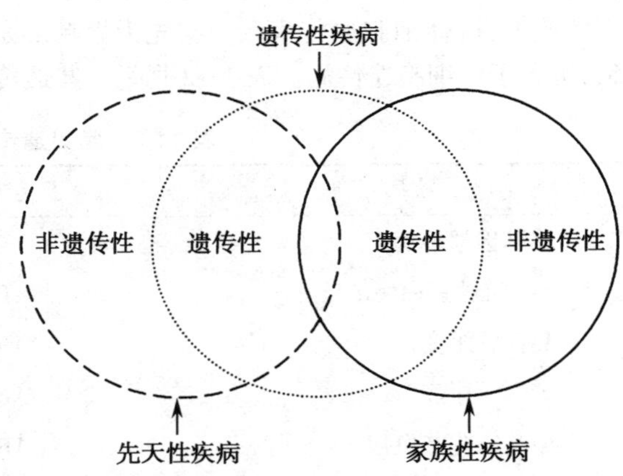

图 11-1　遗传病与先天性疾病和家族性疾病的关系

综上所述遗传病常具有先天性、终身性,多数为先天性疾病并常表现为家族性疾病的特点。

二、遗传病的分类

根据遗传物质所处位置和改变方式不同,遗传病可分为以下几类:

1. 单基因遗传病　指受一对等位基因控制的疾病。根据致病基因所在的染色体不同以及显性和隐性的区别,又可将单基因遗传病分为常染色体显性遗传病、常染色体隐性遗传病、X 连锁显性遗传病、X 连锁隐性遗传病、Y 连锁遗传病。

2. 多基因遗传病　受多对基因控制,并由环境因素共同影响所导致的疾病,一般具有家族聚集性。

3. 染色体病　指人类染色体数目异常或结构畸变导致的遗传性疾病。由于生殖细胞或受精卵早期卵裂过程中发生了染色体畸变,导致胚胎细胞的染色体数目或结构异常,造成胚胎发育异常,产生一系列临床症状。根据染色体异常的类型又可以分为常染色体病和性染色体病。染色体病的发生率为 0.7%,自发流产胎儿中染色体畸变约占 50%。目前已确定的染色体病有 100 多种。

4. 线粒体遗传病　线粒体基因病是指线粒体 DNA 缺陷引起的疾病。线粒体基因组独立于细胞

核基因组，具有半自主性，且受精卵中的线粒体完全来自卵子的细胞质，所以线粒体基因突变随同线粒体传递，属于细胞质遗传，又称母系遗传。

线粒体遗传病的传递和发病规律

Leber 遗传性视神经病是 Wallace 于 1987 年确认的第一种线粒体病，目前已发现人类 100 余种疾病与线粒体 DNA 突变有关。线粒体 DNA 与核 DNA 相比，有其独特的传递和发病规律：①半自主性：线粒体 DNA 能够独立地复制、转录和翻译，但功能又受核 DNA 的影响；②母系遗传：人类受精卵的线粒体绝大部分来自卵细胞，受精卵中的线粒体 DNA 几乎全部来自于卵子，来源于精子的 DNA 对表型无明显作用，如 Leber 遗传性视神经病尚未发现男性病人后代患此病的情况；③阈值效应：细胞是否出现受损的表型，与细胞内突变型线粒体的数量有关，达到一定的比例，才表现出异常性状，同时一种细胞或组织内这种阈值的大小还决定于其对能量的需求量；因此高需能的组织如脑、骨骼肌、心脏、肾、肝，更易受到线粒体 DNA 突变影响；④细胞分裂时，突变型线粒体随机分配到子细胞中，使子细胞拥有不同比例的突变型线粒体 DNA。基于上述因素，线粒体遗传病的发病有其特殊性。

5. 体细胞遗传病　体细胞中遗传物质改变所致疾病，称体细胞遗传病。由于是体细胞中遗传物质的改变，所以一般不向后代传递。各种肿瘤的发生都涉及特定组织细胞中染色体、癌基因及抑癌基因的改变，属体细胞遗传病。一些先天性畸形是由于发育过程中某些体细胞的遗传物质发生改变所致，也属于体细胞遗传病。表 11-2 列举一些遗传病及其遗传方式和发病率。

表 11-2　常见遗传病的遗传方式及发病率

疾病	遗传方式	发病率
单基因遗传病		
α-1 抗胰蛋白酶缺乏症	AR	1/3000~1/20 000
囊性纤维变性	AR	1/2000；亚洲人极罕见
苯丙酮尿症	AR	1/5000
镰状细胞贫血症	AR	部分种族：1/400
地中海贫血	AR	常见
Tay-Sachs 病	AR	1/3000
家族性高胆固醇血症	AD	1/500
Huntington 舞蹈病	AD	4~8/100 000
强直性肌营养不良症	AD	1/10 000
成骨不全	AD	1/15 000
视网膜母细胞瘤	AD	1/14 000
Wilms 瘤	AD	1/10 000
Duchenne 肌营养不良	XR	男性：1/3000~1/3500
葡萄糖 6- 磷酸酶缺乏症	XR	男性：1/4~1/20
血友病 A	XR	男性：1/10 000
脆性 X 综合征	XL	男性：1/500 女性：1/2000~1/3000
多基因遗传病		
唇裂		1/250~1/600
先天性心脏病		1/125~1/250

续表

疾病	遗传方式	发病率
神经管缺陷		1/100~1/500
糖尿病		成人:1/10~1/20
冠状动脉粥样硬化		特定人群:1/15
染色体病		
21- 三体综合征	47,+21	1/800
18- 三体综合征	47,+18	1/8000
13- 三体综合征	47,+13	1/25 000
Klinefelter 综合征	47,XXY	男性:1/1000
Turner 综合征	45,X	女性:1/5000
XXX 综合征	47,XXX	女性:1/1000
XYY 综合征	47,XYY	男性:1/1000
Prader-Willi 综合征		1/10 000~1/25 000
线粒体基因病		
Leber 遗传性视神经病	细胞质遗传	少见
体细胞遗传病		
肿瘤		总:1/3

注:AR 为常染色体隐性遗传;AD 为常染色体显性遗传;XL 为 X 连锁遗传;XR 为 X 连锁隐性遗传

三、疾病发生中的遗传因素与环境因素

从环境与机体统一的观点来看,疾病是环境因素与机体相互作用而形成的一种特殊的生命过程,伴有组织器官形态和代谢功能的改变,个体的遗传组成是构成内因的主要因素。因此,可以认为任何疾病的发生都是环境因素和遗传因素相互作用的结果。某一疾病在发生过程中,环境因素和遗传因素的相对重要性,要根据具体情况具体分析,一般说来可以分为下列几种情况(图 11-2)。

1. 遗传因素在疾病的发生过程中起主导作用,例如甲型血友病、白化病等。

2. 基本上由遗传因素决定,但需要环境中的诱因,即遗传因素提供了疾病发生的必要遗传背景,环境因素促使疾病表现出相应的症状,例如苯丙酮尿症、葡萄糖 -6- 磷酸脱氢酶缺乏症(俗称蚕豆病)等。

3. 环境因素和遗传因素共同作用,对发病产生影响,遗传度各不相同。例如唇裂、腭裂、先天性幽门狭窄,遗传度约 75%;先天性心脏病、消化性溃疡等遗传度约 40%。

4. 疾病的发生取决于环境因素,例如各种烈性传染病中的霍乱、急性呼吸系统综合征。烧伤、烫伤等意外伤害与遗传因素无关,但其损伤的修复与个体遗传基础有关。

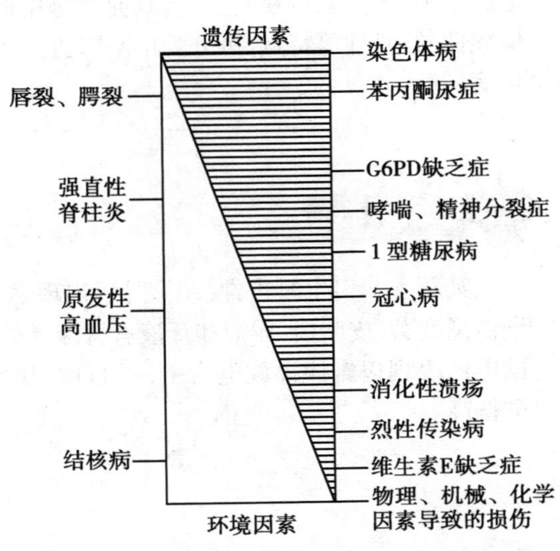

图 11-2　遗传因素与环境因素在疾病发生中的相互作用

四、遗传病的危害

1. 遗传病病种增长速度快、发病率高　遗传病病种增长速度惊人，以单基因遗传病为例，据统计：1958年有412种；1990年有4937种；1994年有6678种；1999年有10 126种；2017年有24 377种。据统计，我国每年新出生人口中，出生缺陷者约有30万，其中70%~80%涉及遗传因素；儿童医院住院儿童中与遗传有关的疾病占1/4~1/3，包括白血病、脑瘤和神经母细胞瘤在内的与遗传密切相关肿瘤，已占恶性肿瘤死亡总数的70%；成人住院病人中至少10%以上患有显著遗传成分的疾病。

2. 遗传病已成为婴儿死亡的主要原因　在发达国家出生缺陷为婴儿死亡的第一位原因；在我国，出生缺陷在婴儿死亡原因中的构成比从2000年的第四位上升到2011年的第二位，达到19.1%。北京市先天畸形死亡率占第一位，同期传染病致死亡率占第四位。据统计，我国因畸形导致死亡的新生儿中心脏先天性畸形占71.4%，居第一位，其次为神经系统畸形，占28%。

3. 遗传病是导致智力低下的主要原因之一　智力低下不但是严重危害儿童身心健康的一类世界性疾患，更是一个严重的社会问题。据估计，全世界约有1.5亿智力低下病人。在发达国家，由遗传病所致的智力低下占重度智力低下总数的一半以上。虽然智力低下有各种特异环境因素，但在严重智力缺陷病人中，有遗传病因的总数还是很大的。据调查，我国0~14岁儿童智力低下的总发生率约1.5%，其中轻度约占70%，中度约占20%，重度约占7%，极重度占2%~3%。单基因突变或常染色体异常是造成重度与极重度智力低下的主要原因；多基因遗传或性染色体异常是造成轻度与中度智力低下的主要原因。在重度智力低下者中约18%患有单基因病，约45%有遗传因素。

4. 遗传病是不孕不育、流产的主要原因之一　据统计，原发性不育约占已婚夫妇的1/10。自然流产占全部妊娠的7%，其中50%是由染色体畸变所引起的。在反复自发性流产、死产和原因不明的新生儿死亡中，双亲之一为平衡易位的风险高达20%。

5. 致病基因携带者对人类健康构成潜在性威胁　在人群中对于未患遗传病的正常人来说，也并非与遗传无关。目前已知，在正常人群中，平均每人都携带5~6个隐性致病基因。致病基因携带者可以将有害的致病基因传给后代，一旦纯合便可发病。对子孙后代，形成了潜在性威胁。

本章小结

医学遗传学是医学与遗传学相互结合的一门学科，是人类遗传学的一个组成部分。医学遗传学研究的是人类疾病与遗传的关系，主要是研究疾病发生的遗传基础及遗传方式，为遗传性疾病的诊断、预防、治疗及预后提供科学依据，从而降低遗传病在家庭和群体中的再发风险，改善人类健康水平，提高人口素质。遗传病是细胞中遗传物质发生改变所引起的疾病，具有遗传性、先天性、家族性、终身性等特点，可分为单基因遗传病、多基因遗传病、染色体病、线粒体遗传病和体细胞遗传病。

案例讨论

案例讨论

某新生儿出生时正常，一个月后出现呕吐、喂养困难、生长发育迟缓等症状。4个月后头发逐渐由黑变黄，皮肤白，尿液和汗液有特殊鼠臭味，常有湿疹。15个月出现痉挛性发作点头。经检查，脑电图表现以癫痫样放电为主，尿 $FeCl_3$ 和DNPH试验强阳性，血苯丙氨酸浓度 >1200，血苯丙氨酸偏高。

（高江原）

扫一扫，测一测

思考题

1. 试述遗传病、家族性疾病、先天性疾病之间的区别。
2. 遗传病有哪些特征？分为哪几类？

第十二章 基因与基因突变

学习目标

1. 掌握:基因、基因组的概念与特征;真核生物结构基因的结构,真核生物基因的转录及转录后加工的过程;基因突变的概念、特性、类型及表型效应。
2. 熟悉:基因复制的特点;基因表达的调控方式;基因突变的分子机制。
3. 了解:基因突变的诱发因素;DNA 损伤的修复方式。
4. 能够利用基因及基因突变的知识,解答一些疾病与健康的常见问题。
5. 能够与病人及家属进行沟通,开展健康教育。

生物依靠遗传物质的世代传递和表达来维持物种的稳定性和特异性,除某些病毒和类病毒外,绝大多数生物的遗传物质是 DNA,它是具有生物活性的核酸大分子。DNA 分子中储存着生物生长发育、遗传变异、衰老死亡的全部生命信息。基因是携带遗传信息、具有生物学效应的 DNA 片段,是控制生物性状的基本遗传单位。基因通过转录形成信使 RNA(mRNA),进而翻译指导蛋白质的合成来表达自己所携带的遗传信息,从而控制生物个体的性状。DNA 碱基组成或排列顺序发生改变会造成基因突变,导致遗传病的发生,同时也为生物进化和自然选择提供原始材料。

第一节 基因的概念及种类

人们对基因的认识是不断发展的。19 世纪 60 年代,遗传学家孟德尔提出了生物的性状是由遗传因子控制的观点。20 世纪初期,丹麦学者约翰逊提出了“基因”这一名词,遗传学家摩尔根认识到基因存在于染色体上。20 世纪 50 年代,沃森和克里克提出了 DNA 的双螺旋结构模型,使人们进一步认识了基因的本质。随着分子生物学研究的不断深入,基因的概念将会得到不断地更新。

一、基因的概念

现代遗传学认为,基因(gene)是遗传物质的结构和功能单位,是一段能够合成一条具有一定功能的多肽链或 RNA 分子所必需的 DNA 序列。除了编码序列以外,大多数基因还包含非编码的间隔序列和转录控制序列。

基因有三个基本特征:①基因可以自我复制,基因的复制实际上是 DNA 的复制,通过复制,保持遗传的连续性;②基因决定性状,基因通过转录和翻译决定多肽链的氨基酸顺序,从而决定某种酶或蛋白质的性质,最终表达为某一生物性状;③基因可以发生突变,新突变的基因一旦形成,可通过自我复制和细胞分裂在后代细胞中保留下来。

基因组(genome)是指细胞或生物体的全套遗传信息。人类完整的基因组既包括核基因组,也包

括线粒体基因组，通常所说的基因组是指核基因组。核基因组是指每个体细胞核中父源或母源的整套 DNA，即每个体细胞有两套核基因组；线粒体基因组是指每个线粒体中的闭合环状双链 DNA。研究表明，人类基因组由 3.2×10^9 个碱基对组成，人类基因组中具有编码功能的结构基因有 2 万 ~2.5 万个，占基因组全序列的 1%~1.5%，98% 以上的 DNA 序列都是非编码序列。根据某种 DNA 片段在基因组中拷贝数的不同，可将基因组中的 DNA 序列分为单一序列和重复序列。

基 因 剔 除

基因剔除又称为基因敲除，是 20 世纪 80 年代末发展起来的一种新型分子生物学技术。其方法是通过一定的途径使机体特定的基因失活或缺失，而后观察由此引起的表型改变，是目前研究基因整体功能的唯一方法。如果要确认一个基因在体内的作用，最直接有效的方法是在被研究的动物(一般为小鼠)基因组中剔除这个基因。基因剔除技术的成功应用将有助于研究不同基因与不同功能之间的联系，揭开多种疑难病症的发病机制。

二、单一序列和重复序列

1. 单一序列　又称非重复序列或单拷贝序列，是指在一个基因组中只有一个拷贝或很少几个拷贝的 DNA 序列。在人类基因组中单一序列占 60%~70%，一般由 800~1000bp 组成。这些序列包括编码蛋白质的结构基因的编码区序列以及基因的间隔序列，前者只占很少一部分，单一序列常被重复序列隔开。

2. 重复序列　是指一个基因组中存在多个拷贝的 DNA 序列，在人类基因组中重复序列占 30%~40%。根据重复序列重复次数的不同，又将重复序列分为高度重复序列和中度重复序列。

高度重复序列是指基因组中存在大量拷贝的序列，一般重复次数在 10^6 以上，这些序列长度在 6~200bp 之间，散在分布于基因组中，占基因组 DNA 的 10%~30%。高度重复序列简单，没有转录必需的启动子，所以没有转录能力，不编码任何蛋白质。目前认为，高度重复序列一般构成染色体的异染色质区，主要功能可能与维持染色体的结构和减数分裂时同源染色体配对有关，确切的生物学意义有待进一步探索。

中度重复序列是指在一个基因组中拷贝数为 10^2~10^5 的 DNA 序列，这些 DNA 序列的长度在 300~7000bp。重复单位的序列相似，散在地分布于基因组中，在结构基因之间、基因簇内、内含子中都可见到中度重复序列。人类基因组的中度重复序列中，Alu 家族、KpnⅠ家族含量最丰富，是不编码的 DNA 序列。另外，编码功能性 RNA 的基因(如 rRNA 基因、tRNA 基因)和蛋白质的一些多基因家族(如组蛋白基因家族、免疫球蛋白基因家族)，也属于中度重复序列。

三、多基因家族

多基因家族(multigene family)是指由一个祖先基因经过重复和变异所产生的一组来源相同、结构相似、功能相关的基因。按照基因表达产物的不同，多基因家族分为两类：一类编码 RNA(包括 tRNA、rRNA、snRNA)，另一类编码蛋白质。根据它们在基因组中分布的不同，也可分为两类：一类是序列高度同源，在同一条染色体上串联排列的基因簇(gene cluster)，它们可同时发挥作用，或在不同发育阶段表达，合成某些蛋白质。如人类 α 珠蛋白基因簇和 β 珠蛋白基因簇，α 珠蛋白基因簇由 5 个相关基因组成，集中分布在 16 号染色体短臂末端(16p13)，β 珠蛋白基因簇由 6 个基因组成，分布在 11 号染色体短臂的一个狭小区域(11p15)。另一类是一个多基因家族中的不同成员成簇地分布在不同染色体上，它们的序列有些不同，但是编码一类功能相关的蛋白质，称之为基因超家族(gene superfamily)。如人类调控形体的 HOX 基因由 38 个相关基因组成 4 个基因簇，分别位于 2 号、7 号、12 号、17 号染色体上。

在多基因家族中，还存在一些假基因(pseudogene)，是与某些有功能的基因序列相似，但不能表达基因产物的基因，常用 ψ 表示。起初这类基因是有功能的，进化中由于发生变异导致不能表达。大多数基因家族中都有假基因，但是它在基因组中仅占很小的部分。

第二节　真核生物的结构基因

编码蛋白质的基因称为结构基因(structural gene)。真核生物(包括人类)与原核生物的结构基因有所不同:从基因的数量和大小来看,原核生物的基因数量较少,往往只有一个DNA分子,DNA分子中约1kb相当于一个基因;真核生物的结构基因数量较多,基因彼此间的大小相差较大。从基因的结构来看,原核生物结构基因的核苷酸序列是连续的,称为连续基因;真核生物结构基因的核苷酸序列包括编码序列和非编码序列两部分,编码序列在DNA分子中是不连续的,被非编码序列隔开,形成镶嵌排列的断裂形式,称为断裂基因(split gene)。断裂基因主要由外显子、内含子和侧翼序列所组成(图12-1)。

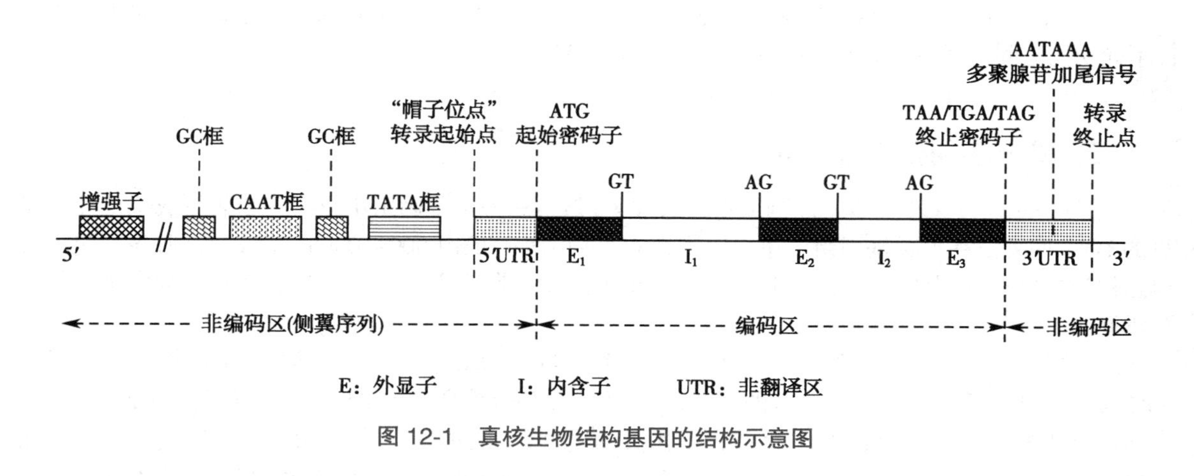

图12-1　真核生物结构基因的结构示意图

一、外显子和内含子

真核生物结构基因中的编码序列,称为外显子(exon),相邻两个外显子之间的非编码序列,称为内含子(intron)。从转录起始点到转录终止点之间的DNA序列称为转录区。在转录区内,从转录形成起始密码的核苷酸顺序开始,至转录形成终止密码的核苷酸顺序为止的一段DNA,是由外显子和内含子组成的,两者相间排列构成编码区。在转录区内编码区的两侧各有一段转录但不翻译的DNA序列,分别称为5′非翻译区(5′UTR)和3′非翻译区(3′UTR)。编码区内由外显子与内含子组成的DNA序列,总是以外显子起始,并以外显子结束。因此,一个结构基因中总是有n个内含子和n+1个外显子。但通常内含子序列总长度要比外显子序列总长度大得多,不同基因内含子的数量和长度也相差悬殊。例如,人的血红蛋白β珠蛋白基因有3个外显子和2个内含子,全长约1.7kb,它编码的β珠蛋白含146个氨基酸;人的假肥大型肌营养不良症(DMD)基因有79个外显子和78个内含子,全长可达2400kb,其cDNA全长14kb,编码由3685个氨基酸残基组成的Dystrophin蛋白。

在真核生物结构基因中每个外显子与内含子的交界处,都存在一段高度保守的一致序列,称为外显子-内含子接头,即每个内含子5′端开始的两个核苷酸为GT,3′端末尾的两个核苷酸为AG,称为GT-AG法则,是不均一核RNA(hnRNA)的剪接信号。

二、侧翼序列

每个断裂基因第一个外显子的上游和最末一个外显子的下游,都有一段不编码的DNA序列,称为侧翼序列(flanking sequence)。在5′端有启动子、增强子等,在3′端有终止子。侧翼序列虽不编码氨基酸,但对基因的表达有调控作用。

1. 启动子　启动子(promoter)通常位于基因转录起始点上游-100bp范围内,是RNA聚合酶的结合部位,能启动并促进转录过程。启动子包括3种重要的结构序列:

(1) TATA 框：位于转录起始点上游 -19bp~-27bp 处，是一段高度保守的序列，由 7 个碱基组成，即 TATAAAA 或 TATATAT，其中仅有两个碱基可有变化。TATA 框能与转录因子 TFⅡ结合，再与 RNA 聚合酶Ⅱ形成转录复合物，从而准确地识别转录的起始位置。

(2) CAAT 框：位于转录起始点上游 -70bp~-80bp 处，也是一段保守序列，由 9 个碱基组成，即 GGCCAATCT 或 GGTCAATCT，其中仅有一个碱基可以发生变化。转录因子 CTF 能识别 CAAT 框并与之结合，是 RNA 聚合酶的另一个结合点，能提高转录效率，而不影响转录起始位置。

(3) GC 框：其保守序列为 GGGCGG，常有两个拷贝，位于 CAAT 框的两侧，能与转录因子 SP1 结合，激活转录，与增强起始转录效率有关。

2. 增强子　增强子(enhancer)是位于启动子上游或下游能明显增强基因转录活性的 DNA 序列。增强子具有组织特异性，例如免疫球蛋白基因的增强子只有在 B 淋巴细胞内，活性才最高。不同基因的增强子不尽相同，其作用的发挥与所处的位置和序列的方向性无关。可以是 5′→3′ 方向，也可以是 3′→5′ 方向。增强子的结合蛋白与启动子的结合蛋白相互作用，能增强启动子发动转录，提高基因转录的活性。

3. 终止子　终止子(terminator)由 AATAAA 和一段反向重复序列组成，二者构成转录终止信号。AATAAA 是多聚腺苷酸(poly A)的附加信号；反向重复序列是 RNA 聚合酶停止工作的信号，该序列转录后，可以自身碱基配对，形成发卡式结构，阻碍 RNA 聚合酶的移动，其末尾的一串 U 与模板中的 A 结合不稳定，从而使 mRNA 从模板上脱离，转录终止。

第三节　基因的功能

基因的功能包括三方面：①储存遗传信息；②遗传信息的扩增和传代，体现为 DNA 的复制；③表达遗传信息。

一、遗传信息的储存

DNA 分子中碱基对的排列顺序蕴藏着遗传信息，基因在转录时通过碱基互补配对可将其储存的遗传信息传递给 mRNA，表现为 mRNA 的碱基排列顺序。mRNA 分子上每 3 个相邻的碱基构成一个三联体，决定编码某种氨基酸，称为遗传密码(genetic code)或密码子。mRNA 上 4 种碱基以三联体形式可以组合成 64(4^3)种密码子，其中 61 个密码子编码 20 种氨基酸，其余 3 个为肽链合成的终止信号。1967 年完成了遗传密码表的编制工作(表 12-1)。

表 12-1　遗传密码表

第一碱基(5′端)	第二碱基 U		第二碱基 C		第二碱基 A		第二碱基 G		第三碱基(3′端)
U	UUU	苯丙氨酸	UCU	丝氨酸	UAU	酪氨酸	UGU	半胱氨酸	U
	UUC		UCC		UAC		UGC		C
	UUA	亮氨酸	UCA		UAA	终止密码子	UGA	终止密码子	A
	UUG		UCG		UAG		UGG	色氨酸	G
C	CUU	亮氨酸	CCU	脯氨酸	CAU	组氨酸	CGU	精氨酸	U
	CUC		CCC		CAC		CGC		C
	CUA		CCA		CAA	谷氨酰胺	CGA		A
	CUG		CCG		CAG		CGG		G
A	AUU	异亮氨酸	ACU	苏氨酸	AAU	天冬酰胺	AGU	丝氨酸	U
	AUC		ACC		AAC		AGC		C

续表

第一碱基(5′端)	第二碱基 U		第二碱基 C		第二碱基 A		第二碱基 G		第三碱基(3′端)
	AUA		ACA		AAA	赖氨酸	AGA	精氨酸	A
	AUG	甲硫氨酸+起始密码子	ACG		AAG		AGG		G
G	GUU	缬氨酸	GCU	丙氨酸	GAU	天冬氨酸	GGU	甘氨酸	U
	GUC		GCC		GAC		GGC		C
	GUA		GCA		GAA	谷氨酸	GGA		A
	GUG		GCG		GAG		GGG		G

遗传密码具有如下特性：

1. 遗传密码的通用性　从病毒到人类，在蛋白质的生物合成中都使用同一套遗传密码。研究发现，动物细胞的线粒体、植物细胞的叶绿体有自身的DNA和独立的复制系统，在翻译过程中，虽然也是三联体密码子，但和普遍使用的“通用密码子”有一些差别。例如线粒体和叶绿体以AUG、AUU为起始密码子，而AUA兼有起始密码子和甲硫氨酸密码子的功能。终止密码子是AGA、AGG，色氨酸密码子是UGA等。

2. 遗传密码的简并性　在61种编码氨基酸的密码中，除色氨酸和甲硫氨酸分别仅有一个密码子外，其余氨基酸各被2~6个密码子编码，这种几个遗传密码编码一种氨基酸的现象称为遗传密码的简并性(degeneracy)。这一特性使遗传密码的第3个碱基具有可变性，有利于保持生物性状的稳定表达和遗传。

3. 起始密码和终止密码　在64个密码子中，AUG比较特殊，除编码甲酰甲硫氨酸(原核生物)和甲硫氨酸(真核生物)外，若位于mRNA 5′端的起始处，还是蛋白质合成的起始信号，故称为起始密码子(initiation codon)。而UAA、UAG和UGA不编码任何氨基酸，而是作为肽链合成的终止信号，称为终止密码子(termination codon)。

4. 遗传密码的方向性　mRNA上的遗传密码由5′端→3′端排列，所以，遗传密码的读码方向也是从5′端至3′端。

5. 遗传密码的连续性　遗传密码在mRNA上的排列是连续的，两个密码子之间无任何核苷酸隔开。mRNA链上碱基的插入或缺失，可造成移码突变，使下游翻译出的氨基酸完全改变。

二、基因的复制

基因作为DNA分子的组成部分，其复制是通过DNA的自我复制实现的。基因复制发生在细胞周期的S期。DNA分子以自身为模板合成新的DNA分子，使DNA分子加倍的过程，称为DNA的自我复制(self-duplication)。

真核生物每个DNA分子复制时，有多个复制起点，复制从这些位点同时启动。亲代的双链DNA分子在酶的作用下，从复制起点开始，双链之间的氢键断开成为两条单链，这两条单链各自以自身为模板指导合成两条新的子链，这样两条模板链就分别与两条新合成的子链组成了两个完全一样，并与亲代DNA完全相同的子代DNA分子。复制需要解旋酶、引物酶、DNA拓扑异构酶、DNA聚合酶、DNA连接酶等，分别在解开DNA双螺旋、催化DNA延长反应、DNA链切口处生成磷酸二酯键等过程中发挥作用。

DNA的复制具有以下特点：

1. 互补性　在DNA复制时，新合成的两条子链是分别以亲代DNA分子的一条单链为模板，按照碱基互补配对原则合成的，如此合成的新链(子链)与模板链(亲链)在一级结构(碱基序列)上呈互补关系，子链与亲链的碱基互补，构成了一个完整的双链DNA分子，并与复制前的DNA分子保持一致。这一特性保证了生物世代遗传的稳定性。

2. 半保留性　在DNA复制时，经解旋酶等作用，分开的两条单链，都能作为模板复制新链。因而复制结束后，两条模板链（亲链）本身就分别成为子代DNA双链中的一条单链，即在子代DNA分子的双链中，一条是保留下来的亲链，一条是新合成的子链。所以DNA的这种自我复制方式又称为半保留复制（semi-conservative replication）（图12-2）。

3. 半不连续性　真核生物的DNA聚合酶只能把核苷酸加到前一个核苷酸的3′-OH上，因此新合成的子链只能沿5′→3′方向延长。DNA复制以3′→5′亲链作为模板时，合成开始早，其子链合成可以沿5′→3′方向迅速而连续地进行，由此形成的子链称为前导链（leading strand）；而以5′→3′亲链作为模板时，子链的合成是不连续的，复制较晚较慢而且复杂，这条新合成的子链称为后随链（lagging strand）。以5′→3′亲链作模板合成后随链时，首先在引物的起始引发下，合成一个个DNA小片段，称为冈崎片段（Okazaki fragment），然后在DNA连接酶的作用下，冈崎片段连接起来形成完整的新链。DNA复制时，前导链的复制是连续的，后随链的复制是不连续的，因此复制是半不连续的。

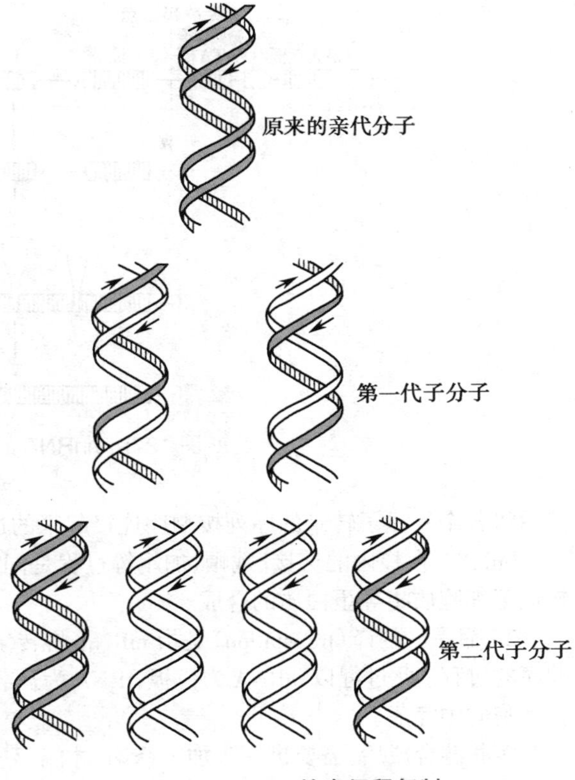

图12-2　DNA的半保留复制

三、基因的表达

基因表达（gene expression）是指把基因中所储存的遗传信息，转变为多肽链的特定氨基酸种类和序列，从而决定生物性状的过程。基因表达包括两个步骤：①以DNA为模板转录形成mRNA；②将遗传信息翻译成多肽链中相应的氨基酸种类和序列。

原核生物中，转录和翻译两个过程是同步进行的。真核生物中，结构基因的转录在细胞核中进行，而翻译在细胞质中进行。

1. 转录　转录（transcription）是指在RNA聚合酶的催化下，以双链DNA分子中的3′→5′单链为模板，按照碱基互补配对原则，合成RNA的过程。

在真核细胞中，RNA聚合酶Ⅰ、Ⅱ、Ⅲ分别参与不同RNA分子的转录。mRNA的合成，是在RNA聚合酶Ⅱ和启动子的参与下，从转录起始点开始，以碱基互补配对的方式先形成RNA初始物，称为核内异质或不均一核RNA（hnRNA），它包括从转录起始点到转录终止点之间的全部转录顺序。hnRNA合成后，需经过加工过程才能形成成熟的mRNA（图12-3）。

转录产物的加工主要包括：

(1) 戴帽：戴帽（capping）是指在初始转录物的5′端的第一个核苷酸前加上一个“7-甲基鸟嘌呤核苷酸”帽子结构，这种帽子结构使RNA转录本的5′端得到了有效的封闭，不再连接核苷酸，也不受核酸外切酶等物质的水解作用而得到保护。另外，帽子结构还有利于mRNA从细胞核转运到细胞质，并使核糖体小亚基易于识别mRNA，促使二者结合。

(2) 加尾：在RNA转录本3′端有AAUAAA组成的序列，此序列是Poly A的附加信号，在该信号下游15~30个核苷酸处为切割点，将切割点下游的核苷酸序列切除，并在切割点后再加上200个左右的腺苷酸（AMP）形成Poly A尾，这一过程称为加尾（tailing）。Poly A尾有助于成熟的mRNA从细胞核进入细胞质，增强mRNA的稳定性。

(3) 剪接：剪接（splicing）是指在酶的作用下，按GU-AG法则将hnRNA中的内含子转录序列切掉，

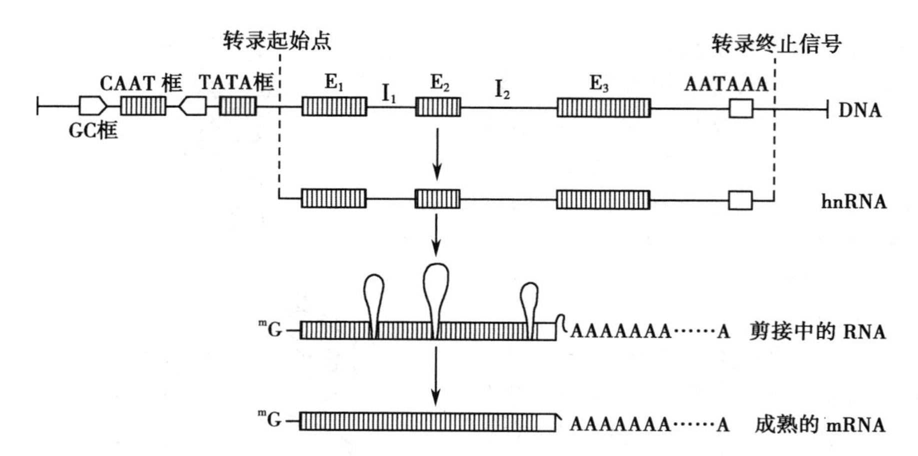

图 12-3　hnRNA 的合成和加工过程图解

然后将各个外显子转录的序列按顺序连接起来的过程。

hnRNA 在核内的剪接、戴帽、加尾等过程是同时进行的，经过这些加工程序形成的成熟 mRNA，可转运至细胞质指导蛋白质的合成。

2. 翻译　翻译(translation)是指 mRNA 将转录的遗传信息“解读”为蛋白质多肽链的氨基酸排列顺序的过程。此过程以 mRNA 为模板，tRNA 为运载体，核糖体为装配场所，有众多的蛋白质因子参加，在细胞质中完成。

多肽链合成后，需要进一步加工修饰，才能形成具有生物活性的蛋白质。加工修饰的方式主要有：

(1) N 端加工。多肽链在特定酶的作用下去除 N 端的甲酰基、甲硫氨酸。

(2) 氨基酸残基的修饰。结缔组织的蛋白质含羟脯氨酸、羟赖氨酸，这两种氨基酸是在合成后的多肽链上，脯氨酸和赖氨酸残基在酶的作用下羟基化形成的。

(3) 亚基聚合和辅基连接，具有四级结构的蛋白质，由 2 条以上多肽链形成寡聚体后才能发挥生物学作用，如血红蛋白、某些细胞膜上的镶嵌蛋白等。

(4) 水解修饰。真核细胞中，已合成的多肽链经水解或切割，形成有生物活性的蛋白质或肽。例如，鸦片促黑皮质素原(POMC)由 265 个氨基酸残基组成，经水解，可生成肾上腺皮质激素(39 肽)、β- 促黑激素(18 肽)、β- 内啡肽(11 肽)等活性物质。水解加工也可以发生在细胞外，如胰蛋白酶原和凝血因子的水解加工发生在多肽链被分泌到细胞外以后。

经过必要加工修饰后的蛋白质，被定向地运送到其执行功能的特定地点，如细胞核、线粒体、溶酶体、细胞膜和细胞外等，称为蛋白质的靶向运输。

四、基因表达的调控

生物的各类体细胞中都携带着生长发育的全部遗传信息，在细胞生长、发育和分化过程中，遗传信息的表达受到严格的调控，能在特定时间和特定细胞中激活特定基因，使分化发育过程严格有序地进行。真核生物基因表达的调控是多层次、多水平的，包括转录前、转录水平、转录后、翻译水平和翻译后等调控。

1. 转录前调控　真核细胞的染色体由 DNA、组蛋白、非组蛋白和 RNA 组成。实验证实，组蛋白与 DNA 结合后，抑制 DNA 的转录活性；而非组蛋白在间期细胞核中与 DNA 结合，能解除组蛋白对 DNA 转录的抑制，促进 DNA 转录。

此外，染色质螺旋化程度与 DNA 的转录活性也有关。螺旋化程度低的常染色质可以进行转录，异固缩的异染色质由于 DNA 的超螺旋化阻碍 RNA 聚合酶沿着 DNA 链移动，从而抑制转录。

2. 转录水平调控　转录水平的调控是真核生物基因表达调控的关键。真核生物基因的转录既受基因内部启动子、增强子等 DNA 序列的影响，也受一些蛋白质分子，如转录因子 TFⅠ、TFⅡ、TFⅢ，以及它们的亚类的调控。如转录因子 TFⅡD 与 TATA 框序列识别结合，再与 RNA 聚合酶Ⅱ结合形成复合物，能准确地识别转录起始点而启动转录。转录因子 CTF 与 CAAT 框识别并结合，可提高基因的转录效率。

3. 转录后调控　转录形成的hnRNA经过加工成为成熟的mRNA，再由细胞核进入细胞质，翻译出不同的多肽链，形成特定的蛋白质。mRNA前体加工包括5′端戴帽、3′端加尾、剪接及碱基修饰和编辑等。这些加工过程大多数是受到调控的。

4. 翻译水平调控　真核生物细胞的翻译主要涉及mRNA、tRNA、核糖体和可溶性蛋白质因子。翻译过程受核糖体数量、mRNA成熟度、起始因子、延伸因子、释放因子、各种酶以及tRNA类型和数量的影响，翻译水平调控主要在翻译起始因子活性调节和RNA结合蛋白对翻译起始调节两个方面进行。

5. 翻译后调控　翻译后形成的初级产物是一条多肽链，需要经过进一步修饰、剪接、加工和组装才能形成具有生物活性的蛋白质。

第四节　基因突变

在生物体的生命活动和世代传递过程中，通常能够保持基因与基因组组成和功能的稳定性，但内外环境因素也可改变生物体的遗传物质，引起突变。同时，生物体细胞内的一系列修复系统也能及时修复突变，使基因得以稳定遗传。

一、基因突变的概念

基因突变（gene mutation）是指DNA分子碱基对组成或排列顺序的改变。基因突变是在机体的各种内外环境因素作用下产生的，能诱导基因突变的因素称为诱变剂（mutagen），如电离辐射、紫外线、甲醛、亚硝酸盐、病毒等。由于自然环境中诱变剂的作用或DNA复制、转录、修复时偶然的碱基配对错误等因素所产生的突变称为自发突变（spontaneous mutation）。用人工处理的方法，经诱变剂的作用所产生的突变称为诱发突变（induced mutation）。

基因突变可发生在个体发育的任何阶段，既可发生在体细胞中，也可发生在生殖细胞中。突变发生在体细胞中称为体细胞突变，在有性生殖个体中，这种突变不会造成后代遗传性状的改变，但突变的体细胞经有丝分裂，可在局部形成突变细胞群而成为病变甚至癌变的基础。基因突变如果发生在生殖细胞中，对突变者本身可能无直接影响，但突变基因可传递给后代，造成后代遗传性状的改变。

二、基因突变的特性

基因突变一般具有以下特性：

1. 多向性　指同一基因可发生多次独立突变，产生3个或3个以上的等位基因成员，如基因A可突变形成a_1、a_2、a_3……a_n等。人的ABO血型是由i、I^A、I^B三个基因决定的，推断其原始基因是i，在进化过程中，由基因i突变形成了I^A、I^B基因。

2. 可逆性　自然状态下未发生突变的基因称为野生型基因（wild-type gene），突变后新形成的基因称为突变型基因（mutant-type gene）。基因突变的可逆性是指野生型基因可以突变为突变型基因，突变型基因也可突变为野生型基因。前者称为正向突变（forward mutation），后者称为回复突变（reverse mutation）。

3. 稀有性　自然界中DNA发生自发突变的频率很低。高等生物自发突变率为(1×10^{-10}~10^{-5})/配子/位点/代，人类的自发突变率约为1×10^{-6}/配子/位点/代，因此自然状态下基因突变是稀有事件。

4. 有害性　大多数基因突变是有害的，这是因为生物在长期的自然选择和进化中，已形成了遗传结构的均衡系统，而突变将打乱这种均衡性而产生有害的影响。人类的单基因遗传病都是基因突变的结果。

三、基因突变的诱发因素

诱发基因突变的内外环境因素繁多而庞杂，根据诱变剂的性质可分为物理因素、化学因素和生物因素等几种类型。

1. 物理因素

(1) 紫外线：是能够引起基因突变的常见因素之一，主要表现为DNA分子的多核苷酸链碱基序列中相邻的嘧啶碱二聚化，最常见的是胸腺嘧啶二聚体(TT)。嘧啶二聚体的形成改变了DNA的局部结构，使DNA复制至此时，碱基配对错误，引起新合成链中碱基序列的改变。

(2) 电离和电磁辐射：电离和电磁辐射的诱变作用，表现为一定强度或一定剂量的射线(X射线、γ射线和快中子等)或电磁波辐射击中遗传物质时，被吸收的能量引起遗传物质内部的辐射化学反应，导致染色体断裂、重排等畸变。

2. 化学因素

(1) 羟胺类：是一类还原性化合物，作用于遗传物质，可引起DNA分子中胞嘧啶(C)发生改变，不能与鸟嘌呤(G)正常配对，转而与腺嘌呤(A)配对，经过两次复制，由原来的C-G碱基对变换为T-A碱基对，导致突变发生。

(2) 亚硝酸类化合物：能够引起DNA的碱基脱氨基，造成原有碱基分子结构和性质变化。如，腺嘌呤(A)脱氨基后衍生为次黄嘌呤，次黄嘌呤不能与胸腺嘧啶(T)配对，转而与胞嘧啶(C)结合，经DNA复制后由原来A-T碱基对变为G-C碱基对。

(3) 芳香族化合物：该类分子具有扁平的分子构型，能嵌入DNA分子中，引起碱基的插入和丢失，导致编码顺序的改变。

另外，还有碱基类似物、烷化剂类等，均可引起基因的化学损伤。

3. 生物因素

(1) 病毒：大量研究表明，流感病毒、风疹病毒、疱疹病毒、麻疹病毒等多种DNA病毒，是常见的生物诱变因素。另外，一些RNA病毒也有诱发基因突变的作用。

(2) 细菌与真菌：细菌和真菌所产生的毒素或代谢产物常具有较强的诱变作用。例如，生活于花生等作物中的黄曲霉菌产生的黄曲霉素，具有致突变作用，并被认为是肝癌发生的重要诱发因素之一。

四、基因突变的类型及其分子机制

基因突变的方式有多种，根据基因结构的改变方式，可将基因突变分为碱基替换、移码突变和动态突变。

病人，女性，35岁，因全身不自主运动近1年就诊。检查：双侧肌力V级，肌张力正常。颅脑MRI示：侧脑室旁脱髓鞘。其父亲因患Huntington舞蹈病已经痴呆。医生诊断为Huntington舞蹈病。

问题：

1. 本病的发病机制是怎样的？
2. 你认为可以采取哪些预防措施？

1. 碱基替换　碱基替换(base substitution)是指DNA分子上一种碱基对被另一种碱基对取代所引起的突变，也称点突变(point mutation)。这种突变方式包括转换和颠换两种形式：一种嘌呤被另一种嘌呤取代或一种嘧啶被另一种嘧啶取代称为转换(transition)；一种嘌呤被一种嘧啶取代，或一种嘧啶被一种嘌呤取代则称为颠换(transversion)。因此，可产生4种转换和8种颠换(图12-4)。自然发生的突变中，转换多于颠换。

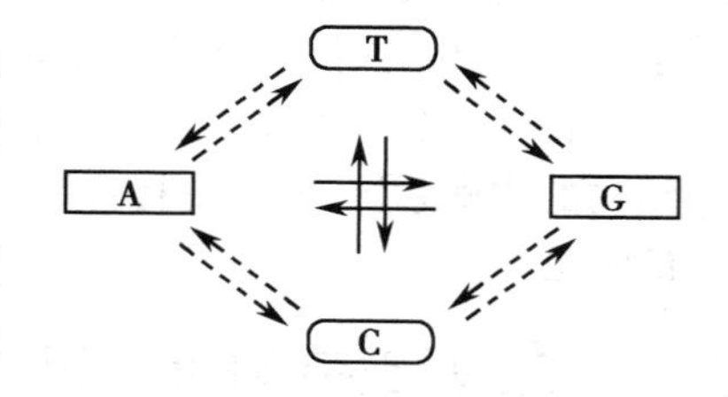

图12-4　碱基替换示意图

碱基替换可由碱基类似物的掺入诱发。在DNA复制中，少数碱基类似物可以代替天然碱基，引起配对错误，导致一种碱基对代替了另一种碱基对，诱发基因突变。例如，5-溴尿嘧啶(5-BU)是一种与胸腺嘧啶(T)结构相似的化合物，具有酮式和烯醇式两种异构体，两种异构体可以互变，它们可分别与A和G配对结合。在DNA

分子中5-BU通常以酮式状态存在，能与A配对，但由于5'C上溴的影响，酮式5-BU较易变为烯醇式，而与G配对。当DNA复制时，酮式5-BU代替了T，使A-T碱基对变为A-BU；第二次复制时，烯醇式5-BU则与G配对，故出现G-BU碱基对；第三次复制时，G和C配对，从而出现G-C碱基对，这样，原来的A-T碱基对被替换成了G-C碱基对（图12-5）。

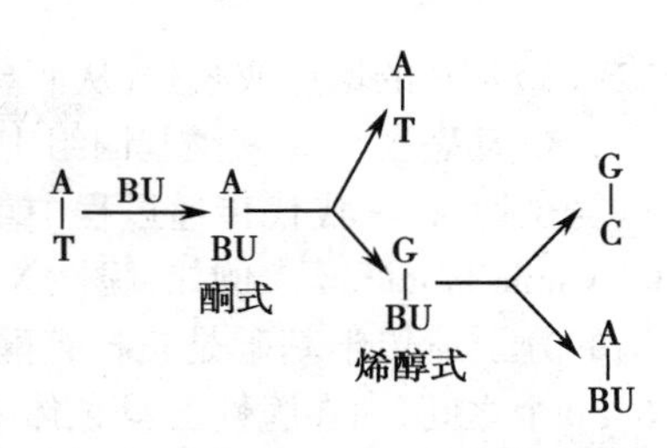

图12-5　BU诱发突变机制的图解

碱基替换也可由一些碱基修饰剂诱变所致。这类诱变剂并不是掺入到DNA中，而是通过直接修饰碱基的化学结构，改变其性质而导致诱变。亚硝胺、羟胺、烷化剂等属于此类物质。例如，亚硝胺有氧化脱氨作用，能使胞嘧啶（C）脱去氨基变成尿嘧啶（U），在DNA复制时，U不能与G配对，而是与A配对，复制的最终结果使C-G变成了T-A（图12-6）。又如，属于烷化剂的甲磺酸甲酯（MMS），可使碱基烷基化，T变为烷基化胸腺嘧啶后，不与A配对而与G配对，导致T-A被替换成G-C。

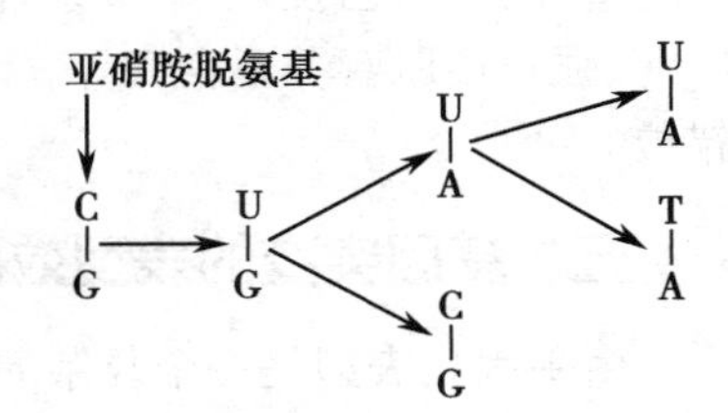

图12-6　亚硝胺诱发突变机制图解

碱基替换可以引起4种不同效应：

（1）同义突变：同义突变（samesense mutation）是指碱基替换使某一密码子发生改变，但编码的氨基酸并没有发生改变，实质上并不发生突变效应，这是由于遗传密码的简并性所致。

（2）错义突变：错义突变（missense mutation）是指碱基替换使某一密码子发生改变后编码另一种氨基酸，结果多肽链的氨基酸种类发生改变，产生异常的蛋白质分子。

（3）无义突变：无义突变（nonsense mutation）是指碱基替换使原来编码某一氨基酸的密码子变成终止密码子，导致多肽链合成提前终止。这类突变会使多肽链变短，形成没有活性的蛋白质。

（4）终止密码突变：终止密码突变（termination codon mutation）是指碱基替换使原来的一个终止密码变成编码某个氨基酸的密码子，导致肽链继续延长，直到下一个终止密码出现才停止合成，结果使蛋白质异常。

2. 移码突变　DNA分子某一位点增加或减少一个或几个（非3或3的倍数）碱基对，使mRNA分子在该位点后的序列发生密码子错位的突变方式称为移码突变（frame shift mutation）。mRNA分子上的密码子错位以及由此导致的终止密码子出现的不确定性，可使其编码的多肽链的氨基酸顺序和数目发生重大的改变，影响蛋白质（酶）的功能。

移码突变可由吖啶橙、原黄素、黄素等诱变剂诱发。这些物质分子扁平，分子大小与碱基大小相仿，它们可以插入到DNA的两个相邻碱基之间，起到诱变的作用。若这类物质在复制前插入，即插入在模板链上，新合成的单链上必然要有一个碱基插在插入剂相应的位置上，插入的碱基可以是A、T、G、C 4种碱基中的任何一种，新合成的链上一旦插入了一个碱基，下一轮的复制必然使DNA增加一个碱基对。若这类物质插在新合成的DNA链上取代了一个碱基，在下一轮复制前该插入剂又丢失的话，那么这一轮复制将会减少一个碱基对（图12-7）。因此，碱基类似物在DNA分子上的插入，会导致

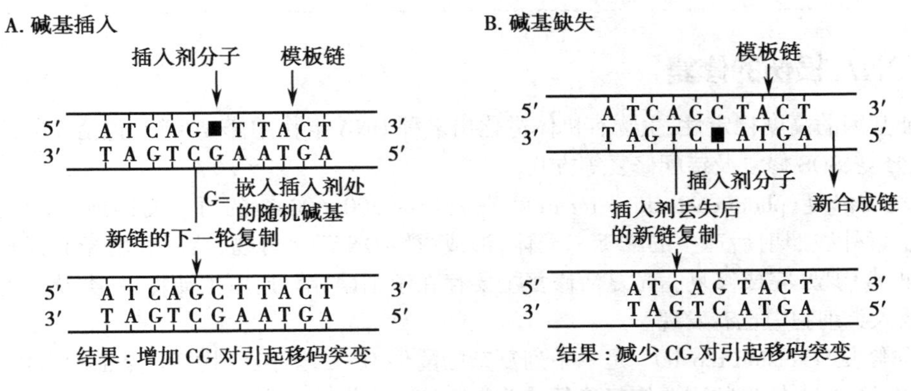

图12-7　插入剂引起的移码突变图解

DNA 碱基对的增加或减少,从而导致移码突变。

3. 动态突变 人类基因组中的短串联重复序列,尤其是基因编码序列或侧翼序列中的三核苷酸重复序列,在一代代传递过程中重复次数发生明显增加,从而导致某些遗传病的发生,称为动态突变(dynamic mutation)。例如,脆性 X 染色体综合征(Fra X)是一种最常见的 X 连锁智力低下综合征。该病的分子遗传学基础是三核苷酸 $(CGG)_n$ 重复序列的拷贝数增加。正常情况下,CGG 序列拷贝数为 6~50 个之间,而在脆性 X 染色体综合征病人细胞中,这一拷贝数可达 200~230 个,并伴有异常甲基化,使该基因不能正常表达。

迄今为止,已发现了 10 余种由这种动态突变引起的遗传病,如脊髓延髓肌萎缩、Huntington 舞蹈病、强直性肌营养不良症等。动态突变的可能机制是姐妹染色单体不等交换或重复序列中的断裂错位。

五、基因突变的表型效应

由基因到表型是一个复杂的过程,基因突变所引起的表型效应也是复杂多样的。根据基因突变对机体的影响情况,可将基因突变的表型效应分为下列几种情况:

(1) 对机体不产生可察觉的效应。例如,同义突变,基因虽有突变,但突变前后的蛋白质完全相同;有些错义突变,虽蛋白质中氨基酸组成有所改变,但并不影响蛋白质或酶的生物活性。这些突变不会产生或只产生不明显的表型效应。从进化的观点看,这类突变称为中性突变。

(2) 形成人体正常生化组成上的遗传学差异,这种差异一般对机体无影响。如 HLA 及各种同工酶等都是基因突变形成的,这是生物多样化与进化发展的重要源泉。但在某些情况下也会产生严重后果,例如,异体器官移植若 HLA 配型不合,则产生排斥反应等。

(3) 产生有利于机体生存的积极效应。例如,非洲人血红蛋白的 Hb S 突变基因杂合体比正常的 Hb A 纯合体的个体更具有抵抗恶性疟疾的能力,有利于个体生存。

(4) 引起遗传性疾病,严重的致死突变可导致死胎、自然流产或出生后夭折。据估计,一个健康人至少带有 5~6 个处于杂合状态的隐性有害突变,这些突变如处于纯合状态时就会产生有害后果。

DNA 指纹

DNA 指纹不是真正的指纹,是指具有完全个体特异性的 DNA 多态性,是 DNA 信息的记录模式。其个体识别能力足以与手指指纹相媲美,因而得名。从生物样品中提取 DNA,运用 PCR 技术扩增,然后将扩增出的 DNA 进行酶切,得到 DNA 片段,经琼脂糖凝胶电泳,按分子量大小分离后,转移至尼龙滤膜上,将已标记的小卫星 DNA 探针与膜上具有互补碱基序列的 DNA 片段杂交,通过放射自显影便可获得 DNA 指纹图谱。这种图谱极少有两个人完全相同,因而可用来进行个人识别及亲权鉴定。法医学应用中可从一滴血液(血斑、血痕)、一根毛发、一口唾液(斑)、一片皮屑中提取出 DNA,获得 DNA 指纹图谱,帮助警察破案。因其分辨率高,可达十亿分之一,所以 DNA 指纹比手指指纹有着更为广阔的应用前景。

六、DNA 损伤的修复

为保证基因的高度稳定性,生物有机体进化出多种 DNA 损伤的修复系统,包括光复活修复、切除修复、重组修复、SOS 修复及错配修复等方式。

1. 光复活修复(photoreactivation repair) 在波长为 300~600nm 的可见光照射下,光复活酶能识别并作用于紫外线照射后产生的嘧啶二聚体,形成“酶 -DNA”复合物,然后利用光能打开二聚体,使 DNA 恢复正常构型,完成修复。光复活修复主要存在于细菌、酵母、原生动物、蛙类及鸟类细胞中,在哺乳动物及人类细胞中也有发现。

2. 切除修复(excision repair) 是一系列复杂的酶促 DNA 修补复制过程,是细胞内最重要的修复系统,也是人类 DNA 损伤的主要修复途径。首先由核酸内切酶识别 DNA 损伤部位,并在 5′ 端造成一

个切口，再在核酸外切酶的作用下切除损伤的 DNA 片段；随后在 DNA 聚合酶的作用下，以正常 DNA 链为模板，合成新的 DNA 单链片段填补切口；再由 DNA 连接酶将新合成的单链片段与原来的单链以磷酸二酯键连接，完成修复过程（图 12-8）。如果切除修复系统有缺陷，则不能修复受损的 DNA，可能导致疾病。例如人的着色性干皮病病人缺少核酸内切酶，不能修复紫外线诱发的胸腺嘧啶二聚体，导致皮肤癌。

3. 重组修复（recombination repair）　又称复制后修复，当 DNA 复制到有嘧啶二聚体损伤部位时，子链中与损伤部位相对应处出现缺口，在这一 DNA 损伤诱导产生的重组蛋白酶作用下，完整的亲链 DNA 与有缺口的子链 DNA 发生重组，亲链核苷酸片段补充了子链上的缺口。原来亲链 DNA 的缺口通过 DNA 聚合酶的作用，以对侧子链为模板合成单链 DNA 片段来填补；最后在连接酶作用下使新链与旧链相连接，完成修复过程（图 12-9）。这一修复过程的特点是不能将损伤部位从亲代 DNA 分子中去除，但经过若干代复制后，损伤的 DNA 链被稀释。

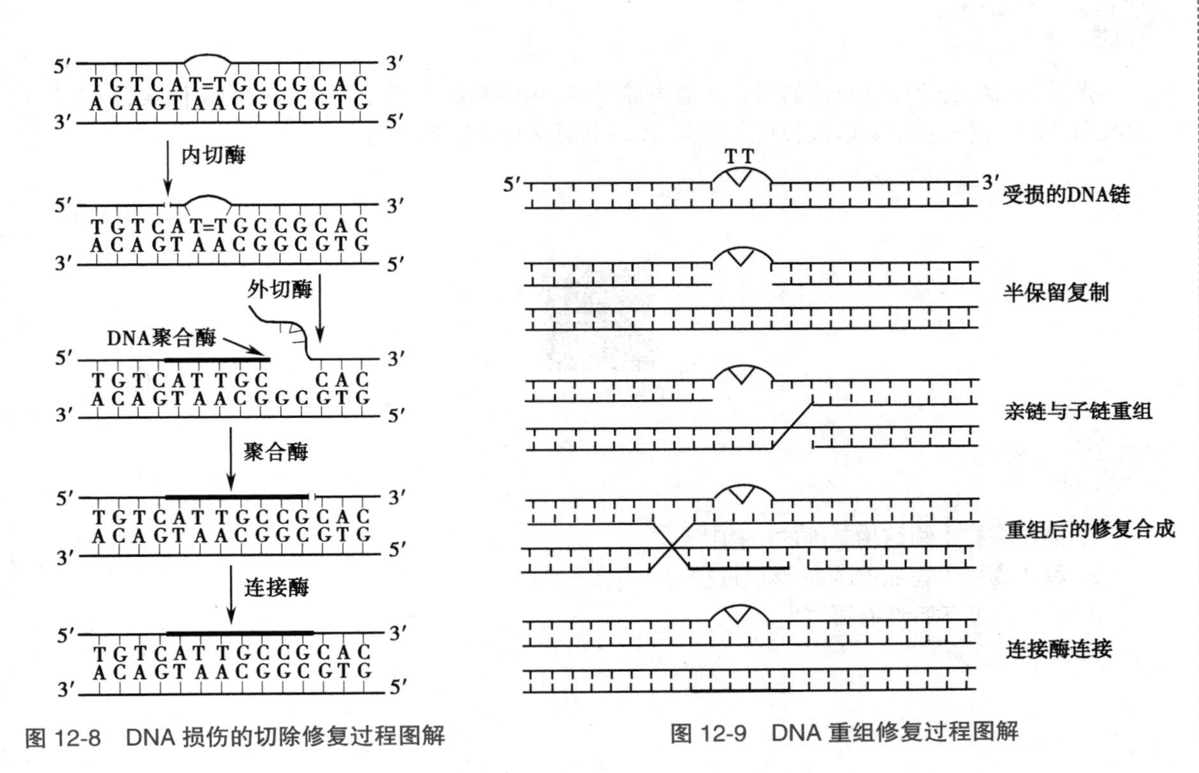

图 12-8　DNA 损伤的切除修复过程图解

图 12-9　DNA 重组修复过程图解

4. SOS 修复（save our soul，SOS）　是一种应急性修复，当 DNA 受到严重损伤，细胞处于危险状态，其他修复都不能进行时而进行的修复过程。修复结果只是能维持基因组的完整性，提高细胞的生存率，但留下的错误较多，故又称为错误倾向修复（error-prone repair），使细胞有较高的突变率。

5. 错配修复（mismatch repair）　是指 DNA 复制过程中如果有错配或碱基替换现象发生时，细胞核内监视 DNA 复制过程的“错配修复”系统会切除错配部分，保证复制的正确性。

本章小结

基因是遗传物质的结构和功能单位，是一段能够合成一条具有一定功能的多肽链或 RNA 分子所必需的 DNA 序列。基因有三个基本特征：可以自我复制、决定性状、可以发生突变。基因组是指细胞或生物体的全套遗传信息。人类基因组包括核基因组和线粒体基因组。

编码蛋白质的基因称为结构基因，真核生物的结构基因也称为断裂基因，主要由外显子、内含子和侧翼序列组成。编码多肽链的序列称为外显子，相邻两个外显子之间的非编码序列称为内含

子。从第一个外显子到最末一个外显子之间的区域为编码区。编码区两侧的非编码区为侧翼序列，包括启动子、增强子和终止子等结构。

基因的复制具有互补性、半保留性和半不连续性。基因通过转录将特定的遗传信息传递给mRNA，再经翻译产生有功能的蛋白质，进而决定生物性状。DNA分子碱基对组成或排列顺序的改变称为基因突变，基因突变具有多向性、可逆性、稀有性和有害性的特性。基因突变包括碱基替换、移码突变和动态突变等。

由基因到表型是一个复杂的过程，基因突变所引起的表型效应也是复杂多样的。为保证基因的高度稳定性，生物体进化出多种DNA损伤的修复系统。

案例讨论

张某，男性，17岁，对颜色的辨识未有异常感觉，但体检时却看不清色弱检测图图案，被诊断为红绿色弱。进一步对家庭成员进行检测，发现其舅父也患红绿色弱。

（王敬红）

扫一扫，测一测

思考题

1. 描述真核生物结构基因的结构特点。
2. 叙述真核生物mRNA的形成过程。
3. 基因突变的特性有哪些？

第十三章　单基因遗传与单基因遗传病

学习目标

1. 掌握：人类单基因遗传病的遗传方式、系谱特点；复等位基因、携带者、交叉遗传等基本概念。
2. 熟悉：遗传的基本规律及基因型、表现型等遗传学基本术语；影响单基因遗传病的发病因素。
3. 了解：人类单基因遗传病常见病例的临床特征；两种单基因遗传病的联合传递。
4. 具备系谱分析、推算单基因病再发风险的能力。
5. 能运用遗传学知识做近亲婚配危害的宣教。

生物通过繁殖达到种群数量的增多和生命的世代延续，生物性状在世代交替中进行着遗传和变异，而遗传和变异的本质在于基因。分离定律、自由组合定律、连锁与互换定律的相继发现，揭示了基因与性状表达的本质联系。基因决定性状，从基因水平上看，根据控制某一性状的基因数目的多少，可将遗传方式分为单基因遗传和多基因遗传。单基因遗传（monogenic inheritance）是指某种性状受一对等位基因控制的遗传方式，遵循孟德尔定律，故又称孟德尔式遗传。

第一节　遗传的基本规律

孟德尔通过八年的豌豆杂交实验，总结出生物性状是由遗传因子（现称为基因）控制和传递的，并于1865年提出了分离定律和自由组合定律。1910年，摩尔根和他的学生们通过果蝇杂交实验，发现并提出了基因在染色体上呈直线排列的理论，总结出连锁与互换定律。分离定律、自由组合定律、连锁与互换定律称为遗传学三大定律，奠定了现代遗传学的理论基础。这些定律不仅适用于动植物，也适用于人类。

一、分离定律

孟德尔选用豌豆作为实验材料，以相互容易区别又稳定遗传的相对性状作为研究对象进行实验。所谓性状（character）是指生物体一切形态结构及生理、生化等方面的特征，如人耳垂的形状、眼皮的形态等。同种生物同一性状的不同表现类型称为相对性状，如人的有耳垂与无耳垂就是一对相对性状。通过对相对性状的实验观察，实验结果的统计学处理，科学推论，精确验证，孟德尔得出了遗传学上的两个基本规律，即分离定律和自由组合定律。

孟德尔首先用纯种的高茎豌豆与矮茎豌豆做亲本（P）进行杂交实验，结果发现子一代（F_1）均表现为高茎，而 F_1 自交产生的子二代（F_2）中出现了性状分离（character separation），既有高茎又有矮茎，比

图片：分离现象示意图

例约为 3∶1(图 13-1)。孟德尔提出，生物遗传的是遗传因子(即基因)，而不是性状；遗传因子控制着性状的表达。所谓表现型(phenotype)是指可观察到的个体的某一性状，也称表型。控制生物性状的基因组成称为基因型(genotype)。在生物体细胞中，控制性状的基因都是成对存在的，因此，一对等位基因如 D 和 d，在人群中有 3 种基因型，即 DD、Dd、dd。所谓等位基因(allele)是指位于同源染色体的相同座位上控制相对性状的基因。等位基因彼此相同的个体称为纯合体(homozygote)，也称纯合子，如 DD、dd；等位基因彼此不同的个体称为杂合体(heterozygote)，也称杂合子，如 Dd。杂合体表现出来的性状称为显性性状(dominant character)，控制显性性状的基因称为显性基因(dominant gene)，习惯上用大写的英文字母来表示，如 D；杂合体未表现出来的性状称为隐性性状(recessive character)，控制隐性性状的基因称为隐性基因(recessive gene)，用相应的小写英文字母来表示，如 d。

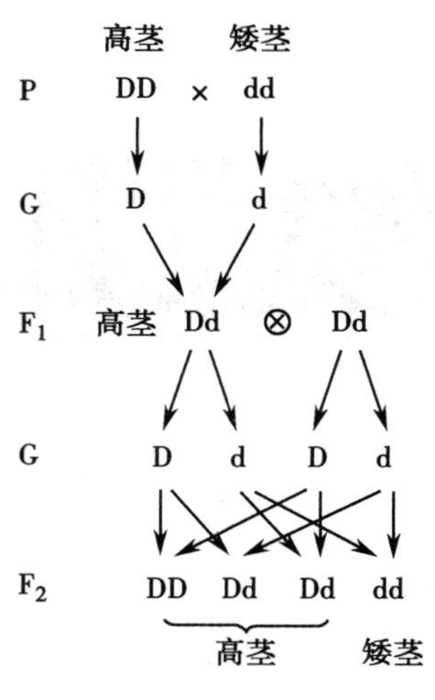

图 13-1　分离现象的杂交图解

根据实验结果，孟德尔提出假设，并设计了测交实验加以验证，结果和预期完全相符，于是总结出了分离定律(law of segregation)，即生物体一对等位基因在杂合状态时，保持独立性；在生殖细胞形成时，彼此分离，随机分别进入不同的生殖细胞。

分离定律的细胞学基础是在减数分裂过程中，同源染色体分离，分别进入不同的生殖细胞。

二、自由组合定律

孟德尔在研究了一对相对性状的遗传规律后，又对两对相对性状的遗传现象进行分析研究。他选用纯种黄色圆滑的豌豆与纯种绿色皱缩的豌豆进行杂交，结果 F_1 都是黄色圆滑的。然后用 F_1 自交，得到 F_2 共 556 粒，表型有 4 种：黄色圆滑(315 粒)、黄色皱缩(101 粒)、绿色圆滑(108 粒)、绿色皱缩(32 粒)，比例约为 9∶3∶3∶1。其中，黄色圆滑和绿色皱缩与亲本性状相同，称亲组合(parent combination)；黄色皱缩和绿色圆滑是亲本性状的重新组合，称重组合(recombination)。

在以上两对相对性状的杂交中，亲本黄色圆滑豌豆的基因型是 YYRR，绿色皱缩豌豆的基因型是 yyrr，它们的配子分别是 YR 和 yr，故杂交后 F_1 的基因型是 YyRr，表型是黄色圆滑。F_1 自交产生配子时，等位基因分离的同时，非等位基因自由组合，形成数量相等的 4 种配子：YR、Yr、yR、yr，故 F_1 自交后 F_2 有 9 种基因型，呈 4 种表型，比例为 9∶3∶3∶1(图 13-2)。

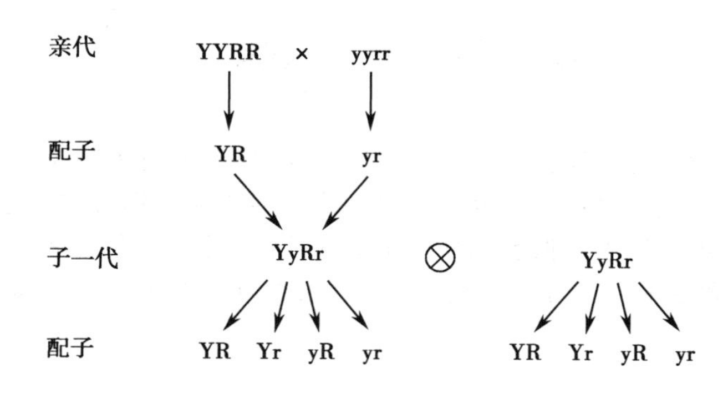

配子	YR	Yr	yR	yr
YR	YYRR 黄圆	YYRr 黄圆	YyRR 黄圆	YyRr 黄圆
Yr	YYRr 黄圆	YYrr 黄皱	YyRr 黄圆	Yyrr 黄皱
yR	YyRR 黄圆	YyRr 黄圆	yyRR 绿圆	yyRr 绿圆
yr	YyRr 黄圆	Yyrr 黄皱	yyRr 绿圆	yyrr 绿皱

图 13-2　黄圆豌豆与绿皱豌豆杂交图解

如果以上假设正确，那么将 F_1（YyRr）与隐性纯合子（yyrr）测交，则其后代将出现四种基因型，即 YyRr、Yyrr、yyRr、yyrr，而且数量相等；表型应该是：黄圆：黄皱：绿圆：绿皱 =1：1：1：1（图 13-3）。实验结果同预期的结果完全一致。

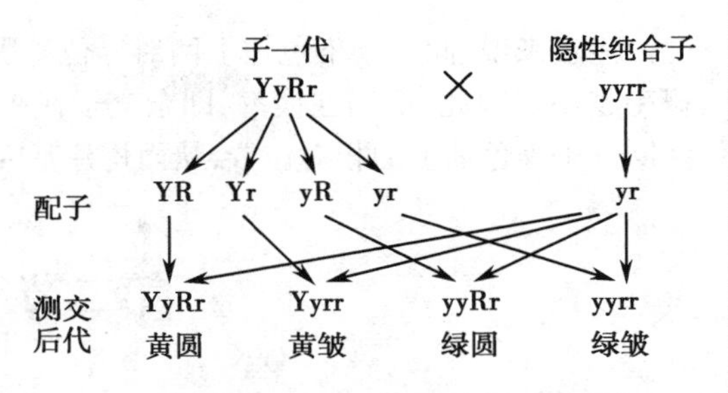

图 13-3　子一代与隐性纯合子测交图解

于是，孟德尔总结出自由组合定律（law of independent assortment），即两对或两对以上的等位基因位于非同源染色体上时，在生殖细胞形成过程中，等位基因彼此分离，非等位基因完全独立，以均等的机会随机组合到不同的生殖细胞中。其细胞学基础是在减数分裂过程中，同源染色体彼此分离，非同源染色体随机组合进入不同的配子中。

三、连锁与互换定律

科学家在进行两对相对性状的杂交实验时发现，并不是所有的结果都符合自由组合定律。于是，有人对孟德尔的遗传定律产生了怀疑。摩尔根和他的学生们以果蝇作实验材料进行了大量研究，不仅证实了孟德尔遗传定律的正确性，还揭示了遗传的第三个基本定律——连锁与互换定律。

用野生型灰身长翅的果蝇（BBVV）与突变型黑身残翅的果蝇（bbvv）杂交，F_1 都呈灰身长翅。然后用 F_1 雌雄果蝇分别与黑身残翅的果蝇（bbvv）测交，结果如表 13-1 所示。

表 13-1　F_1 雌雄果蝇测交结果一览表

	灰身长翅♂ × 黑身残翅♀	灰身长翅♀ × 黑身残翅♂
F_2 表型	灰身长翅：黑身残翅 =1：1	灰身长翅：黑身残翅：灰身残翅：黑身长翅 =41.5：41.5：8.5：8.5
特点	只有亲组合（两种），没有重组合	大部分为亲组合（两种），小部分为重组合（两种）

分布在同一条染色体上的基因彼此间是连锁在一起的。F_1 雄果蝇连锁的基因在减数分裂时没有发生互换，都随染色体作为一个整体向后代传递，这种现象称为完全连锁（complete linkage）；F_1 雌果蝇位于同一条染色体上互相连锁的基因有少部分由于互换而重新组合，这种现象叫做不完全连锁（incomplete linkage）（图 13-4）。迄今为止，发现在生物界除雄果蝇和雌家蚕是完全连锁遗传外，其他生物都是不完全连锁。

总之，分布在同一条染色体上的基因彼此间是连锁在一起的，构成一个连锁群（linkage group），通常联合传递，称为连锁；但是，在减数分裂前期Ⅰ，位于同一条染色体上的基因可能由于非姐妹染色单体之间发生片段的交换而重组，构成新的连锁关系，称为互换，这就是连锁与互换定律（law of linkage and crossing over）。其细胞学基础是在减数分裂过程中，同源染色体的联会和交换。

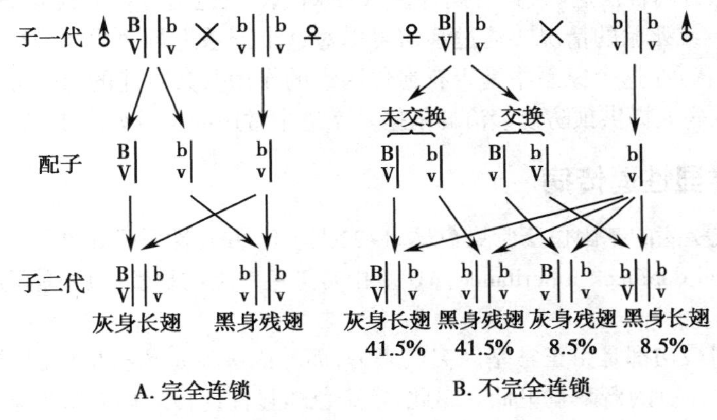

图 13-4　果蝇的完全连锁和不完全连锁图解

图片：雄果蝇的完全连锁和雌果蝇的不完全连锁现象

一般来说，同一条染色体上两对等位基因之间距离越远，发生互换的概率越大；反之，发生互换的概率越小。因此，根据互换率，即杂交子代中重组类型数占全部子代数的百分率，可以推测两个基因在同一条染色体上的相对位置，从而构建基因连锁图。

第二节　单基因遗传病

单基因遗传病（monogenic disorders）简称单基因病，是指由一对等位基因控制的疾病。根据决定该疾病的基因所在染色体的不同，以及致病基因性质的不同，可将人类单基因病分为常染色体遗传病和性连锁遗传病。常染色体遗传病又可分为常染色体显性遗传病和常染色体隐性遗传病；性连锁遗传病可分为 X 连锁显性遗传病、X 连锁隐性遗传病和 Y 连锁遗传病。

单基因遗传病的病种在不断增长，对人类的危害也越来越显著。据统计，1994 年人类单基因病及异常性状有 6678 种，2005 年上升至 15 483 种，而 2017 年已达 24 377 种。可见，单基因病对人类的危害变得愈来愈明显。

在线人类孟德尔遗传数据

在线人类孟德尔遗传（Online Mendelian Inheritance in Man，OMIM）是一个公认的高效信息平台，被誉为一部权威的遗传学百科全书。

OMIM 的前身是 MIM，是一本由美国 Johns Hopkins 大学医学院 Victor A McKusick 教授主编的《人类孟德尔遗传》（Mendelian Inheritance in Man：Catalogs of Human Genes and Genetic Disor ders，MIM）的书，一直是医学遗传学最权威的百科全书之一。

在科学研究已进入数字化年代的当今，OMIM 于 1987 年应运而生。它主要着眼于遗传性基因疾病，包括文本信息和相关参考信息、序列记录、图谱和相关其他数据库，数据库持续更新，并且免费供全世界科学家浏览和下载。

一、系谱与系谱分析

对人类性状遗传规律的研究方法中，系谱分析法是最常用的一种。进行系谱分析既有助于判断病人是否患有遗传病，又有助于区分是单基因病还是多基因病，亦可用于遗传咨询中个体患病风险的估计和基因定位中的连锁分析等。

系谱（pedigree）是指从先证者入手，调查某种疾病在一个家族中的发病情况后，将该家族各成员患病情况及其相互关系用规定的符号按一定的格式绘制成的图解，也称为家系图。先证者（proband）是指某个家系中第一个被医生或遗传研究者发现的罹患某种遗传病（或具有某种遗传性状）的成员。系谱中不仅要包括患有同种疾病（或具有同种性状）的个体，也包括家系中其他正常的成员、因各种原因死亡的成员及流产或死胎的情况。通过系谱可以对这个家系进行回顾性分析，以便确定所发现的某一疾病（或特定性状）在这个家系中是否有遗传因素的作用及其可能的遗传方式，从而为其他具有相同遗传病的家系或病人提供预防或诊治的依据。系谱中常用的符号如图 13-5 所示。

二、常染色体显性遗传病

控制某种性状或疾病的基因位于常染色体（1~22 号）上，并且性质是显性的，其遗传方式称常染色体显性遗传（autosomal dominant inheritance，AD）。由常染色体上的显性致病基因引起的疾病称为常染色体显性遗传病。

人类的致病基因最初都是由正常基因突变来的，而基因突变是稀有事件，其频率介于 0.01~0.001 之间，致病基因纯合（AA）的概率就更低。因此，常染色体显性遗传病病人常为杂合体（Aa），很少看到纯合体（AA）。

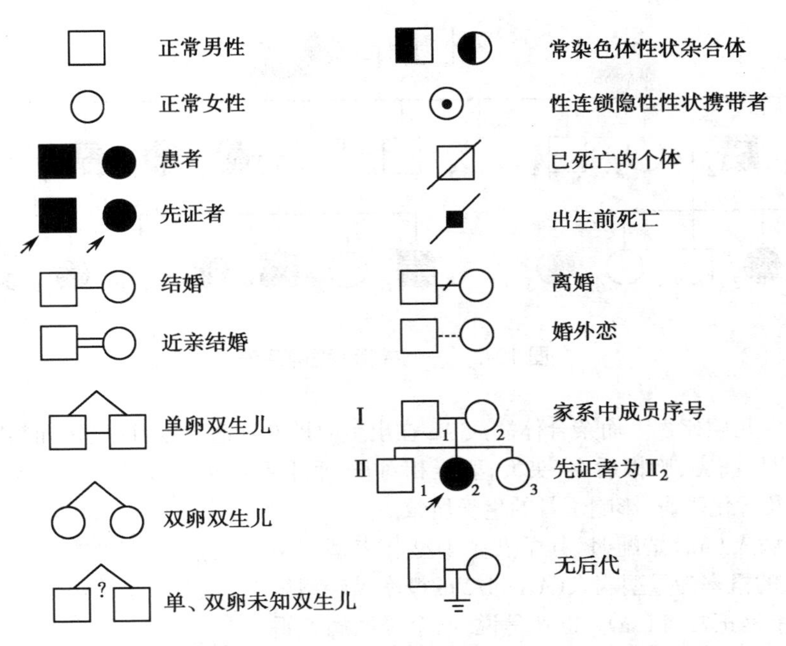

图 13-5　系谱中常用的符号

由于基因表达受到各种内外环境因素的影响，杂合体有可能出现不同的表现形式，因此，常染色体显性遗传又可分为以下几种类型。

（一）完全显性

完全显性（complete dominance）是指在常染色体显性遗传中，杂合体与纯合体的表型完全一样。如果用 A 表示致病基因，a 表示正常的等位基因，则杂合体 Aa 与显性纯合体 AA 均为病人，且临床表现几乎没有区别；隐性纯合体 aa 为正常者。由于只有父母均为病人时才有可能生出基因型是 AA 的患儿，而这样的婚配方式毕竟少见，因此临床上所见到的病人大多数为杂合体 Aa，而很少见到纯合体 AA。

图片：一名并指病人的手部

并指Ⅰ型是完全显性遗传病的典型病例，可伴有手部或其他部位某些畸形，常在双侧同时发生，呈对称性。以发生在中环指间者最多见，有时可有 3 个、4 个或全部手指并指。

如果用 A 表示并指的致病基因，a 表示正常指基因，则并指病人的基因型为 AA 或 Aa，正常指个体的基因型为 aa。显性基因 A 在杂合状态下是完全显性的，因而基因型为 AA 和 Aa 的病人临床表现几乎没有区别。但致病基因在群体中的频率很低，所以临床上绝大多数并指病人的基因型为 Aa。如果一个并指病人（Aa）与一个正常人（aa）婚配，则其子女基因型和表型如图 13-6 所示，有 1/2 的概率患并指，1/2 的概率正常。也就是说，这对夫妇每生一个孩子都有 1/2 的可能性为并指患儿。

亲代　病人 Aa　×　正常者 aa
配子　A　a　a
子代　Aa　aa
病人　正常者

图 13-6　并指病人与正常者婚配图解

结合以上典型病例，可得出常染色体显性遗传病的系谱特点：①男女发病机会均等，由于致病基因位于常染色体上，因而致病基因的传递与性别无关；②病人的双亲中往往有一人为病人，但绝大多数为杂合体，病人的同胞或子女中有 1/2 的概率患病，需要指出的是，这种比例是在大样本的观察中反映出的；③连续遗传，即连续几代都有病人；④双亲无病时，子女一般不患病，只有在基因突变的情况下，才能看到个别病例（图 13-7）。

此外，临床上常见的完全显性遗传病还有短指、齿质形成不全、神经纤维瘤等。

（二）不完全显性

不完全显性（incomplete dominance）是指杂合体的表型介于显性纯合体和隐性纯合体之间，也称半显性。在杂合体 Aa 中，显性基因 A 部分遮盖隐性基因 a 的作用，隐性基因 a 的作用也有一定程度的表达。因此，在不完全显性遗传病中，杂合体 Aa 常为轻型病人，显性纯合体 AA 为重型病人，隐性纯合体 aa 为正常。

软骨发育不全症是不完全显性遗传病，致病基因定位于 4p16.3。本病纯合体病人 AA 病情严重，

笔记

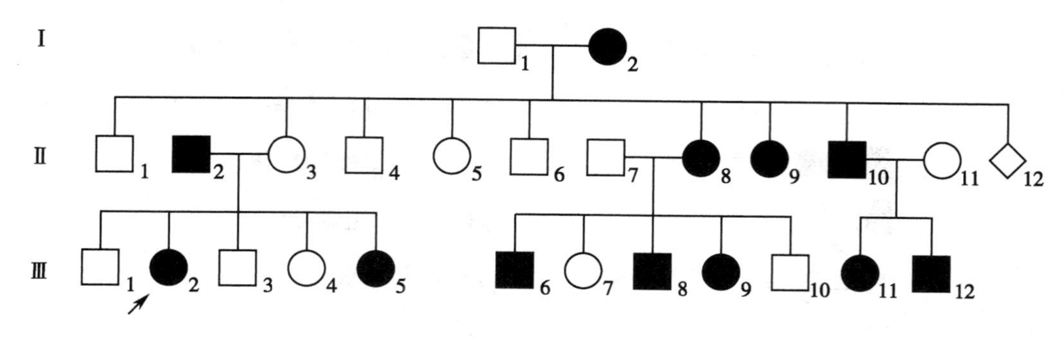

图 13-7　一例并指Ⅰ型的系谱

多在胎儿期或新生儿期死亡。而杂合体病人 Aa 在出生时即有体态异常：四肢短而粗，手指平齐，下肢向内弯曲，腰椎明显前突，胸椎后突，头大，躯干相对长，垂手不过髋关节等。这主要是由于长骨骨骺端软骨细胞形成及骨化障碍，影响了骨的生长所致。

当两个轻型病人（Aa）婚配时，其子女基因型和表型如图 13-8 所示，有 1/4 的概率为重型病人（AA），1/2 的概率是轻型病人（Aa），1/4 的概率是正常者（aa）。也就是说，两个轻型病人婚配时其子女中重型病人、轻型病人、正常者的比例为 1∶2∶1。

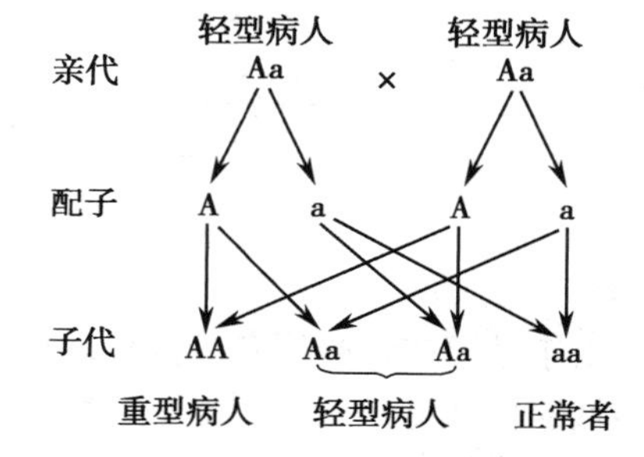

图 13-8　两个软骨发育不全症轻型病人婚配图解

此外，临床上常见的不完全显性遗传病还有 β- 地中海贫血、家族性高胆固醇血症等。

（三）不规则显性

不规则显性（irregular dominance）又称不完全外显或外显不全，是指某些杂合体中的显性基因由于某种原因而不表现出相应的显性性状。就不规则显性遗传病而言，携带显性致病基因的杂合体（Aa）中，只有一部分表现出相应的症状，而另一部分却表型正常。但这种表型正常的杂合体，仍可将该显性致病基因传递给下一代，即可能生出患相应遗传病的后代，因而在系谱中可出现隔代遗传的现象。

显性基因在杂合状态下是否表达相应的性状，常用外显率来衡量。所谓外显率（penetrance）是指一定基因型的个体在群体中形成相应表型的比例，一般用百分率（%）来表示。例如，在 50 名杂合体 Aa 中，有 45 名形成了与基因 A 相应的性状，另外 5 名未出现相应的性状，就认为基因 A 的外显率为 45/50×100%=90%。如果外显率为 100% 则称完全外显，低于 100% 则称不完全外显，未外显的个体称为钝挫型。一般外显率高的可达 70%~90%，低的仅为 20%~30%。多指症是不规则显性遗传病的典型病例，在手的先天性畸形中最为多见，病人多在小指或大拇指侧有赘指，右手发病率较高。

图片：四例多指（趾）症病人的外观

对于基因型相同的不同杂合体病人（Aa）而言，虽然都有相同的显性基因 A，也都能表现出相应的显性性状，但由于某种原因显性性状的表现程度可能存在差异。如多指症，存在多指数目不一、多出指的长度不一等现象，这种杂合体表现程度的差异一般用表现度表示。表现度（expressivity）是指一个基因或基因型在个体中的表达程度，或者说具有同一基因型的不同个体或同一个体的不同部位，由于各自遗传背景的不同，所表达的程度可有显著的差异，常指一种致病基因的表达程度。

外显率和表现度是两个不同的概念。前者阐明了基因表达与否，是“质”的问题，是群体概念；后者是说明在基因表达的前提下，表现程度如何，是“量”的问题，是个体概念。二者在某些显性性状或疾病中可同时存在，既有外显率问题，又有表现度问题，如多指症。

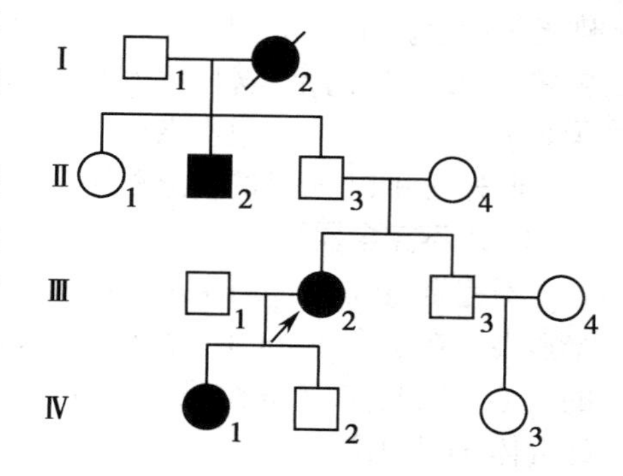

图 13-9　一例多指症的系谱

图 13-9 是一多指症的系谱，先证者$Ⅲ_2$患多指症，两个子女中有一人为病人，所以$Ⅲ_2$的基因型是杂合体。而$Ⅲ_2$的父母

表型均正常，致病基因来源是父亲还是母亲呢？从系谱特点可知，$Ⅲ_2$ 的致病基因来自父亲 $Ⅱ_3$，这可以从 $Ⅲ_2$ 的伯父 $Ⅱ_2$ 患病得到旁证。$Ⅱ_3$ 带有的致病基因由于某种原因未能表达，所以未发病，但有 1/2 的概率传给下一代，下一代在适宜条件下又可以表现为多指。

案例导学

一对表型正常的夫妇女方的父亲为多指病人，二人家系中其他成员均无此病。此夫妇咨询可能生下患多指症的孩子吗？

问题：

1. 联系本章所学知识判断多指症遗传方式。
2. 计算生下患多指症的孩子概率(已知多指症的外显率为 80%)。

此外，临床上常见的不规则显性遗传病还有 Marfan 综合征、成骨发育不全症Ⅰ型等。

(四) 共显性

共显性(codominance)是指一对等位基因之间没有显性和隐性的区别，在杂合状态下，两种基因的作用同时表现出来，也称等显性。

在人类 ABO 血型系统中，AB 血型的遗传就属于共显性遗传。ABO 血型决定于 3 个复等位基因：I^A、I^B 和 i，定位于 9q34，互为等位基因。但对于每一个个体来讲，只能具有其中的任意两个。像这样，在一个群体中，同源染色体的某一基因座位上存在的 3 种或 3 种以上的等位基因称为复等位基因(multiple alleles)。复等位基因是基因突变多向性的表现。基因 I^A 决定红细胞表面有 A 抗原，基因 I^B 决定红细胞表面有 B 抗原，基因 i 决定红细胞表面既没有 A 抗原又没有 B 抗原。基因 I^A 和 I^B 对 i 都是显性的；基因 I^A 与 I^B 之间无显性与隐性之分，而表现为共显性。因此，基因型 I^AI^A 和 I^Ai 表现为 A 血型，基因型 I^BI^B 和 I^Bi 表现为 B 血型，基因型 ii 表现为 O 血型，而基因型 I^AI^B 则表现为 AB 血型。

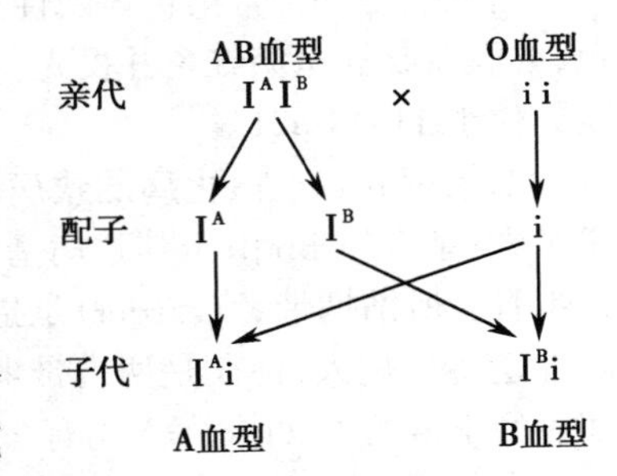

图 13-10 AB 血型个体与 O 血型个体婚配图解

根据分离定律，如果知道了双亲的血型，就可以推断子女中可能出现什么血型或不可能出现什么血型。比如，父母双方的血型分别为 AB 型和 O 型，如图 13-10 所示，他们子女的血型只能是 A 型或 B 型，不可能是 O 型或 AB 型。如果知道了夫妻双方及孩子中任意两个人的血型，就可以判断第三人的可能血型。这在亲子鉴定上具有排除父子(或母子)关系的作用，见表 13-2。

表 13-2 双亲血型和子女血型的遗传关系

双亲血型	子女可能血型	子女不可能血型
A×A	A、O	B、AB
A×B	A、B、O、AB	—
A×O	A、O	B、AB
A×AB	A、B、AB	O
B×B	B、O	A、AB
B×O	B、O	A、AB
B×AB	A、B、AB	O
O×O	O	A、B、AB
O×AB	A、B	AB、O
AB×AB	A、B、AB	O

在某妇产医院的一次意外停电事故中，两位妇女同时生下的婴儿被弄混了，后经血型鉴定，第一对夫妇的血型分别为O型和AB型；第二对夫妇的血型分别为A型和B型；两个孩子的血型分别为O型和A型。

问题：分析这两个孩子分别属于哪对夫妇？

（五）延迟显性

图片：一例家族性结肠息肉病人的外观

延迟显性（delayed dominance）是指致病基因的作用在杂合体生命早期不表现出来，只有达到一定的年龄后才表现出相应症状。

Huntington舞蹈病是一种延迟显性遗传病，又称遗传性舞蹈病，常于30~40岁时发病，首发症状常为人格和行为改变。其主要临床表现为进行性不自主的舞蹈样运动，以面部和上肢最明显；随着病情加重，可出现精神症状，主要表现为进行性的智能障碍。

此外，临床上常见的延迟显性遗传病还有脊髓小脑性共济失调Ⅰ型、家族性结肠息肉等。

三、常染色体隐性遗传病

控制某种性状或疾病的基因位于常染色体（1~22号）上，并且性质是隐性的，其遗传方式称常染色体隐性遗传（autosomal recessive inheritance，AR）。由常染色体上的隐性致病基因引起的疾病称为常染色体隐性遗传病。

白化病是一种常染色体隐性遗传病。病人皮肤呈白色或淡红色，不耐日晒，毛发呈银白色或淡黄色，虹膜及瞳孔呈淡红色并畏光。该病是由于病人黑色素细胞内缺乏酪氨酸酶所致，编码酪氨酸酶的基因位于11q14-q21。

图片：一例白化病病人的外观

如果用b表示白化病的致病基因，B表示正常基因，则隐性纯合体bb为病人；显性纯合体BB为正常者；杂合体Bb由于其致病基因b的作用被正常基因B所遮盖而表型正常，但为隐性致病基因的携带者。所谓携带者（carrier）是指带有致病基因但表型正常的个体。因此，临床上所见到的常染色体隐性遗传病病人，往往是两携带者婚配所生的子女，如图13-11所示，每个子女都有1/4的概率患病，在表型正常的子女中，每人均有2/3的概率是携带者。

由此可见，常染色体隐性遗传病系谱特点如下：①男女发病机会均等；②病人的双亲往往都是致病基因的携带者，病人的同胞中约有1/4的概率患病，3/4的概率正常，在表型正常的同胞中有2/3的概率是携带者；③系谱中通常看不到本病的连续遗传，病人的分布往往是散发的，有时系谱中仅先证者一个病人；④近亲婚配时，子代发病率比非近亲婚配高，且亲属关系越近子代发病率越高（图13-12）。

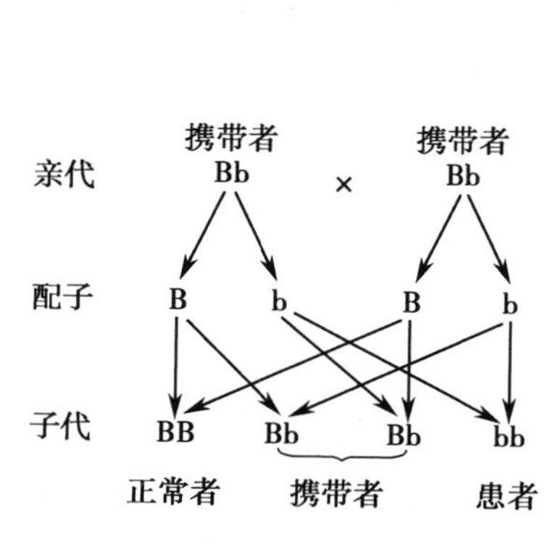

图13-11 两白化病携带者婚配图解

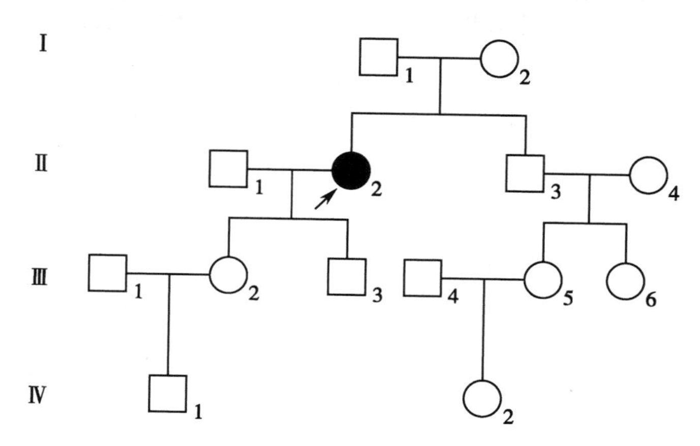

图13-12 一例白化病的系谱

遗传学研究表明，源于共同祖先的家族成员携带相同的隐性致病基因的机会较大，近亲婚配将提高隐性致病基因纯合的频率，其子女中隐性遗传病发病率增大。

假设人群中白化病致病基因携带者的频率为1/70。如图13-12所示，若$Ⅲ_3$与$Ⅲ_6$婚配，则其子女患病概率为1/3×1/4=1/12；若$Ⅳ_1$与$Ⅳ_2$婚配，则其子女患病概率为1/2×1/6×1/4=1/48；若$Ⅲ_6$随机婚配，则其子女患病概率为1/70×1/3×1/4=1/840。

因此，我国《婚姻法》中有直系血亲和三代以内的旁系血亲禁止结婚的规定。我国古代有五服(代)之内不能结婚的警言，这是家族优生、人丁兴旺的保证，从遗传学和优生学角度分析是很有道理的。

此外，临床上常见的AR病还有先天性聋哑Ⅰ型、苯丙酮尿症Ⅰ型、高度近视、先天性青光眼、黑蒙性痴呆、尿黑酸尿症、半乳糖血症、镰刀型细胞贫血病、肝豆状核变性和囊性纤维变性等。

四、性连锁遗传病

控制某种性状或疾病的基因位于性染色体(X或Y染色体)上，那么这些基因将随着性染色体传递，这种遗传方式称性连锁遗传(sex-linked inheritance，XL)或伴性遗传。由性染色体上的致病基因引起的疾病称为性连锁遗传病，包括X连锁显性遗传病、X连锁隐性遗传病和Y连锁遗传病。

(一) X连锁显性遗传病

控制某种性状或疾病的基因位于X染色体上，并且性质是显性的，其遗传方式称为X连锁显性遗传(X-linked dominant inheritance，XD)。由X染色体上的显性致病基因引起的疾病称为X连锁显性遗传病。

在X连锁显性遗传病中，假定显性致病基因为A，隐性正常基因为a，则男性的基因型有两种，即X^AY和X^aY，前者个体患病，后者个体正常；女性的基因型有3种，即X^AX^A、X^AX^a和X^aX^a，前两种基因型的个体患病，后一种基因型的个体正常。正常男性仅有一条X染色体，故X染色体上的基因没有与之对应的等位基因，这种个体称半合子。而女性有两条X染色体，只要其中任何一条带有致病基因就会患病，所以人群中女性发病率高于男性。但临床上见到的女性病人绝大多数是杂合体(X^AX^a)。这是因为女性纯合体病人的出现有两种可能，一是父母均患病，而这样的婚配方式毕竟少见；二是基因突变，而基因突变是稀有事件。因此，临床上很少见到女性纯合体病人(X^AX^A)。

抗维生素D性佝偻病是X连锁显性遗传病的典型病例，致病基因定位于Xp22.2-22.1，人群发病率约1/25 000。它与一般佝偻病不同，其发病原因是由于肾小管对磷的重吸收障碍，导致血磷降低，尿磷增加，小肠对钙、磷的吸收不良，造成病人的骨质钙化不全而引起佝偻病。患儿多于1周岁左右开始发病，可出现O形腿、X形腿、鸡胸、漏斗胸、多发性骨折、生长发育缓慢等症状。佝偻病男性病人下肢常出现畸形，病情严重；女性病人仅有骨骼异常，病情较轻。一般根据血液和尿液中磷、钙的测定、X线检查和家族史等可以明确诊断，也可通过检测基因的突变进一步确诊。由于本病的治疗采用普通剂量的维生素D和晒太阳均难有疗效，必须使用大剂量的维生素D和磷酸盐才能起到治疗效果，所以人们通常称之为抗维生素D性佝偻病。

如果用D表示抗维生素D性佝偻病的致病基因，d表示正常基因，则一男性病人与一正常女性婚配时，其子女中，女儿均患病，儿子均正常；女性病人与正常男性婚配时，其子女发病率均为1/2(图13-13)。

图片：两例抗维生素D性佝偻病病人腿部外观

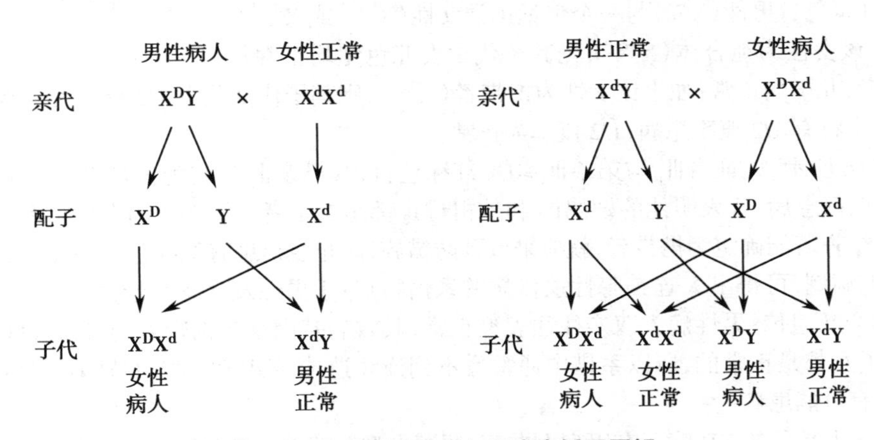

图13-13　佝偻病病人与正常者婚配图解

结合以上典型病例，可得出 X 连锁显性遗传病的系谱特点：①女性发病率高于男性，但女性病人的症状可能较轻；②交叉遗传：男性的 X 染色体只能从母亲那里得到，将来也只可能传给他的女儿，这种遗传方式称为交叉遗传；③病人的双亲中必有一方患病（基因突变除外）；④连续遗传（图 13-14）。

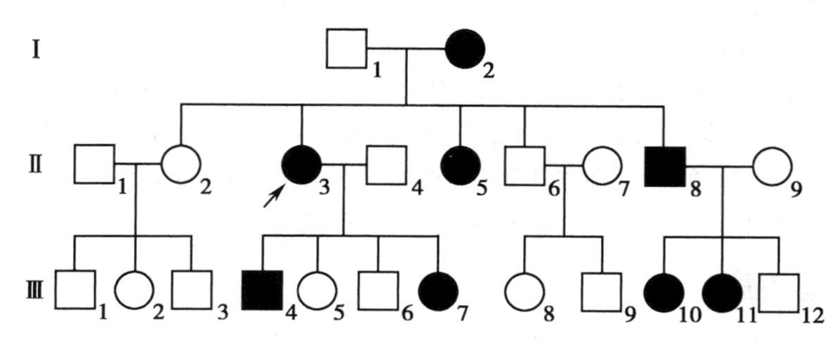

图 13-14　一例抗维生素 D 性佝偻病系谱

此外，临床上常见的 XD 病还有遗传性肾炎、色素失调症、高氨血症Ⅰ型、口面指综合征和 Albright 遗传性骨营养不良等。

（二）X 连锁隐性遗传病

控制某种性状或疾病的基因位于 X 染色体上，并且性质是隐性的，其遗传方式称为 X 连锁隐性遗传（X-linked recessive inheritance，XR）。由 X 染色体上的隐性致病基因引起的疾病称为 X 连锁隐性遗传病。

在 X 连锁隐性遗传病中，假定隐性致病基因为 b，显性正常基因为 B，则男性的基因型有两种，即 X^BY 和 X^bY，前者个体正常，后者个体患病；女性的基因型有 3 种，即 X^BX^B、X^BX^b、X^bX^b，前两种基因型的个体正常，后一种基因型的个体患病，但杂合体（X^BX^b）是携带者。由此可见，男性只要 X 染色体上有致病基因就患病，而女性在两条 X 染色体上都有同一隐性致病基因时才患病。因此，人群中男性发病率明显高于女性。

红绿色盲就是一种 X 连锁隐性遗传病，病人不能正确区分红色和绿色，在生活上有诸多不便，在择业上也受到不少限制。我国男性红绿色盲发病率约为 7%，女性红绿色盲发病率约为 0.5%。

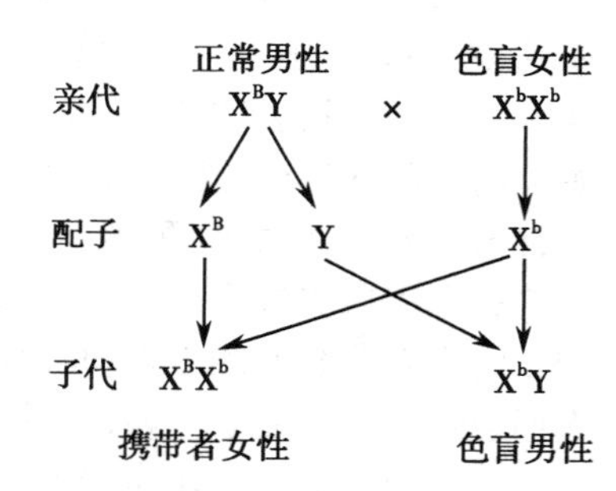

图 13-15　色觉正常男性与红绿色盲女性婚配图解

红绿色盲决定于 X 染色体上两个紧密相连的隐性红色盲基因和绿色盲基因，一般把它们综合在一起考虑，称为红绿色盲基因。如果用 b 表示红绿色盲的致病基因，B 表示其正常等位基因，则一个正常男性（X^BY）与一个红绿色盲女性（X^bX^b）婚配时，其子代中女儿均为携带者，儿子均患病（图 13-15）。由此可见，病人母亲的致病基因可传给女儿，也可传给儿子。

当一个红绿色盲男性（X^bY）与一个色觉正常女性（X^BX^B 或 X^BX^b）婚配时，如果该女性为纯合体（X^BX^B），则其子代中女儿色觉均正常，但都是携带者，儿子均正常；如果该女性为携带者（X^BX^b），则其子代女儿中 1/2 概率为正常，1/2 概率为携带者，儿子中将有 1/2 概率患病，1/2 概率为正常。

如图 13-16 所示，先证者$Ⅲ_1$ 与弟弟$Ⅲ_4$ 均患红绿色盲，其母亲$Ⅱ_2$ 肯定为携带者。先证者的舅舅$Ⅱ_3$ 和姨表弟$Ⅲ_7$ 也都患病，这表明他的姨妈$Ⅱ_6$ 和外祖母I_2 都是携带者。第 3 代的女性将有 1/2 的概率为携带者，经过检查若能确定为携带者，就应采取预防措施，防止生出患有红绿色盲的儿子。

结合以上病例，可得出 X 连锁隐性遗传病的系谱特点：①男性发病率高于女性，系谱中往往只有男性病人；②交叉遗传：男性病人双亲往往表型正常，其致病基因来自携带者的母亲；③隔代遗传：由于男病人的子女都是正常的，所以系谱中通常看不到连续遗传；④男性病人的兄弟、舅舅、姨表兄弟、外甥、外孙也有可能患病。

此外，临床上常见的 XR 病还有甲型血友病、假肥大型肌营养不良和家族性低血色素贫血等。

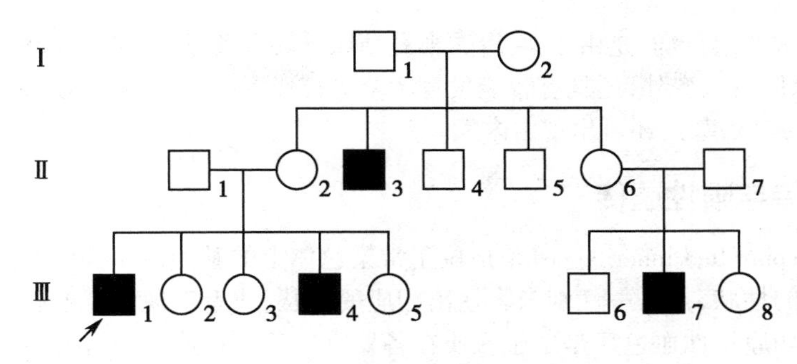

图 13-16　一例红绿色盲系谱

(三) Y 连锁遗传病

控制某种性状或疾病的基因位于 Y 染色体上,其遗传方式称为 Y 连锁遗传(Y-linked inheritance, YL)。由 Y 染色体上的致病基因引起的疾病称为 Y 连锁遗传病。

由于只有男性才具有 Y 染色体,且仅有一条,所以致病基因不论是显性的还是隐性的,都表现出相应的性状。Y 染色体上的基因将随 Y 染色体进行传递,由父亲传给儿子,儿子传给孙子,女性不会出现相应的遗传性状或疾病,也不传递有关基因,因此,Y 连锁遗传又称为全男性遗传。

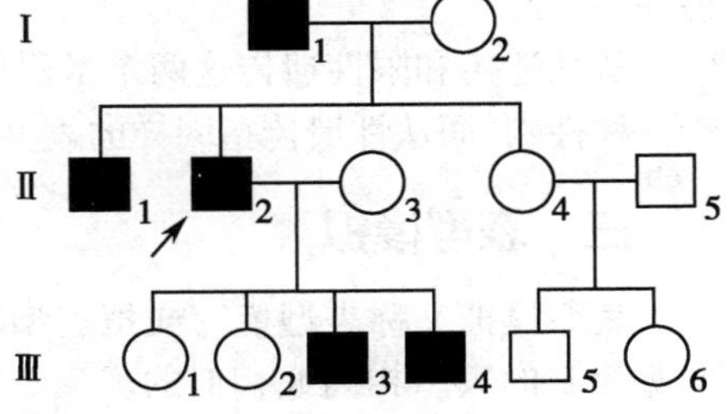

图 13-17　一例外耳道多毛症系谱

图片:一例外耳道多毛症病人的外观

外耳道多毛症是 Y 连锁遗传病的典型病例,在印第安人中发现较多。病人到了青春期,外耳道中可长出 2~3cm 的成丛黑色硬毛,常可伸出耳孔之外。

结合图 13-17 可得出 Y 连锁遗传病系谱特点:①只有男性病人;②病人的父亲和儿子均患病(基因突变除外),女儿全部正常。

此外,目前较肯定的 Y 连锁基因还有睾丸决定基因、无精子基因、箭猪病基因、蹼指基因、H-Y 抗原基因等。

第三节　影响单基因遗传病发病的因素

根据基因突变的性质,通常把基因控制的性状分为显性和隐性两大类。理论上两者在群体中呈现出各自的分布规律,但也存在着一些例外情况。

一、遗传异质性与基因的多效性

表型是由基因型决定的,但同一表型并不一定是一种基因型表达的结果,有可能几种基因型都表现为同一表型。这种表型相同而基因型不同的现象称为遗传异质性(genetic heterogeneity)。由于遗传基础不同,它们的遗传方式、发病年龄、病情以及复发风险等都可能不同。如先天性聋哑的遗传方式有 AD、AR 和 XR 三种遗传方式。由此可见,先天性聋哑具有高度的遗传异质性。也就是说,两个先天性聋哑病人婚配后可能生出听觉正常孩子,这是由于父母聋哑基因不在同一基因座位所致。先天性聋哑中,属 AD 的有 6 个基因座位;属 AR 的又有Ⅰ型、Ⅱ型,Ⅰ型有 35 个基因座位,Ⅱ型有 6 个基因座位;属 XR 的有 4 个基因座位。比方说,父亲基因型为 aaBB,由致病基因 aa 致先天聋哑,母亲基因型为 AAbb,由另一对致病基因 bb 致先天聋哑,则其子代基因型为 AaBb,表型正常。事实上,大多数遗传病具有遗传异质性,如抗维生素 D 性佝偻病,除 XD 外,还有 AD 和 AR。

基因的多效性(pleiotropy)是指一个基因可以决定或影响多个性状的现象,也称一因多效。在生物个体发育过程中,很多生理生化过程都是相互联系、相互依赖的。而基因的作用是通过控制新陈代谢的一系列生化反应影响个体发育从而决定性状的。这些生化反应是按照特定步骤进行的,因此,一个基因的改变将影响到其他生化过程的正常进行,从而引起其他性状的相应改变。如半乳糖血症是

一种半乳糖代谢异常的遗传病，是由于1-磷酸半乳糖尿苷转移酶缺陷，使1-磷酸半乳糖和半乳糖醇沉积而致病，病人除肝脏病变外，还具有智能发育不全等神经系统异常，肾皮质、髓质连接处肾小管扩张，脑部轻微病变等症状，甚至还可出现白内障。

二、从性遗传与限性遗传

从性遗传（sex-controlled inheritance）是指位于常染色体上的基因由于性别的差异，而表现出在某一性别表达出相应的性状，在另一性别未表达出相应的性状，或者表现程度上有一定差别的现象，又称性影响遗传。例如原发性血色病是由于铁质在各器官广泛沉积造成器官损害所致的一种疾病，主要表现为皮肤色素沉着、肝硬化、糖尿病三联综合征。本病是一种AD病，但病人大多数为男性，究其原因主要是由于女性月经、流产、妊娠等经常失血以致铁质丢失较多，减轻了铁质的沉积，故不易表现症状。

限性遗传（sex-limited inheritance）是指常染色体上的基因，不管其性质是显性的还是隐性的，由于性别限制只在一种性别得以表现，而在另一性别完全不能表现的现象。这主要是由于解剖结构方面的差异造成的。如子宫阴道积水症是一种AR病，女性在隐性纯合体时表现出相应的症状，而男性虽然有这种基因，但不能表现出相应的症状。需要说明的是，男性的这些致病基因可以向后代传递，但后代中只有女性才会患病。又如子宫颈癌也仅见于女性，前列腺癌则仅见于男性。

从性遗传和限性遗传这两个术语很容易混淆，它们之间的区别在于：限性遗传指一种表型只局限于一种性别，而从性遗传指同样的表型在两个性别中都存在，只是在一种性别中会更常见。

三、表型模拟

表型模拟又称表型模写或拟表型，是指由于环境因素的作用使个体的表型恰好与某一特定基因型所控制的表型相同或相似的现象。如由于孕妇感染风疹病毒也可引起先天性聋哑，这种由于生物因素引起的聋哑就是表型模拟。由于表型模拟是环境因素造成的，并不是生殖细胞中基因本身的改变所致。因此，这种聋哑并不遗传给后代。

四、遗传早现

遗传早现是指一些遗传病（通常为显性遗传病）在连续几代的传递中，发病年龄提前、病情严重程度增加的现象。病人发病年龄的提前大多与致病基因中一段不稳定的三核苷酸重复序列有关。例如脊髓小脑性共济失调是遗传性共济失调的主要类型，是一种AD病，其发病年龄一般为35~40岁，早期症状多为双下肢共济失调，走路摇晃不稳，继之言语不清，小脑及深感觉性共济失调，晚期需搀扶才能行走，甚至卧床。在一个家系中，曾祖父39岁开始发病，他的儿子38岁开始发病，他的孙子30岁发病，他的曾孙23岁就已瘫痪。又如强直性肌营养不良、Huntington舞蹈病等，都可发生遗传早现。

五、遗传印记

不同性别的亲本传递给子代的同源染色体或等位基因的改变可以引起不同的表型效应，人们把这一现象称之为遗传印记。来自双亲的同源染色体或等位基因，其表达不是均等的，这些等位基因由于在双亲的配子中经过DNA甲基化、去甲基化、组蛋白乙酰化等修饰，从而导致在子代的表达是不一样的。换句话说，这些等位基因在传递上是符合遗传学基本规律的，但在表达方面受传递双亲性别的影响。

图片：一例PWS和AS病人的外观

Prader-Willi综合征（PWS）和Angelman综合征（AS）是涉及15q11-q13区域的染色体缺失的两种完全不同的疾病。当患儿缺失的第15号染色体来自父亲时，表现为PWS，即暴饮暴食、过度肥胖、智力缺陷、行为异常、身材矮小、性腺机能减退；当患儿缺失的第15号染色体来自母亲时，表现为AS，即大嘴、呆笑、步态不稳、癫痫和严重的智力低下。这两种综合征的15号染色体缺失分别来自父亲和母亲，说明遗传印记所致的相同基因不同表达的可能性。

第四节　两种单基因性状或疾病的遗传

两种单基因性状或疾病的遗传现象是普遍存在的，在分析它们的传递规律时，关键问题是考虑控制它们的等位基因是否位于同一对同源染色体上。若分别位于不同的同源染色体上，则遵循自由组合定律传递；若位于同一对同源染色体上，则遵循连锁与互换定律传递。

一、两种单基因病的自由组合

如果有这样的一对夫妇，丈夫并指，妻子正常，已生了一个白化病的患儿，他们问：若再生第二胎，子女发病情况如何？你该怎样回答呢？

首先，查找资料弄清遗传方式，选用适当的遗传规律。并指是AD病，白化病是AR病。由于并指与白化病是两种不同的遗传病，且致病基因分别位于不同的同源染色体上，所以应该选用自由组合定律。

然后，分析这对夫妇的基因型。只考虑并指：并指是AD病，假设用A表示并指的致病基因，a表示正常指基因，由妻子正常判断其基因型为aa；由白化病患儿的手指正常判断其基因型也是aa，而这两个a一个来自父亲，一个来自母亲，这就说明丈夫必含基因a，再由丈夫是并指判断其必含基因A，从而推断出丈夫的基因型为Aa。只考虑白化病：白化病是AR病，假设用b表示白化病的致病基因，B表示正常基因，则白化病患儿的基因型为bb，而这两个b一个来自父亲，一个来自母亲，所以这对夫妇必含基因b；由于这对夫妇均未患白化病，所以他们必含基因B，从而推断这对夫妇的基因型均为Bb。综上所述，丈夫的基因型是AaBb，妻子的基因型是aaBb。

最后，通过遗传分析判断其子女发病情况(图13-18)。若这对夫妇再生第二胎，孩子完全正常的可能性是3/8，患白化病而不患并指的可能性是1/8，患并指而不患白化病的可能性是3/8，同时患并指和白化病的可能性是1/8。

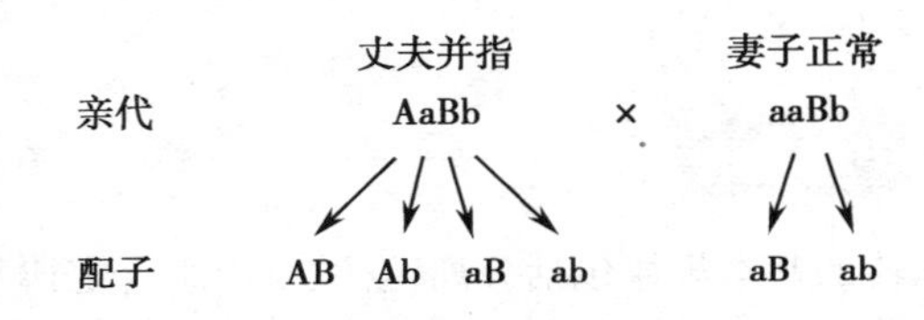

	AB	Ab	aB	ab
aB	AaBB 并指	AaBb 并指	aaBB 正常	aaBb 正常
ab	AaBb 并指	Aabb 并指且白化	aaBb 正常	aabb 白化

图13-18　棋盘法分析两种单基因病的自由组合

二、两种单基因病的连锁与互换

如果有这样的一对夫妇，父亲是红绿色盲，母亲表型正常，已生出一个红绿色盲的女儿和一个甲型血友病的儿子，试问他们再生孩子的发病情况如何？已知红绿色盲基因和甲型血友病基因之间交换率是10%。

由于红绿色盲和甲型血友病均是XR，即致病基因均位于X染色体上，所以应该选用连锁与互换定律进行分析。用b表示红绿色盲的基因，h表示甲型血友病的基因。由女儿为红绿色盲可以判断，母亲必然是红绿色盲的携带者；从儿子患甲型血友病判断，母亲也必然是甲型血友病的携带者，色盲基因b和甲型血友病基因h分别位于两条X染色体上。

由于母亲的生殖细胞形成过程中，X染色体上这两对致病基因间发生交换，交换律为10%，从而可以产生四种不同的卵子；父亲可以产生两种精子，精卵结合的情况如图13-19所示。由此可见，他们所生的女儿中，50%正常，50%患红绿色盲；男孩中，5%正常，45%患甲型血友病，45%患红绿色盲，5%同时患两种病。

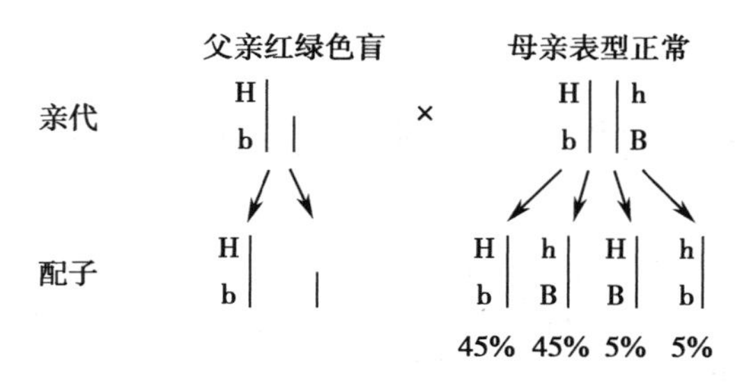

	H b　45%	h B　45%	H B　5%	h b　5%
H b	H b / H b 色盲女性	H b / h B 正常女性	H b / H B 正常女性	H b / h b 色盲女性
|	H b 色盲男性	h B 血友病男性	H B 正常男性	h b 色盲且血友病男性

图 13-19　两种单基因病的连锁与互换

本章小结

遗传的基本规律包括分离定律、自由组合定律和连锁与互换定律。分离定律的本质是在生殖细胞形成时等位基因的分离，可以解释一对等位基因控制的一对相对性状的遗传。自由组合定律可以解释位于非同源染色体上的基因控制的两对或两对以上相对性状的遗传。连锁与互换定律可用于解释位于一对同源染色体上的两对或两对以上等位基因控制相对性状的遗传。

单基因病是指由一对等位基因控制的疾病，常用系谱分析法进行研究。根据致病基因所在染色体的不同以及致病基因性质的不同，可将人类单基因遗传病分为常染色体显性遗传病、常染色体隐性遗传病、X 连锁显性遗传病、X 连锁隐性遗传病和 Y 连锁遗传病 5 类。它们都遵循孟德尔遗传定律，并有各自的系谱特点。常染色体病男女发病概率均等，AR 病还具有近亲婚配子女发病风险增高的特点；交叉遗传是判断 XL 的重要依据。掌握单基因遗传的遗传方式和系谱特点，才能在临床上对单基因病进行诊断和复发风险的计算，这是遗传咨询师必备的一项技能。

在分析单基因遗传病时，要注意遗传异质性与基因的多效性、从性遗传与限性遗传、表型模拟、遗传早现和遗传印记等因素。

案例讨论

案例讨论

一对听力均正常的夫妇，生育了一个先天性聋哑的孩子；另一对均为先天性聋哑的夫妇，生育了两个孩子，听力均正常。

（李荣耀）

扫一扫，测一测

笔记

思考题

1. 丈夫是 B 型血，他的母亲是 O 型血；妻子为 AB 型血，问后代可能出现什么血型，不可能出现什么血型？

2. 一位色觉正常的女性，其父亲是色盲病人。若她与一个色盲男性婚配，其子女患色盲的概率分别为多少？若她与一个色觉正常的男性结婚，情况又将如何？

3. 假定 A 是控制视网膜正常的基因，而控制人褐眼的基因 B 相对于蓝眼基因 b 是显性的，且 A/a 和 B/b 位于不同对的同源染色体上。则一对基因型均为 AaBb 的夫妇，生育视网膜正常的褐眼孩子的概率是多少？

第十四章　多基因遗传与多基因遗传病

学习目标

1. 掌握：微效基因、多基因遗传病、易感性、易患性、阈值的概念；多基因遗传和多基因遗传病的特点。
2. 熟悉：多基因遗传病再发风险的估计。
3. 了解：群体发病率、阈值、易患性平均值三者的关系。
4. 具有对常见多基因遗传病进行初步诊断的能力。
5. 能够进行多基因遗传病的再发风险估计。

人类的许多遗传性状或疾病，如耳垂的有无、短指（趾）症、白化病等，都是由一对基因决定的。但是人类也有许多遗传性状或疾病，它们的遗传基础是两对或更多对的等位基因，同时也受环境因素的影响。

第一节　多基因遗传

一、质量性状与数量性状

单基因遗传的性状或疾病是由一对等位基因所控制的，相对性状之间的差异显著，在一个群体中的分布是不连续的，可以明显地将变异个体分为2~3个亚群，各亚群个体间差异显著，称为质量性状（qualitative character）。例如，正常人血浆中的苯丙氨酸羟化酶（PAH）的活性为100%，杂合体携带者的PAH活性为正常人的45%~50%，苯丙酮尿症病人的PAH活性仅为正常人的0~5%，这分别决定于基因型PP、Pp、pp，若将此性状的变异作图，则可以看到三个峰（图14-1）。

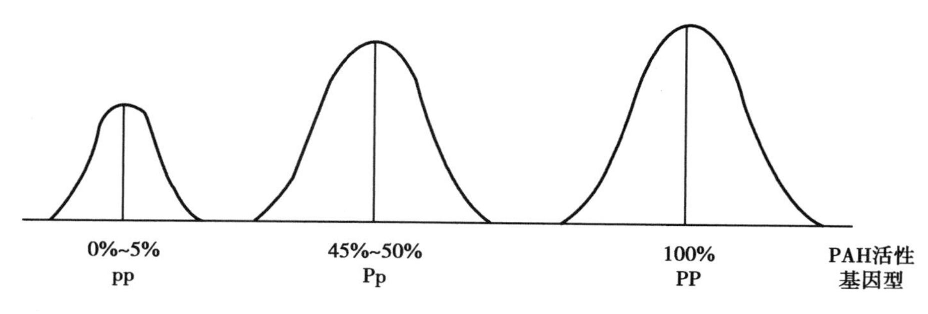

图14-1　质量性状的变异

多基因遗传性状的变异在群体中的分布是连续的，只有一个峰，即平均值，不同个体间的差异只是量的变异，因此又称为数量性状（quantitative character）。例如，人的身高、智能、血压等。如果随机调查任何一个群体的身高，则极矮和极高的个体只占少数，大部分个体接近平均身高，而且呈现由矮向高逐渐过渡，将此身高变异分布绘成曲线，这种变异呈正态分布（图 14-2）。数量性状的变异，既受多基因遗传基础的控制，也受到环境因素的影响。

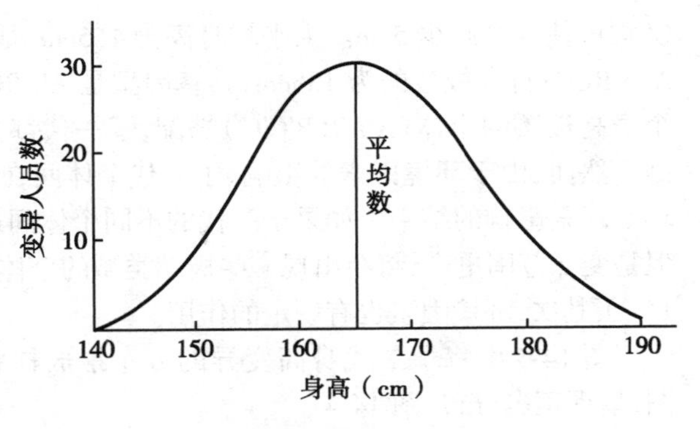

图 14-2　数量性状的变异

二、多基因假说

多基因遗传（polygenic inheritance）是指某些遗传性状或遗传病，由多对等位基因共同决定，同时还受环境因素的影响，呈现数量变化的特征，故又称为数量性状遗传。

1909 年，瑞典遗传学家 Nilsson-Ehle 提出了多基因假说来说明数量性状的遗传，沿用至今。其主要内容是：①有些遗传性状或遗传病的遗传基础不是一对等位基因，而是两对或两对以上的等位基因；②这些等位基因彼此之间没有显性和隐性的区分，呈共显性；③每对等位基因对该遗传性状形成的作用微小，所以称为微效基因（minor gene），但是多对等位基因的作用累加起来，可以形成一个明显的表型效应，即累加效应（additive effect）；④数量性状除了受微效等位基因的影响外，也受环境因素的作用。

三、多基因遗传的特点

人的身高是多基因性状，受多对基因影响，为简便说明问题，以 3 对基因为例加以说明。设等位基因 A 与 A′、B 与 B′、C 与 C′ 均控制身高的变异，其中基因 A、B、C 均可使身高增加 5cm；而基因 A′、B′、

亲代	极高的个体 AABBCC	× ↓	极矮的个体 A′A′B′B′C′C′
F_1代		中等身高 AA′BB′CC′	
F_2代			

	ABC	A′BC	AB′C	ABC′	A′B′C	AB′C′	A′BC′	A′B′C′
ABC	AABBCC	A′ABBCC	AAB′BCC	AABBC′C	A′AB′BCC	AAB′BC′C	A′ABBC′C	A′AB′BC′C
A′BC	A′ABBCC	A′A′BBCC	A′AB′BCC	A′ABBC′C	A′A′B′BCC	A′AB′BC′C	A′A′BBC′C	A′A′B′BC′C
AB′C	AAB′BCC	A′AB′BCC	AAB′B′CC	AAB′BC′C	A′AB′B′CC	AAB′B′C′C	A′AB′BC′C	A′AB′B′C′C
ABC′	AABBC′C	A′ABBC′C	AAB′BC′C	AABBC′C′	A′AB′BC′C	AAB′BC′C′	A′ABBC′C′	A′AB′BC′C′
A′B′C	A′AB′BCC	A′A′B′BCC	A′AB′B′C′C	A′AB′BC′C	A′A′B′B′CC	A′AB′B′C′C	A′A′B′BC′C	A′A′B′B′C′C
AB′C′	AAB′BC′C	A′AB′BC′C	AAB′B′C′C	AAB′BC′C′	A′AB′B′C′C	AAB′B′C′C′	A′AB′BC′C′	A′AB′B′C′C′
A′BC′	A′ABBC′C	A′A′BBC′C	A′AB′BC′C	A′ABBC′C′	A′A′B′BC′C	A′AB′BC′C′	A′A′BBC′C′	A′A′B′BC′C′
A′B′C′	A′AB′BC′C	A′A′B′BC′C	A′AB′B′C′C	A′AB′BC′C′	A′A′B′B′C′C	A′AB′B′C′C′	A′A′B′BC′C′	A′A′B′B′C′C

图 14-3　人身高的遗传图解

C′均可使身高减少 5cm。人平均身高为 165cm，基因型是 AA′BB′CC′；身高极高的为 195cm，基因型是 AABBCC；身高极矮的为 135cm，其基因型是 A′A′B′B′C′C′。假如一个身高极高的个体（AABBCC）和一个身高极矮的个体（A′A′B′B′C′C′）婚配，子一代都具有杂合基因型（AA′BB′CC′），理论上都应为平均身高。然而，由于环境因素的影响，子一代个体间在身高上仍然会有一定的差异，这种差异完全是因为环境因素影响的结果。如果子一代的不同个体间进行婚配，子二代的大部分个体仍将具有中等身高，但是变异范围更广，将会出现一些极端类型的个体。这种变异首先是受基因分离与自由组合的影响(图 14-3)，其次，环境因素也有一定的作用。

图 14-3 中将子二代身高变异的分布绘成柱状图和曲线图，呈现正态分布(图 14-4)。

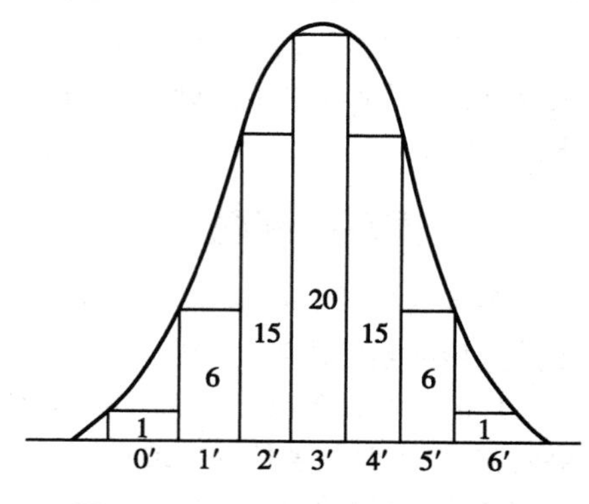

图 14-4　子二代身高变异分布图

从上述的叙述中我们可以看出，多基因遗传具有如下特点：①两个纯合的极端个体杂交，子一代都是中间类型，但是个体间也存在一定的变异，这是环境因素影响的结果；②两个中间类型的子一代个体杂交，子二代大部分仍为中间类型，但是变异的范围比子一代更为广泛，有时会出现极端变异的个体，除了环境因素的影响外，基因的分离和自由组合对变异的产生具有重要作用；③在一个随机婚配的群体中，变异范围很广泛，但是大多数接近中间类型，极端变异个体很少；④多基因和环境因素对这种变异的产生都有作用。

第二节　多基因遗传病

病人，男性，35 岁，因反复出现头晕、头胀，伴有恶心呕吐、眼部充血而就诊。入院后测量血压为 160/110mmHg，予呋塞米、甘露醇脱水降压后血压为 150/95mmHg。医生诊断为原发性高血压。该病人有高血压家族史。

问题：

1. 原发性高血压属于遗传病吗？
2. 父母有原发性高血压，子女一定会患此病吗？

多基因遗传病（polygenic disease）简称多基因病（poly-gene disorder），是受多对基因和环境因素双重影响而引起的疾病，例如某些常见病（冠心病、原发性高血压、糖尿病、哮喘、精神分裂症等）和某些先天畸形(唇裂、腭裂、脊柱裂、无脑儿等)。多基因遗传病发病率大多超过 0.1%，并出现家族聚集倾向，病人同胞中的发病率远比 1/2 或 1/4 低，为 1%~10%。近亲婚配时，子女患病风险增高，但不如常染色体隐性遗传病那样显著。多基因遗传病是一类在群体中发病率较高、病情复杂的疾病，无论是病因以及致病机制的研究，还是疾病再发风险的估计，既要考虑遗传（多基因）因素，也要考虑环境因素。

精神分裂症

精神分裂症是一种多基因遗传病，其中遗传因素起了很大的作用，而环境因素所起的作用相对很小。该病具有一定的家族聚集倾向，若双亲之一是病人，其子女的发病风险为 15%~50%；若双亲都是病人，其子女的发病风险为 35%~75%。该病多在青壮年缓慢或亚急性起病，临床上通常表现为症状各异的综合征，涉及感知觉、思维、情感和行为等多方面障碍以及精神活动的不协调。

病人一般意识清楚，智能基本正常，但部分病人在疾病过程中会出现认知功能障碍。病程一般迁延，呈反复发作、加重或恶化，部分病人最终出现精神活动衰退和精神残疾，但有的病人经过治疗后可保持精神正常或基本正常状态。

一、易患性与发病阈值

在多基因遗传病中，若干作用微小但有累加效应的致病基因是个体患病的遗传基础。这种由遗传基础决定一个个体患某种多基因遗传病的风险，称为易感性（susceptibility）。易感性仅强调遗传基础对发病风险的作用。

在多基因遗传病中，由遗传基础和环境因素共同作用，决定一个个体患病可能性的大小，称为易患性（liability）。易患性低，患病的可能性小；易患性高，患病的可能性大。在一定的环境条件下，易患性代表个体所积累致病基因数量的多少。

易患性的变异在人群中呈正态分布。一个人群中，每个人的易患性有高有低，但大部分个体的易患性都接近于平均值，易患性很低和很高的个体数量都很少，只有易患性较高的个体才能患病。当一个个体的易患性达到一定的限度后就要患病，这个易患性的限度称为阈值（threshold）。阈值的存在就将易患性呈连续变异的群体分为两部分，大部分是健康个体，小部分是病人，使连续变异的数量性状以阈值为界发生了质的变化。阈值是易患性变异的某一点，凡易患性超过此点的个体都将患病（图 14-5）。在一定的环境条件下，阈值代表患病所需要的最低限度的易患基因的数量。

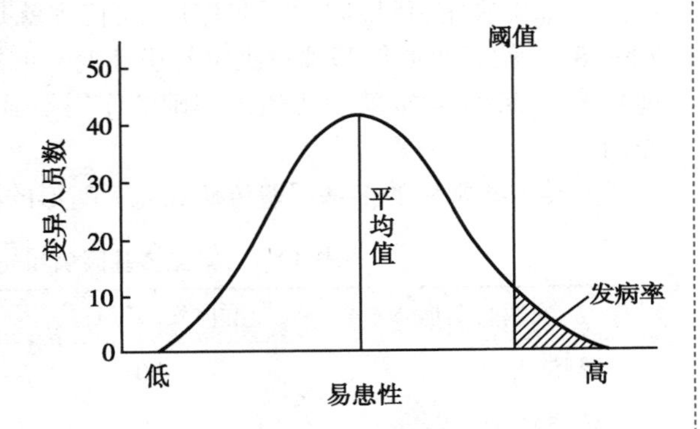

图 14-5　群体易患性的变异

个体的易患性高低无法测量，一般只能根据他们婚后所生子女的发病情况作粗略估计。但是，一个群体的易患性平均值的高低，可以从该群体的发病率做出估计。多基因病的群体易患性呈正态分布，利用正态分布表，从其发病率就可查出群体的阈值与易患性平均值之间的距离，这一距离以正态分布的标准差（σ）作为衡量单位。已知正态分布曲线下的总面积为 1（100%），正态分布中以平均值（μ）为零，在 μ±1σ 范围内的面积占曲线内总面积的 68.28%，此范围以外的面积占 31.72%，左侧和右侧各占约 15.86%；在 μ±2σ 范围内的面积占曲线内总面积的 95.46%，此范围以外的面积占 4.54%，两侧各占约 2.27%；在 μ±3σ 范围内的面积占曲线内总面积的 99.74%，此范围以外的面积占 0.26%，两侧各占约 0.13%（图 14-6）。

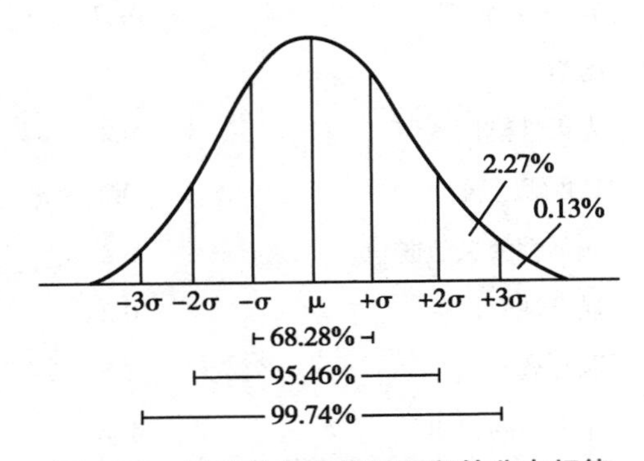

图 14-6　正态分布曲线下面积的分布规律

多基因病易患性的正态分布曲线下的面积代表人群总人数（100%），其易患性变异超过阈值的那部分面积代表病人所占的百分数，即发病率。因此，从一个群体的发病率就可以推知发病阈值与易患性平均值间的距离。例如冠心病，其群体发病率约为 2.30%，那么易患性阈值与平均值相距 2σ。又如先天性畸形足，其群体发病率是 0.13%，其易患性阈值与平均值相距 3σ。可见，一种多基因病群体发病率越高，易患性阈值距平均值就越近，其群体易患性平均值也就越高；反之，群体发病率越低，易患性阈值距平均值就越远，其群体易患性平均值也就越低（图 14-7）。

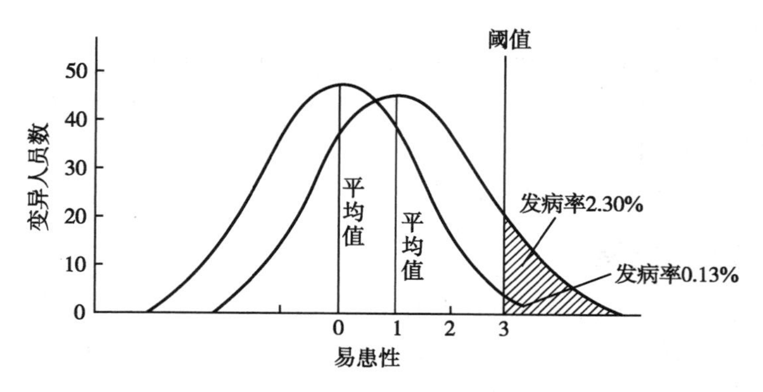

图 14-7　群体发病率、阈值与易患性的关系

二、遗传率

在多基因病中，遗传基础和环境因素都有重要的作用，其中遗传基础即致病基因所起作用的大小，称为遗传率（heritability）或遗传度，一般用百分率（%）表示。如果一种多基因病的易患性完全由遗传基础决定，环境因素不起作用，遗传率就是 100%，这种情况几乎是不存在的。一般遗传率在 70%~80% 就表明遗传基础在决定易患性变异或发病上起主要作用，而环境因素的影响较小。相反，遗传率在 30%~40% 就表明遗传基础的作用不显著，而环境因素在决定易患性变异或发病上起主要作用。

人类一些常见的多基因遗传病和先天畸形的群体发病率和遗传率统计资料见表 14-1。

表 14-1　常见多基因病和先天畸形的群体发病率和遗传率

疾病与畸形	群体发病率（%）	病人一级亲属发病率（%）	遗传率（%）
哮喘	4.0	20	80
精神分裂症	1.0	10	80
先天性巨结肠	0.02	先证者：男性 2；女性 8	80
唇裂 ± 腭裂	0.17	4	76
腭裂	0.04	2	76
先天性幽门狭窄	0.3	先证者：男性 2；女性 10	75
1 型糖尿病	0.2	2~5	75
先天性髋关节脱位	0.2	先证者：男性 4；女性 1	70
强直性脊椎炎	0.2	先证者：男性 7；女性 2	70
冠心病	2.5	7	65
原发性高血压	4~8	12~30	60
无脑畸形	0.2	2	60
脊柱裂	0.3	4	60
消化性溃疡	4.0	8	37

遗传率可从病人亲属的发病率与一般群体的发病率或对照组亲属发病率的差异中计算出来。

三、多基因遗传病的特点

多基因病与单基因遗传病相比，有明显不同的遗传特点，它符合数量性状的遗传，具有如下特点：

1. 多基因病的群体发病率一般高于 0.1%。
2. 多基因病有家族聚集倾向。病人亲属的发病率远高于群体发病率，但又低于 1/2 或 1/4，不符

合任何一种单基因遗传方式。

3. 近亲婚配时，子女的发病风险增高，但不如常染色体隐性遗传病那样显著，这与多基因的累加效应有关。

4. 随着亲属级别的降低，病人亲属的发病风险迅速降低，并向着群体发病率靠拢。在群体发病率低的病种中，这种趋势更为明显（表 14-2）。这与单基因病中亲属级别每降低一级，发病风险降低 1/2 的情况是不同的。

5. 发病率有明显的种族或民族差异（表 14-3），这表明不同种族或民族的基因库是不同的。

表 14-2　亲缘级别和发病率之间的关系

亲属级别	发病风险（%）		
	唇裂 ± 腭裂	先天性髋关节脱位（女）	先天性幽门狭窄（男）
群体发病率（%）	0.1	0.2	0.5
单卵双生	40（×400）	40（×200）	15（×30）
一级亲属	4（×40）	5（×25）	5（×10）
二级亲属	0.7（×7）	0.6（×3）	2.5（×5）
三级亲属	0.3（×3）	0.4（×2）	0.75（×1.5）

注：× 号后的数字是群体发病率的倍数

表 14-3　一些多基因遗传病发病率的种族差异

疾病名称	群体发病率（%）	
	中国人	美国人
脊柱裂	0.3	0.2
无脑儿	0.6	0.5
唇裂 ± 腭裂	0.17	0.1
先天性畸形足	1.4	5.5
先天性髋关节脱位	1.0	0.7

四、多基因遗传病再发风险的估计

多基因病涉及多种遗传基础和环境因素，发病机制比较复杂，难以像单基因病那样准确推算其发病风险。在估计多基因病的再发风险时，可以考虑以下几个方面。

（一）群体发病率和遗传率与再发风险

多基因病中，群体易患性和病人一级亲属的易患性均呈正态分布。但是，两者超过阈值而发病的部分，在数量上不同，病人一级亲属的发病率比群体发病率要高得多。在相当多的多基因遗传病中，群体发病率为 0.1%~1%，遗传率为 70%~80% 时，可用 Edwards 公式来计算，病人一级亲属的发病率（f）近似于群体发病率（P）的平方根，即 $f=\sqrt{P}$。利用该公式可以估计多基因病的再发风险。例如，先天性脊椎狭窄症，在一般人群的发病率为 0.2%，遗传率为 70%，病人一级亲属发病率 $f=\sqrt{0.002}\approx 4.5\%$。因此，有了群体的发病率和遗传率，即可对病人一级亲属发病率做出适当估计。

如果群体发病率和遗传度过高或过低时，上述公式就不再适用。如果一种病的遗传率高于 80% 或群体发病率高于 1%，则病人一级亲属发病率将高于群体发病率的开方值（$\sqrt{P}$）；如果一种病的遗传率低于 70% 或群体低于 0.1%，则病人一级亲属发病率低于群体发病率的开方值（$\sqrt{P}$）。此时，可用一般群体的发病率、遗传率和病人一级亲属发病率相互关系的图解来推算(图 14-8)。在图 14-8 中，横坐标为群体发病率，斜线为遗传率，纵坐标为病人一级亲属发病率。应用时只要根据已知的群体发病率和遗传率，就可以从图解中查出病人一级亲属的发病风险。

（二）家庭中患病人数与再发风险

多基因遗传病的再发风险与家庭中患病人数呈正相关。一个家庭中，患同一种多基因遗传病的人数越多，说明该家系成员具有的易患基因也越多，再发风险就越高。例如，一对表型正常的夫妇生出一个唇裂患儿后，意味着他们带有一定数量的易患基因，第二胎再生唇裂患儿的风险为群体发病率的平方根，即 $f=\sqrt{0.0017}\approx 4\%$；如果他们第二胎又生了一个唇裂患儿，这就表明，这对夫妇带有更多的易患基因，虽然他们本人都未患唇裂，但他们的易患性更接近阈值，由于多基因的累加效应，第三胎再生患儿的风险就上升到 10% 左右，即再发风险增高 2~3 倍。然而在单基因遗传病中，因为双亲的基因型已定，不论已生出几个患儿，再发风险都是 1/2 或 1/4。

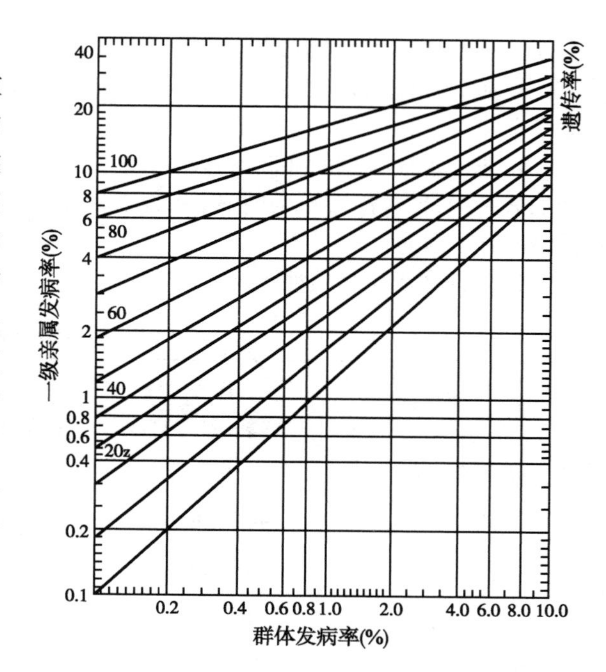

图 14-8　多基因遗传病群体发病率、遗传率与病人一级亲属发病率的关系

（三）病人病情的严重程度与再发风险

多基因病病人病情越严重，其同胞中再发风险就越高。因为病人病情越严重，说明病人带有的易患基因就越多。与病情较轻的病人相比，其父母也必然带有较多的易患性基因，因而他们的易患性更加接近阈值。所以，再次生育时的风险也相应地增高。例如，病人为单侧唇裂，其同胞的再发风险为 2.46%；病人为单侧唇裂 + 腭裂，其同胞的再发风险为 4.21%；病人为双侧唇裂 + 腭裂，其同胞的再发风险为 5.74%。这一点与单基因遗传病也是不同的。在单基因遗传病中，不论病情的轻重如何，只是表现度的差异，不影响其再发风险，即仍是 1/2 或 1/4。

（四）患病率的性别差异与再发风险

当一种多基因遗传病的发病有性别差异时，表明不同性别的易患性阈值是不同的（图 14-9）。这种情况下，群体发病率高的性别阈值低，一旦患病，其子女的再发风险低；相反，在群体发病率低的性别中，由于阈值高，一旦患病，其子女的再发风险高。这是因为在群体发病率低的性别中，病人带有较多的易患性基因，超过了较高的阈值而发病，其子女中发病风险将会相应增高，尤其是与其性别相反的后代。相反，在群体发病率高的性别中，病人的子女中发病风险将较低，尤其是与其性别相反的后代。

例如，先天性幽门狭窄是一种多基因病，群体中男性发病率为 0.5%，女性发病率为 0.1%。男性发病率比女性发病率高 5 倍，即男性的易患性阈值低于女性。如为男性病人，儿子的发病风险为 5.5%，女儿风险为 1.4%；相反，如为女性病人，儿子的发病风险为 19.4%，女儿风险为 7.3%，表明女性病人比男性病人带有更多的易患性基因。

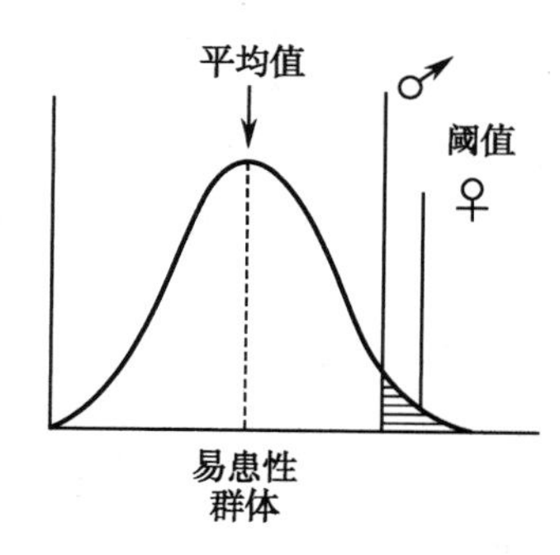

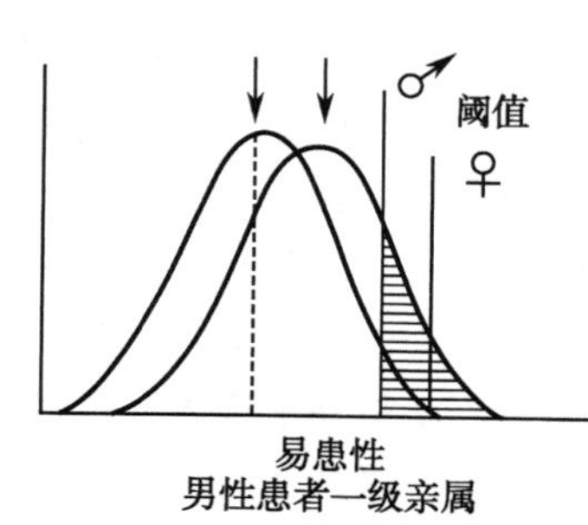

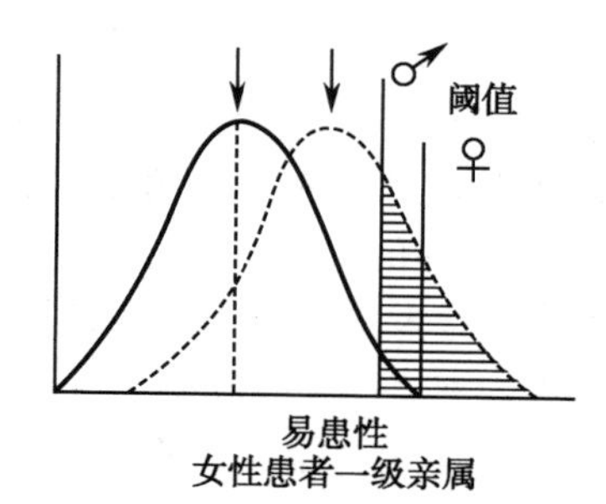

图 14-9　阈值有性别差异时易患性分布

（五）亲属级别与再发风险

随着亲属级别的降低，复发风险也迅速降低。这是由于二级亲属易患性平均值位于一级亲属易患性平均值与群体易患性平均值的1/2处；三级亲属的易患性平均值将在二级亲属易患性平均值与一级亲属易患性平均值的1/2处，它们表现的是一种几何级数的关系。

综上所述，在估计多基因遗传病的再发风险时，必须考虑各方面因素，全面分析，综合判断，才能得出较切合实际的结论，更有效地进行优生指导。

本章小结

生物的遗传性状可分为质量性状和数量性状。质量性状的遗传基础是一对等位基因，数量性状的遗传基础是多对基因。多基因遗传病是指受多对基因和环境因素的双重影响而引起的疾病。在多基因遗传病中，由遗传基础和环境因素共同作用，决定个体患病可能性的大小称为易患性。当个体的易患性达到一定的限度后就要患病，这个易患性的限度称为阈值。在多基因病中，遗传因素和环境因素都有重要的作用，其中遗传因素所起作用的大小称为遗传率或遗传度。多基因发病风险的估计比较复杂，要考虑到群体发病率和遗传率、家庭中患病人数和病人病情的严重程度、患病率的性别差异、亲属的级别等因素。

案例讨论

案例讨论

一对夫妇两年前生了一个先天性唇裂的患儿，现在准备再次生育，前来咨询他们是否会再次生育先天性唇裂的婴儿。调查发现，这对夫妇非近亲结婚，患儿祖母的妹妹患有先天性唇裂。统计资料显示，我国唇裂的群体发病率是0.17%，遗传度为76%。

（程丹丹）

扫一扫，测一测

思考题

1. 简述数量性状和质量性状的区别。
2. 简述多基因遗传的特点。
3. 估计多基因病发病风险时，应考虑哪几方面的情况？

第十五章 人类染色体与染色体病

学习目标

1. 掌握：人类染色体的结构、类型；染色体核型的概念及其分析方法；常见染色体病的临床症状和核型。
2. 熟悉：X染色质、Y染色质的概念；莱昂假说；染色体畸变的概念、类型及形成机制。
3. 了解：染色体畸变诱因；两性畸形。
4. 具备根据临床症状和核型分析结果对常见染色体病进行初步诊断的能力。
5. 能与病人及其亲属进行沟通，解答染色体病相关问题。

第一节　人类正常染色体

一、人类染色体的形态结构与类型

（一）染色体的形态结构

在细胞增殖周期的不同时期中，处于细胞分裂中期的染色体形态结构特征最为清晰，最易于识别和分析，称为中期染色体。每一条中期染色体均由两条完全相同的染色单体构成，互称为姐妹染色单体（sister chromatid），它们各含一个DNA分子。两条姐妹染色单体间通过着丝粒相连，着丝粒处着色浅并内缢凹陷，称主缢痕（primary constriction）。着丝粒外侧为动粒，是纺锤丝附着位点，在细胞分裂时与染色体运动有关。着丝粒将染色体纵向分为长臂（q）和短臂（p）。两臂末端各有一特化结构称为端粒（telomere），内含高度重复的DNA序列，起到维持染色体结构稳定性和完整性的作用。每一条染色体均需有一个着丝粒和两个端粒才能稳定存在。在某些染色体臂上也可见到浅染并向内陷的区段，称次缢痕（secondary constriction）。有些染色体短臂末端有一球状小体称随体（satellite），随体与短臂间以细丝样随体柄相连，也属于次缢痕（图15-1）。

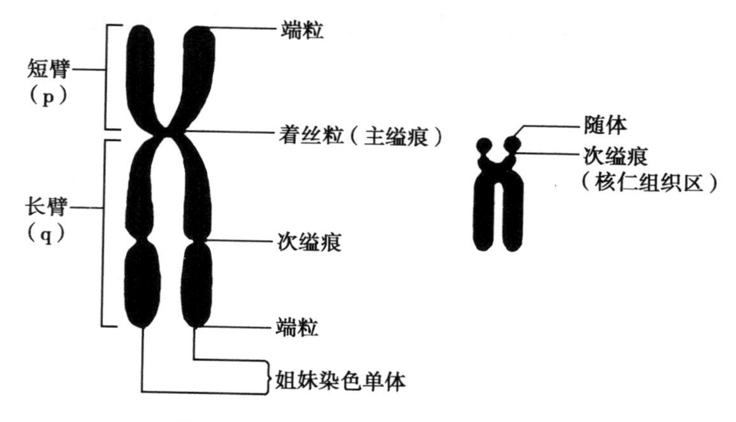

图15-1　中期染色体形态结构示意图

（二）染色体的类型

每条染色体上着丝粒的位置是恒

定的。根据着丝粒沿染色体长轴所处的位置，可将人类染色体分为3类：

1. 中央着丝粒染色体　着丝粒位于或接近(1/2~5/8)中部，染色体长、短臂相近。

2. 亚中央着丝粒染色体　着丝粒略偏向一端(5/8~7/8)，将染色体分为长短明显不同的两个臂。

3. 近端着丝粒染色体　着丝粒靠近一端(7/8~末端)，短臂很短(图15-2)。

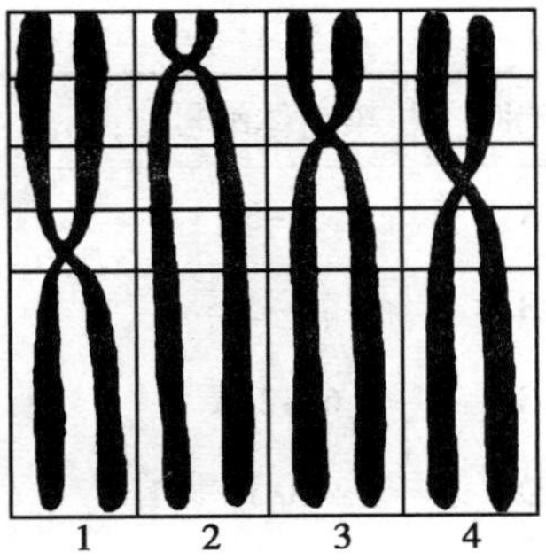

图15-2　人类染色体的类型
1. 中央着丝粒染色体；2. 近端着丝粒染色体；3、4. 亚中央着丝粒染色体

二、人类染色体核型

(一) 丹佛体制

一个体细胞中全部染色体的特征(如数目、大小、形态结构)称为核型(karyotype)(图15-3)。1960年，在美国丹佛(Denver)召开了第一届国际细胞遗传学会议，确定了人类染色体组成的描述体制——Denver体制，以便识别和分析人类染色体。根据Denver体制，将人类体细胞的46条染色体配对为23对，其中1~22对为男女所共有，称常染色体(autosome)，依次编为1~22号；另外一对与性别决定和分化有关，称性染色体(sex chromosome)。女性为两条X染色体，男性则为一条X染色体和一条Y染色体。

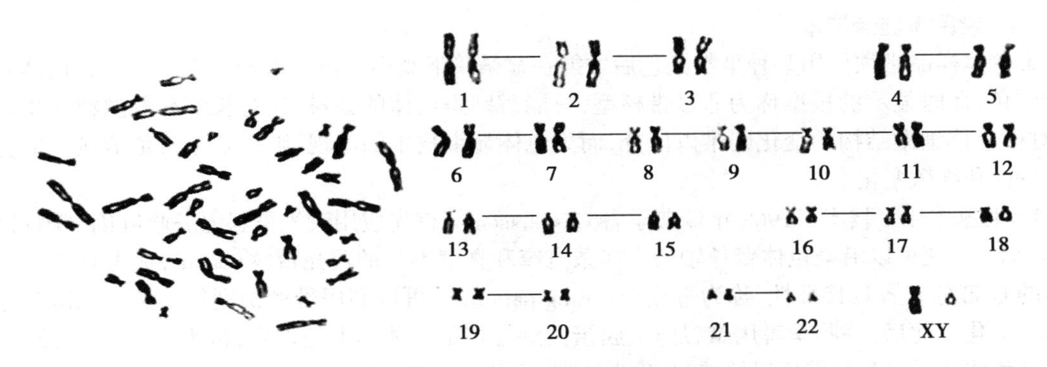

图15-3　人类正常男性核型

知识拓展

坚持真理：人类染色体数目的确定

当明确了染色体就是遗传基因的载体之后，遗传学家们最感兴趣的问题之一就是人类到底有多少条染色体。但由于当时染色体制备技术的限制，学者们所报告的人类染色体数目各不相同。1923年，美国遗传学权威、得克萨斯大学校长Paint提出人体的染色体数目为2n=48条。此数目作为定论充斥于各种教科书三十多年。1952年，徐道觉利用低渗液处理染色体标本后观察到人类染色体数目为2n=46。由于不想质疑权威Paint的观点，徐道觉并未发布其成果。直到1956年美籍华裔学者蒋有兴(Tjio JH)和Levan确认并公布了人类染色体是2n=46条，从而开创了人类细胞遗传学的历史。徐道觉则与此成果失之交臂。后来，一位科学家在评述徐道觉的终身科学遗憾时说："这好比一位足球运动员，已经把球带到了必进的12码区，可是，他没有起脚，因而失去了临门一脚获得成功的惊喜。"

根据Denver体制，人类体细胞的23对染色体按其大小和着丝粒位置可分为7个组(A~G)，分组情况及其各组特征见表15-1。

表 15-1　人类染色体分组与形态特征

组别	染色体编号	大小	着丝粒位置	副缢痕	随体
A	1~3	最大	中央、亚中着丝粒	1 号可见	无
B	4~5	大	亚中着丝粒	无	无
C	6~12;X	中等	亚中着丝粒	9 号可见	无
D	13~15	中等	近端着丝粒	无	有
E	16~18	较小	中央、亚中着丝粒	16 号可见	无
F	19~20	小	中央着丝粒	无	无
G	21~22;Y	最小	近端着丝粒	无	21,22 有;Y 无

对待测细胞的染色体进行数目、形态结构分析,确定其核型的过程,称核型分析(karyotype analysis)。

根据国际体制的规定,正常核型的描述为:先写染色体总数,再写性染色体组成;若有染色体异常,则需写在最后。例如:正常男性核型为 46,XY;正常女性核型为 46,XX;21 三体综合征女性病人核型为 47,XX,+21。

(二)染色体显带技术

染色体样品必须使用某种染料染色后才能在显微镜下观察。最初人们只能将整条染色体染成均一的颜色,此时显示的核型称为非显带核型,只能辨别染色体的数量、相对长度和着丝粒的相对位置等,对染色体细微结构的变化则难以区分,而染色体显带技术的出现,则越来越清楚地显示染色体的结构特征和细微变化。

1. 染色体显带技术　1968 年瑞典学者 Caspersson 等首先应用荧光染料氮芥喹吖因(QM)处理染色体标本,发现可以沿染色体臂长轴染出多条宽窄和亮度不一的荧光带纹(band),称为 Q 带。不同染色体的 Q 带分布各具特征性,称为带型(banding pattern)。可以利用带型识别每一条染色体并分析其结构的变化。此后,一些学者用碱、加热、胰蛋白酶等将染色体标本处理后,再用 Giemsa 染液染色,也能使染色体显示出和 Q 带相似的带型,称为 G 带,只是在 Q 带上亮带变成了在 G 带同一位置上的深染,在 Q 带上的暗带在 G 带浅染。由于 G 带带型可在普通显微镜下观察,且标本能长期保存,因此得到更广泛的使用(图 15-4)。

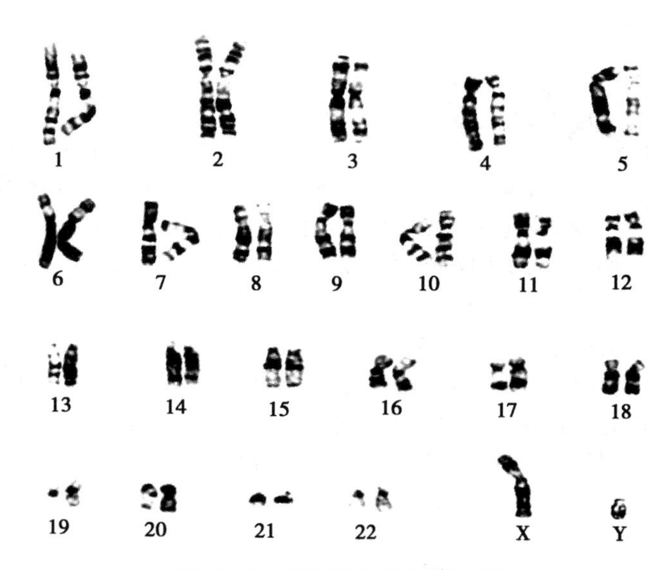

图 15-4　正常男性 G 显带核型

用盐溶液在一定温度下处理一段时间,再用 Giemsa 染色,则可得到另一种带纹,其深浅与 G 带正好相反,称为 R 带。由于 G 带显示的染色体末端均浅染,不便观察染色体末端的结构变化,而 R 带正好弥补这一遗憾。

通过不同的染色方法,还可以染出其他的各种特异带型,以显示染色体某些特殊结构。

T 带:特异性显示一些染色体末端区段。

C 带:显示染色体着丝粒和副缢痕的结构异染色质部分和 Y 染色体的长臂远端区段。由于在这些区段存在多态性,即在群体中存在广泛的变异,可用来进行亲缘分析和着丝粒来源的研究。

NOR染色：用氨银染色显示近端着丝粒染色体短臂的核仁组织者区（NOR），特别是该技术只染有转录活性的转录rRNA的位点。

综合人类正常核型的特点，取其平均值，以模式图的方式表示的核型称为核型模式图。图15-5显示的是正常人体细胞Q显带和G显带核型的模式图。

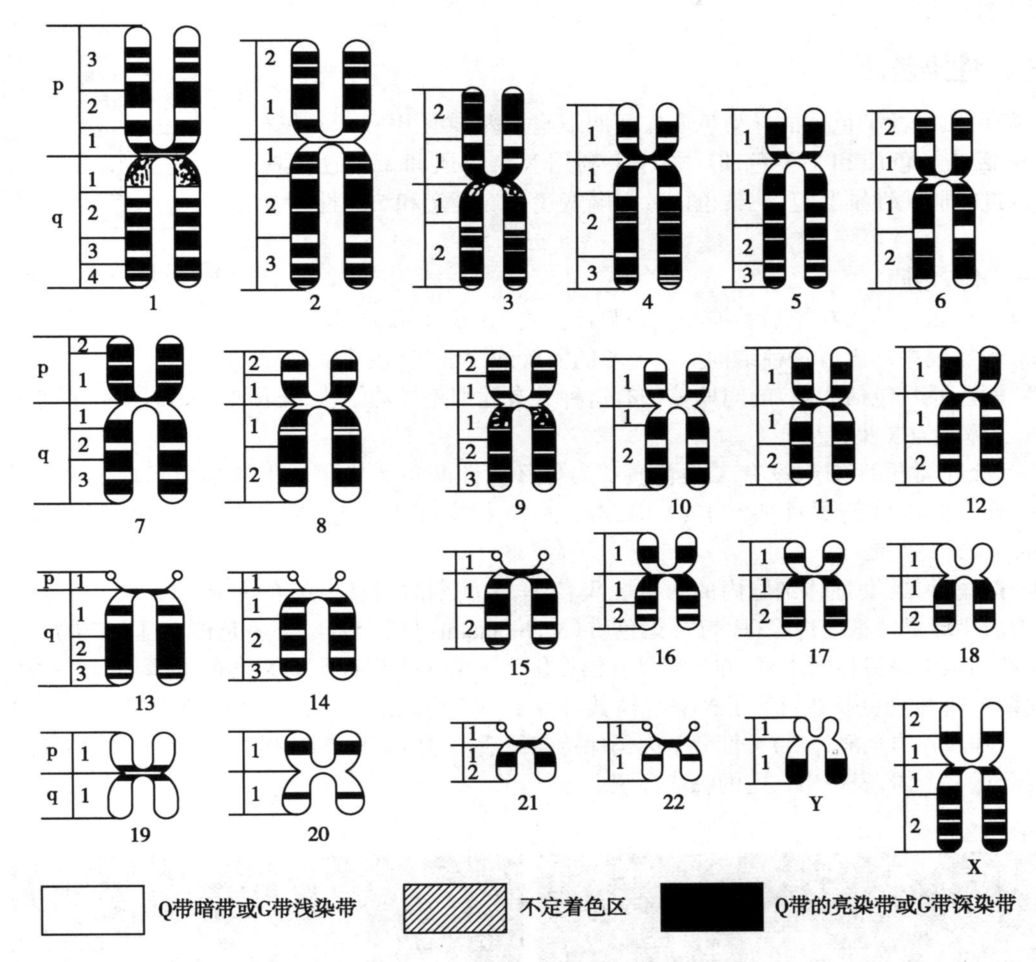

图15-5　人类Q显带和G显带染色体模式图

2. 高分辨显带　传统的染色体制备技术使用分裂中期细胞，由于此时染色体长度较短，难以显示更多的带纹。20世纪70年代后，由于细胞同步化技术和显带技术的改进，人们可以制备早中期、晚前期的染色体标本，这些细长的染色体可以显示更多的带纹。通过这些技术，每个单倍体可以观察到550~1250条甚至更多的带纹，这种技术称为高分辨显带技术（high resolution banding）。

3. 染色体带命名的国际体制　显带技术的出现，使辨认染色体的细微结构成为可能。1971年在巴黎召开的国际人类遗传学会议及其后的多次人类细胞遗传学国际会议制定了《人类细胞遗传学命名国际体制》（ISCN），提出了命名每一条显带染色体上各区和带的标准系统。

（1）界标（land mark）：是染色体上具有显著形态特征、稳定存在的结构区域，是确认显带染色体的重要指标，包括染色体两臂的末端、着丝粒和一些比较恒定的带。

（2）区（region）：位于两个相邻界标之间的区域称为区。

（3）带（band）：每一条染色体都是由一系列的带组成，即没有非带区，每条带借其着色强度或是否发出荧光的差异与相邻的带相互区别。

每条染色体上的区和带均由着丝粒开始，向两端依次编号。描述一个特定的带时，需要写明4个内容：①染色体号；②臂的符号；③区的序号；④带的序号。按顺序书写，无间隔和标点。例如图15-6

箭头所示为 1 号染色体、短臂、3 区、1 带，书写为 1p31。

(4) 亚带和次亚带：出现高分辨显带技术后，染色体带又可以再细分为亚带和次亚带。亚带和次亚带的命名也是由着丝粒开始向远端依次编号。书写的原则是在原带的名称后面加一个小数点，然后写上亚带和次亚带的号码且之间不再用标点隔开。如 1p31.32 表示：1 号染色体短臂 3 区 1 带 3 亚带 2 次亚带。

图 15-6　1 号染色体模式图（显示界标、区、带）

三、性染色质

性染色质是性染色体的异染色质在间期细胞核内显示出的一种特殊结构，包括 X 染色质和 Y 染色质。临床上利用 X 染色质和 Y 染色质检查，可以进行胎儿性别鉴定、性染色体数目畸变遗传病鉴定和法医性别鉴定等。

(一) X 染色质

1949 年，Barr 等人在雌猫的神经元细胞核中发现一种浓染小体，直径约 1μm，但雄猫中却没有这种结构。进一步的实验观察证实，在几乎所有的雌性哺乳动物（包括人类）的间期核都有这种具有性别差异的结构，被称为 Barr 小体。后来研究表明 Barr 小体实为 X 染色质。

为什么正常男性细胞没有 X 染色质？为什么女性两条 X 染色体上基因所形成的产物并不比只有一条 X 染色体的男性多？ 1961 年，Mary Lyon 提出了 X 染色体失活假说，即莱昂假说（Lyon hypothesis），其要点是：

(1) 剂量补偿：女性体细胞内的两条 X 染色体，在间期时只有一条有转录活性，另一条则失去活性，浓缩成小球紧贴核膜边缘，称为 X 染色质（X chromatin）（图 15-7）。X 染色体上基因产物的量在男性和女性细胞中保持相同水平，称为剂量补偿作用。一个人无论有几条 X 染色体，均只有一条保持活性。间期核内 X 染色质数目等于 X 染色体数目减 1。需要指出的是，近些年的研究表明，失活的 X 染色体上的基因并非全部失活，一部分基因仍保持转录活性，所以，X 染色体数目异常的个体在表型上还是有别于正常个体，表现出一定的临床症状。

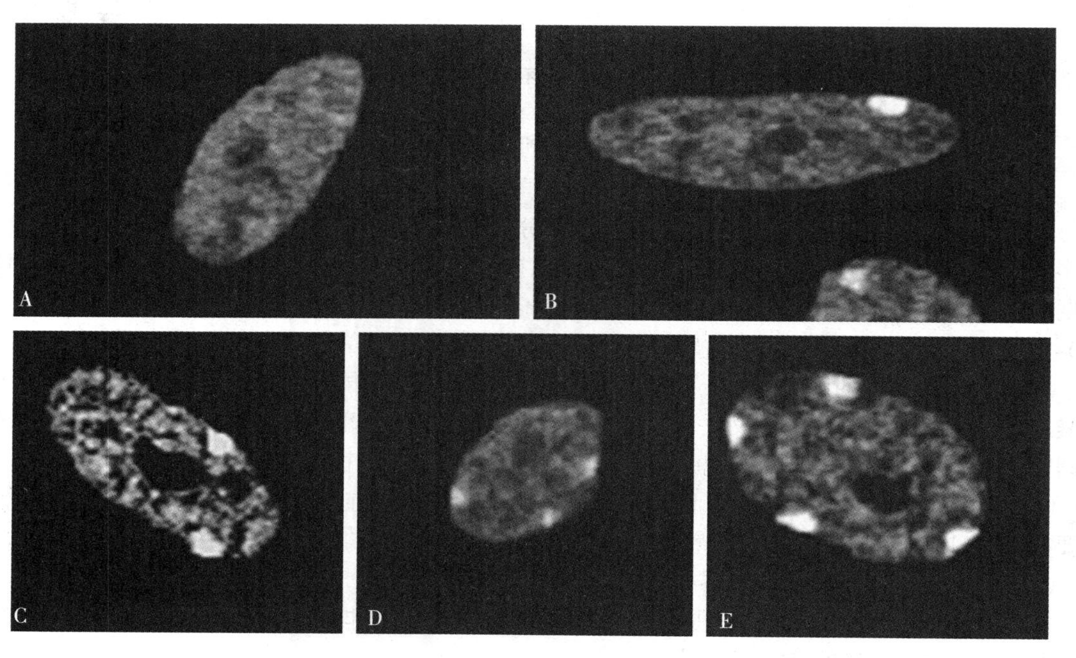

图 15-7　X 染色质

A、B、C、D、E 分别为含 0、1、2、3、4 个 X 染色质

(2) X染色体失活发生在胚胎早期：人类在妊娠后约第16天时，胚细胞中的两条X染色体就有一条开始失活，在此之前所有细胞的X染色体都有活性。

(3) 随机失活：X染色体的失活是随机的，失活的X染色体可以来自父亲也可以来自母亲，二者概率相等。但是，一旦细胞内的一条X染色体失活，由此细胞分裂产生的所有后代细胞也总是这一条X染色体失活。

(二) Y染色质

正常男性的间期细胞经荧光染料染色后，在细胞核内可见一个圆形或椭圆形直径约0.3μm的强荧光小体，称Y染色质(Y chromatin)，是Y染色体长臂远端2/3区段的异染色质。细胞中Y染色质的数目等于Y染色体数目。

第二节　染色体畸变

一、染色体畸变的概念

细胞中染色体数目或结构的改变统称为染色体畸变(chromosomal aberration)，可分为数目畸变和结构畸变两大类。染色体畸变可以发生在个体的任何细胞、个体发育的任何阶段和细胞周期的任何时期。但畸变发生的部位和时期不同，引起的后果也不相同：在生殖细胞中发生染色体畸变可导致后代表型的改变或引发染色体遗传病；而染色体畸变发生在体细胞中则不会影响后代表型，但可能与肿瘤的发生有关。

二、染色体畸变的诱因

染色体畸变如果自然地发生，称为自发畸变；因各种不同因素引起的畸变称为诱发畸变。常见的染色体诱变因素有：

(一) 物理因素

放射性辐射是最主要的物理诱变因素。人们在工作和生活中，可能接触到各种射线，如X射线、γ线、α和β粒子、中子等，它们在细胞周期的任何时期都可造成染色体的断裂，进而形成染色体畸变。

(二) 化学因素

许多化学药物可以导致染色体畸变，包括烷化剂、核酸类似物、嘌呤、抗生素、硝酸或亚硝酸类化合物、一些抗癌药物(如环磷酰胺)、许多农药(如有机磷杀虫剂)等。此外，各种食品添加剂、防腐剂、保鲜剂及工业废物，如苯、甲苯、砷等也会引起染色体畸变率的升高。

(三) 生物因素

病毒可诱发染色体断裂，如麻疹病毒感染后可导致病人淋巴细胞染色体重排、粉碎或丢失。含有病毒的细胞通常会相互融合形成合胞体，在有丝分裂时形成多极纺锤体。某些微生物毒素，如黄曲霉素也可以引起染色体畸变。

(四) 年龄因素

体内非整倍体细胞的改变发生率随着年龄增长而增加，染色体结构畸变在老年人中更常见。临床上，培养的淋巴细胞对一些化学诱变剂(如烷化剂)的敏感性随着年龄的增长而增加。处于减数分裂前期的初级卵母细胞在母体内存在时间越长，越容易造成染色体不分离，因此高龄产妇生出染色体异常患儿的风险增大。

(五) 遗传因素

染色体畸变与某些遗传因素有关。如，染色体断裂易发生在遗传型染色体脆性部位；不同的个体对射线和化学诱变剂的敏感性存在很大差异；一些常染色体隐性遗传病的染色体常自发断裂，称为染色体不稳定综合征等。近年来的研究表明，可能存在染色体不分离易感基因，使某些个体易分娩三体型后代。

三、染色体畸变的类型

(一) 染色体数目异常

人类正常体细胞中有46条染色体，它们来自于父母的配子（精子和卵）。配子具有的一套正常的23条染色体，称为基本染色体组（basic chromosome set）。只具有一个染色体组的细胞，称为单倍体（haploid），写作n。正常人类体细胞中有两个染色体组，称为二倍体（diploid），写作2n。在这里n代表配子中的染色体数。任何偏离染色体数目（2n=46）的改变都称为染色体数目异常（numerical abnormality）。

1. 整倍体改变　体细胞内的染色体数目在二倍体基础上，以一个基本染色体组（人n=23）为单位的增多或减少，为整倍体改变（euploid change）。

（1）三倍体（triploid）：在体细胞中有三个染色体组（3n），染色体总数为69条，每号常染色体都有三条，称为三倍体。核型有69，XXX、69，XXY、69，XYY三种。人类全身性三倍体个体的临床病例很罕见，多以流产而告终。

（2）四倍体（tetraploid）：体细胞中有四套染色体组（4n），即每号染色体都有四条，称为四倍体。四倍体较三倍体更少见。临床上罕见92，XXXX和92，XXYY两种核型，多为它们和正常二倍体核型的嵌合体，来源于染色体的异常加倍。

（3）多倍体的形成原因：①双雌受精（digyny）：指次级卵母细胞在减数分裂时由于某种原因未能排出极体，结果形成二倍体卵，二倍体卵与一个正常精子受精后，即可形成三倍体受精卵；②双雄受精（diandry）：有两个精子同时和一个卵受精，形成的受精卵为三倍体；③核内复制（endoreduplication）：在一个细胞周期中，染色体复制了两次，而细胞只分裂一次，就会形成四倍体细胞；④核内有丝分裂（endomitosis）：分裂间期，染色体正常复制一次，但分裂期时，核膜未破裂，纺锤体没有形成，细胞没有出现染色体分离和胞质分裂，因此成为四倍体细胞。

2. 非整倍体改变　细胞中染色体数增加或减少一条或数条，称为非整倍体改变（aneuploid change）。人类体细胞内染色体总数少于46条，称为亚二倍体；多于46条时称为超二倍体。

（1）单体型（monosomy）：某号染色体少了一条，体细胞内染色体总数为45条（2n−1）。整条染色体的缺失会造成严重的后果，常染色体的单体型，即便是最小的21号、22号染色体的单体型也难以存活，多见于流产儿和死婴；X染色体的单体型只有少部分能够发育到出生后，表现为Turner综合征。

（2）三体型（trisomy）：某号染色体增加了一条，使体细胞内染色体总数为47条（2n+1）。三体型在临床染色体病中较常见，如21-三体型和性染色体的三体型。同一种染色体的三体型和单体型相比，个体的生存能力要强一些。例如21-三体型和21-单体型相比，临床表现的疾病严重程度也相对较轻。这说明机体更难承受因遗传物质减少所带来的基因间的失衡。性染色体的三体型对机体的危害程度明显轻于常染色体的三体型，这可以用X染色体的剂量补偿来解释。

（3）多体型（polysomy）：体细胞中染色体增加了两条或两条以上。在临床上只能看到性染色体多体型的个体，例如48，XXXX、48，XXXY等以及它们与正常核型细胞群的嵌合体。性染色体增加得越多，临床症状越严重。

（4）非整倍性改变的形成机制：染色体非整倍性改变一般与细胞分裂时染色体不分离或丢失有关。

1）染色体不分离：细胞分裂时某些染色体没有按照正常的机制分离，从而造成两个子细胞中染色体数目的不等分配，称为染色体不分离（non-disjunction）。染色体不分离是超二倍体和亚二倍体形成的主要原因，可分为以下几种类型：

a. 第一次减数分裂不分离：指第一次减数分裂后期同源染色体没有彼此分开，同时进入一个子细胞，第二次减数分裂正常。因此，在形成的配子中，有一半的配子含有一对同源染色体，配子染色体数目增至24条；另外一半配子中未得到这对同源染色体，染色体数目为22条。前者在受精后形成的受精卵中出现三条来源不同的同源染色体，为三体型；后者形成单体型（图15-8A）。

b. 第二次减数分裂不分离：指第一次减数分裂正常，第二次减数分裂后期两条姐妹染色单体不分离。由此形成分别带有24条和22条染色体的配子（图15-8B）。

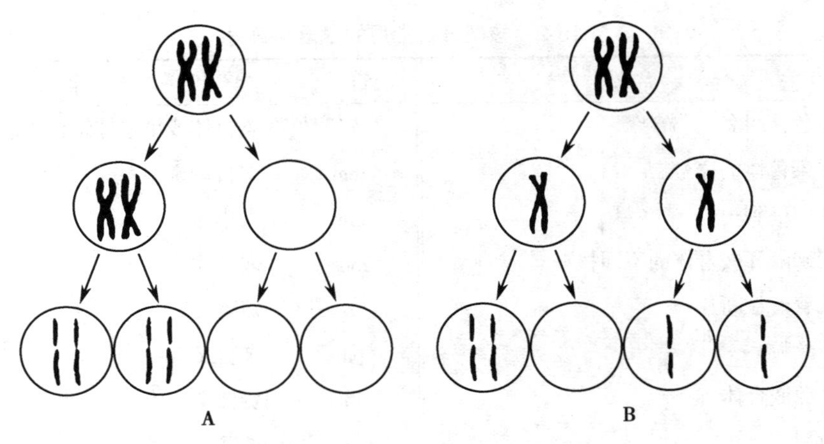

图 15-8　减数分裂染色体的不分离

A. 第一次减数分裂不分离；B. 第二次减数分裂不分离

c. 有丝分裂不分离：在受精卵卵裂或体细胞有丝分裂时发生的姐妹染色单体不分离现象。不分离的结果造成其中一个子细胞有 47 条染色体（三体型），另一个子细胞只有 45 条染色体（单体型）。这两种染色体数目异常的细胞各自继续分裂，则在体内分别形成三体型和单体型的细胞群体。如果第一次卵裂发生染色体不分离，则会形成含有 45 和 47 两种非整倍体核型细胞系的个体；若染色体不分离发生在第二次卵裂或以后的细胞有丝分裂时，则形成 45/46/47 三种不同核型的个体（图 15-9）。但由于具有 45 条染色体的细胞生命力差，在胚胎发育过程中逐渐被稀释直至淘汰，因而多数情况下只能观察到 46/47 两种核型的个体。有丝分裂不分离发生的越早，形成染色体数目异常的细胞系占比就越大。

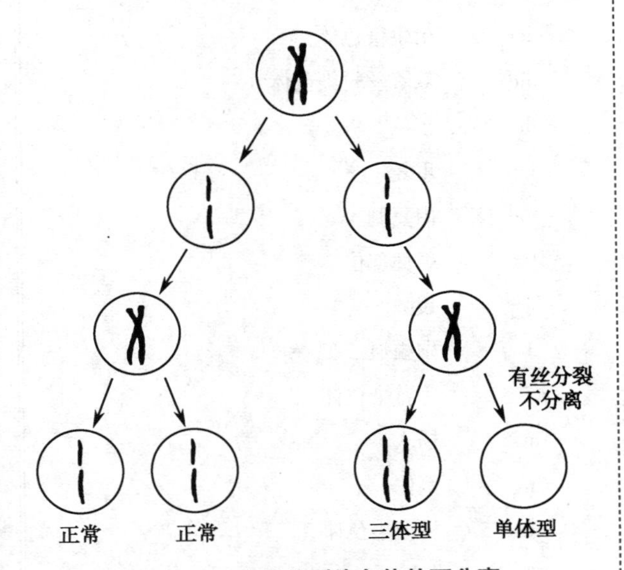

图 15-9　有丝分裂染色体的不分离

2) 染色体丢失：染色体丢失（chromosome loss）发生在细胞分裂的中期或后期。其可能的机制有：①某条染色体的着丝粒未能与纺锤丝相连，不能被拉向细胞的任何一极；②某条染色体在向一极移动时，由于移动迟缓，使该染色体没有及时移到细胞一极参与核的形成，而是滞留在胞质中，最终被分解而丢失。分裂后的两个子细胞，一个为缺少一条染色体的单体型，另一个为正常二倍体。

（二）染色体结构畸变

在电离辐射、化学物质等因素的作用下，可使染色体发生断裂。染色体断裂及断裂后变位重接，是导致染色体结构畸变（chromosomal structural aberration）的根本原因。

一个有染色体结构畸变的核型描述如下：①染色体总数；②性染色体组成；③畸变的类型符号；④受累染色体的序号；⑤断裂点的区带号。染色体结构畸变的描述分简式和详式两种。简式描述染色体的结构改变只需用断裂点表示即可，详式描述还要加上重排染色体带的组成。为了能够统一规范地描述各种染色体畸变，国际上对所使用的术语和符号以及它们的用法等都做了规定。常用的术语和符号见表 15-2。

表 15-2　核型分析常用的术语和符号

符号	含义	符号	含义
A~G	染色体组名	?	染色体或染色体结构未能确定
1,2,3…	常染色体的序号	mat	来自母亲
→	从……到……	min	微小体
/	用来隔开嵌合体的不同核型	mos	嵌合体
ace	无着丝粒断片	p	短臂
cen	着丝粒	pat	来自父亲
chi	异源嵌合体	Ph	费城染色体
:	断裂	q	长臂
::	断裂与重接	qr	四射体
del	缺失	r	环状染色体
der	衍生染色体	rcp	相互易位
dic	双着丝粒染色体	rea	重排
dir	正位	rec	重组染色体
dup	重复	rob	罗伯逊易位
end	内复制	s	随体
fra	脆性部位	t	易位
g	裂隙	tan	串联易位
h	副缢痕	ter	末端
i	等臂染色体	tr	三射体
ins	插入	tri	三着丝粒
inv	倒位	var	变区
mar	标记染色体	;	分开涉及结构重排的染色体
+ 或 -	增加或缺失	( )	其内为结构变化的染色体或断裂点带的名称

常见的染色体结构畸变有：

1. 缺失（deletion，del）　染色体断裂后，形成有着丝粒和没有着丝粒的片段，没有着丝粒的片段在细胞分裂时不能受纺锤丝牵引进行正常定向移动，被遗失在细胞质中，而保留下来的染色体丢失了相应片段的遗传物质。缺失又可分为末端缺失和中间缺失。

末端缺失是指染色体长臂或短臂的末端发生一处断裂，使该染色体缺少远端片段。例如 1 号染色体长臂 2 区 1 带断裂，末端丢失（图 15-10）。

简式：46，XY，del（1）（q21）

详式：46，XY，del（1）（pter → q21：）

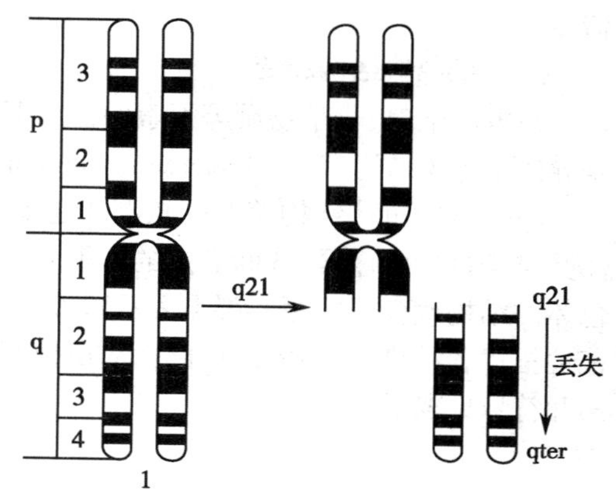

图 15-10　末端缺失

中间缺失是指染色体的长臂或短臂内发生两处断裂，并丢失两断裂点之间的节段。例如 1 号染色体在长臂的 2 区 1 带与 3 区 1 带发生两次断裂，两断点间的片段丢失（图 15-11）。

简式：46，XX，del（1）（q21q31）

详式：46，XX，del（1）（pter → q21：：q31 → qter）

2. 重复(duplication,dup)　染色体或染色单体发生断裂后形成的断片插入到同源染色体或染色单体中,或者同源非姐妹染色单体发生不等交换,导致同一条染色体的某段连续出现两份或两份以上的结构畸变。

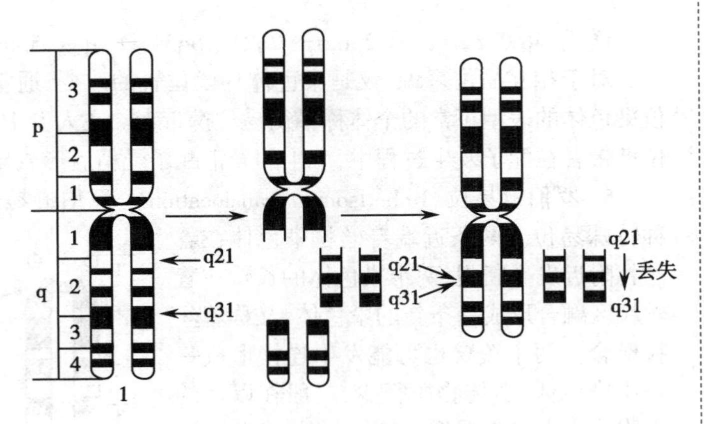

图 15-11　中间缺失

3. 倒位(inversion,inv)　倒位是指染色体发生两处断裂,中间的片段旋转 180°后重接。根据倒位的片段是否涉及染色体着丝粒区域可分为臂内倒位和臂间倒位。

臂内倒位是染色体长臂或短臂内发生两处断裂,中间的片段旋转 180°后重接。例如 1 号染色体短臂在 2 区 2 带和 3 区 4 带发生断裂,两断点之间的片段旋转 180°后重接(图 15-12)。

简式:46,XY,inv(1)(p22p34)

详式:46,XY,inv(1)(pter → p34::p22 → p34::p22 → qter)

臂间倒位是一条染色体长臂和短臂各发生一处断裂后,中间片段旋转 180°后重接(图 15-13)。

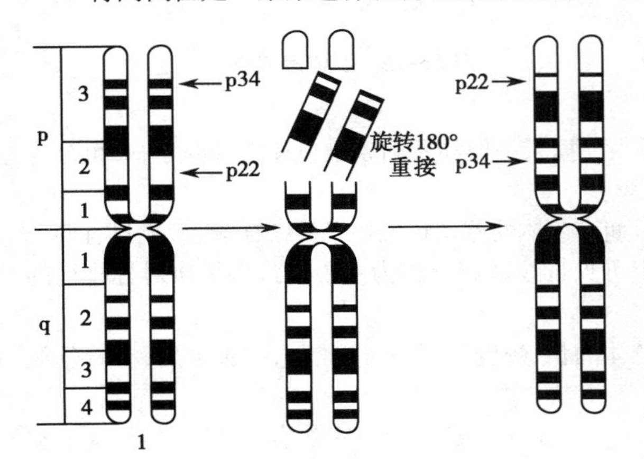

图 15-12　臂内倒位

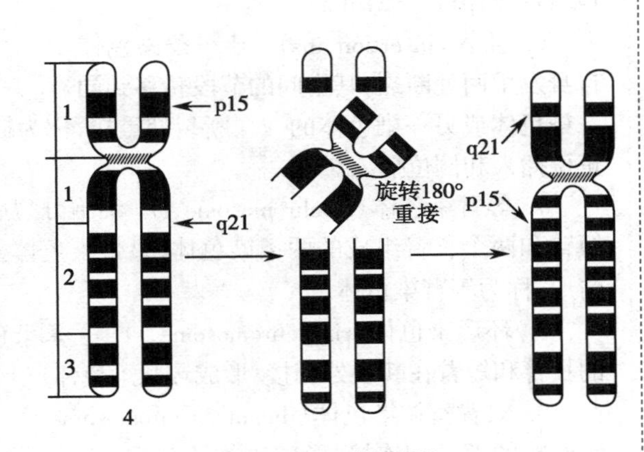

图 15-13　臂间倒位

原发的倒位畸变一般没有遗传物质的丢失,只是基因顺序的改变,其个体不表现任何疾患,称为倒位携带者(inversion carrier)。倒位染色体在减数分裂时常会形成特有的倒位圈(inversion loop),若倒位圈内发生交换,会产生带有染色体部分缺失和染色体部分重复的配子,受精后的发育会受到影响,临床上表现出婚后不育、早期流产或出生染色体病的患儿。所以,应加强携带者的检测和携带者妊娠时的产前诊断,防止患儿出生。

4. 相互易位(reciprocal translocation)　两条非同源染色体分别发生一处断裂,相互交换无着丝粒片段后重接,形成两条重排染色体,称为相互易位。例如,2 号染色体与 5 号染色体分别在长臂的 2 区 1 带和 3 区 1 带断裂后,互换无着丝粒片段后重接,形成相互易位(图 15-14)。

简式:46,XY,t(2;5)(q21;q31)

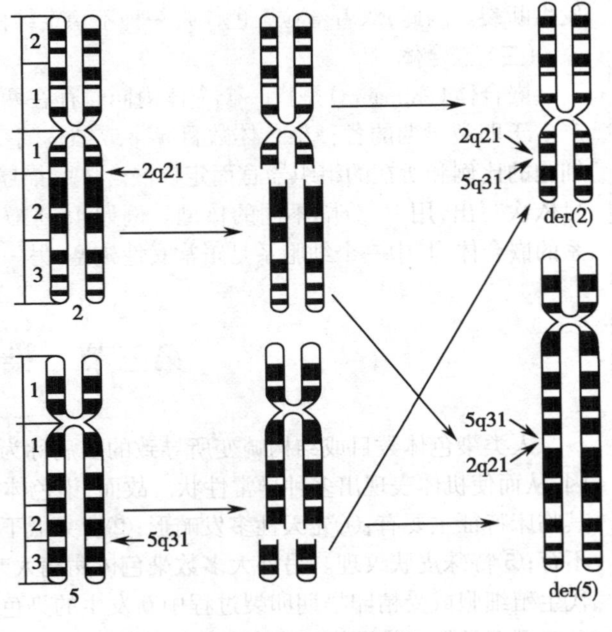

图 15-14　相互易位

详式:46,XY,t(2;5)(2pter→2q21::5q31→5qter;5pter→5q31::2q21→2qter)

对于相互易位来说,仅是染色体片段位置的改变,通常不会产生遗传效应,称平衡易位。带有易位染色体的表型正常的个体称平衡易位携带者。在人群中平衡易位携带者的比例约为0.2%。平衡易位携带者在配子发生过程中,产生的异常配子受精后形成异常的合子,导致流产、死胎或畸形儿。

5. 罗伯逊易位(Robertsonian translocation)　罗伯逊易位是指发生在近端着丝粒染色体之间的一种特殊易位。两条近端着丝粒染色体在着丝粒附近发生断裂,两个染色体的长臂在着丝粒区融合形成一条新的染色体,又称着丝粒融合。两个短臂也可能发生连接形成一条小染色体,遗传物质很少,一般在以后的细胞分裂中发生丢失。例如14号染色体在长臂的1区1带断裂与21号染色体在短臂的1区1带断裂后形成罗伯逊易位(图15-15)。

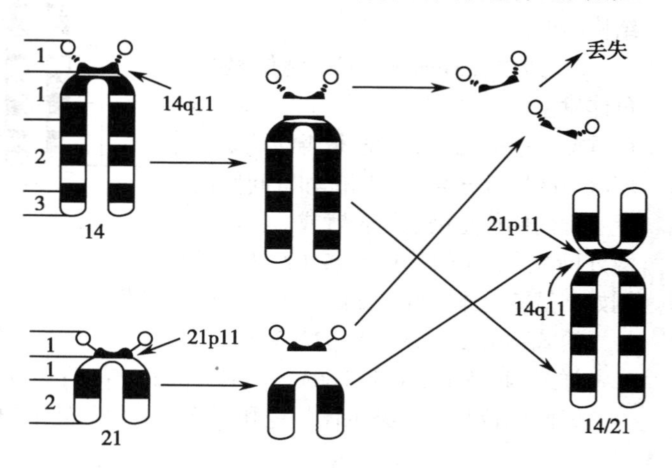

图15-15　罗伯逊易位

简式:45,XX,-14,-21,+t(14;21)(q11;p11)

详式:45,XX,-14,-21,+t(14;21)(14qter→14q11::21p11→21qter)

6. 插入(insertion,ins)　某一条染色体自身发生两处断裂,其中间的节段转移到同一染色体或另一染色体的一个断裂处重接,称为插入。插入一般涉及两条染色体三处断裂,又可分为正位插入和倒位插入。

7. 等臂染色体(isochromosome,i)　细胞分裂后期染色体的着丝粒发生了异常横裂,形成只有两个短臂和两个长臂组成的两条染色体,显带染色体上可见带纹以着丝粒为中心向远端依次对称排列的情形,称为等臂染色体。

8. 环形染色体(ring chromosome,r)　一条染色体的长、短臂同时发生断裂末端丢失后,有着丝粒的长臂和短臂在断裂处相接,形成环状染色体。

9. 双着丝粒染色体(dicentric chromosome,dic)　两条染色体都发生一次断裂末端丢失后,两个有着丝粒的部分相连接,形成一条带有两个着丝粒的染色体,称为双着丝粒染色体。在细胞分裂时,如果这条染色体的两个着丝粒分别被纺锤丝向细胞的两极拉动,则形成染色体桥,阻碍细胞分裂且容易发生断裂。因此,双着丝粒染色体是一种不稳定结构。

(三)嵌合体

嵌合体(chimaera)是指一个个体内同时存在两种或两种以上不同染色体核型的细胞系。嵌合体产生于卵裂早期的各种染色体数目异常或结构畸变。嵌合体的表型特征不典型,视个体中不同核型细胞的比例和所在的组织器官而定。嵌合体的描述方法是将个体中不同细胞系的核型按染色体的数目依次写出,用"/"分隔不同的核型。例如46,XX/47,XX,+21表示具有两个染色体数目不同的细胞系的嵌合体,其中一个细胞系是正常女性核型,另一个则是多了一条21号染色体的三体型。

第三节　染 色 体 病

人类染色体数目或结构畸变所导致的疾病称为染色体病。由于染色体发生畸变必然累及多个基因,从而使机体表现出多种异常性状。故而,染色体病常被称为染色体综合征(chromosome syndrome)。其临床特征主要有:①先天性多发畸形;②智力低下;③生长发育滞后尤其性发育落后;④导致流产和不育;⑤特殊皮肤纹理。另外大多数染色体病病人亲代染色体和表现型均正常,畸变染色体是由于亲代生殖细胞或受精卵早期卵裂过程中新发生的染色体畸变,这类病人往往无家族史;带有畸变染色体且表型正常的亲代可将畸变染色体遗传给子代,导致子代患病。

一、常染色体病

常染色体病中最常见的是三体型，单体型罕见，并且多是带有正常细胞群的嵌合体。三体型常见的是21-三体型、18-三体型和13-三体型。

（一）21-三体综合征（Down综合征）

21-三体综合征是人类最常见的染色体病，新生儿发病率为1/800~1/600。该病在1866年由英国医生Langdon Down首先描述，因此命名为Down综合征（唐氏综合征）。1959年才由Lejeune证实病人体内多出一条21号染色体，因此又称为21-三体综合征。这是第一个得到证明的由染色体异常导致的疾病。

1. 临床特征　本病的主要临床表现为生长发育迟缓、不同程度的智力低下和一系列异常体征。智力发育不全是最突出、最严重的症状。病人呈现特殊面容：常有眼距过宽、眼裂狭小、外眼角上倾、内眦赘皮、鼻根低平、外耳小、耳廓低位、硬腭窄小、舌大常伸出口外、流涎多，故又被称为伸舌样痴呆（图15-16）。病人还有肌张力低下、四肢短小、手短宽而肥、第五手指因中间指骨发育不良而只有一条指横褶纹、皮纹异常（如50%有通贯手）；40%有先天性心脏病；白血病的发病风险是正常人的15~20倍；容易发生呼吸道感染；白内障发病率较高。存活至35岁以上的病人易出现老年性痴呆。男性病人常有隐睾，未见有能生育者；女性病人通常无月经，但偶有能生育的，并有可能通过21号染色体的次级不分离而将此病遗传给下一代。

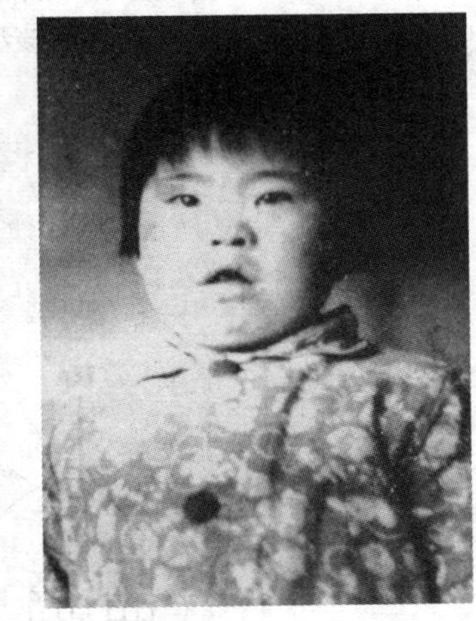

图15-16　21-三体综合征病人

2. 细胞学特征　21-三体综合征的诊断依据主要是染色体检查。

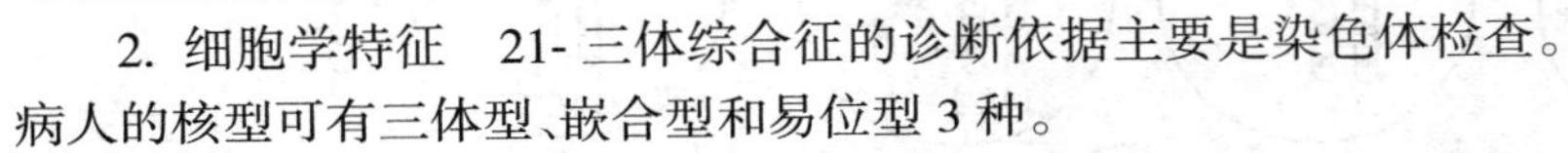

病人的核型可有三体型、嵌合型和易位型3种。

（1）21-三体型：病人的核型为47，XX（XY），+21，约90%的病人属于此型。多出的21号染色体多起源于减数分裂时21号染色体不分离，95%的病例来源于母亲。这种不分离的发生率随母亲年龄的增加而增高（表15-3）。

表15-3　母亲年龄与21-三体综合征发病风险

母亲年龄	每次生育的风险	母亲年龄	每次生育的风险
15~19	1/1850	35~39	1/260
20~24	1/1600	40~44	1/100
25~29	1/1350	45以上	1/50
30~34	1/800	平均	1/660

（2）嵌合型：21号染色体不分离发生在卵裂早期的有丝分裂时，会造成46，XX（XY）/47，XX（XY），+21的嵌合型。依据异常的细胞系所占的比例和它们在体内分布的差异，临床症状有重有轻。其症状轻于典型的21-三体型，在21-三体型细胞比例很小（如小于9%）的情况下，其表型可能与常人无异。这一核型占21-三体综合征病人的2%。

案例导学

王某，36岁，育有1正常男孩，现二胎妊娠12周。由于是高龄产妇，产检时医生要其做唐氏综合征检测，检查手段有：唐氏筛查；羊膜穿刺；无创DNA。

问题：1. 每种方法各有何优缺点？

2. 如果你是王某家属，应该选择哪种方法？

(3) 易位型:约 8% 的 21- 三体综合征病人为该核型。病人核型中多余的不是完整的 21 号染色体,而是其长臂片段。此片段是经罗伯逊易位与另一染色体形成带有 21q 的衍生染色体。从表面上看,病人体细胞中的染色体数仍保持 46 条,但表现出典型的 21- 三体综合征症状。以 14/21 易位最常见:病人的核型可为 46,XX(XY),-14,+t(14;21)(p11;q11)。即病人核型中少了一条正常的 14 号染色体,多了一条由 14 号长臂和 21 号长臂融合形成的易位染色体。病人核型中缺失了 14 号染色体的部分短臂,通常它不会引起表型异常;而多出的 21 号染色体部分长臂是造成 21- 三体综合征症状的真正原因。病人的易位染色体约 50% 来源于父亲或母亲生殖细胞新发生的突变;50% 来源于罗伯逊易位携带者的亲代传递,14/21 易位携带者的核型为 45,XX,-14,-21,+t(14;21)(p11;q11)。这是平衡易位的核型,但在第一次减数分裂过程中,会形成 4 种不同的配子,在与正常的个体婚配后,可形成 4 种核型的受精卵:①正常的二倍体核型;②平衡易位核型;③易位型病人核型;④ 21- 单体型,该核型的胚胎基本发生流产(图 15-17)。

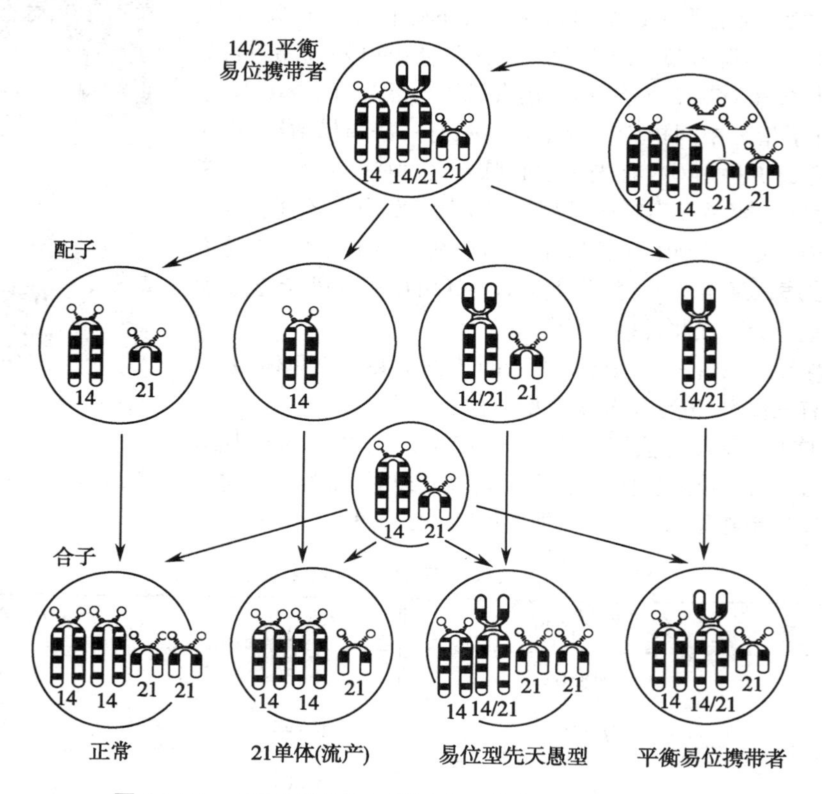

图 15-17　14/21 染色体平衡易位携带者和后代核型图解

与单纯的 21- 三体型不同,易位型病人的父母多为年轻夫妇。如果双亲之一为罗伯逊易位携带者,则该病的发生可有家族史。应进行遗传咨询,及时检出易位携带者,进行婚育指导,可有效降低再发风险。

(二) 18- 三体综合征(Edwards 综合征)

1960 年,由 Edwards 首先描述病人具有一条额外的 E 组染色体,1961 年确定为 18- 三体。在新生儿中本病的发病率为 1/8000~1/3500。大多数 18- 三体的胚胎发生流产,出生后患儿的平均寿命只有两个月,个别可存活数年甚至 15 年以上。

18- 三体综合征基本特点为:病人生命力严重低下,多发畸形,生长、运动和智力发育迟缓。其异常表型多种多样,主要有:眼裂小、眼球小、内眦赘皮、耳畸形伴低位、枕骨突出、小颌、唇裂或腭裂、胸骨小;95% 的病人有先天性心脏病,它构成了婴儿死亡的主要原因;手呈特殊握拳姿势:第 2 和第 5 指压在第 3 和第 4 指之上;有摇椅样畸形足,即足后跟后突、足掌中部凸出等情况(图 15-18,图 15-19)。

80% 的病人的核型为 47,XX(XY),+18;其余为嵌合型:46,XX(XY)/47,XX(XY),+18;极少数为易位型。18- 三体型的产生多由母亲卵母细胞减数分裂时发生的 18 号染色体不分离所致,高龄孕妇

容易生出患儿。但嵌合型与母亲年龄无关，嵌合型的症状相对较轻。

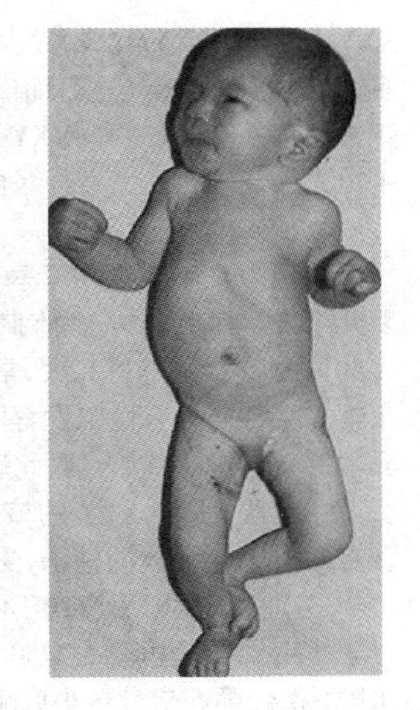

图 15-18　18- 三体综合征病人

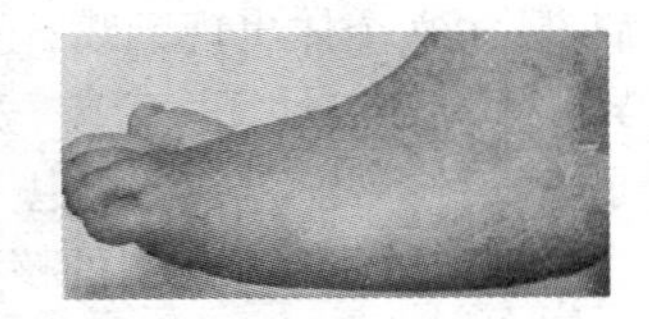

图 15-19　摇椅样畸形足

（三）13- 三体综合征（Patau 综合征）

在新生儿中的发病率，不同的统计差异较大，在 1/21 000~1/5000 之间。13- 三体是一种严重的疾患，99% 的 13- 三体型胚胎流产。出生患儿有 45% 在 1 个月内死亡，不到 5% 可活到 3 岁。

13- 三体综合征的主要症状是：中枢神经系统发育严重缺陷，无嗅脑，前脑皮质形成缺如，称为前脑无裂畸形；出生体重低、发育迟缓、严重智力低下、小头、小眼球或无眼球、小颌、多数有唇裂或伴腭裂、耳低位畸形、常有耳聋，80% 有先天性心脏病，1/3 有多囊肾，无脾或有副脾，男性有隐睾，女性多有双角子宫及卵巢发育不全，常有多指，有与 18- 三体综合征相似的特殊握拳姿势和摇椅样畸形足、皮纹异常等。病人的核型 80% 为 47，XX（XY），+13；5% 是嵌合型；10%~15% 为易位型，多为 13/14 的罗伯逊易位，13- 三体型的出生率与母亲年龄呈正相关，而易位型则多为年轻母亲所生，她们常有流产史。

（四）$5p^-$ 综合征（猫叫综合征）

$5p^-$ 综合征（猫叫综合征）是由于病人第 5 号染色体短臂部分缺失所致，是一种部分单体综合征。1963 年由 Lejeune 首先报道本病，其发病率在新生儿中占 1/50 000，是染色体结构畸变综合征最常见的一种类型。女孩发病多于男孩。

本病最具特征性的特点是：患儿的哭声尖细，似猫的叫声。其他症状有生长发育迟缓、智力低下；小头、满月脸、眼距较宽、外眼角下斜、斜视、内眦赘皮、耳低位、小颌；并指、髋关节脱臼、皮纹异常；50% 有先天性心脏病等。多数病人可活至儿童期，少数活至成年，均伴有严重智力低下。

核型为 46，XX（XY），$5p^-$；也有部分是嵌合型。在所研究的病例中，缺失的部分都包含 5p15 区域，故 5p15 缺失是造成猫叫综合征症状的特异性缺失。多数病例是父母生殖细胞中新发生的染色体结构畸变引起的，有 10%~15% 是平衡易位携带者产生不平衡配子引起的。

二、性染色体病

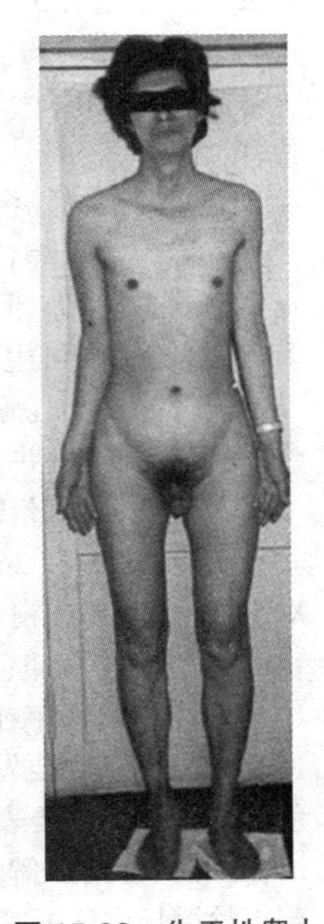

图 15-20　先天性睾丸发育不全综合征病人

性染色体病也称为性染色体综合征（sex chromosome syndrome），是指人类性染色体（X 或 Y 染色体）数目或结构异常所引起的疾病。这类疾病共同的临床特征主要为性发育不全或两性畸形，其次为原发性闭经、生育力下降和智力低下。

（一）先天性睾丸发育不全综合征（Klinefelter 综合征）

本病由美国的 Klinefelter 等首先描述。1959 年 Jacob 和 Strong 证实病人的核型为 47，XXY，即较正常男性多出一条 X 染色体，因此又称为 47，XXY 综合征。

本病以睾丸发育障碍和不能生育为主要特征。男性发病率为 1/850，在男性不育病人中占 1/10。病人在儿童期并无明显异常，各种症状在青春期之后开始逐渐显现。表现为身材瘦长、体力较差、第二性征发育不良，如阴茎发育不良，睾丸小或隐睾，曲细精管萎缩并呈玻璃样变性、排列不规则，不能产生精子，因而不育。病人的体征呈女性化倾向，大部分人无胡须、无喉结、体毛稀少，阴毛呈女性分布，皮下脂肪丰富，皮肤细嫩，约 25% 的个体发育出女性型乳房，其性情和体态趋向于女性特点。部分病人有轻度到中度智力障碍，表现为语言能力低下，一些病人有精神分裂症倾向，在男性精神发育异常病人中本病的发生率约为 1/100，远高于一般人群中的发病率（图 15-20）。

病人的主要核型为 47，XXY，占 80%，嵌合体占 15%，包括 46，XY/47，

XXY、45,X/46,XY/47,XXY、46,XX/47,XXY、46,XY/48,XXXY 等。一般来讲,核型中 X 染色体数量越多,表现的症状越严重。而嵌合体的症状相对较轻,当正常细胞所占比例较大时,病人一侧的睾丸可正常发育并能生育。47,XXY 产生于减数分裂时性染色体的不分离,其中 60% 是母亲的染色体不分离。生出先天性睾丸发育不全综合征患儿的风险随母亲年龄的增加而增大。

（二）XYY 综合征

核型为 47,XYY,由于病人体细胞中比正常男性多出一条 Y 染色体,所以也称为超雄综合征。男婴儿中发生率 0.11%,在监狱或精神病院中的男性可检出约 3% 发病率,但不同的报道差异较大。病人的体态特点是身材高大,常在 180cm 以上。多数个体有正常的寿命和生活。性征和生育能力一般正常。少数病人有性腺发育不良、隐睾、尿道下裂和不育。偶有轻度智力低下,有社会适应不良,人格异常,存在反社会行为,因此病人曾经被媒体过分渲染为有暴力犯罪倾向。

一般认为,47,XYY 的核型来源于父亲的 Y 染色体在第二次减数分裂时发生不分离,导致形成了含有两条 Y 染色体的精子,受精后形成了 XYY。

（三）先天性卵巢发育不全综合征（Turner 综合征）

新生女婴发病率为 1/5000~1/2500。其主要症状是:病人表型女性;出生体重低,婴儿期的足淋巴水肿,第 4、第 5 指骨短小或畸形;身材发育缓慢尤其缺乏青春期发育,使成年身材显著矮小,仅在 120~140cm 之间;后发际低,头发可一直延伸至肩部;50% 个体出现颈蹼;还可有盾状胸、肘外翻、两乳头间距过宽、皮纹异常等。第二性征发育差,表现为成年外阴幼稚、阴毛稀少、乳房不发育、子宫发育不良、卵巢无卵泡、原发闭经,因而不能生育(图 15-21)。

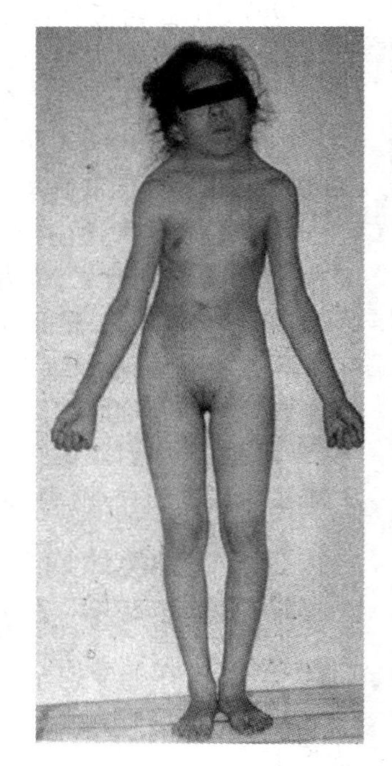

图 15-21　先天性卵巢发育不全综合征病人

Turner 综合征病人的核型:

1. X 单体型　核型 45,X(约占全部病人的 60%),有以上所述的各种体征。起源于减数分裂 X 染色体不分离,其中 80% 源于父亲生殖细胞的减数分裂。

2. 嵌合体　45,X/46,XX、45,X/47,XXX、45,X/46,XX/47,XXX;还有 45,X 细胞系和 X 染色体结构异常的细胞系形成的嵌合体等。约占全部病人的 30%,一般症状较轻,视异常细胞在体内所占的比例和所在的器官而定。有些具有生育能力。嵌合体起源于卵裂时的 X 染色体不分离或其他 X 染色体畸变。

该病临床治疗一般是在青春期应用雌激素促使其第二性征发育或改善,增加身高。

（四）X 三体综合征

也称为超雌综合征。这是一种女性常见的性染色体异常,新生儿中发生率约 1/1000。但在女性精神病病人中可高至 4/1000。X 三体个体大多数表型正常,可生育,不构成临床问题。但是约 25% 的病人卵巢功能异常、月经失调、乳腺发育不良,不孕。约 2/3 有轻度智力低下、学习能力差、人际关系不良并有患精神病的倾向。因而常可在不育门诊或智力障碍诊所被检出。

多数病人的核型是 47,XXX;少数是 46,XX/47,XXX 嵌合型。理论上 47,XXX 个体在减数分裂时会产生 23,X 和 24,XX 两种卵细胞,但临床统计病人所生的后代核型多数正常。这可能是因为 24,XX 的卵子不易受精,或多余的 X 染色体总是进入极体而不能形成 24,XX 卵子的缘故。

（五）脆性 X 染色体综合征

男性中发病率在 1/1000~1/500,仅次于 21- 三体综合征。在 X 连锁所致智能发育不全病人中占 1/2~1/3。此病主要发生在男性,女性常为携带者。其核型可表示为 46,Fra(X)(q27.3),Y。脆性 X 染色体综合征的主要表现有:中度到重度智力低下,常伴有大头、方额,大耳、单耳轮,大下颌并前突。有语言障碍,性情孤僻。性成熟后睾丸比正常人大 1 倍以上。另外,多数病人青春期前有多动症,但随着年龄增长而逐渐减轻(图 15-22)。

在低叶酸的培养条件下,男性病人和女性携带者的外周血淋巴细胞中,可出现脆性 X 染色体

[fragile X chromosome, Fra(X)], Fra(X)是指在Xq27和Xq28带的交界处,有呈细丝样部位,使X染色体长臂末端呈现随体样结构,由于该部位易断裂,故称为脆性部位(fragile site)。此病称为脆性X染色体综合征。

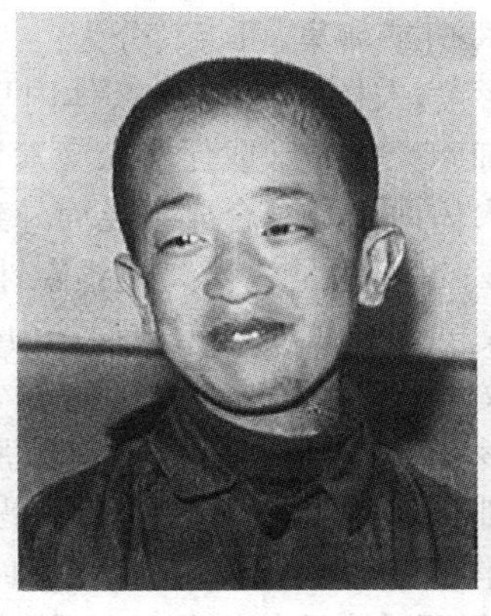
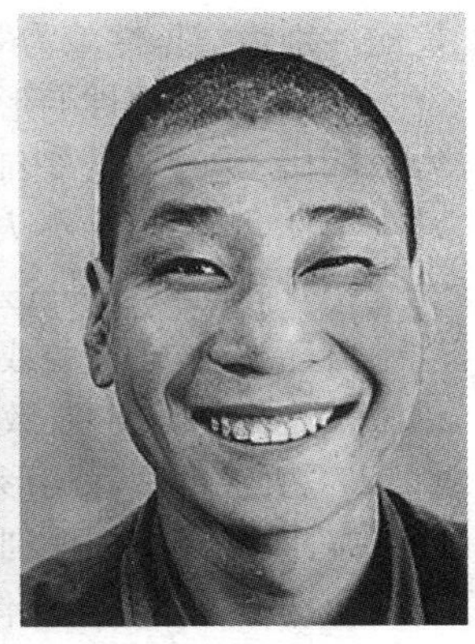

图 15-22　脆性 X 染色体综合征病人

一般认为,男性病人的Fra(X)来自携带者母亲。从理论上讲,由于女性有两条X染色体,所以女性杂合子的表现型应该正常,但实际上约有30%的女性携带者表现为轻度智力低下,这一现象可用Lyon的X染色体失活假说来解释。据估计,女性携带者频率为0.5%,这些携带者生育男性患儿的风险可达50%。加强携带者检出,并利用羊水、绒毛细胞的染色体检查进行产前诊断,可控制该病的流行。

(六) 两性畸形

案例导学

小张从小的体征就是女性,但25岁了,却从没月经。医院的常规检查一直认为她是"原发性闭经"。直到她做了染色体检查,发现:其体细胞染色体总数为46;有一个Y染色质且无X染色质。

问题:1. 联系本章所学知识分析小张的核型。

2. 她最可能患有何种疾病?

3. 你认为小张可以采取哪些治疗措施?

由染色体畸变和基因突变引起的个体性腺或内外生殖器、第二性征具有不同程度的两性特征称为两性畸形。判别个体性别的依据是存在的性腺组织。有睾丸组织的是男性,有卵巢的为女性。当人体内同时存在睾丸和卵巢两种性腺组织时,称为真两性畸形;只存在一种性腺组织,但外生殖器或第二性征具有不同程度的异常特征称为假两性畸形。

1. 真两性畸形　体内有男女两种性腺。这两种性腺有不同的存在方式,它们可以彼此单独存在,也可能结合在一起形成卵巢睾,卵巢睾不一定有功能,但从组织学上可以鉴别出来。约40%的个体身体一侧为睾丸,另一侧为卵巢;40%一侧是睾丸或卵巢,另一侧为卵巢睾;剩余20%的个体两侧均为卵巢睾。病人的内外生殖器和各种第二性征不同程度地介于两性之间,社会性别可以是男性或女性,约有3/4病人自幼当作男孩抚养。真两性畸形主要有以下几种类型:

(1) 46,XX型真两性畸形:约占真两性畸形的一半以上。病人一侧有卵巢、输卵管和发育良好的子宫;另一侧有睾丸或卵巢睾,输精管发育不良。外阴为阴茎但有尿道下裂,无阴囊或阴囊内无睾丸,阴毛呈女性分布,外观女性或男性。有些男性外貌者青春期后有女性乳房发育。一些病例具有家族性,呈常染色体隐性遗传方式传递;一些散发病例者用SRY基因探针做荧光原位杂交显示其常染色体或X染色体上具有Y染色体上的SRY基因,这是Y染色体片段易位的结果。

(2) 46,XY型真两性畸形:病人一侧有睾丸,另一侧为卵巢睾;体内有输卵管、输精管和子宫,但均发育不良;另外,生殖器男性,可有尿道下裂,阴囊内无睾丸,阴毛呈女性分布,外观多为男性,但第二性征呈女性特征。

(3) 46,XY/46,XX嵌合型:病人内外生殖器均呈现不同程度的两性特征。

(4) 46,XX/47,XXY嵌合型:多数病例以46,XX细胞占优势。病人一般有发育异常的男性外生殖器,但第二性征呈女性特征。

(5) 45,X/46,XY嵌合型:两型细胞常以46,XY占优势,病人内外生殖器均呈现不同程度的两性特征。外观多女性,但有男性第二性征。

2. 假两性畸形　病人体内只存在一种性腺,但外生殖器和第二性征兼有两性特征,或者倾向于相

反的性别。根据性腺为睾丸或卵巢，可将其分为：

（1）男性假两性畸形：病人核型为46，XY，体内只有睾丸组织。造成两性畸形的原因可有：雄激素合成障碍、雄激素的靶细胞受体异常或促性腺激素异常等。常见的有：①特发性男性假两性畸形，为常染色体隐性遗传，病人体内雄激素合成不足而导致性发育异常；②雄激素不敏感综合征，又称睾丸女性化（testicular feminization），这是一种X连锁隐性遗传病，病人体态女性，有女性外阴，但无女性内生殖器，睾丸位于腹腔或腹股沟内，后者常被误认为是疝气，血中睾酮在正常水平，病因是X染色体上雄激素受体基因突变，致使靶细胞对雄激素不敏感，常因无月经或不孕而就诊。

（2）女性假两性畸形：核型为46，XX的个体，性腺为卵巢，X染色质阳性。女性外生殖器有两性特征，常难以确认病人性别。肾上腺性征异常综合征是造成女性假两性畸形最常见的原因，有多种亚型。该病为常染色体隐性遗传病，发病率1/25 000。男性病人有性早熟；女性则表现女性假两性畸形。

有时母亲在怀孕期间不适当地使用孕激素或雄性激素，或者母亲肾上腺皮质功能异常活跃，都可使女胎男性化，造成女性假两性畸形。

本章小结

根据染色体上着丝粒的位置，可将其分为：中央着丝粒染色体；亚中央着丝粒染色体；近端着丝粒染色体。一个体细胞中全套染色体的特征称为核型。正常男性为46，XY；正常女性为46，XX。描述一个染色体的特定带需注明：染色体号；臂的符号；区的序号；带的序号。女性X染色质的特点：剂量补偿；X染色体失活发生在胚胎早期；随机失活。

细胞中染色体畸变可分为数目畸变和结构畸变。数目畸变有：整倍体改变和非整倍体改变。结构畸变有：缺失、重复、倒位、异位、罗伯逊易位、插入、等臂染色体、环状染色体、双着丝粒染色体。个体内同时存在两种或两种以上不同染色体核型的细胞系称为嵌合体。

常见染色体病：21-三体综合征，常见核型47，XX（XY），+21；猫叫综合征，常见核型46，XX（XY），5p⁻；先天性睾丸发育不全综合征，常见核型47，XXY；先天性卵巢发育不全综合征，常见核型45，X。

案例讨论

案例讨论

病人，女，1岁，临床症状是患儿哭声似猫叫，头小，满月脸，发育迟缓，肌张力低下，面部有奇异的机警表情。经细胞学检查，病人核型为：46，XX，5p⁻。

（左　宇）

扫一扫，测一测

思考题

1. 人类的某条染色体，正常情况下结构为123*456789（*代表着丝粒，数字代表染色体不同区段的位置排序），有以下几种异常的情况，请对应说明：

（1）染色体变异的名称。

（2）如何由正常的染色体变化而来的？①123*476589；② 123*456；③123*45678789；④123*321。

2. 列举染色体数目畸变、结构畸变、嵌合体因素分别引起的染色体病，并写出相应的病人核型。

3. 21-三体综合征的核型有哪些？有哪些主要的临床表现？

第十六章　群体中的基因

学习目标

1. 掌握:群体、基因频率、基因型频率、近亲婚配、适合度、选择系数、遗传负荷等概念;遗传平衡定律及其应用;基因频率和基因型频率的换算。
2. 熟悉:影响遗传平衡的因素和近亲婚配的危害。
3. 了解:遗传负荷和平衡多态现象。
4. 具有群体遗传学基本知识,能分析群体的遗传结构和影响因素。
5. 能用群体遗传学理论阐明近亲婚配的危害,开展遗传咨询和婚育指导服务。

群体(population)是指一群相对独立地生活在某一区域,相互之间具有复杂联系,且能够相互交配并产生具有生殖能力后代的同种生物个体的集合,又称为种群或孟德尔式群体(Mendelian population)。群体是生物繁殖、生物进化和维持生态平衡的基本单位。研究群体的遗传结构及其变化规律的科学称为群体遗传学(population genetics)。研究人类致病基因在人群中的分布、变化规律的科学称为医学群体遗传学或遗传流行病学(genetic epidemiology)。医学群体遗传学研究资料主要用于遗传咨询和制定遗传筛查项目。

第一节　遗传平衡定律及其应用

一个群体所具有的全部基因或全部遗传信息称为基因库(gene pool)。一个群体内的所有个体共享同一个基因库,而每个个体的全部基因仅仅是这个基因库中很小的一部分。群体遗传结构的变化主要表现为基因频率和基因型频率的变化,受群体大小、婚配方式、基因突变、选择压力、隔离、迁移等因素的影响。

一、基因频率与基因型频率

基因频率(allele frequency)是指一个群体中某个基因在其全部等位基因座位数中出现的频率。一个群体中同一基因座位上各等位基因的基因频率之和等于1。假如一个群体中有一对等位基因为A和a,基因A的频率为p,基因a的频率为q,则p+q=1。

基因型频率(genotype frequency)是指一个群体中某一基因型的个体占该群体总个体数的比例。一个群体中,同一基因座位上等位基因的各基因型频率之和也等于1。假如一个群体中有一对等位基因A和a,则这个群体有基因型为AA、Aa、aa的三种基因型个体,设基因型AA的频率为D,基因型Aa的频率为H,基因型aa的频率为R,则D+H+R=1。

对于共显性遗传和不完全显性遗传来说,表现型和基因型一一对应,基因型频率可以通过群体

中各成员的表现型调查得知，而基因频率可以通过基因型频率推算出来。例如，人类MN血型系统决定于一对等基因L^M和L^N，为共显性遗传，M血型、N血型、MN血型的基因型分别为L^ML^M、L^NL^N和L^ML^N。在某一地区调查747人得知：M血型有233人，N血型有129人，MN血型有385人。则基因型L^ML^M的频率为$D=233 \div 747=0.312$，基因型L^NL^N的频率为$R=129 \div 747=0.173$，基因型L^ML^N的频率为$H=385 \div 747=0.515$。三种基因型的频率之和$D+H+R=0.312+0.173+0.515=1$。

设基因L^M的频率为p，基因L^N的频率为q，则：

$p=(223 \times 2+385)/(747 \times 2)$

$=223 \times 2/(747 \times 2)+385/(747 \times 2)$

$=D+H/2$

$=0.312+0.515/2$

$=0.5695$

同理，$q=R+H/2=0.173+0.515/2=0.4305$。

则，$p+q=0.5695+0.4305=1$。

基因频率与基因型频率的换算关系为：$p=D+H/2$；$q=R+H/2$。

对于完全显性遗传，由于显性纯合子（AA）与杂合子（Aa）在表现型上无法区别，其基因频率和基因型频率则要通过遗传平衡定律来计算。

人类ABO血型决定于三个复等位基因I^A、I^B、i。经调查某地区1000人中，A血型有450人，B血型有130人，AB血型有60人，O血型有360人。

问题：1. 基因I^A、I^B和i的频率各是多少？

2. 各血型、基因型的频率是多少？

3. 能否推导出各基因型频率与基因频率的关系？

二、遗传平衡定律

美国数学家G.H. Hardy和德国医生W. Weinberg各自独立地运用数学方法研究群体的遗传结构及变化规律，于1908年先后得出了一致的结论：一个很大的可以随机交配的群体，在没有突变、选择和大规模个体迁移的条件下，其基因频率和基因型频率在世代传递中始终保持稳定不变。这一结论称为遗传平衡定律（law of genetic equilibrium），又称为Hardy-Weinberg定律。

在一个群体中，由于$p+q=1$，则$(p+q)^2=1$，展开二项式得到$p^2+2pq+q^2=1$。其中，p^2就是基因型AA的频率，2pq是基因型Aa的频率，q^2是基因型aa的频率，即$D:H:R=p^2:2pq:q^2$。这就是遗传平衡公式。如果一个群体中基因型频率与基因频率满足了这一等式，那么这个群体就是一个遗传平衡的群体；如果不相等，就是遗传不平衡的群体。而一个遗传不平衡的群体只需要经过1代的随机交配，就能达到遗传平衡。

例如，一个群体有10 000人，其中基因型AA有6000人，基因型aa有2000人，基因型Aa有2000人。这个群体是否是一个遗传平衡的群体呢？

经计算得知，基因型AA的频率为D=0.6，基因型Aa的频率为H=0.2，基因型aa的频率为R=0.2。基因A与a的频率分别为：$p=D+H/2=0.6+0.2/2=0.7$；$q=R+H/2=0.2+0.2/2=0.3$。

这里，$p+q=0.7+0.3=1$；$D+H+R=0.6+0.2+0.2=1$。

如果这个群体是遗传平衡的群体，就应该满足$D:H:R=p^2:2pq:q^2$。而这个群体中，$D:H:R=0.6:0.2:0.2$；$p^2:2pq:q^2=0.7^2:(2 \times 0.7 \times 0.3):0.3^2=0.49:0.42:0.09$。显然$D:H:R \neq p^2:2pq:q^2$。说明这个群体是一个遗传不平衡的群体。

一个遗传不平衡的群体在随机婚配的情况下，只需要经过1代，就可以达到遗传平衡（表16-1）。

表 16-1 遗传不平衡群体经过 1 代随机婚配后群体中的基因型频率

			精子			
			基因 A	$p=0.70$	基因 a	$q=0.30$
卵	基因 A	$p=0.70$	基因型 AA	$p^2=0.49$	基因型 Aa	$pq=0.21$
	基因 a	$q=0.30$	基因型 Aa	$pq=0.21$	基因型 aa	$q^2=0.09$

从表中可以看出，该群体中基因 A、a 的频率仍然是 0.7 和 0.3，经过 1 代的随机婚配后，下一代各基因型的频率发生了变化，基因型 AA、Aa、aa 的频率分别改变为 0.49、0.42 和 0.09，满足了遗传平衡公式 $D:H:R=p^2:2pq:q^2$，这个群体便达到了遗传平衡。在以后的每一代中，只要保持随机婚配，都将维持这个基因频率和基因型频率不变，这个群体将世世代代保持遗传平衡状态。

因此，判断一个群体是否为平衡群体的标志不是基因频率在上下代之间保持不变，而是基因型频率在上下代之间保持不变。上下代之间基因频率不变，基因型频率可能会有变化；基因型频率不变，基因频率一定不变。一个群体，不管其原始的基因频率如何，是否处于平衡状态，只要经过 1 代随机交配，这个群体就能达到遗传平衡。

三、应用遗传平衡定律计算基因频率

（一）常染色体隐性致病基因频率的计算

对于 AR 遗传病来说，只有隐性纯合子（aa）才发病。因此，群体发病率就是隐性纯合子（aa）的频率，即 q^2。通过调查群体发病率，就可以推算出该群体中某遗传病致病基因的频率和各种基因型的频率。

例如，我国白化病的群体发病率为 1/20 000。设白化病致病基因为 a，则白化病病人基因型为 aa。根据遗传平衡定律，基因型 aa 的频率 q^2= 群体发病率 =1/20 000，可得致病基因 a 的频率 $q=\sqrt{\text{群体发病率}}=\sqrt{1/20\,000}=0.007$，其正常等位基因 A 的频率 $p=1-q=0.993$，基因型 AA 的频率 $p^2=0.986$，携带者 Aa 的频率 $2pq\approx0.014$。

再如，尿黑酸症的群体发病率为 1/1 000 000。则致病基因纯合子 aa 的频率 q^2= 群体发病率 = 1/1 000 000，可得致病基因 a 的频率 $q=0.001$。其正常等位基因 A 的频率 $p=1-q=0.999$，携带者 Aa 的频率 $2pq=0.001998\approx0.002$。

当隐性基因频率越低时（$q\rightarrow0$），$p\rightarrow1$，$2pq\rightarrow2q$。此时，携带者的频率是致病基因频率的 2 倍，即 $2q$；携带者与病人频率之比为 $2pq/q^2=2p/q\approx2/q$，即携带者频率是群体发病率的 $2/q$ 倍。这意味着隐性致病基因频率越低时，携带者频率对病人的比值越大，说明人群中隐性致病基因几乎都以表型正常的携带者方式存在。因此，人群中携带者的检出，对常染色体隐性遗传病的预防具有重要意义。

（二）常染色体显性致病基因频率的计算

对于常染色体显性遗传病来说，基因型 AA 和 Aa 都表现为病人，群体发病率为（p^2+2pq），进而可推算出正常人 aa 的频率以及基因 A 和 a 的频率。但在实际计算中，往往采用粗略的计算方法。由于致病基因频率 p 很低（$p\rightarrow0$），病人为基因型 AA 的频率 $p^2\rightarrow0$，可以忽略不计。则群体发病率≈杂合子病人 Aa 的频率（2pq）。由于 $p\rightarrow0$，$q\rightarrow1$，故群体发病率 $=2pq\approx2p$，得出 p≈群体发病率 /2。即常染色体显性遗传病致病基因频率约等于群体发病率的一半。

（三）X 连锁致病基因频率的计算

对于 X 连锁遗传病而言，无论是 XD，还是 XR，由于女性性染色体为 XX，其 X 染色体致病基因频率、基因型频率计算方法与常染色体遗传病一致。而男性染色体为 XY，其 X 连锁致病基因频率即为群体发病率。X 连锁遗传病基因和基因型频率见表 16-2。

表 16-2　平衡群体中 X 连锁基因的基因型与基因型频率

性别	基因型	基因型频率
女性	X^AX^A	p^2
	X^AX^a	2pq
	X^aX^a	q^2
男性	X^AY	p
	X^aY	q

例如，男性红绿色盲的发病率为 0.07，则红绿色盲基因频率为 q=0.07。

对于罕见的 XR 遗传病，由于致病基因 X^a 频率 q 很低（$q\to 0$），其正常等位基因 X^A 频率 $p\approx 1$，人群中男性病人（X^aY）与女性病人（X^aX^a）的比值为 $q/q^2=1/q$，即男性病人远远要多于女性病人，病人几乎全部是男性；女性携带者（X^AX^a）与男性病人（X^aY）比值为 $2pq/q=2p\approx 2$，即女性携带者约为男性病人的 2 倍。

对于罕见的 XD 遗传病，由于致病基因 X^A 频率 p 很低（$p\to 0$），其正常等位基因 X^a 频率 $q\approx 1$，人群中男性病人与女性病人的比例为 $p/(p^2+2pq)=1/(p+2q)\approx 1/2$，即女病人约为男病人的 2 倍。

第二节　影响群体遗传平衡的因素

一、突变

基因突变在生物界中是普遍存在的现象，突变会改变基因原本的结构和功能，从而影响突变个体的生存、生殖和群体的遗传结构，打破群体已建立的遗传平衡。

设一个群体中有一对等位基因 A 和 a，其频率分别为 p 和 q。基因 A 可以突变为 a（正向突变），如果每代基因 A 都以固定的突变率 u 突变为基因 a，则群体每一代基因 A 就会减少 pu，而基因 a 则会增加 pu，即基因 A 的频率逐代减小，而基因 a 的频率逐代增大。在群体遗传学上，把群体中基因突变产生的基因频率变化趋势称为突变压（mutation pressure）。由于基因突变具有多向性和可逆性的特点，基因 a 也可以突变为 A（回复突变），如果每代以固定的突变率 v 突变，则会使群体每代基因 a 减少 qv，而基因 A 增加 qv。

当 $pu>qv$ 时，群体中基因 a 的频率会逐代增加，而基因 A 的频率会逐代下降；当 $pu<qv$ 时，则群体中基因 a 的频率会逐代下降，基因 A 的频率会逐代增加。这两种情况都会改变群体原有的基因频率和基因型频率，从而改变群体的遗传结构，打破群体原有的遗传平衡。而当 $pu=qv$ 时，群体中基因 A 和 a 的频率将会保持世代恒定，群体将始终处于遗传平衡状态。

根据公式 $pu=qv$，$p+q=1$，可以推出 $pu=(1-p)v$，$pu=v-pv$，$p=v/(u+v)$；同理可得 $q=u/(u+v)$。从基因频率的表达式可以看出，在只有突变存在而没有选择等其他因素影响的情况下，群体的基因频率完全由等位基因的突变率 u 和 v 的差异来决定，遗传平衡由等位基因的双向突变来维持。

如果基因突变是中性突变，既无益也无害，在群体中几乎看不到选择作用，其等位基因的频率是由双向突变率来维持平衡的。例如，人类对苯硫脲（PTC）的尝味能力是由位于 7 号染色体上（7q35-7q36）的苦味味觉感受基因 TAS2R38 决定的，属于不完全显性遗传。突变的纯合子（tt）失去了对 PTC 的尝味能力，这对人类既没有好处也没有害处，为中性突变，不受选择作用。如果 $u=0.9\times 10^{-6}$/代，$v=2.1\times 10^{-6}$/代，则 $q=u/(u+v)=0.9/(0.9+2.1)=0.30$。我国汉族人群中 PTC 味盲基因型 tt 的频率为 0.09，味盲基因 t 的频率为 0.30，与理论预期值基本符合。

二、选择

选择（selection）是生物在自然环境的压力下优胜劣汰的过程。优胜劣汰、适者生存是生物界永恒

的法则。由于基因突变的有害性，突变必然导致选择的发生，突变和选择是两个影响群体遗传平衡的重要因素。由突变产生的个体之间基因型的差异导致的个体生存能力和生育能力的差异是选择的直接原因。选择作用的大小通常用适合度和选择系数来表示。

(一) 适合度与选择系数

适合度(fitness, f)又称为适应值，是指一个群体中某种基因型个体能够适应环境而生存，并产生有生殖能力后代的相对能力。适合度是衡量个体是否能够存活，并通过生殖把基因传递给后代、对后代贡献能力大小的重要指标。在群体中生殖能力最强的个体，其适合度最高，能贡献更多的后代延续种族。适合度通常用相对生育率，即病人人群生育率和正常人群生育率之比来衡量。

例如，在丹麦一项软骨发育不全性侏儒症病人的调查中，108 例病人生育了 27 个子女，他们的 457 个正常同胞生育了 582 个子女。如果把正常人的生育率看做 1，则软骨发育不全症病人的相对生育率 $f=(27/108)/(582/457)\approx0.20$，表明该地区软骨发育不全侏儒症病人的适合度为 0.2。

选择系数(selection coefficient, s)又称为淘汰系数，是指一个群体中某种基因型个体在自然选择压力下被淘汰的概率，即在选择作用下降低的适合度。选择压力越大，适合度越低，淘汰系数则越高。如果把适合度 f 看做个体将其基因传给后代的比例，那么选择系数 s 就是个体没有将其基因传给后代的比例，也就是被淘汰的比例。因此，$s=1-f$。如软骨发育不全侏儒症病人的适合度为 0.2，其选择系数 $s=1-0.2=0.8$。

选择压力(selection pressure)是指选择改变群体遗传结构所产生作用的大小。选择压力可以针对基因，也可以针对基因型，其大小仍用选择系数的值来表示。如某一基因型的选择压力为 $s=1\times10^{-3}$，表示 1000 个这样基因型的个体中有一个个体被淘汰。选择压力越大，致病基因频率在群体中降低的速度就越快。

(二) 选择的作用和突变率的计算

1. 选择对显性致病基因的作用和显性致病基因突变率的计算　假设一个群体中有 AD 遗传病致病基因 A 存在，那么其基因型 AA 和 Aa 个体都有因选择压力而被淘汰的可能。设选择系数为 s，每一代中致病基因 A 的频率改变为 Δp，计算如下式：

$$\Delta p=s(D+H/2)=s(p^2+2pq/2)=s(p^2+pq)=sp(p+q)=sp$$

即通过选择作用，每一代有 sp 的显性基因 A 被淘汰。

当选择压力增强，病人(AA、Aa)的适合度 $f\to0$，选择系数 $s\to1$ 时，$\Delta p\to p$，群体中致病基因 A 的频率 p 经过 1 代后就降为 0，下一代致病基因的频率靠突变来维持。显然，选择对常染色体显性致病基因的作用十分显著。当选择压力放松，$f\to1$，$s\to0$ 时，选择对显性有害基因作用降低，显性致病基因得以保留和遗传，使后代致病基因频率和发病率的显著增高，后代 AD 遗传病致病基因主要由遗传而来。

对于罕见的 AD 遗传病，由于 p 很低，$p^2\to0$，实际上面临选择的是杂合子病人 Aa。每一代中有 sp 的基因 A 因选择而被淘汰，由于 $p=H/2$，所以每一代被淘汰的基因 A 的数量为 sH/2。在一个遗传平衡的群体中，群体中的发病率是一定的，致病基因 A 的频率也是相对稳定的，被淘汰的基因将由突变进行补充，即致病基因 A 的频率就要靠突变(基因 $a\to A$)来维持。AD 遗传病致病基因突变率 $v=sH/2$。因此，通过调查 AD 遗传病病人的适合度和发病率可以计算出显性致病基因的突变率。

例如，有人在丹麦的哥本哈根调查 94 075 名婴儿，其中 10 个婴儿是软骨发育不全性侏儒(AD 遗传病)，发病率为 0.0001063，已知本病的适合度 $f=0.2$，选择系数 $s=0.8$。该 AD 遗传病显性致病基因突变率：

$$v=sH/2=0.8\times0.0001063/2=42.5\times10^{-6}/\text{代}。$$

一些 AD 遗传病，如慢性进行性舞蹈症为延迟显性遗传，一般都在生育子女后才发病而面临选择，选择系数很小，所以这类 AD 遗传病致病基因大部分是经亲代传递而来，很少有突变病例。

2. 选择对隐性致病基因的作用和隐性致病基因突变率的计算　假设一个群体中存在 AR 遗传病致病基因 a，那么只有基因型 aa(即病人)才面临选择，每一代中将有 sq^2 的基因 a 被淘汰。在一个遗传平衡的群体中，被淘汰的隐性致病基因 a 将由突变产生的新基因(基因 A→基因 a)来补充，则有：突变率 $u=sq^2$。通过调查 AR 遗传病病人的适合度和发病率可以计算出隐性致病基因的突变率。

例如，某地区AR遗传病苯丙酮尿症的发病率为1/20 000，病人生育率仅为正常生育率的20%，即f=0.2，s=0.8。该AR遗传病隐性致病基因突变率：

$$u=sq^2=0.8\times 1/20\,000=40\times 10^{-6}/代$$

由于致病基因携带者Aa不受选择影响，隐性致病基因a则能在群体中保留并持续向后代传递，因此，选择作用对隐性致病基因是缓慢的、微小的。

在选择压力增强，病人（aa）的适合度f→0，选择系数s→1时，群体中致病基因a的频率q也会降低，但降低的速度相当缓慢。隐性致病基因频率降低的速度可以按照公式$N=1/q^n-1/q$来计算。公式中，N表示世代数，q^n表示第N代的基因频率，q表示现在的基因频率。

例如，白化病属于AR遗传病，致病基因a在群体中的频率为0.01，当选择压力增强时，使所有的白化病病人都不能生育（s=1），在没有新的突变的情况下，要经过多少代才能使群体中白化病致病基因的频率降低一半？代入公式得：

$$N=1/q^n-1/q=1/0.005-1/0.01=200-100=100$$

若每代按25年计算，这需要经过2500年才能使隐性致病基因频率降低一半。

在选择压力放松，病人（aa）的适合度f→1，选择系数s→0时，致病基因频率的上升也非常缓慢。例如，苯丙酮尿症的群体发病率为1/10 000，隐性致病基因频率为0.01，突变率为50×10^{-6}/代，该病可以用代苯丙氨酸饮食方法治疗。假设病人生育率与正常人一样，基因频率要经过200代才增加1倍，即$0.01+50\times 10^{-6}\times 200=0.02$，这时的发病率为4/10 000，比原来高出4倍。这种变化要经过200代约5000年才能达到。

3. 选择对X连锁致病基因的作用和X连锁致病基因突变率的计算　对于XR遗传病，男性病人X^aY和女性病人X^aX^a将会面临选择压力而被淘汰，而女性基因型X^AX^a个体不受选择。由于致病基因X^a频率q很低，女性病人基因型X^aX^a频率$q^2\rightarrow 0$，可以忽略不计。从整个人群来看，男性群体拥有X连锁基因的数量占整个人群的1/3，女性占2/3。因此，就有2/3的致病基因X^a以杂合子X^AX^a的形式存在于女性群体中，这部分致病基因不受选择的作用；而男性拥有的占总数1/3的致病基因X^a将面临选择压力，每一代会有sq/3的基因X^a被淘汰。在遗传平衡的群体中，被淘汰的基因将由突变（基因$X^A\rightarrow X^a$）来补充，则XR遗传病致病基因X^a的突变率u=sq/3。通过调查XR遗传病男性病人的适合度和发病率可以计算出隐性致病基因的突变率。

例如，甲型血友病在男性中的发病率为0.00008，适合度f=0.29，选择系数s=0.71。该地区甲型血友病的致病基因突变率：$u=sq/3=0.71\times 0.00008/3=19\times 10^{-6}$/代。

（三）选择与平衡多态

大多数基因突变对个体有害，不适应环境，在选择压力作用下被淘汰；一些基因突变则能够适应环境，经过选择保留下来。一个群体中的同一基因座位上存在两个等位基因或两个以上复等位基因的现象，称为遗传基因的平衡多态（balance polymorphism）。一个群体中，基因频率超过1%，携带该等位基因的杂合子频率大于2%，可认为该基因座位具有多态性。不足1%的称为罕见变异型。有些致病基因在人群中往往有较高的频率，且在世代传递中始终保持居高不下，形成了遗传平衡状态。由于突变是稀有现象，仅靠突变不足以维持平衡多态中等位基因的最低频率。除了突变之外，一定有其他的补偿机制——选择，来维持这些等位基因较高的频率，才能保持群体的遗传平衡，形成平衡多态。

例如，镰状细胞贫血症（HbS）为XR遗传病，隐性致病基因β^S纯合时表现为镰状细胞贫血（$\beta^S\beta^S$）。在非洲及地中海一带，HbS病人的发病率高达4%。因此，病人的频率为$q^2=0.04$，隐性致病基因β^S的频率q=0.2，正常基因β^A的频率p=1-q=0.8，正常人（$\beta^A\beta^A$）的频率$p^2=0.64$，而致病基因携带者（$\beta^A\beta^S$）的频率为2pq=0.32。致病基因纯合子（$\beta^S\beta^S$）是致死的，一般在成年前死亡，不会将致病基因β^S传给下一代。为什么这一地区的人群中隐性致病基因携带者（$\beta^A\beta^S$）的比例会高达32%呢？这是由于致病基因携带者（$\beta^A\beta^S$）体内细胞的血红蛋白结构特征具有抵抗疟原虫寄生的能力，使其对恶性疟疾的抵抗力高于正常人（$\beta^A\beta^A$），其适合度高。因此，就可以因选择优势而补偿因纯合子病人死亡所失去的致病基因β^S，形成了平衡多态。

三、迁移

迁移(migration)是指一个生物群体中的部分个体因某种原因迁入另一个同种生物群体中定居和杂交的现象。迁移引发群体间的基因流动,形成迁移基因流(gene flow)。如果两个群体间某基因频率不同,迁移会改变迁入群体的基因频率,群体间的大规模迁移会形成迁移压力(migration pressure)。迁移压力的大小取决于两个群体之间基因频率的差异大小,及迁移个体数量占迁入群体比例的大小。迁移压力的增加可以使某基因从一个群体有效地扩散到另一个群体中去。如果只是地理位置的迁移定居,并不通婚,那么群体间就不会发生基因流动和遗传结构的变化。比如匈牙利吉普赛人的ABO血型同15世纪初迁入的印度人相似,却与匈牙利当地人不同。因此,迁移后定居通婚,是造成基因频率改变的必要条件。

四、随机遗传漂变

在一个相对封闭的小群体中,由于偶然事件而造成的基因频率在世代传递中随机波动的现象,称为随机遗传漂变(random genetic drift),简称遗传漂变。遗传漂变的速度与群体大小呈负相关,群体越大遗传漂变速度越慢,群体越小遗传漂变速度越快,遗传漂变往往导致一个小群体中某些基因的迅速消失或固定,因而改变群体遗传结构。

遗传漂变常用来说明人类种族间遗传结构的差异。北美印第安人群中,ABO血型系统基因I^A、I^B和i的频率分别为0.018、0.009和0.973,O型血者占94.69%,但Blood和Blackfeet印第安人小群体中A型血比较常见,基因I^A的频率大于0.5,高于任何其他印第安人群体。这可能是由于原始小群体遗传漂变的结果。可能是这些美洲印第安人部落的祖先从亚洲迁移到美洲时带去了基因I^A,由于他们不与当地人通婚,小群体内的婚配和世代传递,使基因I^A获得了高频率;也可能是这些印第安人最初的基因型全部是ii(O型血),基因突变使他们获得了基因I^A,并在世代传递中得以保存并逐渐增加。

五、隔离

由于地理环境、信仰、民族习俗等因素限制,使得一个群体不与外界通婚交配,没有与其他群体的基因交流,称为隔离(isolation)。隔离可使小群体产生建立者效应(founder effect),少数几个祖先个体的基因频率决定了他们后代的基因频率,使群体中的纯合子频率增加,一些异常的基因频率特别高,形成类似近亲婚配的遗传效应。

例如,1970年,生活在太平洋东卡罗林群岛的Pingelap人有1600人,先天性失明(基因型bb,AR)发病率高达10%,基因b的频率为0.32。发病率如此之高,可能就是建立者效应所致。据记载,该岛在18世纪末遭受了一次飓风袭击后仅剩下不到30人,形成了隔离的小群体。幸存者中可能有1人是致病基因携带者(Bb),基因b的频率$q=1/(30\times2)=0.0167$,建立者效应使致病基因在后代中留传并使其频率逐代累加,到1970年基因b的频率升到了0.32。

六、近亲婚配

随机婚配是群体遗传平衡定律重要条件之一,但受到地理环境、民族习俗、宗教信仰、社会伦理等因素的影响,实际上人类的婚配总是具有一定的指向性,而没有真正意义上的随机婚配。例如,人们往往根据智力、身高、肤色、相貌、性格、习惯等来选择配偶。遗传学上把基因型之间交配不取决于基因型频率的形式,即选择具有某些特征的基因型个体作配偶的婚配方式,称为选型婚配。人类在群体内的婚配机会总是高于群体间的婚配。

(一) 近亲婚配与近婚系数

在3~4代之内有共同祖先的近亲结婚称为近亲婚配(consanguineous marriage,inbreeding)。近亲可得到共同祖先的同一基因,近亲婚配的夫妇双方又可能把同一祖先基因同时传给子女,使子女成为同一祖先基因纯合子的概率增加,导致常染色体隐性遗传病在后代中的发病率明显增加。近亲婚配使后代成为同一祖先基因纯合子的概率称为近婚系数(inbreeding coefficient,F)。近婚系数越大,后代

AR 遗传病发病率就越高，危害就越大。

亲缘系数

亲缘系数（relationship coefficient），又称血缘系数，是指两个人基因组成的相似程度，即有共同祖先的两个人，在某一位点上具有同一基因的概率。如同胞兄妹，设哥哥有一个基因 A，这个基因有 1/2 的可能性是由父亲传来的，妹妹得到父亲基因 A 的可能性也是 1/2。兄妹二人同时拥有父亲基因 A 的概率为 $1/2\times1/2=1/4$；同理，兄妹二人从母亲那里传来基因 A 的概率也是 1/4。因此兄妹二人源于父母的任何一个基因相同的概率为 $1/4+1/4=1/2$，这就是同胞兄妹间的亲缘系数。

双亲与子女之间、同胞之间的亲缘系数为 1/2，称为一级亲属；祖孙之间、叔（姑）侄之间、舅（姨）甥之间的亲缘系数为 1/4，是二级亲属；表兄妹、堂兄妹之间的亲缘系数为 1/8，是三级亲属；依此类推，四级亲属亲缘系数为 1/16，五级亲属亲缘系数为 1/32。

（二）近婚系数的计算

1. 常染色体基因近婚系数的计算　常染色上每个基因都有 1/2 的可能性传给下一代。人类历史上常见的近亲婚配为表兄妹婚配，这里以表兄妹婚配为例介绍常染色体基因近婚系数的计算。

设一对祖先 P_1、P_2 各有一对等位基因 A_1A_2 和 A_3A_4（图 16-1）。基因 A_1 可经过遗传路径 $P_1\rightarrow B_1\rightarrow C_1\rightarrow S$ 从祖先 P_1 传给后代 S，遗传 3 代，每代遗传概率都是 1/2；基因 A_1 也可以通过 $P_1\rightarrow B_2\rightarrow C_2\rightarrow S$ 遗传路径从祖先 P_1 传给后代 S，也是遗传 3 代，每代遗传概率都是 1/2，S 同时得到基因 A_1 成为纯合子 A_1A_1 的概率是 $(1/2)^3\times(1/2)^3=(1/2)^6$；同理，S 同时得到基因 A_2 成为纯合子 A_2A_2、得到基因 A_3 成为纯合子 A_3A_3、得到基因 A_4 成为纯合子 A_4A_4 的概率也都是 $(1/2)^6$。如果不论基因 A_1、A_2、A_3，还是 A_4，只看 S 为纯合子的总概率，就是 $4\times(1/2)^6=1/16$，即表兄妹间的近婚系数 F=1/16。

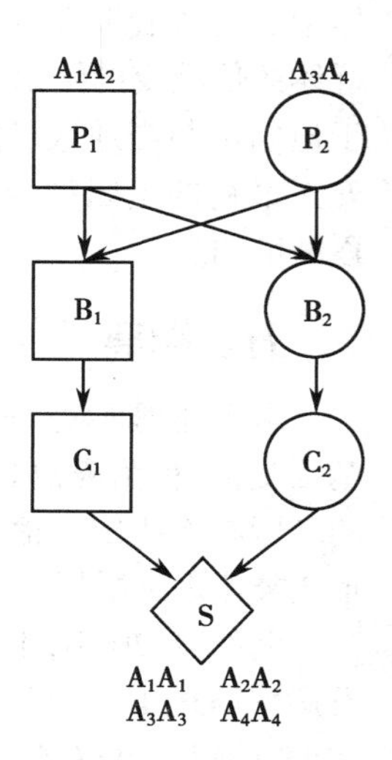

图 16-1　表兄妹婚配常染色体基因的传递

当近亲婚配的夫妻双方有两个共同祖先时，$F=4\times(1/2)^n$；当近亲婚配的夫妻双方只有一个共同祖先时，$F=2\times(1/2)^n$。公式中，n 为后代得到某一祖先基因成为纯合子所需要的遗传代数（家系世代连续传递，只计每代遗传概率为 1/2 的情况）。

同理，可以计算出同胞兄妹、舅甥女或姑侄、半同胞兄妹、二级表兄妹（从表兄妹）间的近婚系数分别是 1/4、1/8、1/8 和 1/64。

2. 性染色体基因近婚系数的计算　由于男性为 X 染色体半合子，近亲婚配对生育的男性没有影响。而女性有两条 X 染色体，可以形成某一基因的纯合子。因此，计算 X 染色体连锁基因的近婚系数时，只计算生育女儿的 F 值。女性祖先 X 染色体某一连锁基因传给儿子和女儿的概率均为 1/2；男性祖先 X 染色体连锁基因只能从母亲那里得来，将来也只能传给女儿（概率为 1），而不可能传给儿子（概率为 0）。

（1）姨表兄妹间的近婚系数：如图 16-2 所示，P_1 一定将基因 X^{A1} 传给女儿 B_1，概率为 1；B_1 将获得的 X^{A1} 传其给儿子 C_1 的概率为 1/2；C_1 也一定将获得 X^{A1} 传其女儿 S，概率为 1。因此，后代 S（女）通过遗传路径 P_1（男）→ B_1（女）→ C_1（男）→ S（女）获得祖先 P_1 的基因 X^{A1} 是概率为 $1\times(1/2)\times1=1/2$，通过遗传路径 P_1（男）→ B_2（女）→ C_2（女）→ S（女）获得祖先 P_1 的基因 X^{A1} 是概率为 $1\times(1/2)^2$，S（女）为纯合子 $X^{A1}X^{A1}$ 的概率为 $(1/2)\times(1/2)^2=(1/2)^3$。以此类推，S（女）通过 P_2（女）→ B_1（女）→ C_1（男）→ S（女）遗传路径获得基因 X^{A2} 的概率为 $(1/2)^2$，通过 P_2（女）→ B_2（女）→ C_2（女）→ S（女）遗传路径获得基因 X^{A2} 的概率为 $(1/2)^3$，S（女）为纯合子 $X^{A2}X^{A2}$ 的概率为 $(1/2)^5$；S（女）为纯合子 $X^{A3}X^{A3}$ 的概率也是 $(1/2)^5$。因此，姨表兄妹婚配 X 连锁基因的近婚系数 $F=(1/2)^3+2\times(1/2)^5=3/16$。

（2）舅表兄妹的近婚系数：如图 16-3 所示，P_1 的基因 X^{A1} 虽然可以通过 B_1、C_1 传至 S，但却不能通过 B_2 向后传递，故基因 X^{A1} 不能在 S 形成纯合子（概率为 0）。基因 X^{A2} 经 P_2（女）→ B_1（女）→ C_1（男）→

S(女)遗传路径传给 S 的概率为$(1/2)^2$，经 P_2(女)B_2(男)→C_2(女)→S(女)遗传路径传给 S 的概率为$(1/2)^2$，S 为纯合子 $X^{A2}X^{A2}$ 的概率为$(1/2)^4$；同理，S 为纯合子 $X^{A3}X^{A3}$ 的概率也为$(1/2)^4$。因此，舅表兄妹婚配 X 连锁基因的近婚系数 $F=0+2\times(1/2)^4=1/8$。

(3) 姑表兄妹、堂兄妹的近婚系数：如图 16-4、图 16-5 所示，P_1 的基因 X^{A1} 不能传给 B_1，P_2 的基因 X^{A2}、X^{A3} 传至 B_1 后中断，所以其 X 连锁基因的近婚系数 F 值都为 0。

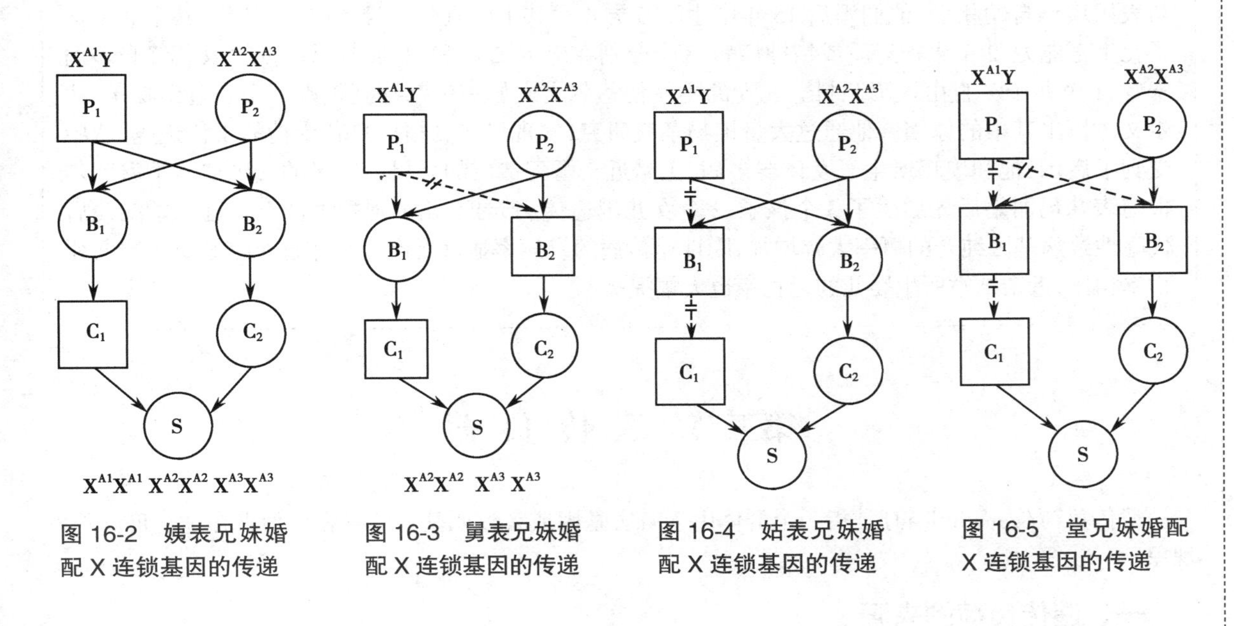

图 16-2　姨表兄妹婚配 X 连锁基因的传递

图 16-3　舅表兄妹婚配 X 连锁基因的传递

图 16-4　姑表兄妹婚配 X 连锁基因的传递

图 16-5　堂兄妹婚配 X 连锁基因的传递

(三) 平均近婚系数

平均近婚系数(average inbreeding coefficient，a)即从群体角度来估计近亲婚配的程度，可按公式 $a=\Sigma(M_i\times F_i/N)$来计算。公式中，$M_i$ 是某种类型的近亲婚配数，F_i 是相应近亲婚配的近婚系数，N 是群体中婚配的总数。知道 a 值就可比较不同群体中近亲婚配的严重程度。

例如，在一个群体中，有 10 000 例婚配对数，其中 2 例是半同胞兄妹婚配，有 48 例为表兄妹婚配，还有 65 例为从表兄妹婚配，其余的为随机婚配。那么该群体的平均近婚系数 a 的值为：

$$a=(2\times1/8+48\times1/16+65\times1/64)/10\,000=0.000427$$

一般认为，a 值达到 0.01 就相当高了。在一些隔离的小群体中，a 值往往较高；而在发达国家和开放的社会中，a 值一般都很低。

(四) 近亲婚配的危害

近亲婚配的危害主要表现为群体中隐性致病基因纯合子病人的频率增高。近亲婚配所生后代是隐性致病基因纯合子的原因有两种，一是近亲婚配，由共同的祖先传递而来，二是由不同的祖先传递而来。在第一种情况下，群体中基因 a 的频率为 q，近婚系数为 F，形成纯合子的概率为 Fq；在第二种情况下，纯合子的概率为$(1-F)q^2$。两种情况合并计算，近亲婚配产生纯合子的概率为 $Fq+(1-F)q^2=Fq+q^2-Fq^2=q^2+Fq(1-q)=q^2+Fpq$，即近亲婚配比随机婚配产生的隐性纯合子的频率增加了 Fpq。近亲婚配的另一个危害是导致后代隐性纯合子的相对风险增加。这里定义 β 为近亲婚配致隐性纯合子的相对风险，则 $\beta=(q^2+Fpq)/q^2=(1+Fp)/q$。这表明，近婚系数越大，群体中致病基因的频率越低，则近亲婚配导致隐性纯合子的相对风险就越大。再就是近亲婚配导致后代的基因纯合位点增多，打破了人类长期自然繁衍形成的全部基因相互作用相互制约的遗传平衡关系，使后代出现遗传缺陷、抗病力下降、繁殖力减退、生命早亡等效应。如果近亲婚配成为常见婚配类型或社会普遍现象，势必增加群体的遗传负荷，导致群体适合度降低。

近亲婚配的苦果

著名科学家达尔文创立了物种进化的自然选择学说，然而他自己的婚姻却是不幸的。达尔文与表姐埃玛自幼相爱，他们婚后15年中生下6男4女共10个孩子，身体都不健康。其中3个孩子无生育能力，2个患神经质或精神疾病，3个分别在出生、2岁和10岁时死亡，1个女儿终身多病未嫁，1个儿子一直由埃玛照料。儿女的不幸使达尔文夫妇一生都感到焦虑不安。直到晚年，达尔文才悟出其中的原因。他通过大量植物杂交研究，发现异花受精比自花受精的子代优越，从中受到了启示：他和埃玛所生子女体弱多病，正是近亲婚配造成的恶果。著名的美国遗传学家摩尔根与表妹玛丽婚后先后生了3个孩子，2个女儿因遗传病夭折，儿子则智力低下。近亲婚配使后代隐性致病基因纯合的概率大幅增加，隐性遗传病的发病率显著增高。与非近亲结婚所生婴儿死亡率相比，近亲结婚所生婴儿的死亡率也大幅提高。

第三节　遗传负荷

遗传负荷(genetic load)是指一个群体由于有害基因或者致死基因的存在而使群体适合度降低的现象。

一、遗传负荷的来源

遗传负荷的来源主要包括突变负荷、分离负荷和置换负荷。

(一) 突变负荷

突变负荷(mutation load)是指由于基因突变产生的有害或致死基因给群体带来的遗传负荷。在一个随机婚配的大群体中，突变负荷是群体基因突变累积产生的后果，突变对群体遗传负荷的影响程度取决于突变形成的有害基因的性质。

基因发生显性致死性突变时，病人死亡使该突变基因不能遗传，不会增加群体的遗传负荷。但如果是显性半致死突变，病人存活，突变基因得以在群体中保留，并有50%的机会将半致死基因传递下去，增加群体的遗传负荷。基因发生隐性致死突变会以杂合状态在群体中存留多代，随时可形成隐性纯合子个体导致死亡，使群体的适合度降低，增加群体的遗传负荷。X连锁基因发生显性致病突变与常染色体基因发生显性致病突变相类似，在选择系数小于1的情况下，可相应增加群体的遗传负荷。X连锁基因隐性致病突变发生在男性全部为病人，发生在女性则与常染色体基因隐性致病突变类似，在一定程度上增加群体的遗传负荷。

(二) 分离负荷

分离负荷(segregation load)是指有较高适合度的杂合子(Aa)由于基因分离在后代形成适合度较小的纯合子给群体带来的遗传负荷。分离负荷起因于杂合子基因的分离。在某一基因的杂合子Aa的适合度比纯合子AA和aa都高的情况下，两个相同基因型的杂合子婚配，生育的后代可能形成适应度较低的纯合子，从而使群体的平均适合度降低。纯合子的选择系数越大，群体适合度降低越明显，群体遗传负荷增加越显著。

(三) 置换负荷

置换负荷(substitution load)是指当选择有利于一个新的等位基因置换现有的基因时给群体带来的遗传负荷。原占优势的某基因型个体由于适应度的降低造成大量的死亡，其频率迅速下降，而其等位基因的其他基因型个体逐渐增多占据优势，频率迅速上升，其结果造成了基因的更替置换。例如，19世纪英国工业革命时期，曼彻斯特地区由于大气污染，使原来占优势的淡色桦尺蠖(A_2A_2)急剧减少(树干黑化，淡色桦尺蠖易被鸟发现吃掉)，而原来数量很少的黑色桦尺蠖(A_1–)由于不容易被鸟发现，

慢慢地占据了优势。到了20世纪,由于环境污染的治理和生态的恢复,淡色桦尺蠖的数量又很快得到了恢复。

此外,群体遗传负荷的来源还有起因于基因型间不相容的不相容性负荷,由于突变体的迁入而使群体增加不利基因的迁入负荷,由于近亲繁殖而使群体中有害隐性纯合子增加的近交负荷等。

二、遗传负荷的估计

对遗传负荷的估计,一般用群体中人均携带有害基因或致死基因的数目来表示,有害基因数量越多,遗传负荷就越大,群体适合度就越低。

(一) 利用AR遗传病发病率的粗略估计法

人群遗传负荷大小可用下面的公式计算:

群体中人均携带的有害基因数目=AR遗传病的种类数 × 群体携带者频率。

例如,人类孟德尔遗传学(Mendelian Inheritance in Man,MIM)(1996)记载,AR病种为1500种,已知AR遗传病的群体发病率为1/1 000 000~1/10 000,群体携带者的频率为:$2pq \approx 2q = 2 \times \sqrt{1/1\,000\,000 \sim 1/10\,000}$ = 1/50~1/500,则人均携带有害基因的数目=1500×(1/50~1/500)=3~30,即人群的遗传负荷是人均携带3~30个有害基因。这种方法是粗略估算,结果缺乏准确性。

(二) 通过实际调查AR遗传病携带者频率的直接计算法

通过实际调查某地区所有AR遗传病的总携带者频率,直接计算遗传负荷,相对准确,但工作量庞大。例如,在美国马萨诸塞州调查上百万人口中114种常见的AR遗传病,其总携带者频率为0.11。假设有100种罕见的AR遗传病,群体发病率在0.00001,这些病种的总携带者频率为0.20。那么,这114种AR遗传病的总携带者频率为0.31。同上,已知有1500种AR遗传病,则人群中人均携带的有害基因数=1500×0.31/114=4,即遗传负荷为人均携带4个有害基因。

各个国家依据本国实际情况相应地估计了本国的遗传负荷,如美国人的遗传负荷是人均携带5~6个有害基因,日本人的遗传负荷是平均每人携带4~5个有害基因,中国人的遗传负荷是人均携带5~6个有害基因。

本章小结

群体遗传主要研究群体遗传结构(即基因频率和基因型频率)的变化规律。如果一个群体的基因频率和基因型频率在世代传递中始终保持恒定不变,那么这个群体便是一个遗传平衡的群体。一个遗传不平衡的群体只要经过一代的随机交配,就能达到遗传平衡。

影响群体遗传平衡的因素众多,主要因素包括:突变、选择、迁移、群体大小、交配方式等。突变形成的突变压力,改变了群体的遗传结构,打破群体既有的遗传平衡,使群体适合度降低。突变也可以形成新的优势基因,提高群体的生存能力和适合度,或形成平衡多态,为自然选择和生物进化提供原材料。选择有利于群体淘汰有害基因,保存优势基因,但也可以使小的群体某种致病基因频率持续居高不下。选择对显性致病基因的作用大而快,对隐性致病基因的作用小而缓慢。迁移、随机遗传漂变、小群体的建立者效应都能造成隔离小群体遗传结构的改变。近亲婚配使后代个体成为同一祖先基因纯合子的概率增加,近婚系数越高,对后代危害越大。近亲婚配的危害主要体现在:大大提高后代AR遗传病发病率,越是发病率低的病种提高的幅度就越大,后代遗传缺陷多发,抗病力、繁殖力、生命力等全面降低。

遗传负荷的来源主要包括突变负荷、分离负荷和置换负荷。遗传负荷越大,群体适合度就越低。

案例讨论

人类对苯硫脲(PTC)的尝味能力属于不完全显性遗传，基因型 tt 的人是 PTC 味盲。研究发现，PTC 味盲(tt)频率在欧洲人群中高达 36%，味盲基因 t 的频率为 0.6；在我国西部地区宁夏回族人群中味盲的频率为 20%，基因 t 的频率为 0.45；我国东部地区汉族人群味盲频率仅为 9%，基因 t 的频率为 0.3。欧洲人、我国西部宁夏回族人和汉族人的苯硫尿味盲基因频率呈递减分布。

（阎希青）

扫一扫，测一测

思考题

1. 什么是 Hardy-Weinberg 定律？简述影响群体遗传平衡的因素及其作用。
2. 白化病基因的频率为 0.01，如果选择压力增加，使所有白化病病人均不能生育，需经过多少代才能使其基因频率降低为 0.005？
3. 举例说明什么是遗传平衡多态？
4. 试述近亲婚配的危害。

第十七章 肿瘤与遗传

学习目标

1. 掌握：肿瘤的概念和主要特征；标记染色体、癌基因、病毒癌基因、细胞癌基因、抗癌基因的概念；细胞癌基因的分类及激活机制。
2. 熟悉：肿瘤发生的遗传基础；肿瘤的单克隆起源假说和二次突变假说。
3. 了解：影响肿瘤发生的因素和肿瘤发生的多步遗传损伤学说。
4. 具有肿瘤遗传学的基本知识，能评估诊断肿瘤性质、种类。
5. 能根据影响肿瘤发生的因素开展肿瘤预防指导。

肿瘤严重威胁人类健康和生命安全，属于体细胞遗传病，肿瘤本身不能遗传，但某些恶性肿瘤确实具有一定的遗传性和家族聚集倾向，肿瘤的发生是遗传因素和环境因素共同作用的结果。应用遗传学原理和方法，从遗传方式、遗传流行病学、细胞遗传和分子遗传等不同角度探讨肿瘤的发生与遗传和环境间的关系，找到肿瘤防治途径，形成了一门多学科渗透的新兴学科——肿瘤遗传学（cancer genetics）。

第一节　肿瘤发生的遗传基础

一、肿瘤的家族聚集现象

（一）癌家族

癌家族（cancer family）是指一个家系的几代中多个成员的相同器官或不同器官罹患恶性肿瘤，肿瘤具有多发性，某些肿瘤（如腺瘤）发病率高、发病年龄低，并按 AD 方式遗传，例如，Lynch 癌家族综合征。1895 年，Warthin 发现某家系腺癌发病率高，于 1913 年首次报道（称为 G 家族）（图 17-1），后经

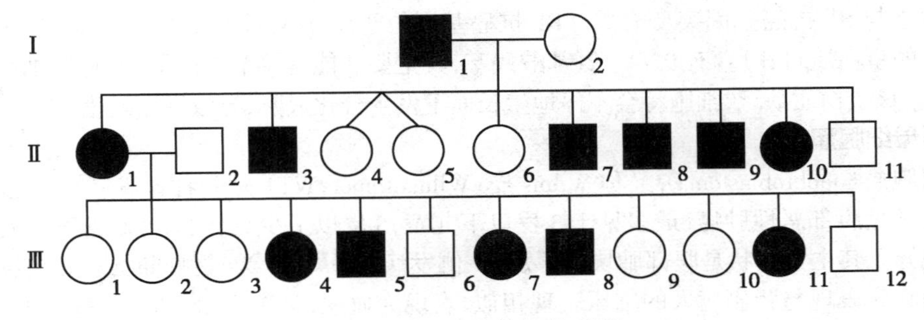

图 17-1　G 家族的部分系谱

Henser(1936)和Lynch(1965、1971、1976)等人连续调查,获得较完整的资料。到1976年,这一家系的10个支系共有842个后代,其中有95名是癌病人。在癌病人中有48人患结肠腺癌,18人患子宫内膜腺癌;13人为多发性癌;19人癌发生于40岁之前;72人的双亲之一患癌,男性癌病人47人,女性癌病人48人,男女癌病人比例为1∶1,这个癌家族总体上符合AD遗传特点。

(二) 家族性癌

家族性癌(family carcinoma)是指一个家族中有多个成员罹患同一类型的癌,通常为常见癌,病人一级亲属发病率远高于一般人群,一般不符合孟德尔式遗传。例如,12%~25%的结肠癌病人有结肠癌家族史,许多常见肿瘤,如乳腺癌、肠癌、胃癌等,虽然通常是散发的,但病人家族成员对这些肿瘤的易感性较高,一级亲属发病率高于一般人群3~5倍,具有家族聚集现象。此类癌虽然称之为"家族性癌",但不一定具有遗传性,其遗传方式目前尚不明确。

二、肿瘤发病率的种族差异

某些肿瘤的发病率在不同种族中有显著差异。如,调查发现在新加坡的华人、马来人和印度人鼻咽癌发病率的比例为13.3∶3∶0.4。美籍华人的鼻咽癌发病率比美国白色人种高34倍,尤以广东口音华裔高发。黑色人种很少患Ewing骨瘤、睾丸癌、皮肤癌,日本妇女患乳腺癌比白色人种少,但松果体瘤却比其他民族多10余倍。肿瘤发生具有种族差异的主要原因是种族的遗传背景不同,种族间世世代代的遗传隔离导致不同种族具有不同的基因库,不同种族对肿瘤的易感性存在差异。

三、单基因病与肿瘤

人类恶性肿瘤中只有少数几种是由单个基因突变引起的,按单基因方式遗传,如视网膜母细胞瘤、Wilms瘤、神经母细胞瘤等,这类肿瘤有明显家族遗传倾向,有些病人有肿瘤家族史,父母兄妹易患肿瘤,但肿瘤类型可各不相同。某些单基因遗传综合征常与肿瘤的发生联系在一起。人类3000多种单基因遗传性疾病中,有240多种综合征都有不同程度的患肿瘤倾向,肿瘤是综合征中的一部分。这类单基因遗传病属遗传性癌前病变,常被称为遗传性肿瘤综合征,大部分按常染色体显性方式遗传,部分属常染色体隐性或X连锁遗传,如家族性结肠息肉病、基底细胞痣综合征、多发性内分泌腺肿瘤综合征等。

(一) 视网膜母细胞瘤

视网膜母细胞瘤(retinoblastoma,Rb)是一种起源于光感受器前体细胞的恶性肿瘤,是婴幼儿最常见的眼内恶性肿瘤,常见于3岁以下婴幼儿,成人中罕见。我国本病群体发病率为1/11 300,具有家族遗传倾向,无种族差异和性别差异,临床表现复杂,病程可分为眼内生长期、青光眼期、眼外期和全身转移期,多以白瞳症为首发症状。因婴儿不能自述视力障碍,早期不易被发现,当肿瘤增殖突入到玻璃体或接近晶体时,瞳孔区出现黄光反射、瞳孔散大、白瞳症或斜视而被家长发现。肿瘤生长迅速,易发生颅内及远处转移,常危及患儿生命,早期发现、早期诊断、早期治疗是提高治愈率、降低死亡率的关键。本病可分为遗传型和非遗传型两类,其中遗传型占约40%,发病年龄早,多在1岁半内发病,且多为双侧眼相继发病,有家族史,可连续几代有病人出现;非遗传型占60%,为体细胞突变,发病年龄晚,多在2岁后发病,常为单侧发病,无家族史。

本病发生与Rb抗癌基因突变有关。Rb抗癌基因位于13q14,长达200kb,有27个外显子,转录翻译后合成的蛋白质(Prb)含有928个氨基酸残基,其主要功能是调节细胞周期,抑制细胞从G_1期到S期的转变。该蛋白质缺乏,细胞将会不停地生长而不发生分化成熟,导致肿瘤发生。

(二) 肾母细胞瘤

肾母细胞瘤(nephroblastoma),又称Wilms瘤(Wilms tumor,WT),是一种肾脏胚胎性恶性肿瘤,是儿童第二位常见腹部恶性肿瘤,最多见于3岁以下儿童,5岁以上少见,约有3%见于成人,男女发病率无明显差异。其主要症状是腹部肿块,多数为一侧发病,3%~10%为双侧同时或相继发病。成人肾母细胞瘤的临床表现与肾癌病人的临床表现相似,表现为血尿、腰腹痛、腹部肿块等。本病病人38%为遗传型,双侧肿瘤较多,发病年龄较早,有家族遗传倾向;62%为非遗传型,多为单侧发病,发病晚,

无家族病史。

WT确切病因尚不清楚,可能与肿瘤抑制基因WT-1基因的丢失或突变有关,也可能是由于间叶的胚基细胞向后肾组织分化障碍,并且持续增殖造成的。WT-1基因位于11p13,正常基因全长345kb,含有10个外显子,转录翻译所形成的WT-1蛋白可以自主抑制生长诱导基因启动子元件的转录活性。

(三) 神经母细胞瘤

神经母细胞瘤(neuroblastoma,NB)也是一种常见于儿童的神经内分泌性肿瘤,起源于胚胎性交感神经系统神经嵴,近半数的NB发生在2岁以内的婴幼儿,最常见的发生部位是肾上腺,约占40%,还可以发生于颈部、胸腔(19%)、腹腔(30%)、盆腔部位,表现为多发性神经纤维瘤、节神经瘤、嗜铬细胞瘤等。该病低危组婴幼儿病人可自发性地从未分化的恶性肿瘤退变为完全良性肿瘤。该病可分为遗传型和非遗传型两类,遗传型NB约占80%的比例,发病早,常多发;非遗传型NB发病年龄较晚,常单发。本病可能与位于1p36的抗癌基因突变有关,一次突变可能只干扰神经嵴的正常发育,二次突变便会导致恶性肿瘤的发生。

此外,基底细胞痣综合征、恶性黑色素瘤等也属于遗传性癌前病变,为常染色体显性遗传疾病。

案例导学

某男,49岁,因反复腹痛腹泻、大便带血,症状加重伴恶心、发热一周,入院检查。病史:2年前,无诱因腹痛、腹胀、便秘、排柏油样便,诊断为"上消化道溃疡"进行对症治疗。检查发现,病人板状腹、全腹压痛、反跳痛,叩诊呈浊音,无肠鸣音,结肠镜探查发现横结肠、降结肠分布有上百个大小不等的结肠息肉,病理检查息肉有癌变。经询问得知其母亲和姐姐均死于结肠息肉、结肠癌,并绘制出家系图(图17-2)。诊断为:家族性多发性结肠息肉、结肠癌。

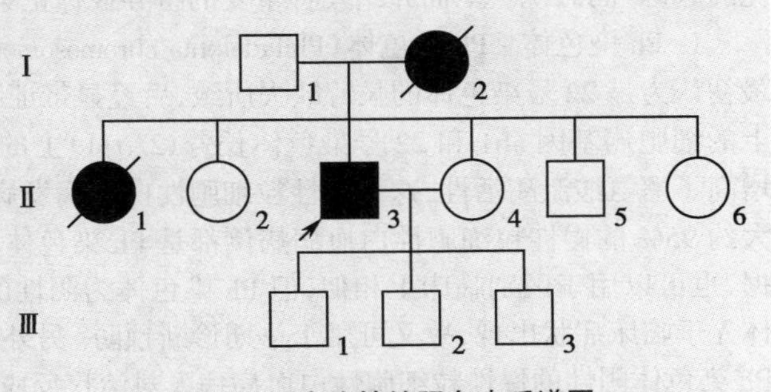

图17-2 家族性结肠息肉系谱图

问题:1. 分析该病人2年前误诊的原因。

2. 家族性多发性结肠息肉与结肠癌有什么联系?

3. 对于该病应该怎样预防和诊治?

四、多基因病与肿瘤

多基因遗传的肿瘤大多是一些常见的恶性肿瘤,如乳腺癌、胃癌、肺癌、前列腺癌、子宫颈癌等,病人一级亲属的发病率都显著高于群体发病率。多基因遗传肿瘤的发生是遗传因素和环境因素共同作用的结果,多基因突变是肿瘤发生的基础,20世纪80年代末期,通过定位、克隆的方法鉴定了两个乳腺癌易感基因BRCA1和BRCA2,这两个基因在亲代生殖细胞发生突变后,所生女儿一生中患乳腺癌风险为60%~90%,患卵巢癌的风险为20%~60%。环境因素在肿瘤发生中往往起重要作用,如吸烟为肺癌的主要诱因,烟雾中的苯蒽化合物能诱导芳羟化酶(AHH)的活性,并在AHH作用下转化为具有较高致癌作用的环氧化物,使肺细胞癌变。这种诱导作用大小因人而异,与个体遗传背景密切相关。

五、染色体畸变与肿瘤

染色体畸变引起的遗传病与恶性肿瘤的发生也密切相关,如Down综合征(先天愚型)病人急性白血病的发病率比正常人群高15~18倍;Klinefelter综合征病人患乳腺癌的概率比正常男性高20倍;一些两性畸形病人如表型为女性而有XY核型者,其发育不全的性腺(睾丸的残留组织)易发生精原细胞瘤和性母细胞瘤;Ph染色体与慢性粒细胞性白血病相关。还有一些具有自发性染色体断裂和重组为特征的常染色体隐性遗传疾病,如毛细血管扩张共济失调症、着色性干皮病、Fanconi贫血和Bloom

综合征等，这些病人极易发生皮肤癌、白血病和淋巴肉瘤。

（一）肿瘤细胞染色体数目异常

肿瘤细胞多伴有染色体数目异常，大多是非整倍体。其中包括：①超二倍体和亚二倍体：许多肿瘤常见 8、9、12 和 21 号染色体的增多或 7、22、Y 染色体的减少；②多倍体：染色体数目的改变通常不是完整的倍数，故称为高异倍体，如亚三倍体、亚四倍体等。许多实体肿瘤染色体数目或者在二倍体数上下，或在 3~4 倍数之间，而癌性胸腔积液的染色体数目变化更大。

即使在一个肿瘤中，各肿瘤细胞的染色体数目变异也不完全相同，甚至差别较大，但大多数肿瘤细胞中都可以见到一两个核型占主导地位的细胞群，称为干系（stem line）；干系之外的占非主导地位的细胞群称为旁系（side line）；干系肿瘤细胞的染色体数目称为众数（modal number）。有的肿瘤没有明显的干系，有的则可以有两个或两个以上的干系，与肿瘤起源是单克隆或者多克隆的特性有关。

（二）肿瘤细胞染色体结构畸变

肿瘤细胞染色体结构畸变包括易位、缺失、重复、环状染色体和双着丝粒染色体等。发生结构畸变的染色体又称为标记染色体（marker chromosome）。标记染色体分为两种：一种是只见于少数肿瘤细胞，对整个肿瘤来说不具有代表性，称为非特异性标记染色体；另一种是经常出现在某一类肿瘤，对该肿瘤具有代表性，称为特异性标记染色体。特异性标记染色体的存在支持肿瘤起源于一个突变细胞（单克隆起源）的假说。下面介绍几种重要的特异性标记染色体：

1. Ph 染色体　Ph 染色体（Philadelphia chromosome，Ph′）是第一个被发现的肿瘤专属标记染色体，最初认为是 22 号染色体的长臂缺失所致，后经显带证明是易位的结果。易位使 9 号染色体长臂（9q34）上的细胞癌基因 ab1 和 22 号染色体长臂（22q11）上的 bcr 基因重新组合成融合基因，该基因的表达，增高了酪氨酸激酶活性，这是慢性粒细胞性白血病发病的原因。Ph 染色体的发现具有重要临床意义：大约 95% 的慢性粒细胞性白血病病例都是 Ph 染色体阳性，因此 Ph 染色体可以作为诊断白血病的依据，也可以用于区别临床上相似，但 Ph 染色体为阴性的其他血液病（如骨髓纤维化等）。有时 Ph 染色体先于临床症状出现，故又可用于早期诊断预防。另外，Ph 染色体与慢性粒细胞性白血病的预后有关，Ph 染色体阴性的慢性粒细胞性白血病病人对治疗反应差，预后不佳。

2. $14q^+$ 染色体　在 90% 的 Burkitt 淋巴瘤病例中可以看到一个长臂增长的 14 号染色体（$14q^+$），是 8 号与 14 号染色体易位的结果，即 t（8；14）（q24；q32），形成了 $8q^-$ 和 $14q^+$ 两个异常染色体。

一些随机存在的特异性标记染色体，有视网膜母细胞瘤中的 $13q14^-$，脑膜瘤中的 $22q^-$ 或 –22，急性白血病中的 –7 或 +9，慢性粒细胞白血病急性变中的 +8 和 $17q^+$，结肠息肉中的 +8 或 +14，Wilms 瘤中的 11 号染色体短臂缺失（11p13 → 11p14），黑色素瘤中的 +7 或 +22，小细胞肺癌中的 3 号染色体短臂中间缺失（3p14 → p23），鼻咽癌的 t（1；3）（q41；p11）等。也有一些标记染色体不是某一肿瘤所特有，例如巨大亚中着丝粒染色体、巨大近端着丝粒染色体、双微体、染色体粉碎等。

3. 脆性部位　在人类染色体上有一些易发生断裂的部位，称为可遗传的脆性部位（fragile sites）。一些脆性部位与肿瘤细胞染色体异常的断裂点一致或相邻，还有一些脆性部位与已知癌基因的部位一致或相邻，这些脆性部位与肿瘤发生的关系尚未完全阐明。

（三）染色体不稳定综合征

人类的一些以体细胞染色体断裂为主要表现的综合征统称为染色体不稳定综合征（chromosome instability syndrome），它们往往都具有易患肿瘤的倾向，多具有 AR、AD 或 XR 特性。

1. Fanconi 贫血　Fanconi 贫血（Fanconi anemia，FA）又称先天性再生障碍性贫血或先天性全血细胞减少症，是一种儿童时期的骨髓疾病，呈 AR 方式遗传，临床上相当罕见，群体发病率约为 1/350 000。其临床特点为全血细胞减少，进行性骨髓衰竭，有贫血、易疲乏、易出血和易感染等症状，多见皮肤色素沉着或片状红褐色斑，体格、智力发育落后，伴有多发性先天畸形，常见骨骼畸形，如大拇指缺如或畸形、第一掌骨发育不全、尺骨畸形、脚趾畸形、小头畸形等，也可有肾、眼、耳、生殖器等畸形和先天性心脏病等。先天畸形病人儿童期癌症发生的风险性增高，尤其是患急性白血病的风险很高。

Fanconi 贫血病人的染色体不稳定主要表现在自发断裂明显增多，单体断裂、裂隙、双着丝粒染色体、断片、核内复制都很常见。培养的 Fanconi 贫血病人的细胞也普遍存在染色体不稳定性。目前已经鉴定出 FA 基因至少有 8 个互补组，分别定位于不同染色体上。不同互补群在 FA 人群中的比例不同，

其中 FA-A 占 65%，FA-C 占 15%。Fanconi 贫血具有遗传异质性，应用基因定位方法，已经确定 FA-A 基因位于 16q24.3，FA-C 基因位于 9q22.3，FA-G 位于 9p13。FA-G 基因被证明与 XRCC9 基因在 DNA 复制后的修复起着重要作用，并可能参与细胞周期调控。

2. Bloom 综合征　Bloom 综合征（Bloom syndrome，BS）临床特征为身材矮小、慢性感染、免疫功能缺陷、对日光敏感、面部常有微血管扩张性红斑，病人多在 30 岁前发生各种肿瘤和白血病。该病多见于东欧犹太人的后裔，发病具有明显的种族差异性，呈 AR 方式遗传。

染色体不稳定性或基因组不稳定性是 Bloom 综合征病人细胞遗传学的显著特征，主要表现在：①体外培养的病人外周血细胞染色体易发生断裂，并易形成结构畸变，淋巴细胞中常出现四射体结构；②染色体断裂部位易发生于同源序列之间，出现频发的姐妹染色单体交换；③断裂性的突变可发生于编码序列，也可能在非编码序列；④病人细胞在分裂间期常可见多个微核结构。

Bloom 综合征基因 BLM 定位于 15q26.1，Ellis 等克隆了 BLM 基因的全长 cDNA，并发现 BLM 基因突变是 Bloom 综合征发病的分子基础。

3. 毛细血管扩张共济失调　毛细血管扩张共济失调（ataxia telangiectasia，AT）是一种较少见的 AR 遗传病，是累及神经、血管、皮肤、网状内皮系统、内分泌等的原发性复合免疫缺陷病，发病率为 1/100 000~1/40 000。其首发症状为小脑性共济失调，1 岁左右即可发病，之后病情进行性加重。毛细血管扩张是另一突出特征，多发生于 3~6 岁，眼、面、颈等部位出现瘤样小血管扩张。其他特征包括对射线的杀伤作用异常敏感，病人常因免疫缺陷死于感染性疾病。

AT 也是一种染色体不稳定综合征，病人染色体不稳定性增加，有较多的染色体断裂，易患各种肿瘤，在 45 岁之前患肿瘤的概率比正常人群增加 3 倍，主要是淋巴细胞白血病、淋巴瘤、网织细胞肉瘤等。AT 致病基因 ATM 位于 11q22~11q23，正常基因全长 150kb，编码序列 12kb，共有 66 个外显子，编码一个有 3056 个氨基残基的蛋白质。野生型基因具有修复 DNA 损伤、抑制凋亡、调控细胞周期、控制免疫细胞对抗原的反应和阻止基因重排等多种作用。已发现在 AT 病人中，有 100 多种 AT 基因突变形式，分布于整个编码序列，其中绝大多数突变会造成 AT 基因的截断和大片段缺失，从而导致功能失活。

4. 着色性干皮病　着色性干皮病（xeroderma pigmentosum，XP）是一种罕见的起源于上皮外层细胞（鳞状细胞）或内层细胞（基底细胞）的遗传性皮肤病，属于 AR 癌前病变，发病率 1/250 000。病人皮肤对紫外线辐射高度敏感，出生时皮肤正常，一般在出生 6 个月后发病，常在 10 岁前死亡，多在 20 岁前患各型肿瘤。初期的皮肤损伤发生在曝光部位，日晒部位早期真皮炎性浸润、表皮角化干燥脱屑、雀斑样色素沉着，呈红斑、色素斑，进而出现皮肤萎缩、毛细血管扩张及小血管瘤；后期癌变，形成血管瘤、基底细胞癌、鳞状细胞癌及纤维肉瘤、恶性黑色素瘤等。

紫外线辐射能使 DNA 嘧啶二聚体核苷酸交联，加之一些化合物的交联作用或对 DNA 碱基进行化学修饰，使得染色体结构破坏并导致畸变。研究证实，XP 病人由于体内的核苷酸切除修复（NER）系统 DNA 切除功能缺陷，因而不能修复被紫外线损伤的 DNA，导致细胞死亡或畸变发生，畸变的细胞染色体自发断裂率明显升高，经克隆会发展成肿瘤。

中国肿瘤登记年报

《2017 中国肿瘤登记年报》国家癌症中心发布中国城市癌症数据报告，数据显示：2013 年，全国每天约 1 万人确诊癌症，平均每分钟 7 人确诊患癌，与 2012 年相比，癌症新发人数继续上升，从 358 万例增加到 368.2 万例（男性 204.9 万、女性 163.3 万），增幅 3%；同年，世界新发病例约 1409 万例，中国新发癌症病例占世界的 1/4。全国恶性肿瘤发病率为 186.2/10 万（男性为 210.7/10 万，女性为 163.9/10 万），死亡率 109/10 万。癌症发病大城市和小城市高，中等城市发病率最低；城市居民 40 岁之前，癌症发病处于较低水平，之后开始快速升高，80 岁达到峰值，85 岁前一个人累积癌症发病风险为 36%；城市女性在 20~50 岁之间，癌症发病率均高于同龄男性，男性 50 岁之后癌症发病率迅速上升，远远高于女性；大城市男性前列腺癌和肠癌风险高，女性乳腺癌、甲状腺癌风险最高；肺癌为我国癌症发病率、死亡率第一位，已与发达国家水平相同，肺癌发病主要与吸烟和空气污染有关。

第二节　肿瘤发生的遗传机制

一、肿瘤的单克隆起源假说

肿瘤的单克隆起源假说认为，几乎所有肿瘤都是单克隆起源的，都起源于一个前体细胞，最初是一个细胞的一个关键基因突变或一系列相关事件促使其向肿瘤细胞方向转化，导致不可控制的细胞增殖，最终形成肿瘤。相关证据有：对女性X连锁基因的分析为肿瘤单克隆起源假说提供了直接证据。女性体细胞中的两条X染色体在早期胚胎发育中有一条随机失活，因此每一位女性在细胞构成上是嵌合体，一部分细胞是父源X染色体失活，其余细胞则是母源X染色体失活。如果两条X染色体上的等位基因不同，就可以区分这两种细胞。例如，葡萄糖-6-磷酸脱氢酶（G6PD）基因是X-连锁基因，在部分人群中存在较高的突变率，杂合子个体一条X染色体上有一个野生型G6PD基因，另一条X染色体上相应的等位基因失活。失活的X染色体可以通过依赖于G6PD活性的细胞染色检测出来。在研究女性肿瘤时发现，一些恶性肿瘤的所有癌细胞都含有相同的失活的X染色体，表明它们起源于同一癌变细胞。另外，淋巴瘤细胞癌都有相同的免疫球蛋白基因或T细胞受体基因重排，同一肿瘤中所有肿瘤细胞都具有相同的标记染色体等都证明肿瘤的单克隆起源特性。近年来，通过荧光标记原位杂交方法直接检测癌组织中突变的癌基因或肿瘤抑制基因也证实了肿瘤的单克隆起源特性。

二、二次突变假说

1971年，Alfred Knudson在研究视网膜母细胞瘤的发病机制时提出了著名的“二次突变假说（Knudson’s two hit hypothesis）”。该学说对一些遗传性肿瘤，如视网膜母细胞瘤的发生做出了合理的解释。遗传型Rb发病早，并多为双发或多发，这是因为患儿出生时全身所有细胞已经有一次基因突变，只需要在出生后某个视网膜母细胞再发生一次突变（第二次突变），就会转变成为肿瘤细胞，这种事件较易发生。非遗传型Rb的发生则需要同一个细胞在出生后积累两次突变，而且两次都发生在同一基因座位，概率很小，所以发病较晚，不具有遗传性，并多为单侧发病。但该座位如果已发生过一次突变，则较易发生第二次突变，这也是非遗传型Rb发病不是太少的原因。因此，二次突变假说认为，一些细胞的恶性转化需要至少两次突变。第一次突变可能发生在生殖细胞或由父母遗传得来，为合子前突变，也可能发生在体细胞；第二次突变则均发生在体细胞。

三、癌基因与抗癌基因

（一）癌基因

凡能够使细胞癌变的基因统称为癌基因（oncogene，onc）。癌基因名称一般用三个小写英文字母表示，如src、bcl-2等，其编码的蛋白产物在拼写时第一个字母大写，如Src、Bcl-2等。

1. 癌基因的功能与分类　癌基因普遍存在于人、其他动物和一些病毒基因组中。癌基因最早发现于能诱发鸡肿瘤的劳氏肉瘤病毒（Rous sarcoma virus，RSV），该病毒属于RNA逆转录病毒。1911年，Rous发现将鸡肉瘤组织匀浆的无细胞滤液皮下注射到正常鸡体内，可诱发新的肿瘤。后续研究证实，RSV基因组中的基因src具有使正常细胞恶性转化的作用。病毒基因组中能引发动物肿瘤的基因序列称为病毒癌基因（virus oncogene，v-onc）。又发现鸡的正常细胞基因组中存在与RSV基因src同源性很高的基因序列，称为细胞癌基因（cell oncogene，c-onc）或原癌基因（proto oncogene）。

能引发肿瘤的病毒包括DNA病毒和RNA病毒，其中多数为RNA逆转录病毒。这两类病毒基因组中都有病毒癌基因存在，不同的是DNA病毒癌基因是其本身基因组固有的组成部分，而RNA病毒癌基因不是其本身的固有基因，而是通过其特殊的繁殖方式捕获的源自宿主细胞的DNA序列，本身不编码病毒结构成分，对病毒复制亦无作用。不同病毒的癌基因结构不同，但他们都能诱发受病毒感染的宿主细胞发生癌变和持续增殖，从而引发肿瘤（表17-1）。

表 17-1　逆转录病毒癌基因及其引起的肿瘤类型

逆转录病毒名称	病毒癌基因	起源	肿瘤类型
Abelson 鼠白血病病毒	v-abl	小鼠	白血病
鸟成红细胞增多症病毒	v-erbA	鸡	成红细胞增多症
猫肉瘤病毒	v-fes	猫	肉瘤
Gardner-Rasheed 猫肉瘤病毒	v-fgr	猫	肉瘤
Finkel-Biskis-Jinkins 鼠骨肉瘤病毒	v-fos	小鼠	骨肉瘤
Monloney 肉瘤病毒	v-mos	小鼠	肉瘤
鸟成髓细胞血症病毒	v-myb	鸡	成髓细胞血症
鸟成髓细胞血症病毒 MC29	v-myc	鸡	白血病
Harvey 鼠肉瘤病毒	v-Hras	大鼠	肉瘤
鸟网状肉皮组织增多症病毒	v-rel	龟	造淋巴组织增多症
鸟肉瘤病毒 UR2	v-ros	鸡	肉瘤
猴肉瘤病毒	v-sis	猴	肉瘤
Sloan-Kettering 病毒	v-ski	鸡	癌
Rous 肉瘤病毒	v-src	鸡	肉瘤
鸡肉瘤病毒 Y73	v-yes	鸡	肉瘤

细胞癌基因是人和高等动物正常细胞基因组的组成部分，在个体特殊发育阶段能够促进细胞的生长、增殖和分化，对个体的生长发育起着重要作用，但在个体发育成熟后却不表达或低表达，且表达受到严格控制。当细胞癌基因突变或被异常激活时，由不表达转变为表达状态或由低表达转变为过度表达状态，其基因产物的性质或数量出现异常，从而能导致细胞发生恶性转化、侵袭和转移。目前已知的细胞癌基因有 100 余种，有的编码生长因子、生长因子受体或蛋白激酶，在生长信号的传递和细胞分裂中发挥作用；有的编码 DNA 结合蛋白，参与基因的表达或复制调控等。按细胞癌基因的产物和功能可将细胞癌基因分为：以 sis 为代表的生长因子类，以 erb 为代表的生长因子受体类，以 src 为代表的酪氨酸激酶类，以 ras 为代表的 G 蛋白类，以 myc 为代表的核内转录因子类等（表 17-2）。

表 17-2　部分细胞癌基因及其病变诱发的肿瘤

细胞癌基因产物类别	细胞癌基因	基因产物定位	人类肿瘤
1. 生长因子类			
PDGF-β 链	sis	细胞外	星形细胞瘤、骨肉瘤
FGF 家族成员	int-2	细胞外	胃癌、乳腺癌、胶质母细胞瘤
2. 生长因子受体类			
EGFR 家族	erb-B1	跨膜	肺鳞癌、脑膜癌、卵巢癌等
	erb-B2	跨膜	乳腺癌、卵巢癌、肺癌、胃癌等
	erb-B3	跨膜	乳腺癌等
Csf-1 受体	fms	跨膜	白血病
3. 酪氨酸蛋白激酶类			
	src	细胞膜	结肠癌
	sar、fps、fes	细胞膜	肉瘤
	fgr、ros、yes	细胞膜	肉瘤
	ale	细胞内	慢性髓性及急性淋巴细胞性白血病

续表

细胞癌基因产物类别	细胞癌基因	基因产物定位	人类肿瘤
4. 信号传导G蛋白类			
	H-ras	膜内侧	甲状腺癌、膀胱癌等
	K-ras	膜内侧	结肠癌、肺癌、胰腺癌等
	N-ras	膜内侧	白血病、黑色素瘤等
5. 核内转录因子类			
	C-myc	核内	Burkitt淋巴瘤、神经母细胞瘤等
	L-myc	核内	肺小细胞癌
	N-myc	核内	肺小细胞癌
6. 其他	bcl-2	线粒体膜	淋巴瘤

2. 癌基因激活机制　在病毒、化学致癌物、核辐射等致癌因素作用下，细胞癌基因可以通过多种方式被激活，其激活机制可分为以下四类：

(1) 点突变：细胞癌基因在射线或化学致癌剂作用下，可能发生单个碱基替换，即点突变，突变后表达会产生异常的基因产物；也可由于点突变使基因失去正常调控而过度表达。

(2) 启动子插入：逆转录病毒基因组含有长末端重复序列(LTR)，内含功能较强的启动子。当逆转录病毒感染细胞时，LTR插入到细胞癌基因附近，进而启动下游邻近基因的转录，使细胞癌基因被异常激活，导致细胞癌变。

(3) 基因扩增：细胞癌基因通过复制而使其拷贝大量增加，由癌基因编码的蛋白因此过度表达，从而激活并导致细胞恶性转化。细胞癌基因扩增通常在某一特定染色体区域复制时才发生，该区域产生一系列重复DNA片段，肿瘤细胞G显带技术染色显示该染色体区带呈均匀无带纹的浅染区，称为均染区(HSR)。染色体区域复制扩增形成大量的DNA片段释放到胞浆中，经DNA染色，呈连在一起的双点样形状，称为双微体(DMs)。在人类肿瘤中，约95%的病例有DMs或HSR。

(4) 染色体断裂与重排：染色体断裂与重排可导致细胞癌基因在染色体上的位置发生改变，一旦移至一个强大的启动子或增强子附近而被异常激活，便导致异常表达；易位也可改变细胞癌基因的结构，使之与某高表达的基因形成融合基因，造成细胞癌基因的异常表达。

(二) 抗癌基因

抗癌基因(anti-oncogene)亦称肿瘤抑制基因(tumor suppressor gene)、抑癌基因或隐性癌基因，是一类抑制细胞过度生长与增殖从而遏制肿瘤形成的基因。与癌基因相比，肿瘤抑制基因的发现与分离较晚。20世纪70年代初，研究发现：正常细胞与肿瘤细胞融合后的杂交细胞不具备肿瘤细胞的表型，正常细胞的染色体可以逆转肿瘤细胞的表型，表明在正常细胞中可能含有调节细胞生长、抑制肿瘤形成的基因，即抗癌基因。一般来说，在细胞增殖调控中，大多数细胞癌基因具有促进作用(正调控作用)，而抗癌基因则具有抑制作用(负调控作用)。这两类基因相互制约、相互协调，维持细胞的生长发育和增殖分化。细胞癌基因的激活与过度表达可使细胞无序增殖和去分化导致癌变，而抗癌基因的丢失或失活使其与细胞癌基因的协调拮抗作用失衡，也可以导致肿瘤的发生。1986—1987年，首次鉴定分离到第一个抗癌基因——人视网膜母细胞瘤基因RB1。目前已知部分抗癌基因，见表17-3。

表17-3　部分抗癌基因及其恶性变引发的肿瘤

抗癌基因	染色体定位	编码蛋白质功能	相关遗传性肿瘤综合征	有细胞突变的恶性肿瘤
RB1	13q14	转录调控因子；E2F结合区	家族性视网膜母细胞瘤	视网膜母细胞瘤、骨肉瘤、乳腺癌、小细胞肺癌、前列腺癌、膀胱癌、胰腺癌、食管癌等

续表

抗癌基因	染色体定位	编码蛋白质功能	相关遗传性肿瘤综合征	有细胞突变的恶性肿瘤
P53	17P13.1	转录因子；调控细胞周期和细胞凋亡	Li-Fraumeni 综合征	存在于约 50% 不同类型的肿瘤中（如前列腺癌、肺癌、肝癌、脑癌等）
P16	9p21	细胞周期蛋白依赖性激酶抑制剂	家族性黑色素瘤、家族性胰腺癌	存在于 25%~30% 不同类型的肿瘤中（如乳腺癌、食管癌、肾癌等）
WT1	11p13	转录因子，抑制细胞增殖	WAGR、Denys-Drash 综合征	Wilms' 瘤
NF1	17q11.2	负调控 G 蛋白	神经纤维瘤Ⅰ型	神经纤维瘤、黑色素瘤
APC	5q21	与微管结合，调节胞液中 β-CATENIN 蛋白的水平	家族性腺性结肠息肉、Gardner 综合征、Turcot's 综合征	结肠癌、纤维样肿瘤
BRCA1	17q21	DNA 修复、调控转录	家族性乳腺癌	卵巢癌、乳腺癌
VHL	3p21.3	调控蛋白质稳定性	VonHippel Lindau 综合征	肾癌、血管细胞瘤
PTEN	10q23.3	抑制信号转导	Cowden 综合征幼年性息肉综合征散发病例	肺癌、甲状腺癌、子宫内膜癌

四、肿瘤转移基因与转移抑制基因

（一）肿瘤转移基因

肿瘤转移基因（tumor metastatic genes）是肿瘤细胞中可诱发或促进肿瘤细胞本身转移的基因。肿瘤细胞转移过程的每一步都分别受到不同类型的肿瘤转移基因的调控，这些基因编码的产物主要涉及各种黏附因子、细胞外基质蛋白水解酶、细胞运动因子、血管生成因子等。

1989 年 Ebralidze 等在鼠乳腺肉瘤细胞株中分离出一种与肿瘤转移密切相关的基因，称为转移基因 mtsl，其编码的蛋白分子由 101 个氨基酸组成。继而又分离出人的 mtsl 基因，编码的蛋白质与鼠的十分相似，仅有 7 个氨基酸不同。mtsl 的基因产物可改变蛋白质的水解活性，使黏附蛋白分子活性降低，导致肿瘤细胞从原发部位脱落，继而促进肿瘤细胞侵袭和转移。研究资料表明，至少有 10 余种癌基因具有诱发或促进癌细胞的转移潜能，如 myc、ras、mos、raf、fms、src、fos、erb-B2 等。

（二）肿瘤转移抑制基因

肿瘤转移抑制基因（tumor metastasis suppressor gene）是一类能够抑制肿瘤转移但不影响肿瘤发生的基因，这类基因能够通过编码的蛋白酶直接或间接地抑制具有促进转移作用的蛋白，从而降低癌细胞的侵袭和转移能力。目前已知的肿瘤转移抑制基因仅有 10 余种，主要包括：参与细胞重要生理活动调节的基因，如 nm23；基质蛋白水解酶抑制因子基因，如 TIMP、PAI 等；增加癌细胞免疫源性的基因，如 MHC 等。

肿瘤转移抑制基因 nm23 是 Steeg 等人于 1988 年从小鼠黑色素瘤 K1735 细胞系中分离到的一种与肿瘤转移能力相关的 cDNA 克隆基因，发现其在高转移癌细胞中低表达，而在低转移或不转移的癌细胞中高表达。用 DNA 转染的方法，nm23 可使原来高转移的癌细胞转移能力明显降低。随后在人的肿瘤细胞中发现了 nm23 的同源序列 nm23-H1 和 nm23-H2，定位于 17q21~17q23。目前，已发现 nm23 在胃癌、膀胱癌、乳腺癌、肠癌等具有转移潜能的肿瘤细胞中呈低表达，在结肠癌中 nm23 的低表达与肿瘤状态和远距离转移紧密相关。因此，检测 nm23 表达程度可以判断肿瘤有无转移，对临床治疗具有普遍意义。

五、肿瘤发生的多步骤遗传损伤学说

1983 年，Weinberg 等人就提出癌的发生是两种以上癌基因独自而又分阶段合作的过程。例如，用

癌基因ras转染体外培养的大鼠胚胎成纤维细胞，不能使之转化为肿瘤细胞；只有将ras与癌基因v-myc共同转染，才能产生一个完整的癌细胞表型。由此提出，在细胞癌变过程中，不同的阶段需要不同癌基因的激活，癌细胞表型的最终形成需要这些被激活癌基因的共同表达。这个观点后来得到越来越多的实验结果证实，并逐步发展为被人们普遍认同的多步骤致癌假说，也称多步骤遗传损伤学说。

多种癌基因在细胞癌变中的协同作用及在细胞转化中的可能途径还不十分清楚。多步骤致癌假说认为，细胞癌变多阶段演变过程中，不同阶段涉及不同的肿瘤相关基因的激活与失活，这些基因的激活与失活在时间和空间位置上有一定的次序。在起始阶段，细胞癌基因激活的方式主要表现为逆转录病毒的插入和细胞癌基因点突变，而演进阶段则以染色体重排、基因重组和基因扩增等激活方式为主。不同肿瘤在发生时其癌基因活化途径并不相同，其变化形式可概括为两个方面：第一，转录效率发生改变。如在强启动子插入和DNA片段扩增等激活方式下，癌基因转录活性增高，继而产生过量的与肿瘤发生有关的蛋白质，导致细胞向恶性表达转化，这类癌基因激活中主要是量的变化而没有质的改变。第二，转录产物的结构发生变化。在基因点突变和基因重组等激活方式下，癌基因结构异常或者癌基因摆脱了调控基因控制出现异常表达，从而导致细胞恶性转化，这类癌基因激活涉及质变。总之，各种癌基因的异常表达（包括量变和质变），导致细胞分裂与分化的失控，通过多因素参与、多阶段演变而转化为肿瘤细胞。

本章小结

肿瘤是一种体细胞遗传病。肿瘤发生具有一定的遗传基础，有些具有一定的家族聚集倾向，呈现出癌家族或家族性癌的特点。由于长期演化的基因背景不同，肿瘤发病具有种族差异性。

少数几种恶性肿瘤是由单个基因突变引起的，可分为遗传型和非遗传型两类。遗传型常呈AD方式遗传，发病早，多见于婴幼儿，双发或多发，有家庭史；非遗传型发病晚，常单发，无家族史。

多数肿瘤发生是多基因作用的结果，后期同时伴有染色体数目畸变和结构畸变，细胞干系、染色体众数、标记染色体是判断肿瘤发生的重要指标。Ph染色体检出是诊断和鉴别慢性粒细胞白血病的重要依据。染色体不稳定综合征往往具有易患肿瘤的倾向。

肿瘤发生的遗传机制有多种理论：单克隆起源假说认为，一个肿瘤所有细胞起源于一个癌变细胞，经单克隆形成。二次突变假说认为，一个细胞要经过至少两次突变才能恶性变为肿瘤细胞。癌基因与抗癌基因是细胞基因组固有的组成部分，它们相互制约、相互协调，维持细胞的生长发育和增殖分化。癌基因突变或异常激活可使细胞无序增殖和去分化而恶性变导致肿瘤发生，而抗癌基因丢失或突变失能也会导致肿瘤发生。肿瘤的转移与肿瘤转移基因和肿瘤转移抑制基因相关。多步骤遗传损伤学说认为，肿瘤的发生有着复杂的遗传基础，又受到机体内外各种因素的影响，是多因素作用、多基因参与、多途径发生和多阶段发展的复杂的生理变化过程。

案例讨论

案例讨论

青岛一女士体检时发现肺部有病灶，复查确诊为肺癌，多发病灶，术后病理证实三个病灶均为腺癌，且均为原发性肺癌。该女士住院期间，其一个同胞哥哥因交通事故被送到急诊，检查身体时检出了肺癌，而且同样是多病灶的原发性肺腺癌。

据了解，该女士共有兄妹7人，父亲早年就因肺癌去世。几年前，其另一个同胞兄长患膀胱癌已手术，一个姐姐因胃癌去世。基于这种情况，其另外两个姐妹到医院进行了无症状查体，均证实"肺内多发病变"，都进行了手术，术后均证实为"肺腺癌（多中心性）"。唯一没有确诊的大姐已经80多岁，待查。

（阎希青）

扫一扫，测一测

思考题

1. 什么是癌家族和家族性癌？
2. 举例说明什么是特异性标记染色体？简述 Ph 染色体的形成机制和其检出的临床意义。
3. 简述细胞癌基因、抗癌基因的作用和细胞癌基因的异常激活方式。
4. 试述肿瘤发生的二次突变学说。

第十八章　分子病与先天性代谢病

学习目标

1. 掌握:分子病、血红蛋白病、先天性代谢病的概念以及血红蛋白的组成。
2. 熟悉:常见的异常血红蛋白病、地中海贫血、先天性代谢病的类型、临床表现及分子基础。
3. 了解:人体血红蛋白的特异性变化、珠蛋白基因的结构特点及表达。
4. 具有分子病和先天性代谢病的基本知识,能对常见分子病和先天性代谢病进行判断分析。
5. 能利用分子病和先天性代谢病的遗传原理,开展遗传咨询和婚育指导。

人体内蛋白质的合成是由结构基因控制的,基因突变可导致其编码的蛋白质或酶发生相应的改变。如果这种改变轻微而无害,可造成正常人体生理、生化特征的遗传差异,形成蛋白质或酶的多态性。如果这种改变较严重,突变的基因通过改变多肽链的质和量,使相应的蛋白质发生缺陷,可引起机体功能障碍而导致疾病。根据突变基因编码的蛋白质功能不同,可将这类疾病分为分子病和先天性代谢病。

第一节　分　子　病

一、分子病的概念及类型

分子病(molecular disease)是由于基因突变导致蛋白质分子结构或合成量异常,从而引起机体功能障碍的一类疾病。

分子病这一概念是美国化学家 Pauling 于 1949 年首先提出的。他在研究镰形细胞贫血时,发现病人的血红蛋白和正常人血红蛋白的电泳速率有差异,说明两种蛋白质分子存在化学结构上的差异。1956 年,Ingram 等进一步研究,证明这种异常血红蛋白分子的 β 珠蛋白肽链第 6 位的谷氨酸被缬氨酸所替代,从分子水平上揭示了该病的病因。随着研究的深入,迄今已经发现了许多类型的分子病。

根据各种蛋白质的功能差异,分子病可以分为:

(1) 血红蛋白病:血红蛋白是红细胞的主要成分,是血液中红细胞携带、运输氧气和二氧化碳的载体。血红蛋白分子结构的异常或合成速率的变化可引起血红蛋白病,如镰形细胞贫血症。

(2) 血浆蛋白病:血浆蛋白是血液中含量高、种类多、功能重要的一类蛋白质,在体内起着运输物质、凝血和免疫防御等作用。基因突变引起人体血浆蛋白异常导致的疾病称为血浆蛋白病,如血友病。

(3) 膜转运载体蛋白病:一些小分子物质进出细胞,需要通过细胞膜的特异性主动转运系统来完成。若转运系统中的载体蛋白缺陷,就会影响物质代谢,从而引起膜转运蛋白病,如肝豆状核变性。

(4) 受体蛋白病:受体是存在于细胞膜上、细胞质中或细胞核内能够接受外来信息的一类特殊蛋

白质。信号分子与特异性受体结合后，会引起细胞的一系列反应，特异地改变细胞的代谢过程。因编码受体蛋白的基因发生突变使受体缺失、减少或结构异常，进而引起受体功能障碍导致受体蛋白病，如家族性高胆固醇血症。

此外，还有胶原蛋白病、免疫蛋白病等。

低密度脂蛋白与高胆固醇血症

家族性高胆固醇血症是由于细胞膜上的低密度脂蛋白（low density lipoprotein，LDL）受体缺陷而导致的。细胞获得胆固醇的途径有两种：一是从血浆中的 LDL 获取，二是通过细胞内的生物合成。正常情况下，血浆中的 LDL 与细胞膜上的 LDL 受体结合，通过内吞作用进入细胞，然后被溶酶体酸性水解酶水解，释放出游离胆固醇。游离的胆固醇可被酯化生成胆固醇酯而贮存，同时游离的胆固醇还可抑制细胞内 β- 羟基 -β- 甲基戊二酰辅酶 A 还原酶活性，从而减少胆固醇的生物合成，维持细胞内胆固醇的水平。家族性高胆固醇血症病人，LDL 受体缺陷，不能与血浆中的 LDL 结合，一方面使 LDL 不能进入细胞而在血浆中积累，另一方面使细胞内胆固醇减少，解除了胆固醇合成的抑制作用，细胞内胆固醇合成的速度增加，结果使胆固醇在血浆及组织细胞中积累而致病。

二、血红蛋白病

血红蛋白病（hemoglobinopathy）是指由于珠蛋白基因突变导致珠蛋白分子结构或合成量异常所引起的疾病。该病在世界范围内广泛分布，据世界卫生组织（WHO）报告，全世界至少有一亿多人携带血红蛋白病基因，它是严重危害人类健康的常见病之一。血红蛋白病是人类孟德尔式遗传病中研究最深入、最透彻的分子病，是研究人类遗传病分子机制的最好模型。尽管它们只占遗传病中很小的一部分，但通过研究这类疾病可洞察单基因病中带有普遍意义的基本分子缺陷。

（一）正常血红蛋白的组成和发育演变

1. 血红蛋白的组成　血红蛋白（hemoglobin，Hb）由珠蛋白和血红素辅基组成，血红蛋白分子是由 4 个亚单位构成的球形四聚体，每个亚单位由 1 条珠蛋白肽链和 1 个血红素辅基构成。四条珠蛋白肽链中一对是类 α 链（α 链和 ζ 链），由 141 个氨基酸组成；另一对是类 β 链（ε、γ、δ 和 β 链），由 146 个氨基酸组成。类 α 链和类 β 链的不同组合，构成人类常见的几种血红蛋白，即 Hb GowerⅠ（$\zeta_2\varepsilon_2$）、Hb GowerⅡ（$\alpha_2\varepsilon_2$）、Hb Portland（$\zeta_2\gamma_2$）、Hb F（$\alpha_2\gamma_2$）、Hb A（$\alpha_2\beta_2$）（图 18-1）和 Hb A_2（$\alpha_2\delta_2$）。

2. 血红蛋白的特异性变化　在人体不同发育阶段，上述各种血红蛋白先后出现，并且有规律地相互更替（图 18-2）。

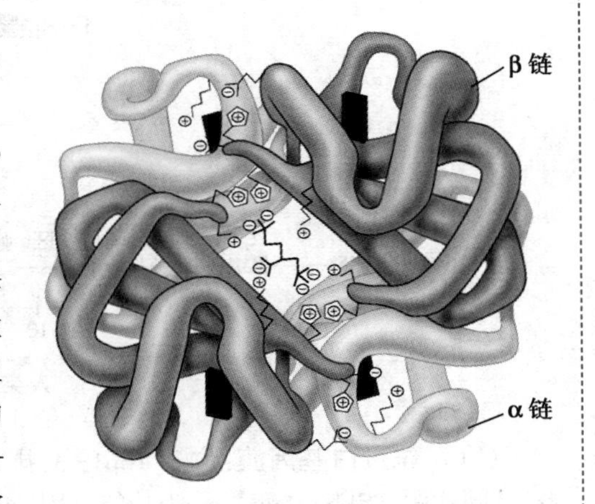

图 18-1　血红蛋白 A

在胚胎发育时期合成 Hb GowerⅠ、Hb GowerⅡ和 Hb Portland。胎儿期（从妊娠 8 周至出生）主要是 Hb F。成人有 3 种血红蛋白：Hb A（约占 97.5%）、Hb A_2（约占 2%）和 Hb F（约占 0.5%）（表 18-1）。不同的血红蛋白，其携氧、释氧的能力不同，因此珠蛋白基因在不同发育阶段的特异性表达，对维持机体正常的生理功能具有重要意义。不仅珠蛋白基因的表达具有发育阶段特异性，合成珠蛋白的造血组织器官也随发育阶段的演变而发生特异变化——胚胎期主要在卵黄囊，胎儿期在肝脾，成人期则主要在骨髓。珠蛋白的合成转变与个体发育阶段的特异性关系，反映了珠蛋白基因在表达的时空遗传控制上具有精确的协调性。

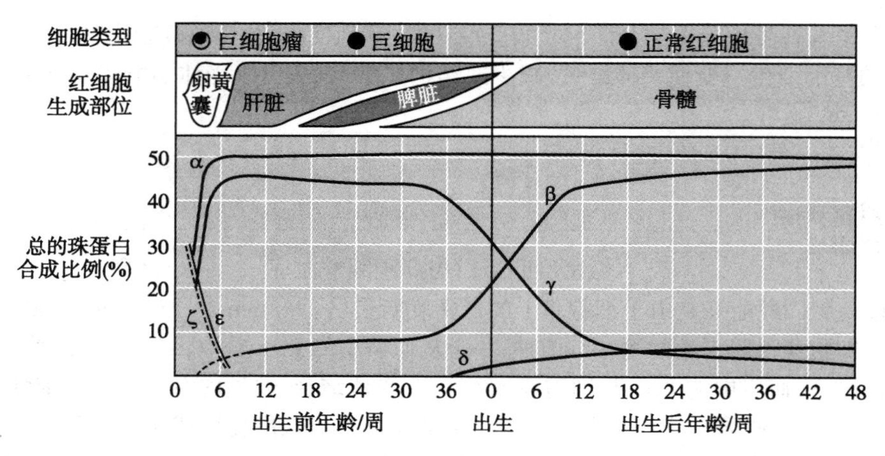

图 18-2　血红蛋白出现规律

表 18-1　不同发育阶段正常人体血红蛋白组成

发育阶段	血红蛋白类型	分子结构
胚胎	Hb Gower Ⅰ	$\zeta_2\varepsilon_2$
	Hb Gower Ⅱ	$\alpha_2\varepsilon_2$
	Hb Portland	$\zeta_2\gamma_2$
胎儿	Hb F	$\alpha_2{}^G\gamma_2$
	Hb F	$\alpha_2{}^A\gamma_2$
成人	Hb A	$\alpha_2\beta_2$
	Hb A_2	$\alpha_2\delta_2$

（二）人类珠蛋白基因及其表达

1. 珠蛋白基因的结构　人类珠蛋白基因是基因组中最富代表性的基因之一，也是研究人类基因组结构与功能相关性的理想材料。人类珠蛋白基因分为 α 珠蛋白基因簇（图 18-3）和 β 珠蛋白基因簇（图 18-4）。

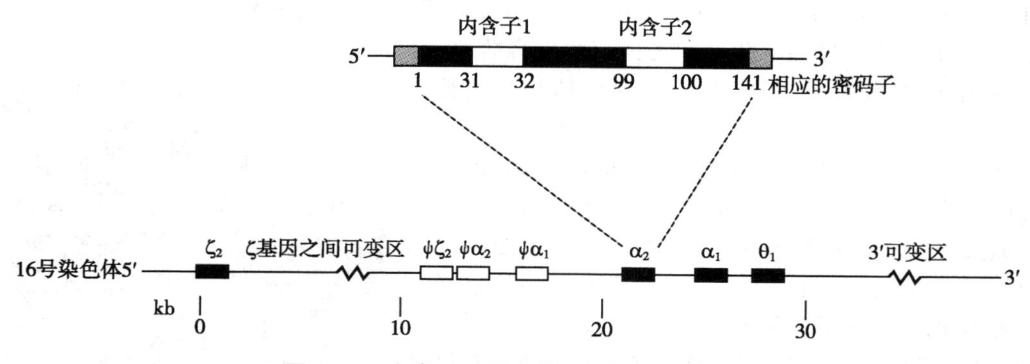

图 18-3　人类 α 珠蛋白基因簇的结构示意图

（1）α 珠蛋白基因簇：位于 16p13.3，排列顺序为 5′-ζ-ψζ-ψα_2-ψα_1-α_2-α_1-θ-3′，全长 30kb。α_1 与 α_2 之间相距 3.7kb。ζ、α_2、α_1 为功能基因，ψζ、ψα_2、ψα_1 为假基因。ζ 为胚胎型基因，α_1 与 α_2 为成年型基因，θ 基因功能不明。由于每条 16 号染色体上均有两个 α 基因（α_2、α_1），因此二倍体细胞中共有 4 个 α 基因，每个 α 基因几乎产生等量的 α 珠蛋白链。

（2）β 珠蛋白基因簇：位于 11p15.5，排列顺序为 5′-ε-${}^G\gamma$-${}^A\gamma$-ψβ-δ-β-3′，总长度为 70kb。ε、${}^G\gamma$、${}^A\gamma$、δ、β 为功能基因，ψβ 为假基因，ε 为胚胎型基因，${}^G\gamma$ 和 ${}^A\gamma$ 为胎儿型基因，δ、β 为成年型基因。

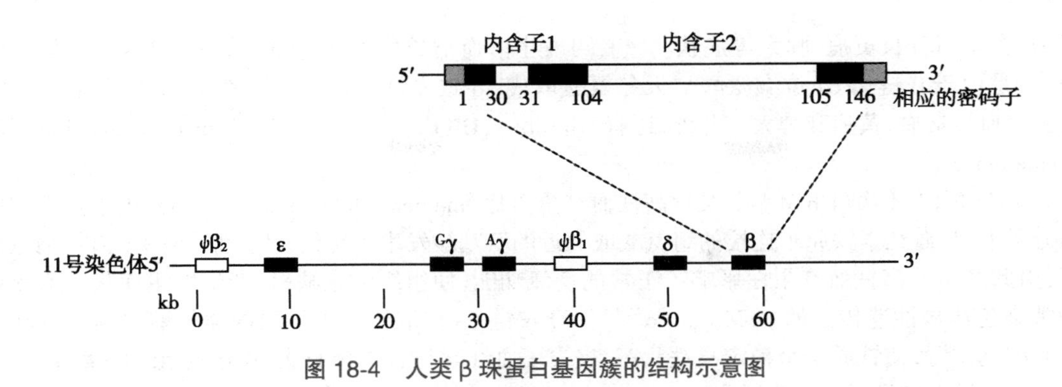

图 18-4　人类 β 珠蛋白基因簇的结构示意图

α 和 β 珠蛋白基因簇中各基因都具有相似的结构，即含有 3 个外显子和 2 个内含子（IVS1 和 IVS2）。α 珠蛋白基因中的 IVS1 长 117bp，位于 31 和 32 密码子之间，IVS2 长 149bp 或 142bp，位于 99 与 100 密码子之间。β 珠蛋白基因 IVS1 长 130bp，位于 30 与 31 密码子之间，IVS2 长 850bp，位于 104 与 105 密码子之间。

2. 珠蛋白基因的表达　珠蛋白基因的表达受到精确的调控，表现出典型的组织特异性和时间特异性，表达的数量呈现合理的均衡性。胚胎早期（妊娠后 3~8 周），卵黄囊的原始红细胞发生系统中，类 α 珠蛋白基因簇中的 ζ、α 基因和类 β 珠蛋白基因簇中的 ε、γ 基因表达，进而形成胚胎期血红蛋白 Hb GowerⅠ、Hb GowerⅡ和 Hb Portland。胎儿期（妊娠 8 周至出生），血红蛋白合成的场所由卵黄囊转移到胎儿肝脾中，类 α 珠蛋白基因簇的表达基因由 ζ 全部变成 α 基因；而类 β 珠蛋白基因簇的表达基因由 ε 全部转移到 γ 基因，形成胎儿期血红蛋白 HbF（$\alpha_2\gamma_2$）。成人期（出生后），血红蛋白主要在骨髓红细胞的发育过程中合成，主要是 α 基因和 β 基因表达，其产物组成主要是 Hb A（$\alpha_2\beta_2$）。正常人体中 α 珠蛋白肽链和 β 珠蛋白肽链的分子数量相等，正好构成 Hb A（$\alpha_2\beta_2$），类 α 和类 β 珠蛋白肽链的平衡是维持人体正常生理功能所需要的。

（三）血红蛋白病的种类及其分子基础

血红蛋白病可分为两大类，即异常血红蛋白病和地中海贫血。前者表现为血红蛋白分子的珠蛋白肽链结构异常，引起血红蛋白功能上的改变，如：发生在重要部位的氨基酸被替代，必然影响到血红蛋白的溶解度、稳定性等生物学特性；后者的特征是珠蛋白肽链合成速率的降低，导致 α 链和非 α 链合成的不平衡，进而病人出现溶血性贫血。在分子水平上的研究表明，不管是异常血红蛋白病还是地中海贫血，其分子基础是共同的，都是由于珠蛋白基因的突变或缺陷所致。

1. 异常血红蛋白病　珠蛋白基因突变会引起血红蛋白结构异常，其中约 60% 临床上无症状，称异常血红蛋白（abnormal hemoglobin）；40% 的结构异常会产生不同程度的临床症状，称为异常血红蛋白病。据统计，到目前全世界已报道了超过 750 种异常血红蛋白。国内共发现 70 余种，其中 31 种是世界首报。在我国分布较广、发生频率较高的异常血红蛋白有 Hb E（$\beta^{26Glu\rightarrow Lys}$），Hb D $_{Punjab}$（$\beta^{121Glu\rightarrow Gln}$），Hb G $_{Chinese}$（$\alpha^{30Glu\rightarrow Gln}$）和 Hb Q $_{Thailand}$（$\alpha^{74Asp\rightarrow His}$）等。

（1）常见的异常血红蛋白病

1）镰形细胞贫血症（sickle cell anemia）：本症是人类发现的第一种血红蛋白病，它在非洲和北美黑种人群中发病率较高。该病为常染色体隐性遗传，是由于病人 β 珠蛋白基因的第 6 位密码子由 GAG 突变为 GTG，致使 β 链 N 端第 6 位谷氨酸被缬氨酸取代，成为异常血红蛋白，即 Hb S，导致电荷改变，在脱氧情况下 Hb S 聚合，使红细胞镰变。纯合子（$\alpha\alpha\beta^s\beta^s$）症状严重，可产生血管阻塞危象，阻塞部位不同可引起不同部位的异常反应，如腹部疼痛、脑血栓等，另有严重溶血性贫血及脾大等症状。杂合子（$\alpha\alpha\beta^A\beta^s$）一般不表现临床症状，但在氧分压低的情况下可引起红细胞镰变，称为镰形细胞性状。

2）不稳定血红蛋白病（unstable hemoglobin disease）：是由于 α 或 β 珠蛋白基因突变，导致血红蛋白分子结构不稳定的血红蛋白病。已知的不稳定血红蛋白有 100 多种。不稳定的血红蛋白易降解为单体，血红素易脱落，失去血红素的珠蛋白链容易沉淀形成不溶性的变性珠蛋白小体（Heinz body），附着于红细胞膜使之失去可塑性，不易通过脾脏而破坏，产生溶血。不稳定血红蛋白病多为常染色体显性遗传，主要表现是溶血性贫血，其程度轻重不一，感染和某些药物（如磺胺等）可诱发急性发作，出

现乏力、头晕、苍白、黄疸、脾大等症状。重者可发生溶血危象而危及生命。如 Hb Bristol 不稳定血红蛋白病，是由于 β 链第 67 位缬氨酸被天冬氨酸取代，导致血红蛋白分子不稳定，其主要临床症状为先天性溶血性贫血、黄疸和脾大。此外，还有 Hb Bibba、Hb Hammersmith、Hb Olmsted、Hb Sabine 和 Hb Southampton 等。

3）血红蛋白 M 病（Hb M 病）：又称高铁血红蛋白症（methemoglobinemia）。本病是由于异常的血红蛋白分子中，与血红素铁原子连接的组氨酸或邻近的氨基酸发生了替代，使铁原子呈稳定的高铁（Fe^{3+}）状态，由此产生的高铁血红蛋白影响了正常的携氧功能，使组织细胞缺氧，产生发绀症状。家族史显示为常染色体显性遗传。如 HbM_{Boston}（$\alpha^{58His\rightarrow Tyr}$），α 链 58 位取代了组氨酸的酪氨酸占据了血红素铁原子的配基位置，使铁原子呈稳定高铁状态，丧失了血红素与氧结合的能力，导致组织缺氧，病人呈现发绀症状并导致继发性红细胞增多。

4）氧亲和力改变的异常血红蛋白病：这类病是由于肽链上氨基酸替代而使血红蛋白分子与氧的亲和力增高或降低，导致运输氧的功能改变而引起。如 Hb Rainer（$\beta^{145Tyr\rightarrow Cys}$），与氧亲和力增高，输送给组织的氧量减少，导致红细胞增多症；如 Hb Kansas（$\beta^{102Asn\rightarrow Thr}$）与氧亲和力降低，则使动脉血的氧饱和度下降，严重者可引起发绀症状。

（2）异常血红蛋白病的分子基础：异常血红蛋白的产生是珠蛋白基因突变的结果，涉及碱基替换、移码突变、整码突变、融合突变等主要突变类型。

1）碱基替换：超过 90% 的异常血红蛋白病是由于珠蛋白基因发生碱基替换的结果，其中错义突变最常见，如镰形细胞贫血症。无义突变和终止密码突变也可导致异常血红蛋白病，如 Hb Mckees Rocks 和 Hb Constant Spring。

2）移码突变：由于基因中插入或丢失一个、两个甚至多个碱基（但不是三联体密码子及其倍数），在读码时由于原来的密码子移位，导致在插入或丢失碱基部位以后的编码都发生改变，结果翻译出的氨基酸也发生了相应改变。如 Hb Wayne 是由于 α 链第 138 位丝氨酸的密码子 UCC 丢失一个 C，致使其 3′端碱基顺序依次位移，重新编码，第 142 位终止密码变为可读密码，使翻译到 147 位才终止。

3）整码突变：指在 mRNA 顺序上缺失或插入了 1 个或多个密码子，导致其编码的肽链比正常的缺少或增加了部分氨基酸。Hb Catonsville 是由于 α 珠蛋白基因第 37 与 38 密码子间插入了 1 个谷氨酸的密码子而导致。

4）融合突变：指编码 2 条不同肽链的基因在减数分裂时发生了错误联会和非同源性交换，结果形成两种不同的融合基因（fusion gene），两个基因各自融合了对方基因中的部分顺序，而缺失了自身的一部分顺序。如 Hb Lepore 的 α 链氨基酸顺序正常，其类 β 链是由 δ 链和 β 链连接而成，肽链的 N 端为 δ 链氨基酸顺序，C 端为 β 链氨基酸顺序，故称 δβ 链。而对应的融合基因，见于 Hb Anti-Lepore，其 N 端为 β 链氨基酸顺序，C 端为 δ 链氨基酸顺序，称为 βδ 链（图 18-5）。

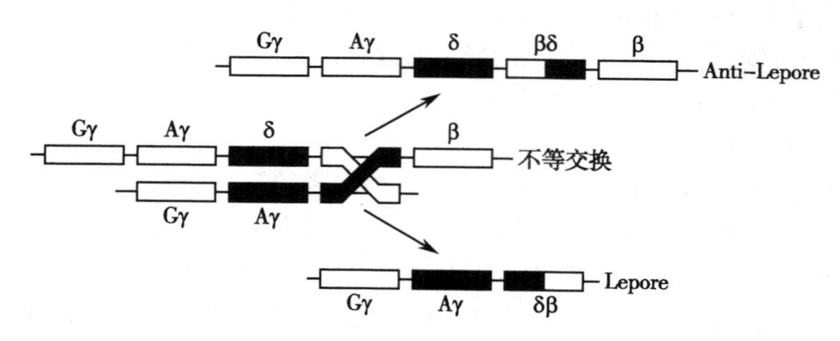

图 18-5　血红蛋白融合基因的形成机制

2. 地中海贫血　地中海贫血（thalassemia）是由于某种珠蛋白基因突变或缺失，导致相应珠蛋白肽链的合成速率降低或完全不能合成，造成珠蛋白生成量失去平衡而引起的溶血性贫血，也称为珠蛋白生成障碍性贫血。地中海贫血是人类常见的单基因遗传病，广泛存在于世界各地。本病于 1925 年首次被 Cooley 描述，因最早发现于地中海地区，故称为地中海贫血。地中海贫血有两种主要类型：α 地中海贫血和 β 地中海贫血。

(1) α 地中海贫血：简称 α 地贫，是由于 α 珠蛋白基因缺失或缺陷使 α 链的合成受到抑制而引起的溶血性贫血。本病主要分布在热带和亚热带地区，在我国南方比较常见。在人类 16 号染色体短臂上有 2 个连锁的 α 珠蛋白基因，对一条 16 号染色体来说，如果 2 个基因都发生突变或缺失，称为 α^0 地贫，如果只有 1 个基因突变或缺失，称为 α^+ 地贫。

不同类型的 α 地贫病人，体内缺失 α 珠蛋白基因数目各不相同。一般来说，缺失的 α 基因越多，病情越严重。根据临床表现的严重程度，一般将 α 地贫分为 4 种类型（表 18-2）：

表 18-2 α 地中海贫血的类型及比较

临床类型	基因型	基因型类型	症状
Hb Bart's 胎儿水肿综合征	--/--	α^0 地贫纯合子	胎儿水肿
血红蛋白 H 病	α-/--	α^0 地贫和 α^+ 地贫双重杂合子	溶血性贫血
轻型（标准型）	--/αα	α^0 地贫杂合子	轻度贫血
	α-/α-	α^+ 地贫纯合子	
静止型	α-/αα	α^+ 地贫杂合子	无症状
正常人	αα/αα	/	/

1) Hb Bart's 胎儿水肿综合征：两条 16 号染色体上的 4 个 α 基因全部缺失或缺陷，基因型为 α^0 地贫纯合子(--/--)，完全不能合成 α 链，故不能形成胎儿 Hb F，而正常表达的 γ 链会自身形成四聚体(γ_4)，称为 Hb Bart's。Hb Bart's 对氧的亲和力非常高，因而释放到组织的氧减少，造成组织严重缺氧，致使胎儿全身水肿，引起胎儿宫内死亡或新生儿死亡。本症患儿为常染色体显性纯合子，父母均为 α^0 地贫杂合子（--/αα），他们若再生育，则胎儿有 1/4 的机会为 Hb Bart's 水肿胎儿，1/4 为正常儿，1/2 为 α^0 地贫杂合子。

2) 血红蛋白 H 病：是 α^0 地贫和 α^+ 地贫的双重杂合子（--/-α，或 --/$\alpha\alpha^T$，或 --/$\alpha\alpha^{cs}$，α^T、α^{cs} 都为有缺陷的基因），即有 3 个 α 基因缺失或缺陷，仅能合成少量的 α 链，β 链相对过剩并自身聚合成四聚体 Hb H(β_4)。Hb H 极不稳定，易被氧化而解体形成游离的单链，沉淀积聚形成包涵体，附着于红细胞膜上，使红细胞失去柔韧性，导致中度溶血性贫血。此病东南亚较多，在非洲大陆和地中海地区罕见。

3) 轻型 α 地贫：也称标准型 α 地贫，为 α^0 地贫杂合子（--/αα）或 α^+ 地贫纯合子（α-/α-），均缺失 2 个 α 基因，间或有轻度贫血，我国南方最多见的是 α^0 地贫杂合子。轻型 α 地贫病人(--/αα)之间婚配，生育 Hb Bart's 水肿胎儿的可能性为 1/4。

4) 静止型 α 地贫：仅缺失 1 个 α 基因，为 α^+ 地贫杂合子（α-/αα）。这样的个体往往无临床症状。静止型 α 地贫与某些轻型 α 地贫（--/αα）个体婚配，有 1/4 的机会生育 Hb H 病患儿。

引起 α 地贫的基因改变主要有两类，α 基因缺失型和非缺失型，前者较常见。缺失型可以是一条 16 号染色体上的 α_1 和 α_2 基因全部缺失，或是其中一个基因缺失，有时缺失只涉及基因的部分关键片段。非缺失型可以是各种类型的基因突变，例如碱基替换使多肽链的氨基酸发生置换，导致肽链不稳定；mRNA 3′端加尾信号 AATAAA 突变为 AATAAG，使 mRNA 加工过程中不能加上 poly A 尾巴，不能将成熟 mRNA 运送到胞质中，结果 α 链不能合成。

(2) β 地中海贫血：简称 β 地贫，是由于 β 珠蛋白基因的缺失或缺陷致使 β 珠蛋白链的合成受到抑制而引起的溶血性贫血。完全不能合成 β 链的称为 β^0 地贫，能部分合成 β 链的称为 β^+ 地贫。本病在我国南方各省多见，四川、贵州、广东、广西等地发病率可达 1%~2%。

临床上一般将 β 地贫分为以下三类：

1) 重型 β 地中海贫血：也称为 Cooley 贫血，在出生时症状不明显，因为从胎儿到成人血红蛋白的转换仍未完成，β 珠蛋白链的缺乏未引起后果。然而，在出生后的第 1 年中胎儿血红蛋白产量持续下降，出现明显的贫血症状。患儿生长发育不良，苍白、腹泻、反复发热和由于肝脾大而腹部逐渐膨隆。病人通常是 β^0 地贫、β^+ 地贫、$\delta\beta^0$ 地贫的纯合子（β^0/β^0、β^+/β^+、$\delta\beta^0/\delta\beta^0$），或者是 β^0 地贫和 β^+ 地贫双重杂合子（β^+/β^0）。这类病人几乎不能合成 β 链或合成量很少，故极少或无 Hb A。而 γ 链的合成相对增

加,使 Hb F 升高。由于 Hb F 较 Hb A 的氧亲和力高,在组织中不易释放出氧,致使组织缺氧。缺氧的组织促使红细胞生成素大量分泌,刺激骨髓的造血功能,使红骨髓大量增生,骨质受侵蚀致骨质疏松,可出现"地中海贫血面容"(头颅大、颧突、塌鼻梁、眼距宽、眼睑水肿)。由于 β 链合成障碍,相对过剩的 α 链在红细胞膜上沉积,改变膜的通透性,引起溶血性贫血,需靠输血维持生命。如不治疗,通常在 10 岁以前由于严重的贫血、虚弱和感染而致死亡。

2）轻型 β 地中海贫血:此类病人是 β^0 地贫、β^+ 地贫或 $\delta\beta^0$ 地贫的杂合子。由于尚能合成相当数量的 β 链,故症状较轻,贫血多不明显或轻度贫血。其特点是 Hb A_2 比例增高(可达 4%~8%),也可有 Hb F 升高。

3）中间型 β 地中海贫血:病人通常是某些 β 地贫变异型的纯合子,如 β^+ 地贫纯合子,其症状介于重型与轻型 β 地贫之间,故称为中间型 β 地中海贫血。

现已发现有超过 200 种的分子损伤与 β 地贫相关(表 18-3),其中 90% 是点突变或一个或几个碱基的增加或缺失。主要的突变类型有:①转录调节序列突变:这类突变主要发生在启动子的 TATA 框,突变后,病人只能合成少量 β 珠蛋白肽链,导致 β 地中海贫血;② RNA 加工和修饰信号序列突变:转录初始产物 hnRNA 形成功能性 mRNA 过程中,剪接、带帽、加尾有关的信号序列发生突变,便不能产生正常的 mRNA,如外显子 - 内含子接头序列突变、多聚腺苷酸附加信号 AATAAA 突变,均导致 β 地中海贫血;③编码序列突变:编码序列突变涉及错义突变、无义突变、移码突变、起始密码突变等多种类型,编码序列突变后往往形成无功能的 mRNA 或降低了 mRNA 的稳定性,从而不能合成正常的 β 珠蛋白肽链,导致 β 地中海贫血。

表 18-3　β 基因的部分突变举例

突变类型	β^0 或 β^+ 地中海贫血	群体
1. 无功能 mRNA 突变		
无义突变		
CD17 A → T	0	中国人
CD39 C → T	0	地中海人,欧洲人
CD15 G → A	0	印度人
移码突变		
CD1 –G	0	地中海人
CD –AA	0	中国人,土耳其人
CD35 – C	0	印度尼西亚人
起始密码子突变		
ATC → AGG	0	中国人
ATG → ACG	0	南斯拉夫人
2. RNA 加工障碍突变		
剪接位点改变		
IVS-1(1 位 G → T)	0	印度人,中国人
IVS-2(1 位 G → T)	0	地中海人,突尼斯人,非洲裔美国人
IVS-1(2 位 T → C)	0	非洲人
共有序列改变		
IVS-1(5 位 G → C)	+	印度人,中国人,美拉尼西亚人
IVS-1(5 位 G → T)	+	地中海人,非洲人
IVS-2 3′端 CAG → AAG	+	伊朗人,埃及人,非洲人

续表

突变类型	$β^0$ 或 $β^+$ 地中海贫血	群体
IVS 内部改变		
IVS-2(110 位 G→A)	+	地中海人
IVS-1(116 位 T→G)	0	地中海人
IVS-2(654 位 C→T)	0	中国人
编码区影响加工的替换		
CD26 G→A	Hb E	东南亚人,欧洲人
CD24 T→A	+	非洲裔美国人
CD27 G→T	Knoses	地中海人
3. 转录调控区突变		
−92 C→T	+	地中海人
−31 A→G	+	日本人
−30 T→C	+	中国人
4. 多聚腺苷酸化信号突变		
AATAAA→AACAAA	+	非洲裔美国人
AATAAA→AATAAG	+	库尔德人
AATAAA→AATGAA	+	地中海人
5. 加帽位点突变		
+1 A→C	+	印度人

CD:密码子;IVS:内含子

第二节　先天性代谢病

先天性代谢病(inborn error of metabolism)是由于基因突变造成催化机体代谢反应的某种酶的结构、功能和数量改变,从而引起机体代谢途径严重阻断或紊乱而导致的一类疾病,也叫遗传性代谢病,或遗传性酶病。目前已发现 2000 多种先天性代谢病,其中 200 多种病的酶缺陷已清楚,其遗传方式多为常染色体隐性遗传,少数为 X 连锁隐性遗传或常染色体显性遗传。

加罗德与先天性代谢病

加罗德(Archibald Garrod)是一位英国医生,在临床工作中,他先后遇到了与代谢相关的 4 种疾病:黑尿病、白化病、胱氨酸尿症和戊糖尿症。为解释这类疾病的发病原因,1902 年,他提出了“先天性代谢缺陷”这一概念。他十分敏锐地认为,这类疾病都是由于某种酶的缺乏所引起的代谢障碍,因此可统称为“代谢病”。加罗德的这一论断,直到 1948 年发现先天性高铁血红蛋白病是由于黄递酶缺乏,以及 1952 年证明糖原贮积病Ⅰ型是由于葡萄糖 -6- 磷酸酶缺乏后,才得以证实。加罗德是第一个将人类疾病、生化代谢与遗传学联系在一起的科学家,奠定了生化遗传学的基础,后人将其称为“生化遗传学之父”。

一、先天性代谢病发生的一般原理

绝大多数先天性代谢病是由于酶活性降低引起的,仅少数表现为酶活性增高。

一般而言，下列情况均可引起先天性代谢病的发生：①基因突变引起酶的活性降低甚至缺失，使其所催化的代谢途径受阻，导致代谢终产物的缺乏，出现疾病，如白化病等；②酶的异常导致底物不能被催化成产物，而累积在体内导致疾病的发生，如黏多糖累积症等；③酶的缺乏使中间产物大量蓄积和排出，引起疾病，如尿黑酸尿症、半乳糖血症等；④酶的异常使某代谢反应受阻，其前体物质积累而代偿性进入旁路代谢，产生正常代谢中不会出现的副产物，导致疾病的发生，如苯丙酮尿症；⑤有些代谢过程中，代谢产物对整个反应具有反馈调节作用，当酶活性降低甚至缺失时，该代谢产物减少，出现其反馈调节功能失常，如自毁容貌综合征等；⑥基因突变改变了酶蛋白分子的结构，直接影响它与辅酶的相互作用，引起该酶活性降低，而导致疾病，这类辅酶多数为维生素，故这类疾病又被称为维生素反应性遗传病，如同型胱氨酸尿症等；⑦基因突变导致个别酶活性增高，引起代谢产物增多而致病，临床上这类疾病较少见，如痛风等。

二、先天性代谢病的分类

先天性代谢病种类繁多，根据代谢物的生化性质，可将先天性代谢病分为氨基酸代谢病、糖代谢病、核酸代谢病、脂类代谢病等。

先天性代谢病在临床上可以是无症状的，如戊糖尿症；可以是在一定外界因素诱发下才出现症状的，如葡萄糖-6-磷酸脱氢酶（G6PD）缺乏症；也可以是不经诱发便呈现持续症状的，其中轻度的可以长期存活，甚至达正常存活年龄，严重的往往导致死亡，如脂类贮积症的患儿一般都在婴儿期死亡。

（一）氨基酸代谢病

氨基酸代谢病是氨基酸代谢过程中的酶遗传性缺乏所引起的氨基酸代谢缺陷（图 18-6）。

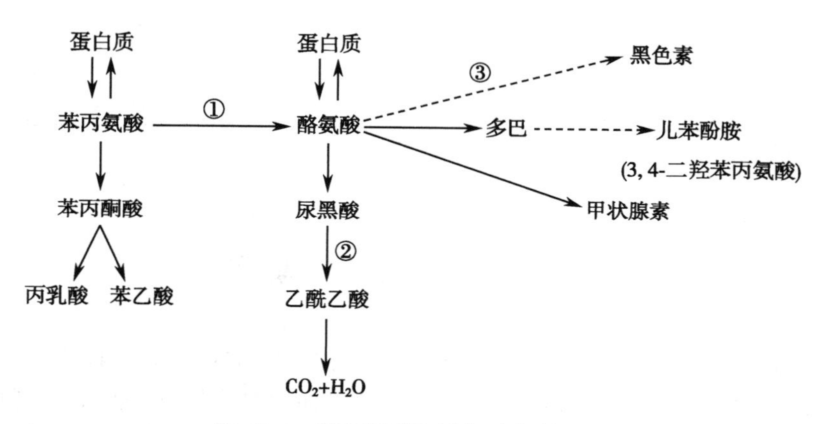

图 18-6　苯丙氨酸和酪氨酸代谢图解

①苯丙氨酸羟化酶缺乏导致苯丙酮尿症；②尿黑酸氧化酶缺乏导致尿黑酸尿症；③酪氨酸酶缺乏导致白化病

病人，男，2.5 岁，因智力低下、身体及尿液有特殊气味就诊。检查：皮肤白嫩，头发淡棕黄色，痴呆面容，虹膜茶褐色，尿三氯化铁试验阳性，血苯丙氨酸测定为 496.8μmol/L。诊断为苯丙酮尿症。

问题：1. 本病的发病机制是怎样的？

2. 对病人可采取怎样的治疗措施？

1. 苯丙酮尿症　苯丙酮尿症（phenylketonuria，PKU）是造成智力低下的常见原因之一，也是治疗效果较好的代谢病之一，呈常染色体隐性遗传，其群体发病率在我国约为 1/16 500。苯丙酮尿症是由于基因突变导致肝细胞中苯丙氨酸羟化酶（phenylalanine hydroxylase，PAH）活性降低或完全丧失，致使苯丙氨酸不能转化成酪氨酸而在体内积累，过量的苯丙氨酸经旁路代谢产生苯丙酮酸、苯乳酸、苯

乙酸等，这些旁路代谢产物由尿液和汗液排出，使患儿体表、尿液有特殊的“鼠尿味”。旁路代谢产物的累积可抑制 L- 谷氨酸脱羧酶的活性，影响 γ- 氨基丁酸的生成，同时苯丙氨酸及其旁路代谢产物还可抑制 5- 羟色胺脱羧酶活性，使 5- 羟色胺生成减少，从而影响大脑的发育。酪氨酸不足，加之过多的苯丙氨酸抑制酪氨酸脱羧酶的活性，使黑色素合成减少，病人的毛发和肤色较浅。

苯丙氨酸羟化酶基因定位于 12q24，cDNA 全长 90kb，有 13 个外显子，12 个内含子。该基因主要在肝脏中表达。经典型苯丙酮尿症患儿出生时无明显症状，如能早期明确诊断，给予低苯丙氨酸饮食，可使智力发育正常。

2. 尿黑酸尿症　尿黑酸尿症（alkaptonuria）是由于尿黑酸氧化酶缺乏，使尿黑酸不能被最终氧化而从尿液排出。尿刚排出时无色，但与空气接触后，其中大量的尿黑酸被氧化，尿液迅速变成黑色。病人在新生儿期，生后不久就发现尿布中有紫褐色斑点，洗不掉，日久渐呈黑褐色；在儿童期，尿黑酸尿是唯一的特点；成人期，除尿黑酸尿外，尿黑酸在结缔组织沉着，导致褐黄病，表现为皮肤、耳廓、面颊、巩膜等处弥漫性色素沉着，如累及关节，则形成褐黄病性关节炎。

本病为常染色体隐性遗传，基因定位于 3q21-q23。

3. 白化病　白化病（albinism）是一组较为常见的皮肤及其附属器官黑色素缺乏所引起的疾病。临床上分Ⅰ型和Ⅱ型，完全不能合成黑色素者为白化病Ⅰ型，能部分合成黑色素者为白化病Ⅱ型。

(1) 白化病Ⅰ型：正常情况下，人体黑色素细胞中的酪氨酸在酪氨酸酶催化下，经一系列反应，最终生成黑色素。白化病Ⅰ型病人体内，由于酪氨酸酶基因缺陷，故不能催化酪氨酸转变为黑色素前体，最终导致代谢终产物黑色素缺乏而呈白化症状。病人皮肤、毛发、眼睛缺乏黑色素，全身白化，终生不变；眼睛视网膜无色素，虹膜和瞳孔呈现淡红色，羞明怕光，眼球震颤，常伴有视力异常；对阳光敏感，暴晒可引起皮肤角化增厚，易诱发皮肤癌。该病发病率 1/20 000~/10 000，呈常染色体隐性遗传，基因定位于 11ql4.3。白化病基因长 50kb，含 5 个外显子和 4 个内含子，目前已发现 20 余种点突变。

(2) 白化病Ⅱ型：白化病Ⅱ型病人本身酪氨酸酶基因正常，但缺乏酪氨酸透过酶，导致酪氨酸不易进入黑色素细胞，进而影响黑色素的生成而呈轻度白化。病人毛发呈赤黄或淡黄，黑色素合成随年龄增大而有所增加。

（二）糖代谢病

糖代谢病是由于糖类合成或分解过程中遗传性酶缺乏所引起的疾病。

1. 半乳糖血症　半乳糖血症（galactosemia）是由于遗传性酶缺乏引起的糖类代谢病，它可分为半乳糖血症经典型、半乳糖血症Ⅱ型和半乳糖血症Ⅲ型。半乳糖的代谢途径见图 18-7。

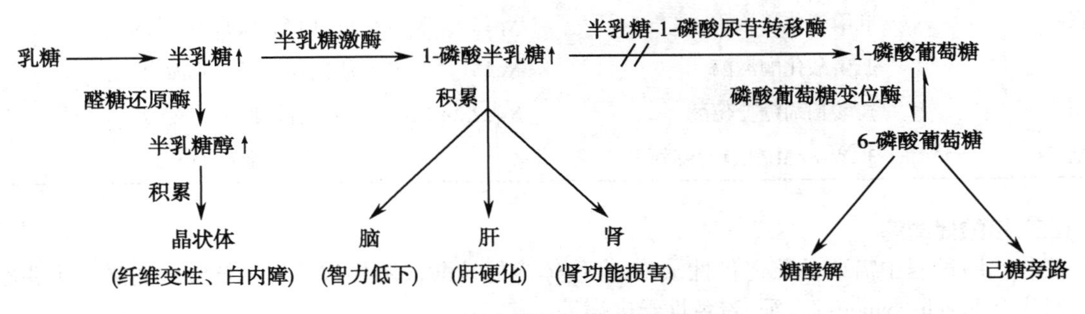

图 18-7　半乳糖代谢途径图解

经典型半乳糖血症是由于半乳糖 -1- 磷酸尿苷转移酶遗传性缺乏，导致半乳糖 -1- 磷酸在脑、肝、肾等器官积累而引起的。患儿出生后乳类喂养数日，即出现呕吐或腹泻。1 周后逐渐出现肝大、黄疸，腹水。1~2 个月内，积累在晶状体的半乳糖，在醛糖还原酶的作用下转变成半乳糖醇，可使晶状体变性浑浊，形成白内障。如不控制乳类摄入，数月后出现明显智力低下，大多数患儿于新生儿期因感染死亡。本病呈常染色体隐性遗传，新生儿发病率为 1/60 000~1/40 000。半乳糖 -1- 磷酸尿苷转移酶基因定位于 9p13。

半乳糖血症Ⅱ型为半乳糖激酶缺乏引起，病情比经典型半乳糖血症轻。有的患儿肝脾大，无黄疸，有的黄疸明显，（青年型）白内障常见。智力发育正常或迟缓，血中半乳糖浓度增高，尿内出现半乳糖

和半乳糖醇，无氨基酸尿和蛋白尿。

半乳糖血症Ⅲ型由尿苷二磷酸半乳糖-4-表异构酶缺乏引起，该酶基因定位于1p35-p36。其临床表现多变，可无临床症状或类似经典型半乳糖血症。半乳糖血症Ⅱ型、Ⅲ型均为常染色体隐性遗传，它们的发病率较经典型低。

2. 糖原贮积症　糖原贮积症（glycogen storage disease，GSD）是一组由糖原分解过程中酶缺乏引起的疾病。糖原是由许多葡萄糖组成的带分支的大分子多糖，主要存在于肝脏和肌肉中。糖原的分解过程是涉及多种酶的复杂酶促反应，其中任何一种酶的缺乏均可致病。糖原贮积症可分为13型（表18-4），此类疾病的发病机制可以Ⅰ型（Von Gierke病）为例说明。糖原贮积症Ⅰ型是由于基因突变导致葡萄糖-6-磷酸酶缺乏引起的，在新生儿和婴儿早期，有易激怒、苍白、发绀、喂养困难、低血糖、抽搐及肝大等症状。患儿5~6岁后以出血、感染为主要症状。本病为常染色体隐性遗传，葡萄糖-6-磷酸酶基因定位于17q21.31，含5个外显子、4个内含子。

表18-4　糖原贮积症的分型

型别	病名	酶缺乏	基因定位	累及器官和主要临床症状
0		UDPG-糖原转移酶		肝、肌肉；空腹低血糖，进食后血糖持续增高
Ⅰ	Von Gierke	葡萄糖-6-磷酸酶	17q21.31	肝、肾、肠胃黏膜；肝、肾大，低血糖，酸中毒
Ⅱ	Pompe	溶酶体α-1，4-葡萄糖苷酶	17q23	全身性或肌肉；心脏扩大，呼吸衰竭
Ⅲ	Forbes	淀粉-1，6-葡萄糖苷酶（脱支酶）		全身性、肝、肌肉；肝大，中等低血糖和酸中毒
Ⅳ	Anderson	淀粉-1，4→1，6转葡萄糖苷酶（分支酶）	11p13	全身性；肝硬化
Ⅴ	McArdle	肌磷酸化酶		肌肉；运动时肌肉痉挛
Ⅵ	Hers	肝磷酸化酶	14q21-q22	肝、白细胞；肝大、中等低血糖和酸中毒
Ⅶ	Tarui	肌酸果糖激酶	1cen-q32	肌肉、红细胞；运动时肌肉痉挛
Ⅷ		磷酸己糖异构酶		肌肉、红细胞；肌肉虚弱
Ⅸ		肝磷酸化酶激酶	Xp22	肝、白细胞、肌肉；肝大
Ⅹ		肌磷酸化酶激酶	Xq13	肌肉；易疲劳、肌无力
Ⅺ		磷酸葡萄糖变位酶	Xq22.2-p22.1	肝、肌肉；肝大
Ⅻ		3′，4′-cAMP依赖性激酶		肝、肌肉；肌糖原升高

（三）核酸代谢病

核酸代谢过程中需要的酶遗传性缺陷，会使体内的核酸代谢异常而发生核酸代谢病。主要的核酸代谢病有Lesch-Nyhan综合征、着色性干皮病等。

Lesch-Nyhan综合征也称自毁容貌综合征，病人缺乏次黄嘌呤鸟嘌呤磷酸核糖转移酶，此酶催化5-磷酸核糖-1-焦磷酸上的磷酸核糖基转移到鸟嘌呤和次黄嘌呤上，使之成为鸟嘌呤核苷酸和次黄嘌呤核苷酸（肌苷酸），这两种核苷酸和腺嘌呤核苷酸可反馈抑制嘌呤前体5-磷酸核糖-1-胺的生成。如果此酶缺乏，则鸟嘌呤核苷酸和次黄嘌呤核苷酸合成减少，反馈抑制减弱，嘌呤合成加快，致使尿酸增高，代谢紊乱而致病。

病人临床症状有高尿酸血、尿酸尿以及痛风症状等，伴有智力低下和强迫性自身毁伤行为（如常咬伤自己的嘴唇、手和足趾）。病人大多在儿童时期死于感染和肾功能衰竭，很少活到20岁以后。

本病为X连锁隐性遗传，发病率约为1/38 000。次黄嘌呤鸟嘌呤磷酸核糖转移酶基因定位于Xq26-q27.2，已发现50多种突变。

本章小结

分子病是由于基因突变导致蛋白质分子结构或合成量异常，从而引起机体功能障碍的一类疾病。分子病的种类较多，可以分为：血红蛋白病、血浆蛋白病、膜转运载体蛋白病、受体蛋白病、胶原蛋白病、免疫蛋白病等。血红蛋白病是指由于珠蛋白基因突变导致珠蛋白分子结构或合成量异常所引起的疾病。血红蛋白病可分为异常血红蛋白病和地中海贫血。常见的异常血红蛋白病有镰形细胞贫血症、不稳定血红蛋白病、血红蛋白M病、氧亲和力改变的异常血红蛋白病。地中海贫血包括α地中海贫血和β地中海贫血。

先天性代谢病是由于基因突变造成催化机体代谢反应的某种酶的结构、功能和数量改变，从而引起机体代谢途径严重阻断或紊乱而导致的一类疾病。根据代谢物的生化性质，可将先天性代谢病分为氨基酸代谢病、糖代谢病、核酸代谢病、脂类代谢病等。苯丙酮尿症、尿黑酸尿症、白化病属于氨基酸代谢病；半乳糖血症、糖原贮积症属于糖代谢病；Lesch-Nyhan综合征、着色性干皮病属于核酸代谢病。每种先天性代谢病均有特定的临床症状和遗传方式，但都是由于某一种酶的缺陷，使体内的某种生化反应不能正常进行，引起代谢紊乱。缺陷酶基因大多已经定位。

案例讨论

1801

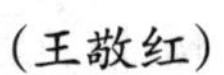
案例讨论

病人，男，54d，因呕吐、拒食就诊。体检：全身皮肤黄染，肝肋下6cm，剑突下4cm。血象正常，尿色偏黄，尿半乳糖明显升高，诊断为半乳糖血症。家系调查：父母身体健康，非近亲结婚，家族中无同种病史。

（王敬红）

1802

扫一扫，测一测

思考题

1. 什么是分子病？它主要有哪些类型？
2. 试述重型β地中海贫血的发病机制及主要临床症状。
3. 苯丙酮尿症有哪些临床特征？其发病机制是怎样的？

笔记

第十九章 药物与遗传

学习目标

1. 掌握:药物遗传学、药物基因组学的概念。
2. 熟悉:葡萄糖-6-磷酸脱氢酶缺乏症与乙醇中毒的发病机制。
3. 了解:异烟肼慢灭活、吸烟致癌的遗传基础及其临床意义。
4. 具有药物遗传学的基本知识,能分析常见药物对不同遗传基础个体的危害。
5. 能运用所学知识开展相关遗传咨询、用药指导服务。

临床医生很早就发现,对于同一种疾病,应用相同剂量的同种药物对不同病人进行治疗时,往往具有不同的疗效,所产生的毒副反应亦不同。这种不同个体对药物表现出不同反应的现象称为个体对药物的特应性(idiosyncrasy)。

1957年,Mostulsky提出个体对药物的特应性与遗传基础有关。随后Vogel于1959年正式提出了药物遗传学的概念。药物遗传学(pharmacogenetics)是药理学和遗传学相结合而建立起来的一门边缘学科,研究遗传因素对药物代谢的影响,尤其是在异常药物反应发生中遗传因素的作用。研究发现,一种药物的药理作用是由多个基因共同控制的,要从全部基因组加以考虑。因此,一门新的学科——药物基因组学应运而生。药物基因组学是在药物遗传学基础上发展起来的一门科学,主要从药物的安全性出发,研究各种基因突变与药物疗效及安全性之间的关系,利用基因组学的知识,根据不同人群和不同个体的遗传特征来设计药物,最终达到个体化治疗的目的。药物基因组学在药物的设计、制造和应用方面正酝酿着一场根本性的革命,它能指导临床医生进行个性化治疗,合理用药,在确保疗效的前提下减少并发症,必将为人类认识自我、保持健康和延长寿命作出重大贡献。

第一节 药物代谢的遗传基础

在人体内,药物代谢的全过程都是受遗传控制的。遗传基础的差异构成了个体特异性,表现在个体对药物的吸收、代谢、排出速率和反应性等方面的不同。如果其中某个基因发生突变影响了有关蛋白质或酶的合成,那么药物代谢的过程也将发生改变,从而引起不同的药物反应和产生不同的副作用。

遗传因素对药物代谢的控制主要包括以下几个方面。

一、药物的吸收和分布

药物从给药部位进入体内的过程称为药物吸收,吸收后的药物分布于不同器官和组织的血管中。多数药物的吸收需要借助于膜蛋白转运而进入血液,再通过血浆蛋白的运输来完成其在体内的分布。如果控制这些蛋白质或酶合成的相应基因发生突变,使膜转运蛋白或血浆蛋白出现结构、功能的异常

或缺失，便会影响药物的吸收和分布，进而影响药物的疗效或产生毒副作用。例如，胃黏膜缺乏一种称为内因子的黏蛋白时，就会影响机体对维生素 B_{12} 的吸收，从而造成红细胞成熟障碍，使个体罹患幼年型恶性贫血。

二、药物对靶细胞的作用

进入机体内的药物是通过与靶细胞受体结合而产生效应的。一旦靶细胞受体异常或缺乏都会使药物不能发挥正常的作用。例如睾丸女性化综合征，病人核型为46,XY，但外观呈女性特征，是一种男性假两性畸形。其病因在于雄性激素受体基因突变，与性器官发育相关的靶细胞缺乏雄性激素受体，导致了睾丸分泌的雄性激素不能发挥正常作用而使病人外生殖器女性化。

三、药物的降解与转化

进入机体内的药物，其降解和生物转化是一系列复杂的生化反应过程，需要经过多步酶促反应方能发挥药效和最终排出体外。无论是酶的数量或功能异常，都会影响到药物的生物转化。若酶活性降低，反应速度变慢，会因药物或中间产物贮积而损害正常的生物功能；反之，药物在体内达不到有效浓度，会影响药物的疗效。

四、药物的排泄

经降解和生物转化后的药物和代谢产物最后都要被排出体外，这个过程称为药物的排泄。机体排泄药物的主要器官是肾脏，此外，胆汁、汗腺、乳腺、唾液腺、胃肠道和呼吸道等也可能排泄某些药物。遗传基础不同的人，其药物排出的速率也可能不同，故相同剂量的药物在不同的病例中会有不同的疗效和不同的毒副作用。

精 准 治 疗

2015年1月20日，美国总统奥巴马在国情咨文中提出“精准医学计划”，希望精准医学可以引领一个医学新时代。

精准医疗是随着基因组测序技术快速进步以及生物信息与大数据科学的交叉应用而发展起来的将个人基因、环境与生活习惯差异考虑在内的新型医学概念与医疗模式。其重点不在“医疗”，而在“精准”。相比传统诊疗手段，精准医疗具有精准性和便捷性。可以预见，精准医疗技术的出现，将显著改善病人的诊疗体验和诊疗效果，发展潜力大。

第二节　药物代谢的异常变化

一、过氧化氢酶缺乏症

过氧化氢（H_2O_2）俗称双氧水，临床上常用于外科的创面清洗和消毒，起抗菌除臭作用。正常情况下，H_2O_2 接触创口时可在组织中过氧化氢酶的作用下迅速分解，释放出氧气，使创面呈鲜红色，并有泡沫产生。1946年，日本耳鼻喉科医生Takahara首次报道了一例病例，在应用 H_2O_2 消毒病人口腔创面时，创面变成棕黑色，且无泡沫形成，称为“黑血病”。后来证实，该病人的红细胞中缺乏过氧化氢酶，不能分解 H_2O_2 放出氧气，故无气泡产生；H_2O_2 将伤口渗血中的血红蛋白氧化成棕黑色的高铁血红蛋白，致使创面变成棕黑色。

家系调查分析的结果表明，过氧化氢酶缺乏症的遗传方式为常染色体隐性遗传（AR），发病有种族差异性。黄种人发病率较高，日本某些地区人群的发病率高达1%，我国华北地区的发病率约为0.65%。目前已将过氧化氢酶基因（CAT）定位于11p13.5-13.6。

二、琥珀酰胆碱敏感性

琥珀酰胆碱是一种肌肉松弛药，能够阻断神经冲动由神经末梢向肌纤维传递，故可使骨骼肌松弛，呼吸肌暂时麻痹，早期作为外科手术的辅助麻醉药应用于临床。一般情况下，琥珀酰胆碱在人体内的作用时间很短，99% 的病人在静脉注射常规剂量(50~75mg)后，呼吸暂停仅持续 2~3min 即可恢复正常，2~6min 后肌肉的松弛现象也会消失。这是因为琥珀酰胆碱进入血液后，很快就会被血浆和肝脏中的伪胆碱酯酶（又称丁酰胆碱酯酶）降解而失效。但少数病人（约 1/2000）用药后呼吸停止可持续 1h 以上，如不及时处理可导致死亡，称为琥珀酰胆碱敏感性。研究证明，引起这种异常药物反应的原因是病人血浆中伪胆碱酯酶活性低下，水解琥珀酰胆碱的速率降低，使之作用时间延长，从而导致呼吸肌的持续麻痹。在不使用该类药物的情况下，该病病人不表现任何症状。为安全起见，临床上对于诊断为遗传缺陷的病人，应进行酶的检测。

琥珀酰胆碱敏感性为常染色体隐性遗传。伪胆碱酯酶基因定位于 3q26.1-q26.2，全长 80kb，包括 4 个外显子和 3 个内含子。

三、异烟肼慢灭活

异烟肼是临床上首选的抗结核药。异烟肼在人体内主要是通过 *N*- 乙酰基转移酶（简称乙酰化酶）转化成乙酰化异烟肼而灭活（图 19-1）。人群中异烟肼的灭活包括 2 种类型：一类称为快灭活者，我国人群中约占 49.3%，口服标准剂量异烟肼后，血中异烟肼半衰期为 45~80min；另一类称为慢灭活者，我国人群中约占 25.6%，半衰期为 2~4.5h。

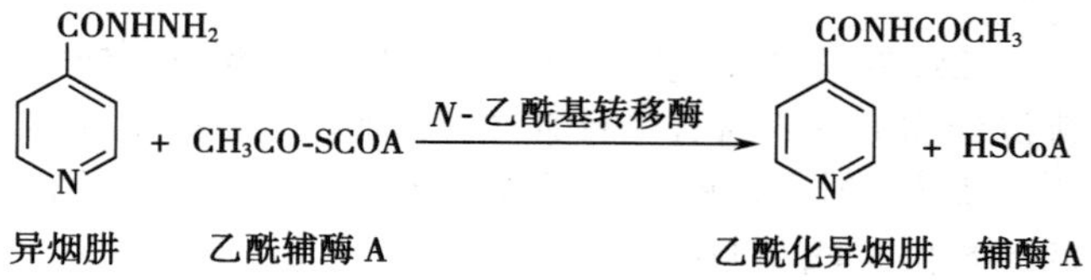

异烟肼（$CONHNH_2$）+ CH_3CO-SCOA（乙酰辅酶 A）—*N*- 乙酰基转移酶→ 乙酰化异烟肼（$CONHCOCH_3$）+ HSCoA（辅酶 A）

图 19-1　异烟肼的乙酰化

现已明确，异烟肼慢灭活型为常染色体隐性遗传，发生率在不同人种和不同地区差异很大。埃及人高达 83%，白色人种和黑色人种为 49%~68%，黄种人为 10%~30%。人类的 *N*- 乙酰基转移酶基因定位于 8pter-q11，是一个由 NAT_1、NAT_2 和 NATP（假基因）组成的基因簇。

异烟肼灭活速度的临床意义是，长期服用异烟肼时，慢灭活型由于异烟肼的累积，易发生多发性神经炎（80%），而快灭活型则较少发生（20%）；对于中枢毒性也是慢灭活者发生率高。但一部分快灭活者可发生肝炎，甚至肝坏死。这是因为异烟肼在肝内水解为异烟酸和乙酰肼，后者对肝脏有毒性作用。

除异烟肼外，由 *N*- 乙酰基转移酶进行乙酰化灭活的药物还有肼屈嗪、苯乙肼、普鲁卡因胺、水杨酸、氨苯砜等。

四、葡萄糖 -6- 磷酸脱氢酶缺乏症

葡萄糖 -6- 磷酸脱氢酶（glucose-6-phosphate dehydrogenase，G6PD）缺乏症是热带、亚热带地区常见的遗传病之一，据估计，全世界约有 1 亿人受累。病人平时一般无症状，只有在进食蚕豆或服用伯氨喹类药物后，会出现血红蛋白尿、黄疸、贫血等急性溶血反应，故又被称为蚕豆病。该病的主要临床表现有急性溶血性贫血、新生儿黄疸等。

G6PD 在红细胞戊糖旁路代谢中起着重要作用，它将葡萄糖 -6- 磷酸的氢脱下，经辅酶（NADP）传递给谷胱甘肽（GSSG），使其转化为还原型谷胱甘肽（GSH）。GSH 可在氧化酶的作用下与机体在氧化还原反应过程中（主要是氧化性药物产生）生成的 H_2O_2 发生反应，以消除 H_2O_2 的毒性作用。另外，GSH 对红细胞膜和血红蛋白的巯基(-SH)有保护作用。G6PD 活性正常时，可以生成足量的 NADPH，从而保持红细胞中有足量的还原型谷胱甘肽（GSH），以保证对红细胞和血红蛋白的有效保护（图 19-2）。

G6PD 缺乏时，则 NADPH 生成不足，导致红细胞中 GSH 含量减少，在进食蚕豆或服用伯氨喹等氧化性药物情况下，珠蛋白肽链上的 -SH 被氧化，形成变性珠蛋白小体附着在红细胞膜上，同时红细胞膜上的 -SH 也被氧化，使红细胞的柔韧性降低而脆性增加。在这些红细胞通过狭窄的毛细血管及脾窦、肝窦时，容易受挤压破裂，从而引发溶血反应。

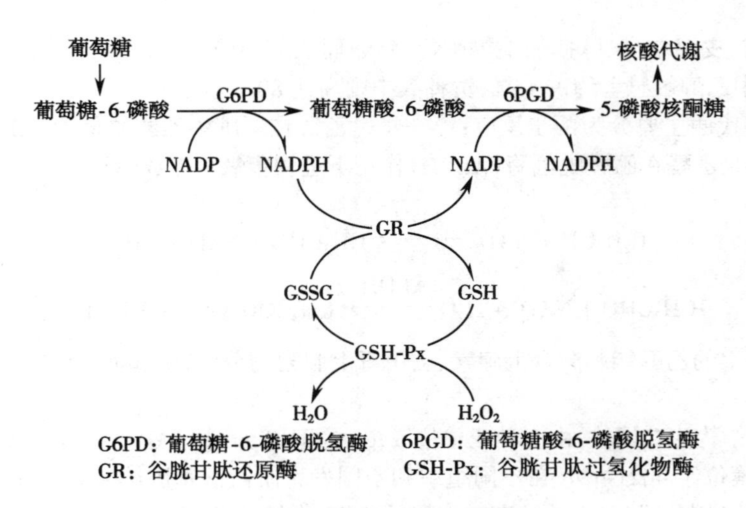

图 19-2　红细胞的戊糖代谢物旁路

G6PD 缺乏症是一些常见药物发生溶血性反应的遗传基础，目前已知有数十种药物和化学制剂能引发病人药物性溶血，其中有些是常用药，如磺胺、阿司匹林和呋喃类药物等。有些药物本身并不具溶血作用，但其代谢产物可诱发溶血。表 19-1 中列出了部分能诱发溶血的药物、化学制剂和食物，G6PD 缺乏症病人应禁用或慎用。

表 19-1　G6PD 缺乏者禁用或慎用的药物、化学制剂和食物

类别	名称
磺胺类药	磺胺、乙酰磺胺、磺胺吡啶、TMP、SMZ 等
砜类药	氨苯砜、普洛明
抗疟药	伯氨喹、扑疟母星、氯喹
止痛药	阿司匹林、非那西汀
杀虫药	β 萘酚、锑波芬、来锐达唑
抗菌药	硝基呋喃类、氯霉素、对氨基水杨酸
其他	蚕豆、丙磺舒、BAL、大量维生素 K 等

家系调查结果表明，G6PD 缺乏症呈 X 连锁不完全显性遗传，呈世界性分布，我国主要分布在广东、广西、西南地区各省或自治区。G6PD 基因定位于 Xq28，全长 18kb，包括 13 个外显子和 12 个内含子，编码 515 个氨基酸。现已发现的 G6PD 基因生化变异型有 400 多种，已鉴定突变型 78 种，主要突变形式是点突变。中国人中已发现 12 种突变型。

第三节　毒物反应的遗传基础

人类的生存环境中充满各种环境因子，包括食物、药品、有害的化学物质及生物因素等，不同个体对这些环境因子的反应往往有所不同。例如许多亚洲人缺乏成年型乳糖酶活性，不耐受乳制品；还有些人接触硝酸盐会头痛等。研究表明，这些都是由于不同个体间基因型的不同，使得同一种物质在不同个体内具有不同的代谢途径，因而表现出不同的反应。这种基因和环境因子之间相互影响的概念是生态遗传学的核心。生态遗传学是药物遗传学与生态学相结合的一门遗传学分支学科，主要研究人群中不同基因型对各种环境因子的特殊反应方式和适应特点及其遗传基础。环境因子除包括各种诱变剂、致畸剂、致癌剂外，还包括各种工业原料、产品和“三废”以及营养、气候、地理纬度等。

一、乙醇中毒

人类对乙醇的耐受性存在着明显的种族和个体差异。对乙醇敏感者当摄入 0.3~0.5ml/kg 乙醇时，

即可出现面部潮红、皮温增高、脉搏加快等中毒症状，而乙醇耐受者摄入上述剂量则无此反应。统计结果表明，白种人中乙醇敏感者约占15%，黄种人中则高达80%。

乙醇在体内的代谢主要分为两步反应：第一步是乙醇在肝脏中乙醇脱氢酶（ADH）的催化作用下形成乙醛。第二步是乙醛在乙醛脱氢酶（ALDH）作用下进一步氧化形成醋酸。

$$C_2H_5OH + NAD^+ \xrightarrow{ADH} CH_3CHO + NADH + H^+$$

$$CH_3CHO + NAD^+ + H_2O \xrightarrow{ALDH} CH_3COOH + NADH + H^+$$

反应过程中产生的乙醛能刺激肾上腺素、去甲肾上腺素的分泌，引起面部潮红、皮温升高、心率加快等乙醇中毒症状。

乙醇脱氢酶的结构为二聚体，由3种亚单位α、β、γ组成，分别由ADH_1、ADH_2和ADH_3基因编码。编码ADH的基因簇位于4q21-q24，在不同组织和不同发育阶段该基因簇差异表达。ADH_1基因编码的α链，主要在胎儿早期肝脏有活性；ADH_2编码的β链，在胎儿及成人肝和肺内有活性；ADH_3编码的γ链，在胎儿和新生儿肠和肾有活性。成人的ADH主要是由ADH_2编码的β链二聚体。ADH_2具有多态性，大多数白种人为ADH_2^1等位基因，编码的ADH为$\beta_1\beta_1$二聚体；90%的黄种人为ADH_2^2等位基因，编码的ADH为$\beta_2\beta_2$二聚体。β_2与β_1肽链中仅一个氨基酸不同（47位胱氨酸→组氨酸），但$\beta_2\beta_2$的酶活性高出$\beta_1\beta_1$约100倍，故大多数白种人在饮酒后产生乙醛较慢，而黄种人蓄积乙醛速度较快，易出现乙醇中毒症状。

人群中乙醛脱氢酶有两种同工酶：$ALDH_1$和$ALDH_2$。$ALDH_1$存在于细胞质中（胞质型），其基因定位在9q21；$ALDH_2$存在于线粒体（线粒体型），其基因定位在12q24。$ALDH_2$的活性比$ALDH_1$高。几乎全部白种人都具有$ALDH_1$和$ALDH_2$两种同工酶，可及时氧化乙醛；黄种人中约50%的个体仅有$ALDH_1$而无$ALDH_2$，故氧化乙醛的速度较慢。引起$ALDH_2$缺陷的原因可能是由于基因缺失或点突变导致酶蛋白质结构或功能异常。研究发现，在日本人、韩国人和中国人中，$ALDH_2$表型缺失者有1个或2个突变的等位基因，即是突变的纯合体或杂合体，提示该性状为常染色体显性遗传。

由此可见，多数白种人具有编码ADH_2^1和$ALDH_2$的基因，所以饮酒后产生乙醛的速度慢，而乙醛氧化成乙酸的速度快，不易造成乙醛蓄积。而黄种人大多有ADH_2^2的基因，故产生乙醛速度较快，易引起乙醛蓄积；若合并$ALDH_2$表型缺失者，则乙醛氧化成乙酸的速度慢，对乙醇最敏感，即最易引起乙醛蓄积中毒。这就是白种人往往比黄种人对乙醇耐受力高的原因，是遗传因素决定的。

二、吸烟与慢性阻塞性肺疾病

慢性阻塞性肺疾病（chronic obstructive pulmonary，COPD）是由于慢性支气管炎或肺气肿引起的呼吸道气流阻塞并导致肺部损害的一种常见的慢性呼吸道疾病，主要特点是长期反复咳嗽、咳痰、喘息和发生急性呼吸道感染。久而久之可能会演变成肺源性心脏病，甚至发生心、肺功能衰竭。大量调查结果表明，COPD的发生与吸烟有密切关系。但并非所有吸烟者都会发生此病，只有那些具有特定遗传基础的吸烟者才会表现出肺部疾患。

正常人血清和组织中都存在多种抑制蛋白酶活性的物质，称为蛋白酶抑制物。其中α_1-抗胰蛋白酶（α_1-antitrypsin，α_1-AT）是血清中主要的蛋白酶抑制因子，可抑制多种蛋白酶的活性，从而有效地保护组织免受蛋白酶的消化。α_1-AT基因位于14q32.1，具有遗传多态性，目前已发现90余种变异型。不同类型的α_1-AT酶活性差别很大，正常人大多数为MM型，酶活性100%，变异型（SS型）酶活性为60%，而罕见变异型（ZZ型）的酶活性仅10%~15%。具ZZ型α_1-AT的个体易患慢性阻塞性肺疾病，这是因为α_1-AT活性低，不能有效抑制蛋白酶（包括弹性蛋白酶）活性，当吸烟或由于其他原因刺激肺部时，肺部的巨噬细胞和中性粒细胞会释放大量的弹性蛋白酶，分解肺泡弹性蛋白，使肺泡破坏、融合，导致呼吸面积减少而缺氧。

三、吸烟与肺癌

肺癌是最常见的恶性肿瘤之一，其发生与吸烟有关，但也不是所有吸烟者均患肺癌。研究证实，

吸烟者是否患肺癌与个体的遗传基础有关。

香烟烟雾中含有许多有害物质，其中主要的致癌化合物是多环苯蒽化合物。这些物质本身致癌作用较弱，但当其进入人体后，通过细胞微粒体中芳烃羟化酶（aryl hydrocarbon hydroxylase，AHH）的作用，即转变为具有较高致癌活性的致癌氧化物（环氧化物），促进细胞癌变。此外，苯蒽化合物具有诱导AHH活性的作用，其诱导作用的高低因人而异，取决于个体的遗传因素。在体外培养的淋巴细胞中引入3-甲基胆蒽，24小时后测定AHH的可诱导性，结果为：美国人群中有低、中、高诱导性的比例分别为44.7%、45.9%和9.4%；在50名支气管肺癌病人中具有低、中、高诱导性的比例分别为4.0%、66.0%和30.0%。另据调查，如果以低诱导组发生肺癌的易感性为1，则中诱导组为16倍，高诱导组则达36倍。由此可见，遗传决定的AHH诱导性可能与肺癌的发生有关，AHH诱导活性高的人吸烟时更易患肺癌。

四、成年人低乳糖酶症

有些成年人在进食牛乳或乳制品后，由于乳糖酶失去活性，乳糖不能够被吸收而潴留在肠内，被分解成乳酸、氢和二氧化碳，出现肠内积气、肠鸣、腹胀、稀便和腹泻等肠道症状，称为成年人低乳糖酶症。此症的产生是体内的小肠乳糖酶活性降低所致。

婴幼儿都具有高活性的小肠乳糖酶，能水解乳汁中的乳糖生成葡萄糖和半乳糖，被小肠吸收。大多数人在断奶后，乳糖酶活性显著降低，失去水解乳糖的作用。据调查，成人低乳糖酶症在某些亚洲、非洲人群发生的频率很高，几乎达100%，但在多数中欧、北欧人群以及亚洲以牧业为主的人群中的发生率很低。这可能是由于人类在进化过程中这些人群经常食用乳品，使某种突变型小肠乳糖酶基因经过长期选择而形成优势，直到成年期仍能保持乳糖酶较高活性。

乳糖酶基因定位于2q21，该基因的等位基因为引起乳糖酶持续性（LAC+P）和乳糖酶限制性（$LAC^{+}R$），前者（$LAC^{+}P$）为显性。但是，（$LAC^{+}R$）纯合子中仅部分人出现乳糖吸收障碍的临床症状。

药物在体内要经过吸收、分布、代谢和排泄，才能完成药物发挥作用的过程。而药物遗传学主要研究遗传因素对药物代谢的影响，尤其是在异常药物反应发生中遗传因素的作用。此研究能指导临床医生进行个性化治疗，合理用药，在确保充分疗效的同时减少并发症。

G6PD缺乏症基因定位于Xq28，其发病机制为G6PD缺乏使NADPH生成不足，导致红细胞中GSH含量减少，从而红细胞抗氧化能力降低而易被破坏发生溶血。

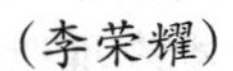

案例讨论

某些人在服用藿香正气水之后会出现面部潮红、皮温增高、脉搏加快等症状。

案例讨论

（李荣耀）

扫一扫，测一测

思考题

1. 根据所学知识分析为什么黄种人比白色人种更容易乙醇中毒。
2. 试从生态遗传学的角度分析吸烟与肺癌有什么关系。

第二十章　遗传病的诊断、治疗、预防与优生

学习目标

1. 掌握:常见遗传病的诊断和预防原则及优生的主要措施。
2. 熟悉:遗传病治疗的原则和基本方法。
3. 了解:遗传病的基因诊断及基因治疗的方法。
4. 会进行单基因病、多基因病、染色体病再发风险的估计;能在基层乡镇、社区开展遗传病调查、绘制遗传病家系谱并进行系谱分析、判断遗传病的种类及单基因病的遗传方式。
5. 能与病人及家属进行有效沟通;具有在基层妇幼保健机构开展遗传咨询和优生咨询的能力。

随着人类基因组计划的完成和人类基因组后计划研究的不断深入以及遗传病临床检测技术的进步,人们对于遗传病的病因、发病机制有了更加深入的了解,对部分遗传病已经能够做出早期诊断,从而给遗传病的进一步治疗和预防提供了基础。近年来,产生了一门新的学科——遗传医学(genetic medicine),这是医学遗传学与临床医学相结合的产物,其主要任务是为遗传病病人提供临床服务,包括遗传病的诊断、治疗、筛查、预防、咨询和随访等。

第一节　遗传病的诊断

遗传病的诊断是临床医生经常面临的课题,也是开展遗传咨询和防治工作的基础。遗传病的诊断除遵循普遍性诊断原则外,还包括遗传病诊断所特有的项目,如系谱分析、染色体检查等。根据诊断时期的不同,遗传病的诊断分为产前诊断、症状前诊断和现症病人诊断3种类型,前两种诊断可以较早地发现遗传病病人或携带者,有效减少遗传病患儿出生或及早治疗以控制疾病进程。

一、临床诊断

临床诊断是指对遗传病的现症病人诊断(symptomatic diagnosis),就是医生根据病人的临床症状、家系分析和相关的遗传学检查结果,对病人做出明确诊断。

(一) 病史采集

遗传病多有家族聚集和垂直传递的规律性,这就决定了在遗传病的诊断中病史资料的采集比其他疾病更为重要。病史采集的关键是真实性和完整性,除一般病史外,还应注重病人的家族史、婚姻史和生育史。

1. 家族史　主要了解本病在家族(包括直系和旁系亲属)成员中的发病情况,根据家族史可以画出系谱图,初步分析该病是否为遗传病以及可能的遗传方式。

2. 婚姻史　了解病人双亲的结婚年龄、婚配次数、配偶健康状况以及是否近亲结婚等。

3. 生育史　详细询问生育年龄、子女数目及健康状况、有无流产、早产、死产和畸形儿分娩史、新生儿死亡及分娩过程中有无异常情况(产伤、窒息等),母亲妊娠早期有无致畸因素接触史等,此外,还要特别注意是否收养、过继、非婚生育等情况。

(二) 症状和体征

遗传病的症状和体征与其他疾病既有共同性,也有其本身的特殊性。如智力低下这一症状,既可以是由脑炎引起,也可以是许多遗传性疾病表现出的症状。每一种遗传病往往都有它特有的综合征,如染色体病病人常表现为智力低下、发育迟缓、多发畸形;智力发育不全、伴有白内障、肝硬化提示半乳糖血症。还要注意病人的身体发育快慢、智力发育水平、性器官及第二性征发育状况、肌张力以及啼哭声是否正常等。

(三) 生物化学检查

生物化学检查是单基因遗传病诊断的主要方法之一,单基因病往往表现在酶和蛋白质的质与量的改变或缺如,影响机体代谢过程,进而表现出一系列的临床症状。

生化检查主要是对酶和蛋白质结构和功能的检测,还包括反应底物、中间产物、终产物和受体与配体的检查。该方法对分子病、先天性代谢缺陷、免疫缺陷等疾病的诊断尤其适用。

1. 代谢产物分析　基因突变导致了机体酶的缺陷,引起一系列生化代谢的紊乱,从而使代谢中间产物、底物、终产物和旁路代谢产物发生变化。因此,检测某些代谢产物的质和量的改变就可间接反映酶的变化,从而对病人做出诊断。例如,疑为苯丙酮尿症(PKU)的病人,可检测血清苯丙氨酸或尿中苯乙酸浓度;假肥大型肌营养不良症(DMD)可根据血清中肌酸磷酸激酶的活性做出诊断。

2. 酶和蛋白质分析　酶和蛋白质都是基因的产物,当基因突变时,可通过检测特定的酶和蛋白质质和量的改变而做出诊断。检测酶和蛋白质的材料主要来源于血液和特定的组织或细胞,如肝细胞、皮肤成纤维细胞、肾及肠黏膜细胞等。表20-1是一些常见的通过酶活性检测诊断的遗传代谢病。不过,许多基因的表达具有组织特异性,因此一种酶缺乏不是在所有的组织中都能检测到的,如苯丙氨酸羟化酶必须用肝组织活检,在血细胞中无法检测到。

表20-1　常用的通过酶活性检测诊断的遗传代谢病

疾病名称	所检测的酶	取样的组织
白化病	酪氨酸酶	毛囊
半乳糖血症	半乳糖-1-磷 苷转移苯丙氨酸羟化酶	红细胞
苯丙酮尿症	氨基己糖酶	肝
黑蒙性痴呆		白细胞
假肥大型肌营养不良症	肌酸磷酸激酶	血清
糖原贮积病Ⅰ型	葡萄糖-6-磷酸酶	肠黏膜
糖原贮积病Ⅱ型	α-1,4-葡萄糖苷酶	皮肤成纤维细胞
糖原贮积病Ⅲ型	淀粉-1,6-葡萄糖苷酶	红细胞
糖原贮积病Ⅳ型	淀粉-(1,4-1,6)-葡萄糖苷酶	白细胞、成纤维细胞
糖原贮积病Ⅴ型	肌肉磷酸化酶	白细胞
糖原贮积病Ⅵ型	肝磷酸化酶	白细胞
枫糖尿病	支链酮酸脱羧酶	肝、白细胞、成纤维细胞
高雪氏病	β-葡萄糖苷酶	皮肤成纤维细胞
腺苷脱氨酶缺乏症	腺苷脱羧酶	红细胞

除可对酶进行检测外，还可通过蛋白质电泳技术诊断蛋白质异常的疾病。

(四) 产前诊断

产前诊断(prenatal diagnosis)又称宫内诊断，是对胎儿性别及其健康状况进行检测，从而预防遗传病患儿的出生。

1. 产前诊断的对象　①夫妇一方有染色体数目或结构异常者，或曾生育过染色体病患儿的孕妇；②夫妇一方是染色体平衡易位携带者或具有脆性 X 染色体家系的孕妇；③夫妇一方是某种单基因病病人，或曾生育过某种单基因病患儿的孕妇；④夫妇一方有神经管畸形，或生育过开放性神经管畸形儿(无脑儿、脊柱裂等)的孕妇；⑤有原因不明的自然流产史、畸胎史、死产或新生儿死亡史的孕妇；⑥羊水过多的孕妇；⑦ 35 岁以上的高龄孕妇；⑧夫妇一方有明显致畸因素接触史者。

2. 产前诊断的主要方法　产前诊断主要通过观察胎儿表型改变、分析基因产物(蛋白质和酶)、染色体检查和基因诊断。

(1) 胎儿镜检查：又称羊膜腔镜或宫腔镜检查。宫腔镜进入羊膜腔后，直接观察胎儿表型、性别和发育状况，可以同时抽取羊水或胎儿血样进行检查，还可进行宫内治疗。因此，理论上这是一种最为理想的方法。但由于操作困难和易引起多种并发症，目前还不能被广泛接受。胎儿镜检查的最佳时间是妊娠 18~20 周。

(2) B 型超声波检查：是一种相对安全无创的检测方法，目前普遍应用于临床，能够检查胎儿外部形态和内部结构，如神经管畸形、脑积水、无脑畸形；唇、腭裂，颈部淋巴管瘤；先天性心脏病；支气管及肺部发育异常，胸腔积液；肢体缺陷；先天性单侧肾缺如、多囊肾；先天性幽门狭窄、先天性巨结肠等。

(3) 羊膜穿刺法：是产前诊断的基本方法之一，即在 B 超的监护和引导下，无菌抽取胎儿羊水(图 20-1)，对羊水中的胎儿脱落细胞进行培养，进行染色体、基因和生化分析。羊膜穿刺操作一般在妊娠 16~20 周进行，此时羊水最多，穿刺时不易伤及胎儿，发生感染、流产的风险相对较小。

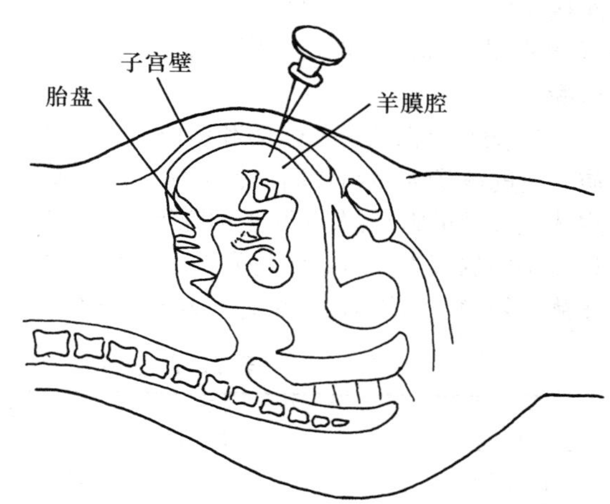

图 20-1　羊水穿刺示意图

(4) 绒毛取样法：又称绒毛吸取术，一般于妊娠 10~11 周进行。该技术是在 B 超监护下，用特制的取样器，从孕妇阴道经宫颈进入子宫，沿子宫壁到达取样部位后，吸取绒毛(图 20-2)。绒毛样本可用于诊断染色体、代谢病、生化检测和 DNA 分析。此法的优点是检查时间早，如需做选择性流产时，可相对减轻孕妇的损伤和痛苦。缺点是取样标本容易被污染，操作不便等，引起流产的风险是羊膜穿刺法的 2 倍。

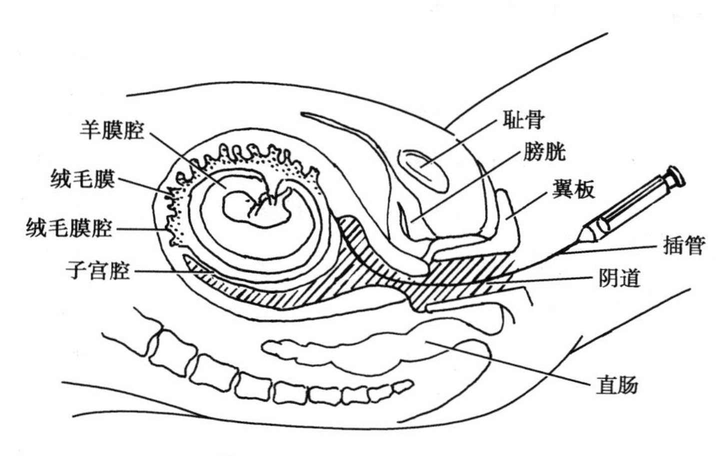

图 20-2　绒毛取样法示意图

(5) 分析孕妇外周血中的胎儿细胞以及游离的胎儿 DNA 及 RNA：目前用于产前诊断材料的获得，对于胎儿和母体都存在不同程度的创伤性和风险，为克服这一难题，20 世纪 90 年代末，人们开始探索一种无创伤性的产前诊断方法，即利用妊娠期少量胎儿细胞可以通过胎盘进入母体血液中这一现象，采用流式细胞仪分离、磁激活细胞分选、免疫磁珠法、显微操作分选法以及分子细胞遗传学技术等，分离和分析胎儿有核细胞以及血清中游离的胎儿 DNA 或 RNA，从而进行无创性基因诊断。显然，这一方法是产前诊断未来的发展方向。但是，能够富集的胎儿细胞以及血清中游离的胎儿 DNA 或 RNA 含量相对较少，这成为本技术的最大发展障碍。

(6) 植入前遗传学诊断(pre-implantation genetic diagnosis，PGD)：它是指用分子或细胞遗传学技术对体外受精的胚胎进行遗传学诊断，确定正常后再将胚胎植入子宫。PGD 技术能将产前诊断时限提早到胚胎植入之前，从源头上阻断了遗传病的传递，避免了产前诊断可能引起出血、流产和感染以及伦理问题，从而将避免人类遗传缺陷的发生掌控在最早阶段，是遗传病产前诊断的重大突破。

二、遗传学检查

(一) 系谱分析

系谱分析是通过调查病人及其家庭成员的患病情况，绘制出系谱，并通过分析系谱确定该疾病的遗传方式的一种方法。诊断时进行系谱分析有助于区别病人是否患有遗传病，以及是单基因病还是多基因病。若是单基因病，可判断其遗传方式，进而确定家系中每个成员的基因型，对家系成员进行患病风险估计。

进行系谱分析首先要绘制一个全面详尽、准确可靠的系谱，这是得出正确结论的前提。为此，在绘制系谱过程中应注意以下几点：

(1) 在询问病人的家族史时，调查要充分。一般来说，一个完整的系谱要包括 3 代以上各成员的患病资料，对于家族中已故成员亦要尽可能详细考察死因，进行必要的核查。凡有近亲婚配、死胎、流产和婴儿死亡等，也需询问清楚，记录在系谱中。如果调查不充分，系谱中家族成员太少，将使系谱分析难以进行。

(2) 病人或代述人的文化程度、医学知识、记忆能力、思维方法、表达和判断能力及精神状态等诸多因素，有可能影响其所提供情况的可靠性。

(3) 病人家族成员的患病情况仅凭病人或代述人提供的症状和体征做出判断，缺乏实验室检查和辅助检查材料，未必正确可靠。

(4) 当涉及重婚、非婚生子女、同父异母、同母异父、养子女等特殊情况时，病人或代述人往往不合作，甚至提供假材料，以至错绘系谱。

(5) 分析显性遗传病时，对因延迟显性、不规则显性遗传病而造成的隔代遗传现象，应注意区别，防止误判为隐性遗传；对那些年龄尚轻的家庭成员也要充分注意。

(6) 有些家系中，除先证者外可能找不到其他病人。此时，不仅要考虑隐性遗传，还要考虑是否发生了新的突变。

(7) 要注意显性与隐性遗传概念的相对性，同一种遗传病，有时可因观察指标的不同而得出不同的遗传方式，从而导致错误估计。

(二) 细胞遗传学检查

细胞遗传学检查主要包括染色体检查和性染色质检查两种方法，也是辅助诊断和确诊染色体疾病的主要方法。它可以从形态学方面直接观察到染色体是否出现异常。

案例导学

王某，男，30 岁，有轻度的贫血症状，就医后发现患有 α- 地中海贫血；其妻子 28 岁，刚刚被查出是 46，XX，-14，+t(14，21)的罗伯逊易位携带者，两个人非常担心，咨询医生。

问题：1. α- 地中海贫血是什么疾病，会不会遗传？

2. 染色体易位会不会生出有缺陷的孩子？

1. 染色体检查　也称核型分析，即通过血液或组织培养制备染色体标本，经技术处理后进行形态学方面的观察分析。材料主要取自外周血、绒毛、羊水中胎儿脱落细胞、脐血和皮肤等各种组织。材料经体外细胞培养，再经秋水仙碱处理，经细胞收获、低渗、固定、滴片等过程，获得染色体标本。标本除做数量和形态分析外，经各种不同方法处理，可显示不同的染色体带纹，进行显带核型分析。核型分析是确诊染色体病的主要方法。近年来，由于显带技术的发展和方法学方面的不断改进，人们已经能够制备1000条以上的清晰的染色体带纹（高分辨带），从而使微小的染色体畸变也能被检出，因此新的异常核型不断被发现，为人类染色体研究提供了越来越多的资料。在实际工作中，若遇到下列情形之一，应建议做染色体相关检查：①家族中已有染色体异常或先天畸形的个体；②夫妇之一有染色体异常者，如平衡易位携带者、结构重排、嵌合体等；③先天畸形，明显智力发育不全、生长发育迟缓的病人；④有反复流产史的妇女及其丈夫；⑤原发性闭经和女性不育症病人；⑥无精子症者、身材高大，性情粗暴的男性和男性不育症病人；⑦两性内外生殖器畸形者；⑧孕前和孕期曾接触致畸物的孕妇；⑨35岁以上的高龄孕妇和长期接受电离辐射的人员。

2. 性染色质检查　包括X染色质和Y染色质检查。其检查材料可取自皮肤或口腔黏膜上皮细胞、女性阴道上皮细胞、羊水细胞及绒毛膜细胞等，检查简便易行。性染色质检查可以确定胎儿的性别以助于X连锁遗传病的诊断，判断两性畸形以及协助诊断由于性染色体数目异常所致的性染色体病。

（三）皮肤纹理分析

皮肤纹理简称皮纹，是指人身体上某些特定部位如指（趾）、掌（跖）皮肤表面出现的纹理图形。人体皮肤由表皮和真皮两部分组成，真皮乳头向表皮突起，形成许多整齐的乳头线，称为“嵴线”。嵴线间的凹陷部分称为“沟”，皮嵴和皮沟就形成皮纹。人类的皮纹属多基因遗传，在人群中变异非常广泛。皮纹于胚胎第14周形成，一旦形成终生不变，所以皮纹具有高度稳定性和个体特异性特点。20世纪60年代，随着对染色体遗传病的研究，人们发现染色体病病人大多伴有皮纹的改变，因而皮纹分析可作为遗传病特别是某些染色体病的辅助诊断手段。

1. 人类的正常皮纹

(1) 指纹：指纹是指手指端部的皮肤纹理。三叉是指皮肤纹理中有三组不同走向的嵴纹汇聚在一处呈“Y”或“人”字形处。根据三叉的有无和数目的多少，指纹分为3种：弓形纹、箕形纹、斗形纹（图20-3）。

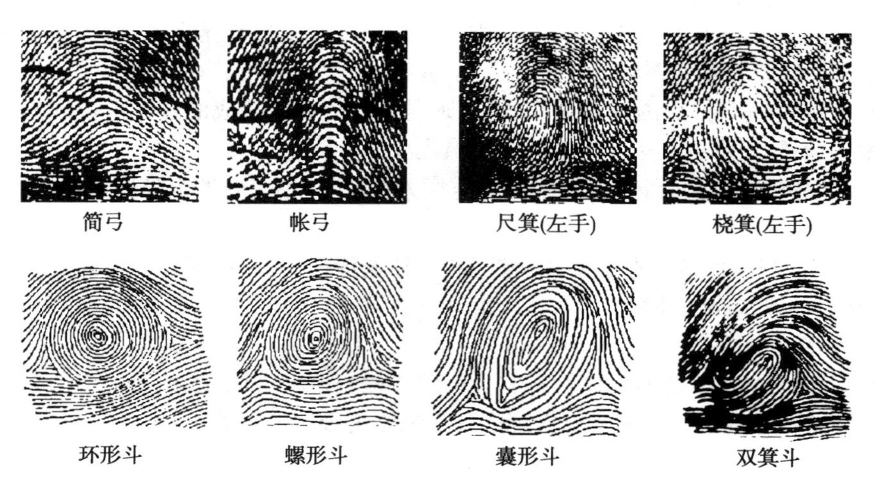

图20-3　指纹类型

1）弓形纹（arch，A）：由平行的弓形嵴纹从一侧走向另一侧，中间隆起呈弓形，无三叉点。弓形隆起形似帐篷状者，称为帐弓纹；而较平坦非隆起似帐篷状者，称为简弓纹。

2）箕形纹（loop，L）：嵴纹从一侧向斜上方发出后弯曲，又转回发生的一侧，形似簸箕状。若箕口朝向尺侧称为正箕或尺箕；箕口朝向桡侧称为反箕或桡箕。箕头的侧下方有一个三叉。

3）斗形纹（whorl，W）：有两个或两个以上三叉，嵴纹走向可分为同心环状（环形纹）或螺旋状（螺形

纹),另一类特殊的斗形纹由两个箕形纹组成,称为双箕斗。

(2) 总指嵴纹数:自指纹的中心点至三叉画一直线,计数该直线跨过的嵴纹数目,即为嵴纹计数(ridge count)。弓形纹无三叉,嵴纹数为 0,箕形纹有 1 个三叉,有 1 个嵴纹数,斗形纹有 2 个三叉,所以有 2 个嵴纹数(在计数时取两者中较大的为准),将十指嵴纹数相加,即得总指嵴纹数(total finger ridge count,TFRC)。

(3) 掌纹:手掌中的皮肤纹理称为掌纹。掌纹可分成五个部分:①大鱼际区:位于拇指下方;②小鱼际区:位于小指下方;③指间区:从拇指根部至小指根部的间区,分别记作I_1~I_4;④三叉点及四条主线:由 2、3、4、5 指基部的三叉点 a、b、c、d 各引出一条直线,分别称为 A 线、B 线、C 线和 D 线;⑤ atd 角:正常人手掌基部的大、小鱼际之间,具有一个三叉点,称为轴三叉,用 t 表示;从指基部三叉点 a 和三叉点 d 分别画直线与三叉点 t 相连,即构成 atd 角(图 20-4);可测量 atd 角度的大小,并确定三叉点 t 的具体位置;正常人的 atd 角一般小于 45°,以"t"表示,我国正常人的 atd 角平均约为 41°,t 的位置移近掌心,则 atd 角增大,atd 角在 45°~56°之间以 t′表示,大于 56°时以 t″表示。

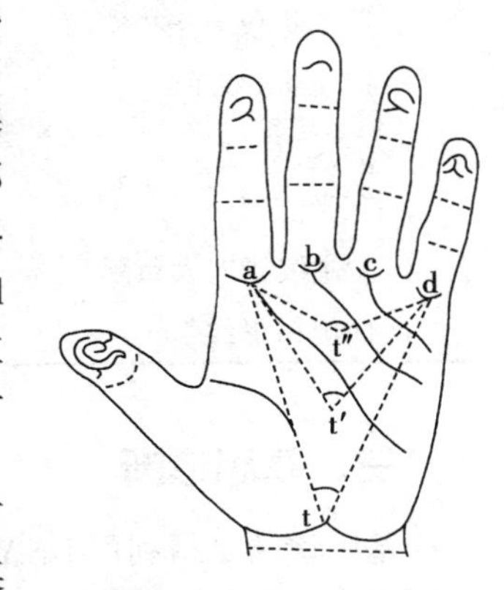

图 20-4 手掌纹及 atd 角

(4) 掌褶纹和指褶纹:褶纹是指手指和手掌的关节弯曲活动处明显可见的褶纹,分别称为指褶纹和掌褶纹。它们虽不属于皮纹,但其变化在某些遗传病诊断中有一定价值。①掌褶纹(palmar flexion crease):正常人的手掌褶纹有 3 条,即远侧横褶纹、近侧横褶纹和鱼际纵褶纹,变异的掌褶纹有 4 种,分别为通贯掌、变异Ⅰ型、变异Ⅱ型和悉尼掌(图 20-5);②指褶纹(digital flexion crease):正常人拇指只有 1 条指褶纹,其余各指都有 2 条指褶纹。

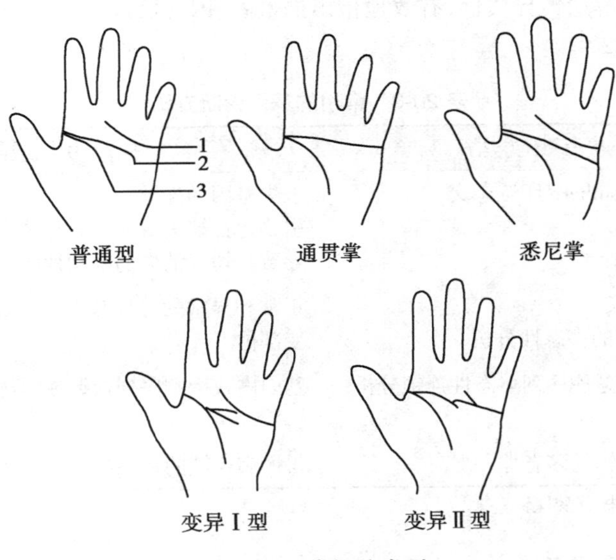

图 20-5 掌褶纹类型

(5) 脚趾球区纹型:人类的脚趾和脚掌上的皮纹,分别称为趾纹和跖纹,目前仅对趾球区皮纹了解较多。按照皮纹的走向可分为 7 种类型:①远侧箕形纹(远箕);②斗形纹;③腓侧箕形纹(腓箕);④胫侧箕形纹(胫箕);⑤近侧弓形纹(近弓);⑥腓侧弓形纹(腓弓);⑦胫侧弓形纹(胫弓)。

2. 皮纹检查的临床意义 皮纹变化与某些染色体异常、先天性疾病及不明原因的综合征有一定相关性(表 20-2)。但是,这种变化是非特异性的,绝大多数遗传病并没有皮纹的变化。因此,皮纹分析在遗传病诊断中只能作为一种辅助诊断手段或疾病初筛的参考,确诊时必须结合临床诊断及染色体检查,方可做出正确结论。

表 20-2　常见染色体病病人的皮纹特征

特征	正常人群（%）	21-三体（%）	18-三体（%）	13-三体（%）	5P$^-$（%）	45,X（%）
指纹中弓形纹数多于 7 个	1		80	多见		
指纹中斗形纹数多于 8 个	8				32	
TRC 数值			低	低		≥ 200
第 5 指仅一条指褶纹	0.5	17	40			
通贯掌（双手）	2	31	25	62	35	
三叉点 t′	3	82				多见
三叉点 t″	3		25	81	80	
A 主线指向大鱼际	11			91		57
内侧弓形纹	0.5	72				

三、基因诊断

基因诊断是指利用 DNA 分析技术直接从基因水平检测基因缺陷。与传统的诊断方法相比，基因诊断可直接从基因型推断表型，即可以越过基因产物（酶和蛋白质）直接检测基因结构是否正常，改变了传统的表型诊断方式，具有取材方便、针对性强、特异性强、灵敏度高、适应范围广等特点，因此基因诊断又称为逆向诊断。基因诊断不仅可对已发病的病人做出诊断，还可以在发病前做出症状前基因诊断，也能对有患遗传病风险的胎儿做出生前基因诊断。基因诊断不受基因表达的时空限制，也不受取材细胞类型和发病年龄的限制，为分析某些延迟显性的常染色体显性遗传病提供了可能。该项技术还可以从基因水平了解遗传异质性，有效地检出携带者，因此已成为遗传病诊断中的重要手段。常用的基因诊断方法见表 20-3。

表 20-3　常用的基因诊断方法

类型	诊断方法	探针、引物或限制性酶
基因缺失	基因组 Southern 印迹杂交 PCR 扩增 RFLP 分析	缺失基因的探针 引物包括缺失或在缺失部位内突变 导致其切点消失的限制性酶
点突变	*ASO 杂交 PCR 产物的多态性分析	正常和异常的等位基因特异寡核苷酸探针引物包括突变部位
基因已知但异常不明	基因内或旁侧序列多态性连锁分析	基因内或旁侧序列探针或引物
基因未知	与疾病连锁的多态性	与疾病连锁的多态位点探针或引物

*ASO：等位基因特异性寡核苷酸探针

（一）限制性片段长度多态性

限制性片段长度多态性（restriction fragment length polymorphism，RFLP）是指人群中不同个体间基因的核苷酸序列存在差异，也称为 DNA 多态性，可用 Southern 印迹杂交法或 PCR 扩增产物酶解法检出。由于碱基替换，可能导致某一限制性酶切位点的增加或消失，当用同一种限制性酶切割不同个体的 DNA 时，所得限制性酶切片段可出现大小和数量差异，即引起限制性酶切图谱的变化。这就是说，这类基因突变可通过限制性内切酶 DNA 或结合基因探针杂交的方法检测出来。

例如，镰形细胞贫血症的基因诊断（图 20-6）。该病是因 β 珠蛋白基因缺陷引起，呈常染色体隐性遗传（AR）。正常基因的第 6 位密码子发生了由 GAG → GTG（A → T）的变化，形成了突变基因，可用限制性内切酶 MstⅡ检测出来。基因突变使正常存在的 MstⅡ切点消失，引起肽链长度改变，使正常情况下存在的 1.1kb 及 0.2kb 的条带变成 1.3kb（纯合体病人）条带。

（二）聚合酶链反应

聚合酶链反应（polymerase chain reaction，PCR）是模拟体内条件下DNA聚合酶特异性扩增某一DNA片段的技术，始于1985年，由美国Cetus公司（Mullis K等）建立，近年来有了飞速发展，得到了越来越广泛的应用。PCR具有灵敏度高，特异性好，操作方便，结果准确可靠，反应快速等优点。

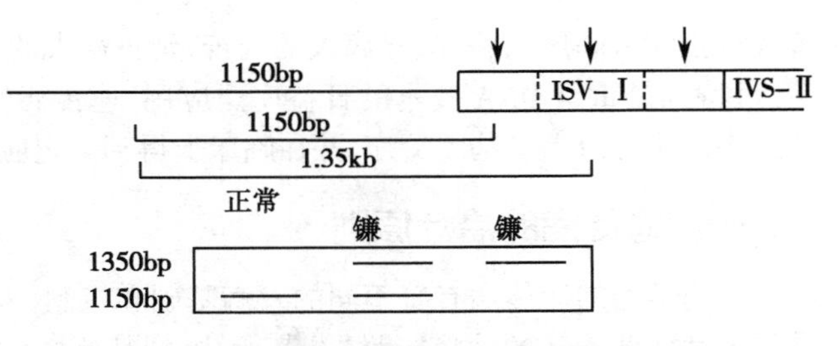

图20-6　镰形细胞贫血症的基因诊断

PCR反应体系由基因组DNA、一对引物dNTP、TaqDNA聚合酶、酶反应缓冲系统必需的离子浓度等组成。通过加热、变性、复性、延伸循环等一系列过程，可在2~3h内使特定的微量基因或DNA片段扩增数十万乃至百万倍以上。PCR模板DNA可来自1个细胞、1根头发、1个血斑、1滴精斑、已固定过或经石蜡包埋的标本。PCR还经常结合其他技术进行基因诊断，如PCR-ASO（PCR-等位基因特异性寡核苷酸探针杂交）、PCR-RFLP（PCR-限制性片段长度多态性连锁分析）、RT-PCR（反转录PCR）等。

（三）DNA测序

DNA测序（DNA sequencing）技术就是测定DNA中碱基的顺序。它可用来检测基因的突变部位和类型，是目前最基本的检测基因突变的一种方法，大多数单基因遗传病都可通过对相关候选基因进行PCR扩增、回收、纯化及测序，寻找致病的突变位点。

（四）DNA芯片

DNA芯片（DNA chips）也叫基因芯片（gene chips）或微阵（micro array），是一种高效准确的DNA序列分析技术，近年来发展十分迅速。DNA芯片大小如一指甲盖，其基质一般是经处理后的玻璃片，其原理是核酸杂交。DNA芯片可同时检测多个基因乃至整个基因组的所有突变，可用于大规模筛查由基因突变所引起的疾病。利用该技术可在DNA水平上寻找、检测与疾病相关的内源基因和外源基因。

基因诊断之父—简悦威

简悦威（Yuet Wai Kan），美籍医学遗传学家，1936年生于中国香港。他在1958年获得香港大学医学理学士学位后，选择赴美深造并研究血液病，1980年获香港大学理学博士学位。20世纪70年代，逆转录酶和限制性内切酶及Southern印迹杂交法等分子生物学技术已出现。简悦威敏锐地捕捉到这些信息并成功将这些新技术应用于自己的科研当中，从而取得了令人瞩目的成就。

1974年，他和同事从一位可能再生α-地贫婴儿的孕妇羊水中获得细胞，然后进行DNA分析，结果发现该孕妇所怀胎儿不存在珠蛋白的基因缺陷，因此不会患上严重贫血，可以放心分娩，成功实现了人类历史上第一例产前基因诊所。

1978年，他还发现镰状细胞贫血症相关基因存在限制性内切酶长度多态性，并将此应用于基因诊所与产前诊所，更是推动了基因诊断的迅猛发展。

此外，他也是细胞特异性基因转移的创始人，目前，简悦威还开展人类遗传病的基因治疗和干细胞治疗研究，例如利用基因疗法来纠正镰状细胞贫血。

简悦威在医学遗传学领域的卓越成就举世公认，1991年他独享具有美国“小诺贝尔奖”之称的拉斯克临床医学研究奖。他现任中、美、英和第三世界等科学院院士，是名副其实的基因诊断之父，是获得诺贝尔奖的热门人选。

第二节　遗传病的治疗

传统认为，就多数遗传病而言，目前尚无有效的根治方法。通常情况下，遗传病的治疗只能是改

善或矫正病人临床症状，减轻病人的痛苦，延长病人的生命。但随着人们对遗传病发病机制认识逐渐深入，特别是重组 DNA 技术的日益广泛应用，遗传病的治疗有了长足的进展，已从传统的手术、饮食和药物疗法等跨入了基因治疗，并在临床上得到一定应用，为某些遗传病的根治开辟了可能的途径。

一、遗传病的治疗原则

不同类型的遗传病有着不同的发病基础和机制，采用的治疗方法也不一样。对于单基因病，特别是先天性代谢疾病的治疗按照"补其所缺、禁其所忌、去其所余"的原则进行；多基因病往往是一些常见的多发病和某些先天畸形，发病过程中环境因素也起一定作用，所以利用药物治疗和外科手术治疗能收到较好的效果。大多数染色体病尚不能根治，改善症状也非常困难。极少数如 Klinefelter 综合征早期使用睾酮治疗，能改善病人的第二性征；真两性畸形进行外科手术，有助于症状改善；对于遗传性酶病和分子病的治疗，针对不同的发病环节，采取相应的措施，可收到一定的疗效。

对遗传病的治疗与一般的疾病治疗的疗效不同，有些遗传病治疗初期效果明显，但长期观察则达不到预期目的，有些短期治疗是有效的，长期治疗会产生不良反应。在多基因病的治疗中，注意环境条件的改善更为重要。

二、遗传病治疗的基本方法

遗传病的治疗方法，大致可分为：手术治疗、药物治疗、饮食治疗和基因治疗四类（表 20-4）。

表 20-4　遗传病常用治疗方法

治疗方法	适应证
外科手术治疗	手术修复：唇裂及腭裂、肢端缺陷畸形（并指、多指、裂手足）； 去脾术：球形细胞增多症； 结肠切除术：多发性结肠息肉
药物及饮食疗法	
禁其所忌	苯丙酮尿症（PKU）；半乳糖血症；亮、异亮和缬氨酸枫糖尿症； 半乳糖酶缺乏症；蚕豆病（G6PD 缺乏症）
补其所缺	补胰岛素：胰岛素依赖性糖尿病； 补生长激素：垂体性侏儒； 补第Ⅷ因子：甲型血友病； 补各种酶制剂：溶酶体贮积症、尿苷乳清酸尿症、皮质醇先天性肾上腺皮质增生症
去其所余	肝豆状核变性，家族性高胆固醇血症，铁血色病，痛风
基因治疗	腺苷脱氨酶缺乏症、Ⅷ因子甲型血友病、Ⅸ因子乙型血友病、α_1 抗胰蛋白酶缺乏症、β 地中海贫血、苯丙氨酸羟化酶缺乏症、囊性纤维化症、嘌呤核苷磷酸化酶缺乏、鸟苷酸氨甲酰转移酶缺乏、精氨酸琥珀酸合成酶缺乏、葡萄糖脑苷脂酶缺乏、次黄嘌呤 - 鸟嘌呤磷酸核糖转移酶缺乏

（一）手术治疗

1. 手术矫正　手术矫正是手术治疗的主要手段，包括对受损器官的修补与切除，如先天性心脏畸形可进行手术矫正；对唇裂、腭裂可进行手术修补及缝合；对家族性结肠息肉病人的息肉，睾丸女性化病人的睾丸，应手术切除；对两性畸形病人进行手术矫正；对遗传性球形红细胞增多症可进行脾切除等。近几年来，手术矫正已应用到遗传性酶病的治疗中，例如对家族性高胆固醇血症病人进行回肠 - 空肠旁路手术后可减少肠道的胆固醇吸收，使病人胆固醇水平降低。

2. 器官和组织移植　随着免疫学知识和技术的迅速发展，免疫排斥问题不再是关键的问题，组织和器官移植也逐渐被用来治疗遗传病，使病情得到控制或缓解。肾移植是迄今最成功的器官移植，副作用较其他器官移植小。目前已在糖尿病、家族性多囊肾、遗传性肾炎、先天性肾病综合征和淀粉样变性等 10 多种遗传病进行了肾移植。α_1 抗胰蛋白酶缺乏症病人进行肝移植治疗后，血液中的 α_1 抗胰蛋白酶达到正常水平；神经鞘磷脂贮积症病人肝移植后，病人血、脑脊液、血浆和尿中神经鞘磷脂有

所增加，从而减少脏器中堆积，使得症状缓解。对于免疫缺陷病可以通过骨髓移植重建免疫功能，能够取得一定的疗效。对于1型糖尿病进行胰腺移植，能使血糖恢复到正常。

（二）药物治疗

随着人类基因组的结构及表达调控机制研究的进展，科学家设想一旦能通过某些手段，如药物等，按需要有序地开启或者关闭某一基因的表达，就可以治疗一些遗传性疾病。遗传病的药物治疗原则是“补其所缺，去其所余”。在治疗实施过程中又可分为产前治疗、症状前治疗和现症病人治疗。

1. 产前药物治疗　药物治疗可以在胎儿出生以前就进行，这可以大幅度地减轻胎儿出生后的遗传病症状。产前诊断如确诊羊水中甲基丙二酸含量增高，则提示胎儿可能患甲基丙二酸症，会造成新生儿发育迟缓和酸中毒，在出生前和出生后给母体和患儿注射大量的维生素 B_{12} 能使胎儿和婴儿得到正常发育。又如，羊水中 T_3 异常增高反映胎儿可能甲状腺功能低下，影响胎儿出生后智力、体格发育和代谢水平，给孕妇服用甲状腺素，可改善胎儿发育，如出生后继续服用，可得到正常发育。

2. 症状前治疗　对于某些遗传病，采用症状前药物治疗也可以预防遗传病的病症发生而达到治疗效果。如发现患儿甲状腺功能低下，可给予甲状腺素制剂终生服用，以防止患儿智力和体格发育障碍。而对于苯丙酮尿症、枫糖尿症、同型胱氨酸尿症或半乳糖血症等遗传性酶病则通过对新生儿的筛查，在症状出现前做出诊断，并及时给予治疗，可获得最佳疗效。

3. 现症病人治疗

(1) 激素代替疗法：对某些因X染色体畸变引起疾病的女性病人，可补充激素，以改善体格发育，特别是副性征的发育。如乳清酸尿症，可给予肾上腺皮质激素，使病人智力、体格发育得到改善；又如先天性肾上腺皮质增生症病人，可给予类固醇激素；垂体性侏儒症病人可给予生长激素；糖尿病病人注射胰岛素等都可以使症状得到明显的改善。

(2) 补缺：除激素替代疗法外，有些因某些酶缺乏而不能形成机体所必需的代谢产物的遗传病，如给予补充，症状即可得到改善称为补缺。例如先天性丙种球蛋白缺乏症病人，给予丙种球蛋白制剂，可使感染次数明显减少。

(3) 去余：对那些因各种酶促反应产物过多，造成机体“中毒”的遗传病病人，可用药物除去这些多余的产物或抑制其生成，病人症状即可得到明显改善称去余。如家族性高胆固醇血症病人，用消胆胺能促进胆固醇转化为胆酯，从胆道排出。又如可用血浆置换和血浆过滤法替换含高胆固醇的血液。

(4) 酶疗法：遗传性酶病往往是由于基因突变造成酶的缺失或活性降低，可用酶诱导和酶补充的方法来治疗。如新生儿非溶血性高胆红素Ⅰ型是AD病，病人因肝细胞内缺乏葡萄糖醛酸尿苷转移酶，造成胆红素在血中滞留而引起黄疸、消化不良等症状；如服用苯巴比妥，能诱导肝细胞滑面内质网合成此酶，症状即可消失。线粒体遗传病一般表现为氧化磷酸化能力下降或者氧化 - 抗氧化能力被破坏，造成机体供能不足，对这类疾病的治疗常采用酶补充疗法，如用辅酶Q或辅酶Q与琥珀酸盐协同治疗眼肌病可取得一定的疗效。

然而许多情况下，直接输入酶制剂，往往会受到体内免疫破坏。最近发现，采用将纯化酶制剂装入载体后再输给病人的办法，可提高疗效。为了能将酶直接导向靶组织引入相应的亚细胞部位，以发挥最佳的治疗效果，可先将纯化酶进行一定的改造，再用靶细胞表面特殊受体的抗体包裹，使其输入体内后易于为靶器官识别并与之发生特异性结合，对于需要导入脑组织的酶制剂，在做鞘内注射输入前，应先用高渗糖液“打开”血 - 脑屏障，使酶能充分进入脑组织内发挥疗效。

(5) 维生素疗法：有些遗传性酶病是酶反应辅助因子——维生素合成不足，或是缺陷的酶与维生素辅助因子的亲和力降低导致的，因此供应相应的维生素可以纠正代谢的异常。例如叶酸可治疗先天性叶酸吸收不良等。

（三）饮食疗法

饮食治疗遗传病的原则是“禁其所忌”，即针对因代谢过程紊乱而造成的底物或前体物质堆积的情况，制定特殊的食谱或配以药物，以控制底物或前体物质的摄入量，降低代谢物的堆积。

1. 产前治疗　目前，医学遗传学技术能根据系谱分析或产前诊断对多种遗传病胎儿进行确诊，有

些遗传病如果在其母亲怀孕期间就进行饮食疗法，会使患儿症状得到有效改善。例如，对患有半乳糖血症风险的胎儿，在孕妇的饮食中限制乳糖和半乳糖的摄入量而代替以其他的水解蛋白，胎儿出生后再禁用母乳和牛乳喂养，患儿会得到正常发育。

2. 现症病人治疗 1953 年 Bickel 等首次用低苯丙氨酸饮食疗法治疗苯丙酮尿症病人，治疗后病人体内苯丙氨酸明显减少，症状得到缓解。现在经改良已有商品化的低（无）苯丙氨酸奶粉出售，如果在出生后立即给苯丙酮尿症患儿服用这种奶粉，患儿就不会出现智力障碍等症状。随着患儿年龄的增大，饮食治疗的效果就越来越小。患儿到 5 岁左右各种症状即已出现，就难以逆转，所以一定要早诊断早治疗。

尽管能进行上述治疗，从临床角度来看，可以说只是“缓解”或“治愈”，但从遗传学以及对家庭、社会、群体等方面来看，却不能说是根治。目前，可能达到根治的途径只有基因治疗。

（四）基因治疗

传统的基因治疗是指通过基因转移技术将目的基因插入适当的受体细胞中，成为病人遗传物质的一部分，外源基因的表达产物起到对疾病的治疗作用。广义的基因治疗还包括通过一些药物或反义 RNA，在 DNA 或 RNA 水平上采取的治疗某些疾病的措施和技术。基因治疗是治疗遗传病的理想方法。

1. 基因治疗的策略

（1）基因置换：用正常基因通过体内基因同源重组，原位替换病变细胞内的致病基因，使细胞内的 DNA 完全恢复正常状态。

（2）基因增补：将目的基因导入病变细胞或其他细胞，不去除异常基因，而是通过目的基因的非定点整合，使其表达产物补偿缺陷基因的功能或使原有的功能得到加强。

（3）基因失活：早期一般是指反义核酸技术。它是将特定的反义核酸，包括反义 RNA、反义 DNA 和核酶导入细胞，在翻译和转录水平阻断某些基因的异常表达。

2. 基因治疗的基本步骤

（1）目的基因转移：目的基因转移方法可分为两大类：病毒方法和非病毒方法。基因转移的病毒方法中，RNA 和 DNA 病毒都可用为基因转移的载体，常用的有反转录病毒载体和腺病毒载体。转移的基本过程是将目的基因重组到病毒基因组中，然后让重组病毒感染宿主细胞，以使目的基因能整合到宿主基因组内。非病毒方法有磷酸钙沉淀法、脂质体转染法、显微注射法等。

（2）目的基因表达：目的基因表达是基因治疗的关键之一。为此，可运用连锁基因扩增等方法适当提高外源基因在细胞中的拷贝数。在重组病毒上连接启动子或增强子等基因表达的控制信号，使整合在宿主基因组中的新基因高效表达，产生所需的某种蛋白质。

（3）安全措施：为避免基因治疗的风险，在应用于临床之前，必须保证“转移 - 表达”系统绝对安全，使新基因在宿主细胞表达后不危害细胞和人体自身，不引起癌基因的激活和抗癌基因的失活等，尤其是在将反转录载体用于基因转移时，必须在应用到人体前预先在人骨髓细胞、小鼠体内和灵长类动物体内进行类似的研究，以确保治疗的安全性。

3. 基因治疗临床中存在的问题及解决办法

（1）导入基因的持续表达问题：因为靶细胞有一定的寿命限制，需要反复治疗，治疗过程频繁、花费高。

（2）导入基因的高效表达问题：迄今，所有导入基因表达率都不十分高，逆转录病毒须带有高效的启动子。

（3）安全性问题：逆转录病毒载体有诱导肿瘤或并发症的可能，载体病毒自发重组产生有包装能力的辅助病毒或辅助病毒污染导致机体病变。因此，在基因治疗中必须严格控制每一步骤，特别是不能有辅助病毒污染和载体病毒之间重组事件发生。

（4）伦理学问题：生殖细胞基因治疗可将遗传改变直接传递给后代，对后代有危险性；载体与外源基因的随机插入，也会影响靶细胞基因组的稳定性，不稳定的基因组同样有不可知的危险性。

基因治疗是遗传病治疗的一种崭新手段，为遗传病和肿瘤的治疗开辟了广阔的前景，尽管在研究中还存在一些问题，如许多遗传病还缺乏动物模型，基因的定位导入技术有待改善，导入基因表达水平的控制需要进一步掌握等，但基因治疗毕竟已经度过了它的启动阶段，从长远看，基因治疗会产生

巨大的社会效益，尤其是在继续完善体细胞基因治疗的同时，加快对生殖细胞基因治疗的研究与临床试验，将使人类遗传病的根治技术得到更快发展。

第三节　遗传病的预防

遗传病种类繁多，在人类所患疾病中占有相当大的比重，而绝大多数遗传病尚难以治疗或缺乏有效的治疗措施，即使那些能治疗的遗传病，由于费用昂贵，也难以普遍实行。因此，采取各种有效措施，预防遗传病的发生就显得至关重要。

在遗传病预防方面，世界上采用产前诊断、遗传筛查和遗传咨询三结合的方法，使遗传病的发生得到有效的控制。为更好地了解各地区遗传病病种及发病情况，控制其在一些高危家庭中的发生和在群体中的流行，遗传病的登记和随访、遗传保健工作也是预防遗传病不可或缺的措施。我国也是如此，通过积极有效的预防，一些严重危害人类健康的遗传病都得到了较好的控制。目前，全国各地的遗传医学中心与其他相关部门密切协作，有计划地开展工作，在做好产前诊断、遗传筛查和遗传咨询的同时，还在遗传病的登记和随访、遗传保健等方面做了大量工作，取得了较好的成效。遗传病的预防主要从三个方面进行，即出生前诊断（产前诊断）、遗传筛查和遗传咨询。此外，遗传病的预防也包括遗传病的登记和随访、遗传保健等工作。

一、产前诊断

产前诊断的主要目的是对未出生胎儿做出是否患遗传病的正确判断，以防止遗传病患儿的出生。内容详见本章第一节。

二、遗传筛查

遗传筛查能及早发现病人和致病基因携带者，是防止患儿出生和降低群体发病率的有力手段，可从三方面着手：

1. 出生前筛查　出生前的遗传筛查即产前诊断。在遗传咨询的基础上，对高危妊娠进行筛查，及早了解胎儿发育情况，一旦发现异常胚胎视情况进行处理，或选择性流产终止妊娠，或对患儿进行宫内治疗。

2. 新生儿筛查　是出生后预防和治疗某些遗传病的有效方法，目前我国已经将新生儿筛查列入优生的常规检查项目。由于遗传病种类很多，不可能对每个新生儿进行数千种遗传病的筛查，一般选择那些发病率高、危害性大、治疗效果好并有可靠诊断方法的疾病进行筛查。目前我国列入筛查的疾病有：苯丙酮尿症（PKU）、葡萄糖6磷酸酶（G6PD）缺乏症、半乳糖血症、先天性甲状腺功能低下、肌营养不良等。

3. 携带者筛查　遗传携带者是指表型正常，但带有致病的遗传物质并能传递给后代的个体，一般包括隐性遗传病杂合体者，显性遗传病未表现者，表型尚正常的延迟显性外显者，染色体平衡易位和染色体倒位的个体等。

(1) 遗传携带者的检出对遗传病预防的意义：在人群中，虽然许多隐性遗传病的发病率不高，但杂合体的比例却相当高。例如苯丙酮尿症的隐性纯合体在人群中约为1/16 500，而携带者（杂合体）的频率为1/65，为隐性纯合体频率的250倍。对发病率很低的遗传病，一般不做杂合体的群体筛查，仅对病人亲属及其对象进行筛查，也可以收到良好效果。对发病率高的遗传病，普查携带者效果显著。例如我国南方各省的α及β珠蛋白生成障碍性贫血的发病率特别高（共占人群8%~12%，有的省或地区更高），因此检出双方同为α或同为β珠蛋白生成障碍性贫血杂合体的机会很多，对检出的杂合体进行婚姻及生育指导，配合产前诊断，就可以从第一胎起防止重型患儿出生，从而收到巨大的社会效益和经济效益，不仅降低了本病的发病率，而且防止了不良基因在群体中播散。染色体平衡易位及倒位携带者生育死胎及染色体病患儿的机会很大，因此，染色体平衡易位及倒位携带者的检出就显得十分重要。

（2）遗传携带者检出的理论依据及方法：隐性致病基因杂合体检出方法的理论依据是基因的剂量效应，即基因产物的剂量，杂合体介于隐性纯合体与正常个体之间，约为正常个体的半量（图 20-7）。杂合体携带者的检测方法大致可分为临床水平、细胞水平、酶和蛋白质水平及分子水平。临床水平，一般只能提供线索，不能准确检出，故已基本弃用。细胞水平主要是染色体检查，多用于平衡易位携带者的检出。酶和蛋白质水平的测定（包括代谢中间产物的测定），目前对于一些分子代谢病杂合体检测尚有一定的意义，但正逐渐被基因诊断的方法所取代。

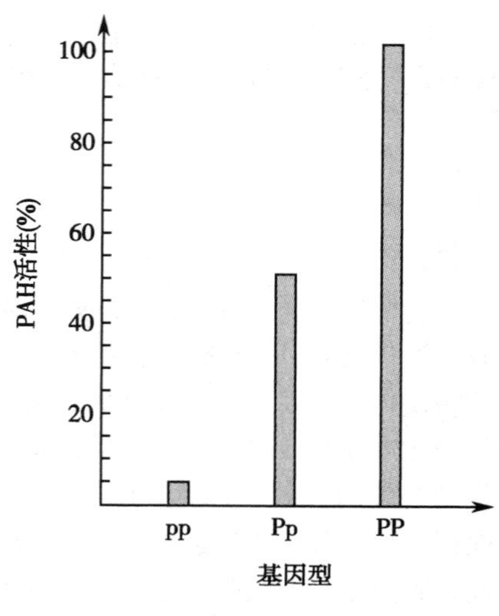

图 20-7　苯丙氨酸羟化酶（PAH）活性变异图

三、遗传咨询

遗传咨询（genetic counseling）又叫遗传商谈，是指医生或医学遗传学工作者和咨询者就某种遗传病在一个家庭中的发生、再发风险和防治上所面临的问题进行商谈和讨论，使遗传病病人或其亲属对遗传病有全面的了解，选择出最恰当的对策，并在咨询医生的帮助下实施，以获得最佳防治效果的过程。在遗传咨询过程中，医生需要解答咨询者或其亲属提出的有关病因、遗传方式、诊断、预防、治疗及预后等问题，估计再发风险（率）或患病风险，并提出建议及指导供病人和亲属参考。遗传咨询包括婚前咨询、生育咨询、一般咨询。遗传咨询的意义在于：

（1）减轻病人身体和精神上的痛苦，减轻病人及其亲属的心理压力，帮助他们正确对待遗传病，采取正确的预防、治疗措施。此外，通过遗传咨询还可以尽可能地降低遗传病的发病率，降低有害基因的频率，减少传递机会。因此，遗传咨询是在一个家庭范围内预防遗传病患儿出生的最有效的方法。

（2）通过广泛开展遗传咨询，配合有效的产前诊断和选择性流产等措施，能较大程度地降低遗传病患儿的出生，进而降低群体的发病率，从根本上改善人口素质，从而减轻家庭的精神和经济负担以及社会的压力。

婚前检查就是通过对婚前男女进行病史询问、家系调查及健康普查，及时发现对婚姻、生育等有妨碍的疾病，针对调查情况进行恰当处理。婚前检查不仅能减少遗传病患儿的出生，还能保障夫妻婚后和睦、生活美满、家庭稳定。

1. 遗传咨询的对象和步骤

（1）遗传咨询的对象：概括地说，有以下情况之一者应进行遗传咨询：①夫妇一方（或双方）患有某种遗传病，需要给予生育指导；②一对夫妇已生了一个遗传病患儿，询问再发风险者；③夫妇婚后多年不育或出现原因不明的习惯性流产，寻找不育或流产的原因；④家属中有遗传病病人，担心子代是否也会患该病；⑤近亲婚配的夫妇，要求给予生育指导；⑥家庭成员中有人患有病因不明的疑难杂症，需要肯定或排除遗传病的可能性。

遗传咨询过程中，咨询医师起主导作用，除一般性咨询外，咨询者提出的问题主要有：①所患疾病是不是遗传病？②该病有无治疗方法，预后如何？③对后代有无影响？遗传咨询应贯彻非指令性原则，还应根据病人或其父母心理上的变化进行必要的开导启发，使他们能理智地面对现实。如此才能使咨询达到良好的效果。

（2）遗传咨询的步骤：

1）认真填写病历，做好各种病历文书的书写。要填写详细的遗传咨询病历并绘制系谱，还应将病历材料妥善保存以备后续咨询使用。

2）对病人做体检。根据病人的症状和体征，建议病人做必要的辅助性检查和有针对性的实验室检查，如染色体检查、生化检查及基因分析等。必要时这类检查还需扩展到病人的一级亲属，特别是其父母。一般说来，初次遗传咨询不能做出诊断，需要在第二次或第三次咨询时才能根据病史、家族

史、临床表现及实验室检查结果做出初步诊断。

3）估计再发风险。对那些要求生育第二胎的咨询者要做出再发风险的估计。

4）与咨询者商讨对策，由咨询医师提出对策与咨询者共同商讨，对策包括劝阻结婚、避孕、绝育、人工流产、人工授精、产前诊断、积极改善症状等。应特别注意的是，咨询医生只提出可供咨询者选择的若干方案，并阐明各种方案的优缺点，让咨询者自己做出抉择，咨询医生不应代替咨询者做出决定。咨询医生应说服咨询者执行婚姻法及优生法的有关规定。

5）随访和扩大咨询。为确定咨询者提供信息的可靠性，观察遗传咨询的效果和总结经验教训，需要对咨询者进行随访，以便改进工作。若从全社会或地区降低遗传病发病率的目标出发，咨询医生还应主动追溯病人家属中其他成员的患病情况，特别是查明家属中的携带者，这样可以扩大预防效果。但由于受“家丑不可外扬”观念的影响或涉及今后“谈婚论嫁”的困难，咨询者往往采取不合作的态度，此时需要耐心地做说服教育工作，力争使咨询者转变态度，配合工作，使之收到应有的效果。

2. 遗传病再发风险的估计　再发风险又称复发风险，是指在已出现某种遗传病病人的家系中，再出现该病患儿的概率。再发风险估计是遗传咨询的核心内容。再发风险一般用百分率(%)或比例(1/2、1/4……)表示。一般认为，再发风险在10%以上属高风险，5%~10%为中度风险，5%以下属低风险。也有人认为10%以下都属低风险。再发风险的不同表述方式往往对咨询者产生不同的心理效应，比如一位40岁的初产妇，咨询生育21-三体综合征患儿的风险。你若告诉她风险是1%，她可能会认为风险不大，很安全，但如你回答是比年轻妇女高10倍，她可能就会认为风险很高，同意不再生育或进行产前诊断。

(1) 单基因病再发风险的估计：单基因病可根据孟德尔定律做出估计，染色体病和多基因病可以该病的群体发病率作为经验危险率（只有少数例外）。本节着重介绍单基因病再发风险的估计方法。

单基因病再发风险可根据家系调查获得的信息，按孟德尔遗传规律加以估计。若所获信息能确定亲代的基因型，则子代的再发风险可按单基因遗传的传递规律估计出来。若亲代的基因型不能确定，那么子代的再发风险可按Bayes逆概率定理进行估计。

1）亲代基因型已推定时再发风险的估计：在亲代基因型已推定时，根据此遗传病的遗传方式就能得出子代的再发风险：

a. 常染色体显性遗传病，此类疾病能结婚并生育的主要是杂合体病人。当夫妇一方患病时，每胎的再发风险是1/2；夫妇双方均正常时，再发风险是0。

b. 常染色体隐性遗传病，此类疾病只有隐性纯合体发病，若夫妇表型正常，可推定这对夫妇均为杂合体，那么子代再发风险是1/4，表型正常的子代是杂合体的可能性为2/3。

c. X连锁显性遗传病，此类疾病的发病存在性别差异。如果丈夫患病妻子正常，则他们的儿子全部正常，而女儿全部是杂合体病人；当妻子患病丈夫正常时，他们的儿子和女儿均有1/2的发病机会；若夫妇双方均患病，则女儿全部患病，而儿子发病风险仅为1/2。

d. X连锁隐性遗传病，此类疾病发病也有性别差异。当丈夫患病妻子正常时，儿子全部正常，女儿全部是杂合体；当妻子为携带者丈夫正常时，儿子的发病机会是1/2，女儿的患病机会为0，但女儿有1/2可能性为杂合体。

2）亲代基因型未推定时再发风险的估计：在夫妇双方或一方的基因型不能确定的情况下，要利用家系资料或其他有关数据，用Bayes逆概率定理来推算再发风险。Bayes定理是一种确认两种相互排斥事件（互斥事件）相对概率的理论。在医学遗传学中，有两种情况较多使用Bayes定律：一是AD不完全外显遗传或延迟显性遗传的情形；二是某人可能为AR或XR隐性致病基因的携带者。

利用Bayes理论，遗传咨询中概率的计算包括：①前概率（prior probability），是指根据孟德尔定律推算出来的理论概率。对同一种遗传病而言，每一家系、每一组合的前概率都是固定不变的。②条件概率（conditional probability），是根据已知家庭成员的健康状况、正常孩子数、子代发病情况、实验室检查结果等资料，推算出产生这种特定情况的概率。③联合概率（joint probability），是前概率和条件概

率所描述的两事件同时发生的概率，即两概率的乘积。④后概率（posterior probability），又称总概率，指每一联合概率在所有联合概率中所占的比例。与前概率相比，后概率还包括该家系的其他信息，所以数据更为准确。

下面举例说明 Bayes 定理在估计再发风险中的应用。

例 1：一妇女表型正常，其父亲为视网膜母细胞瘤（RB）病人（图 20-8）。已知 RB 的遗传方式是 AD，不完全外显，外显率为 90%，试问该妇女将来生育子女患该病的风险有多大？

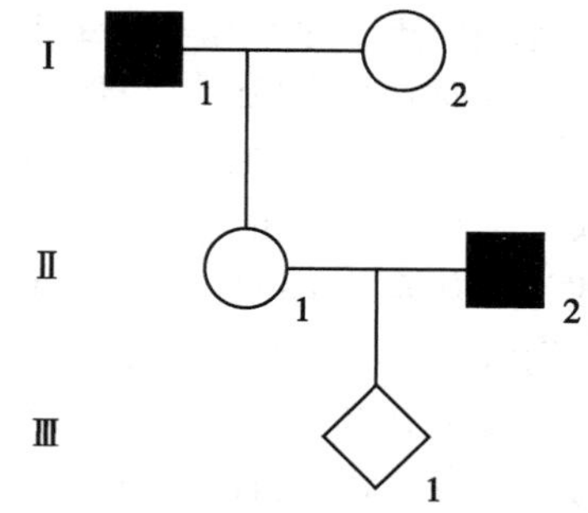

图 20-8　一个视网膜母细胞瘤系谱

本病中，该妇女表型正常，但因 RB 为不完全外显，所以她也有可能是致病基因的携带者。使用 Bayes 定律，可计算出该妇女携带致病基因的概率（表 20-5）。

表 20-5　例 1 的后概率计算

	该妇女是杂合体（Aa）	该妇女不是杂合体（aa）
前概率	1/2	1/2
条件概率	0.1（10% 不外显）	1
联合概率	1/2 × 0.1=0.05	1/2 × 1=0.5
后概率	0.05/（0.05+0.5）=0.09	0.5/（0.05+0.5）=0.91

由计算可知，该妇女为携带者的概率为 9%。当该妇女为携带者时，其后代基因型为 Aa 的概率为 1/2，而基因型为 Aa 的个体外显率为 90%，所以她生育第一个孩子患 RB 的风险为 0.09 × 1/2 × 90%=0.041=4.1%。如果她已生育有一患儿，表明该妇女为携带者，再生育时发病风险为 1/2 × 90%=0.45=45%。

例 2：一妇女 A，其两个舅舅为假肥大型肌营养不良症（DMD）病人，该妇女有 4 个弟弟表现均正常，系谱如图 20-9 所示。该病为 X 连锁隐性遗传病。她担心自己也生下患病的孩子，故前来咨询她将来生育子女患病的风险有多大？

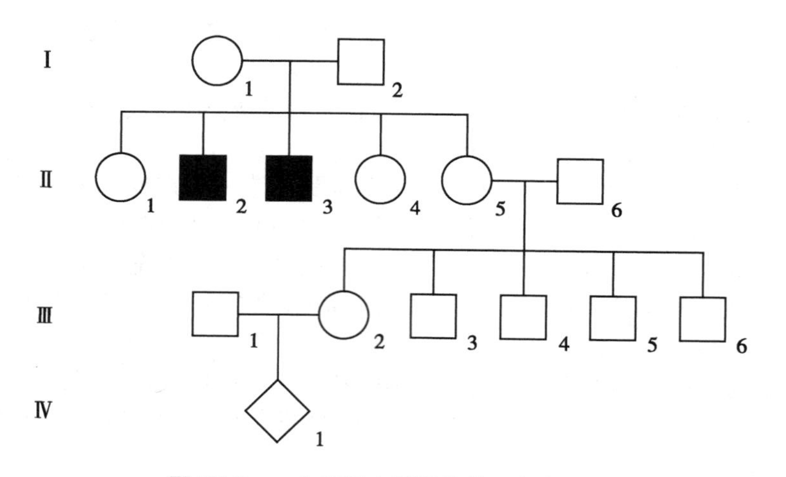

图 20-9　一个假肥大型肌营养不良症系谱

本例中，关键是要知道Ⅲ$_2$ 为杂合体的风险有多大？此概率的大小应由 A 的母亲Ⅱ$_5$ 来决定。Ⅱ$_5$ 是可疑的携带者，所以应先计算出Ⅱ$_5$ 是携带者的概率。因舅舅为 DMD 病人，则Ⅰ$_1$ 为致病基因携带者，根据家系分析，Ⅱ$_5$ 是携带者和正常基因型的机会各是 1/2，可见Ⅱ$_5$ 的基因型尚不能肯定，但她曾连续生下四个正常的男孩，则其为携带者的机会便降低了。如果女性杂合体完全不能检测或测出机会很少时，可用 Bayes 定律来推测（表 20-6）。

表 20-6　例 2 的后概率计算

	II_5 是杂合体（X^AX^a）	II_5 不是杂合体（X^AX^A）
前概率	1/2	1/2
条件概率	$(1/2)^4$=1/16（连续生下四个正常的男孩）	1
联合概率	1/2 × 1/16=1/32	1/2 × 1=1/2
后概率	1/32/（1/32+1/2）=0.0589	1/2/（1/32+1/2）=0.9411

通过计算，II_5 是杂合体携带者（X^AX^a）的概率为 5.89%。据以上运算，由于II_5 生了四个正常儿子，她是杂合体的概率从 50% 降到了 5.89%。其生育正常的儿子越多，她是杂合体的可能性就越小。III_2 是II_5 的女儿，是杂合体携带者（X^aX^a）的概率为 0.0589 × 1/2=0.0295，那III_2 生下患儿的风险为 0.0295 × 1/2=0.0148。所以，前来咨询的妇女 A 将来生育子女患这种病的风险为 1.48%。

(2) 多基因遗传病再发风险：多基因遗传病有一定的遗传基础，且往往有家族性倾向，但是他们的遗传形式不是取决于一对基因，而是多对基因和环境因素共同作用的结果，因而在其遗传中往往出现累积作用，同一家族中与一般的群体相比有较高的再发率。

多数先天畸形为多基因遗传，在新生儿中发病率约为 1%，其再发率较低，多在 10% 以下，常为 5% 或更少，但其受累同胞的再发率约为人群发病率的平方根，如人群中的发病率为 1/1000（先天畸形足、唇裂、腭裂），则其同胞再发的危险性为$\sqrt{1/1000}$，即 3% 左右；一个家庭中如果已有两个小孩受累，则以后再发生畸形的危险性明显增加。如一个病人发病，其以后再发的危险性仅为 5%，而当这个病儿受累后，则再发的危险性增加到 12%~15%，而且畸形越严重，其再发的危险性越大；先天畸形，往往多见于一个性别，如 70% 的无脑儿见于女性，80% 以上的幽门狭窄见于男性。

多基因病再发风险的估计应用参数较多，变量较大，随着一些实用的多基因遗传数学模型的相继建立，现已都用电子计算机来计算，使多基因遗传病再发风险的估计更趋准确且更容易操作。

(3) 染色体病再发风险的估计：染色体病一般均为散发，临床上很少见到一个家庭中同时出现 2 个或 2 个以上染色体病病人。畸变主要发生在亲代生殖细胞的形成过程中，因此再发风险实际上就是群体发病率。

但是，若双亲之一为染色体的平衡易位、倒位携带者或嵌合体，子代就有较高的发病风险。此外，大多数三体综合征的发生与母亲的生育年龄呈正相关，即随着母亲年龄增大，三体综合征的发病风险也随之增大。有人推测，这可能是因 35 岁以上妇女的卵巢开始退化，从而导致卵细胞形成过程中高发染色体不分离之故。

四、遗传登记和随访

遗传登记是指遗传保健服务机构对本地区某些严重的遗传病家系进行登记。

1. 遗传登记的类型　根据不同的目的，遗传登记可分为以下几种：①临床遗传登记，目的是观察某些遗传病的发病过程和不同治疗手段的治疗效果等；②遗传流行病学登记，是为确定某群体中遗传病的发病率和流行规律，以便正确估计遗传因素、环境因素在发病中所起作用的大小；③跟踪遗传登记，主要是估计遗传咨询或产前诊断的实际效果，同时也可对一个地区的遗传保健工作做出评估；④预防性遗传登记，主要是通过对高风险产妇进行遗传咨询和产前咨询，减少遗传病的发病率和遗传负荷。

2. 遗传登记的适应证　一般是群体发病率相对较高，症状较严重，且大多数发病较晚又无很好治疗手段的遗传病。

3. 遗传登记的内容　遗传登记的内容应包括个人病史、发育史、婚育史、系谱绘制、生育史、亲属病情、风险个体、近亲婚配和资料的统计整理等。必须注意：遗传登记贮存的数据均为有关家系的隐私，属于保密范围。

4. 遗传随访　是指对已确诊的遗传病病人及家属作定期地门诊检查或家访，以便动态地观察病人及家属各成员的变化情况，同时给予必要的医疗服务。随访又分短期随访和长期随访两种。

五、环境保护

随着工农业生产的发展，环境污染与日俱增。大量废水、废气、废渣正严重威胁着人类健康，并已造成一定危害，因为环境污染不仅会直接引起一些严重的疾病（如砷、铅和汞中毒及其他职业病），而且会造成人类的遗传物质的损害而影响后代，造成严重后果。环境污染对人类遗传的危害主要有下述几个方面：

1. 诱发基因突变　能诱发基因突变的因素称诱变因素或诱变剂。除了电离辐射有强烈的诱变作用以外，食品工业中用以熏肉、熏鱼的着色剂、亚硝酸盐以及用于生产洗衣粉的乙烯亚胺类物质，农药中的除草剂，杀虫的砷制剂等都能诱发基因突变。

2. 诱发染色体畸变　可诱发染色体畸变的物质称染色体断裂剂，如乙烯亚胺；药物中的烷化剂如氮芥、环磷酰胺等，核酸类化合物如阿糖胞苷、氟尿嘧啶等；抗叶酸剂如甲氨蝶呤；抗生素如丝裂霉素c、放线菌素d、柔红霉素；中枢神经系统药物如氯丙嗪、甲丙氨酯等；食品中的添加剂如咖啡因、可可碱等都是染色体断裂剂。一些生物因素如病毒感染可引起染色体畸变。电离辐射也是强烈的诱发染色体畸变的因素。

3. 诱发先天畸形　作用于发育中的个体体细胞能产生畸形的物质称为致畸因子或致畸剂。一般胚胎发育第20~60天是对致畸因子的高度敏感期，此期应特别注意避免与上述因子接触。

环境污染造成的公害影响是严重而深远的。因此，做好“三废”的妥善处理，避免超剂量接触电离辐射、诱变剂和致畸剂，宣传戒酒戒烟（已证明乙醇和尼古丁对生殖细胞有损伤作用），对各种新化学产品在出厂前进行严格的诱变作用检测，并对其使用进行必要的限制等。目前，我国食品安全法、水法、大气污染防治法、环境保护法、产品质量法等法律法规的相继出台，为实现“绿水青山就是金山银山”的环境治理目标、防止环境污染可能造成的遗传损伤提供了可靠保障。

第四节　优　　生

我国每年约有1700万新生儿出生，其中1%~2%的新生儿存在出生缺陷。因此，学习优生学的基本理论，“控制人口数量，提高人口素质”仍是我国的一项长期基本国策。引起出生缺陷的主要原因是遗传和环境等因素的共同作用，目前遗传病尚无根治的良方，因而积极采取优生措施，预防遗传病的发生是十分必要的。

一、优生学概述

优生学（eugenics）是应用遗传学、医学等原理和方法研究如何改良人类遗传素质的科学。其目的是在社会、文化、伦理的支持下，以生物学、医学、环境科学和遗传学为基础，通过优生咨询、产前诊断、选择性流产等优生措施，提高出生人口素质，使人类能够获得体质健康、智力优秀的后代。

优生学是一门发展中的科学，是既要以医学遗传学、临床医学及环境科学为基础，又要涉及社会科学和自然科学领域的综合性的应用科学。它是一门基础理论学科，也是一种政策性很强的社会运动。因此，只有优生学研究工作和优生运动双方面共同发展，才能进一步较快地提高我国的人口质量。

优生学可分为正优生学和负优生学。正优生学即演进优生学，研究如何增加能产生有利表型的等位基因频率。正优生学措施包括：①人工授精，即建立精子库，以优质的精子帮助基因缺陷的夫妇生育健康的后代；②体外受精-胚胎移植，胚胎移植技术即试管婴儿，是分别将卵子和精子取出后，置于培养液内使其受精，再将发育正常的胚胎移植回母体子宫内发育成胎儿的过程；③重组DNA技术，应用重组DNA技术来改造人类遗传素质是分子生物学上的新成就，即把一种生物中的DNA（基因）提取出来，经过处理，引入另一种生物体内，使两者的遗传物质结合起来，从而培养育出具有新的遗传性状的生物。负优生学又称预防性优生学，侧重于研究如何降低产生不利表型的等位基因频率。实际上是遗传病的预防问题，主要包括：环境保护，携带者的检出，遗传咨询，婚姻指导，选择性流产和新生儿筛查等。

试管婴儿技术

自 1978 年世界上第一例试管婴儿诞生至今，试管婴儿技术也经历了第一代、第二代到第三代的变迁。第一代技术更接近于自然受孕方式，它是把卵子和精子取出后放在器皿里让他们自由结合，主要适用于女方原因造成的不孕，如输卵管阻塞等虽经反复常规治疗仍未获得妊娠者；第二代技术也叫卵泡浆内单精子注射术（ICSI），是指将单个精子通过显微注射技术注入到卵母细胞浆内，从而使精子和卵母细胞被动结合受精，形成受精卵发育成胚胎后移植到孕母体内，这种技术适用于男性原因导致的不孕症；第三代技术也称 PGS/PGD 基因检测，通过该技术对囊胚进行 125 种遗传学疾病的筛查诊断，剔除出有遗传基因问题的囊胚，挑选出 100% 健康的囊胚植入母体，从而实现优生优育。

二、现代优生学研究的范围

优生学是一门综合性的科学，发展非常迅速。根据其研究的侧重点不同可划分为四个部分。

（一）基础优生学

从医学遗传学和基础医学方面进行优生课题的研究，对有关遗传性、先天性疾病的种类、分布和发生率的流行病学调查，找出导致出生缺陷的因素、作用原理及如何防止其作用而达到优生的目的。它可以为优生政策、优生立法和优生技术措施提供可靠的基础资料。

（二）社会优生学

从社会科学和社会运动方面进行优生学研究。其目的在于推动优生立法，贯彻优生政策，展开优生宣传教育，使优生工作群众化和社会化，从而达到提高全民族人口素质的目的。

（三）临床优生学

对与优生有关的医疗措施的研究，可分为两大支：一支为预防性优生，又称负优生或消极优生，着重研究如何降低产生不利表型的等位基因频率，避免出生不良的后代，防止患病，淘汰劣生。其主要内容有：婚前咨询及婚前检查、孕前咨询、孕期指导、产前诊断等。另一支为演进性优生，又称正优生或积极优生，着重研究如何增加能产生有利表型的等位基因频率，出生优秀的后代，从促进新生儿先天素质更为优秀的角度研究优生。其主要内容有：精液冻存、人工授精、体外受精、受精卵转移、配子输卵管移植与重组 DNA 技术等。两者目的一致，均为减少不利的遗传因素、增加有利的遗传因素来提高人口素质。

（四）环境优生学

随着工农业化进程的加快和生态科学、环境科学的发展，环境优生学的内容也得到充实。环境优生学主要研究环境与优生的关系，通过环境污染的治理，防止有害因素对人类健康的影响。由于物理因素、化学因素、生物因素的有害环境对人类健康的影响越来越大，因而消除公害，防止各种有害物质对母体、胎儿和整个人类健康的损害等，是环境优生学研究的重要任务。

三、影响优生的因素

优生是一个复杂的过程，每个新生命诞生都有可能受到遗传因素、环境因素、营养因素、不良嗜好因素、免疫因素、微生物感染、职业因素、围生期疾患等因素的影响。以下介绍几种影响优生的主要因素：

（一）环境因素对优生的影响

出生缺陷的发生因素包括遗传因素和环境因素。有些出生缺陷主要是由遗传因素决定，有些主要是由环境因素决定，有些则是遗传因素和环境因素共同作用的结果。环境因素与出生缺陷的关系已越来越受到人们的关注，一般认为，出生缺陷的原因可分为：①遗传因素 25%；②环境因素 10%；③遗传与环境因素共同影响的结果 65%。而环境中的物理、化学和生物因素对优生有着重要影响。

1. 物理因素　目前已确定的对人类有致畸作用的物理因素有射线、机械性压迫和损伤等。特别

是射线对人类危害很大，如电离辐射中常见的放射线有 X 射线、α 射线、β 射线、γ 射线。长期小剂量电离辐射可引起基因突变，大剂量可引起染色体畸变。噪声、震动和射频辐射、高温、低温等都会对孕妇和胎儿产生不良影响。因而，对由于职业原因要经常接触以上因素的女职工，应加强防护措施，孕期最好暂时调离存在有害因素的作业环境。

2. 化学因素　由于环境中的化学有害因素对工农业污染严重，环境污染可产生含有大量致突变、致畸以及其他危害人类健康的物质，如化学工业中的铅及其化合物、汞及化合物、汽油、多氯联苯等均可通过胎盘进入胎儿体内。日本 1953 年发生了汞污染水源事件，人食入了中毒的鱼和贝类，因而引起了汞中毒。该病患儿出现畸形、智力减退、生长发育不良等症状，有的则因脑损伤而死亡。人们接触农药和食物中残存的农药，也会对机体产生影响，目前发现有 30 多种农药具有胚胎毒性作用。霉变的花生、玉米、稻谷中产生的黄曲霉毒素、食品添加剂中的 *N*- 亚硝基化合物等都是强烈的致癌物、致畸剂。在妊娠期间接触有害化学物质，可使胎儿发生功能障碍，导致胎儿生长发育迟缓和智力减退，严重者还可导致胎儿多发畸形、自然流产或胎儿死亡。

3. 生物因素　生物因素对优生的影响主要表现在，孕妇在妊娠期间受到致病微生物感染而引起胎儿感染，为宫内感染。妊娠早期的急性病毒感染可引起死胎、流产，非致死性感染可造成先天畸形。宫内感染主要有：巨细胞病毒感染、风疹病毒感染、单纯疱疹病毒感染、乙型肝炎病毒感染、弓形虫感染、梅毒螺旋体感染等。

（二）营养因素对优生的影响

孕妇营养问题已得到公众的广泛重视，全面均衡地摄取营养是胎儿正常发育的物质基础，对胎儿的体格发育、脑的发育和行为发育具有重要作用。

孕期母体营养不足，使胎儿在生长发育期间缺乏营养，影响脑神经细胞的增殖和发育，致出生后智力低下。现代社会，人们的生活水平得到很大提高，营养缺乏的少了，营养过剩的多了。巨大儿出生率的增加，导致剖宫产率和难产率上升，进而导致伤残儿出生率的增加，也为成人后疾病的发生埋下了隐患。因此，孕期要十分注意合理的营养和平衡膳食，各种营养素既要有合适的比例，供应的量也要适当。饮食除保障糖类、脂肪等热能供给外，还要提供丰富的蛋白质、无机盐及维生素。

（三）孕妇妊娠合并症及并发症对胎儿的影响

妊娠期合并症和并发症对母婴健康可构成严重威胁，并直接影响到胎儿的生长发育。

妊娠合并高血压、妊娠合并贫血、妊娠合并糖尿病等可造成胎儿流产、早产、死产或新生儿先天畸形。在妊娠和分娩过程中发生的产前出血、早产、过期妊娠、胎儿窘迫、脐带脱垂、产程延长等产科并发症，大多也会对胎儿或母体产生不同程度的影响。一般来说，对母亲有严重影响者也会波及胎儿，而胎儿窘迫、脐带脱垂等则直接危及胎儿。许多研究表明，孕期感染如风疹、巨细胞及单纯疱疹病毒可使胚胎发生致死性畸形，如先天性心脏病、脑瘫、聋哑、血液病等，有些则是在婴幼儿甚至青少年时代发病，造成家庭的不幸。研究还表明，怀孕早期发生高热可造成胚胎小头畸形，智力障碍。孕期应增强体质，提高抗病能力，若怀孕早期出现感染、高热应及时终止妊娠，以免后患。

（四）孕妇心理因素对胎儿的影响

孕妇在怀孕的过程中，一定要保持良好的心理状态。大量的生理学及生物化学研究资料表明，悲哀、忧虑、恐惧、烦躁等消极情绪，对身体的功能，包括消化、睡眠以及各种激素的分泌等都会产生不正常的影响。并且，孕妇的心理状态也可影响胎儿的健康和生长发育。孕妇的精神紧张、情绪波动或突然惊吓等，都能造成内分泌紊乱，从而阻碍胎儿正常发育而造成腭裂、唇裂等畸形。实验表明，若孕妇的情绪极度不安，会造成胎儿精神发育的功能障碍，而平和的心情、安定的情绪对胎儿生理及心理健康发育极为必要。

（五）孕期用药对胎儿的影响

孕期用药不慎会对胚胎产生不良影响，如怀孕早期使用肾上腺皮质激素，可致胎儿发生无脑儿、唇裂、生殖器异常；应用四环素使小儿牙釉质终生发育不良等。药物既可通过胎盘直接作用于胎儿，也可以通过改变母体生理而对胎儿产生间接作用。药物对胎儿直接影响主要是在妊娠早期，其危害是引起胎儿畸形和胎儿死亡。在妊娠中、晚期的不良影响主要是使胎儿发生功能障碍，导致生长发育迟缓和智力减退。

(六) 孕妇不良嗜好对胎儿的影响

酗酒、吸烟、吸毒等因素均有一定的致畸作用。孕期喝酒，会造成胎儿脑组织损害，影响以后的智力发育。孕期吸烟，会造成胎儿发育迟缓，出生后易发呼吸系统疾病，吸烟严重者可造成流产、早产、死胎。男性吸烟能造成精子畸形，进而造成胎儿畸形。据流行病学调查显示，吸烟者所生的新生儿体重明显低于不吸烟者，而且吸烟越多其新生儿体重越轻。每天吸烟10支的孕妇，胎儿出现畸形的危险性增加90%。吸烟引起胎儿畸形的主要原因是尼古丁使胎盘血管收缩，导致胎儿缺血、缺氧。吸烟所产生的其他有害物质(如氰酸盐)也可影响胎儿的正常发育。滥用毒品对妊娠妇女、胎儿以及新生儿的健康会产生严重的危害。孕妇吸毒，毒品可通过胎盘血输送给胎儿，即出现“胎儿吸毒”。进入胎儿体内的海洛因由于具有脂溶性，大部分会进入神经系统，贮存在脑组织中。吸毒成瘾的孕妇在妊娠4~6个月时即可发现胎儿发育迟缓，并且在孕期容易早产。娩出的新生儿除可发生畸形儿、怪胎外，50%是低体重儿，80%的新生儿可出现新生儿窒息、呼吸反射低、颅内出血、低血糖症、低钙血症等合并症；60%~90%的新生儿可有毒品戒断症状，包括尖叫、易激惹、震颤、不安、多动、肌张力增高、呼吸急促、呼吸困难、厌食、体重下降、间断发绀与呼吸暂停、惊厥发作、发热、多汗、腹泻、呕吐、哈欠、喷嚏等。被动成瘾的新生儿死亡率很高，若不经治疗，93%的新生儿将发展到惊厥发作，其死亡率可高达3.5%。

四、优生咨询与优生措施

优生咨询(eugenics consultation)是指咨询医生依据医学遗传学原理，通过询问、检查、病史收集等，对咨询者所提出的有关生育健康、聪明孩子等一系列问题，进行科学的分析与合理的解答，对其婚育进行指导。优生咨询的对象既包括曾有遗传病史或生育过先天畸形儿的夫妇，也包括某些接触过不利因素者以及广大健康生育年龄的健康男女。优生咨询包括婚前优生咨询、孕前优生咨询、孕期优生咨询。采取有效的措施，预防出生缺陷，以期改善人口遗传素质。

(一) 婚前优生咨询与措施

婚前优生咨询是通过了解咨询双方的生理条件，确定咨询对象是否适合结婚。咨询时应注意把握如下原则：

1. 不应结婚者　包括直系血亲和3代以内的旁系血亲；严重的先天病病人和先天畸形个体；患有无法矫正的生殖器官畸形的人。

2. 不宜结婚者　包括双方近亲中均有人患同一遗传病者。

3. 应延期结婚者　包括患传染病正处于隔离期的病人或正处于活动期的慢性病人，患有梅毒、淋病等性传播疾病和麻风病尚未治愈者，患有精神分裂症、躁狂抑郁性精神病正在发病期间，患有生殖器官畸形但可经手术矫正恢复功能者，这部分人均应先治疗，治愈后再行结婚。

(二) 孕前优生咨询与措施

孕前优生咨询主要涉及最佳生育年龄、最佳受孕季节及最佳孕前准备等问题。

1. 要提倡适龄生育　统计数字表明，过早生育(20岁以下)时，流产、早产、胎儿畸形发生率相对较高，过晚生育则21-三体综合征发病率增高。女性最佳生育年龄为24~30岁。

2. 选择最佳受孕季节　要根据不同地区的气候和条件确定，选择有充足的蔬菜、水果和良好的日照季节受孕，有助于孕妇获得营养，利于胎儿的生长发育。

3. 做好孕前准备　包括身体心理准备、养成良好的饮食起居习惯、避开不利的受孕时机和因素等。

4. 在患有某些疾病的情况下不宜受孕　如夫妻中有患急性传染病、结核病及高热性疾病者；女方患心、肝、肾疾病，功能尚不正常者；长期服用药物或由于职业原因接触某些有害化学物质者；女方患有某些良性肿瘤者；孕前饮酒与吸烟者。

(三) 孕期优生咨询与措施

孕期优生咨询应从早孕期开始，贯穿于孕期全程。这对于预防妊娠合并症、并发症，保障母婴健康有重要意义。咨询中经常遇到的问题是：如何创造最佳的孕期环境；如何预防不利环境因素的影响；孕期患病毒感染、发热等情况应如何对待和处理等。

1. 建立最佳孕期环境　孕妇应具有良好的心理素质，保持平和、乐观的心境，减少情绪波动，使胎儿的身心都能够健康发展；有良好的营养供应，根据孕期各阶段的需要和身体变化调整饮食，保证营养素供应全面合理；注意卫生保健，劳逸结合，保证足够的睡眠和休息、定期体检等。

2. 不利环境因素的预防　孕期应该注意避免接触不利的环境因素，如若接受过放射线照射，要询问受照射的射线种类、剂量、胚胎发育的时间等，然后做出评价，提出咨询意见。对于在孕期用过药物的孕妇，要根据药物的种类、剂量、用药时间的长短、胎龄以及药物是否通过胎盘等因素综合考虑。对有临床症状、疑似病毒感染的孕妇，可经血清学检查证实，若确实感染了风疹病毒和巨细胞病毒，可根据胚胎发育所处的时期做出相应判断等。

本章小结

遗传病的诊断包括临床诊断、遗传学检查和基因诊断，遗传学检查是遗传病诊断所特有的项目，如家族史询问、系谱图绘制、染色体核型分析等。基因诊断指利用DNA分析技术直接从基因水平检测基因缺陷，是最先进、最准确的诊断方法。遗传病的治疗方法可分为手术治疗、药物治疗、饮食治疗和基因治疗四种类型。大多数遗传病目前尚无有效的根治方法，通常情况下的治疗只能改善或矫正病人临床症状。单基因病特别是先天性代谢疾病的治疗按照"补其所缺、禁其所忌、去其所余"的原则进行。遗传病的预防关键是降低遗传病发病率，预防遗传病的主要环节包括普查登记、新生儿筛查、遗传咨询、产前诊断、携带者检出和环境保护等。优生学包括正优生学和负优生学，其目的是降低遗传病发病率、提高人口遗传素质。我国推行优生的主要措施有：开展遗传咨询、产前诊断；建立并推行优生优育法规；严格实行婚前优生保健检查；提倡适龄婚育；注意环境保护。

案例讨论

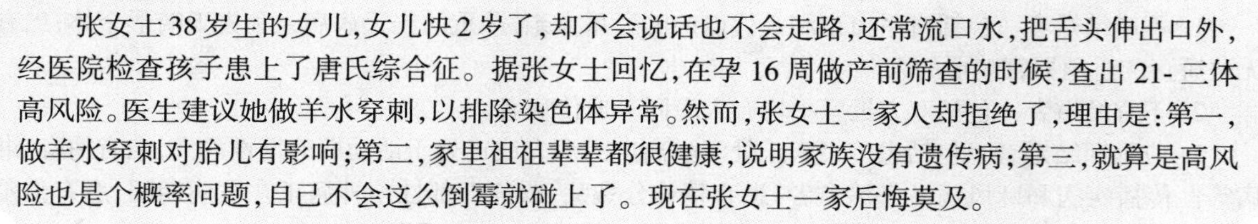

张女士38岁生的女儿，女儿快2岁了，却不会说话也不会走路，还常流口水，把舌头伸出口外，经医院检查孩子患上了唐氏综合征。据张女士回忆，在孕16周做产前筛查的时候，查出21-三体高风险。医生建议她做羊水穿刺，以排除染色体异常。然而，张女士一家人却拒绝了，理由是：第一，做羊水穿刺对胎儿有影响；第二，家里祖祖辈辈都很健康，说明家族没有遗传病；第三，就算是高风险也是个概率问题，自己不会这么倒霉就碰上了。现在张女士一家后悔莫及。

2001 案例讨论

（高江原）

2002 扫一扫，测一测

思考题

1. 确诊遗传病应该采取哪些方法和手段？
2. 简述人类正常皮肤纹理。
3. 临床上如何对新生儿进行苯丙酮尿症筛查，筛查出的阳性患儿应该如何诊断和治疗。
4. 什么是遗传咨询？遗传咨询的对象有哪些？
5. 如何防治遗传病患儿的出生。

中英文名词对照索引

A

B

C

D

S

T

W

X

Y

Z

参 考 文 献

1. 王洪波,王敬红. 遗传与优生. 北京:人民卫生出版社,2016.
2. 黄雪霜,阎希青,姜海鸥. 医学遗传学. 2版. 北京:北京大学医学出版社,2016.
3. 李弋. 细胞生物学和医学遗传学. 北京:中国中医药出版社,2015.
4. 胡火珍,税青林. 医学细胞生物学. 7版. 北京:科学出版社,2016.
5. 王洪波,张明亮. 细胞生物学和医学遗传学. 5版. 北京:人民卫生出版社,2014.
6. 杨保胜,丰慧根. 医学细胞生物学. 北京:科学出版社,2013.
7. 徐冶,王弘珺,田洪艳. 医学细胞生物学. 北京:科学出版社,2013.
8. 安威. 医学细胞生物学. 3版. 北京:北京大学医学出版社,2013.
9. 陈誉华. 医学细胞生物学. 5版. 北京:人民卫生出版社,2013.
10. 左伋. 医学遗传学. 6版. 北京:人民卫生出版社,2013.
11. 蔡绍京,霍正浩. 医学细胞生物学. 2版. 北京:科学出版社,2012.
12. 周凤娟,张颖珍. 医学遗传学. 西安:第四军医大学出版社,2012.
13. 税青林. 医学遗传学(案例版). 2版. 北京:科学出版社,2012.
14. 贲亚琍. 医学细胞生物学和遗传学. 北京: 科学出版社,2013.
15. 杨抚华. 医学细胞生物学. 6版. 北京:科学出版社,2011.
16. 翟中和,王喜忠,丁明孝. 细胞生物学. 4版. 北京:高等教育出版社,2011.
17. 张秀军,肖桂芝. 细胞生物学简明教程. 北京:北京大学医学出版社,2010.
18. 康晓慧. 医学生物学. 2版. 北京:人民卫生出版社,2010.
19. 张丽华,邹向阳. 细胞生物学和医学遗传学. 4版. 北京:人民卫生出版社,2009.
20. 杨建一. 医学细胞生物学. 2版. 北京:科学出版社,2008.
21. 王学民. 医学遗传学基础. 北京:高等教育出版社,2009.
22. 周德华. 遗传与优生学基础. 2版. 北京:人民卫生出版社,2008.
23. 安威. 医学细胞生物学. 2版. 北京:北京大学医学出版社,2009.
24. 肖小芹. 医学细胞生物学与遗传学. 北京:高等教育出版社,2006.
25. 陈竺. 医学遗传学. 北京:人民卫生出版社,2004.
26. 傅松滨. 医学生物学. 6版. 北京:人民卫生出版社,2004.
27. 张忠寿. 细胞生物学和医学遗传学. 3版. 北京:人民卫生出版社,2004.
28. 王金发. 细胞生物学. 北京:科学出版社,2003.
29. 柳家英. 医学遗传学. 北京:北京大学医学出版社,1998.
30. 韩贻仁. 分子细胞生物学. 2版. 北京:科学出版社,2001.
31. 王培林,傅松滨. 医学遗传学. 3版. 北京:科学出版社,2011.
32. 杜传书、刘祖洞. 医学遗传学. 2版. 北京:人民卫生出版社,1992.